“十四五”时期国家重点出版物出版专项规划项目
智能建造理论·技术与管理丛书

# BIM 应用与制图

主　编　张同伟
副主编　关大鹏　杨道宇
参　编　张　帅　顾　磊　张雪琪　叶榕榕
主　审　张孝廉

机 械 工 业 出 版 社

BIM（Building Information Modeling）在建筑行业将逐渐取代 CAD 成为下一代主流软件体系，是工程建设行业的一次技术革命。本书围绕 BIM 基础知识、基本应用及 BIM 软件平台的制图实践展开，紧密结合教学与实践应用，力求使读者了解 BIM 的本质和应用范围，把握其方向，从而进行学习和应用规划。全书分为 8 章，内容包括 BIM 概述、BIM 标准概述、BIM 软件概述、Revit 软件入门及图纸标准化管理、建筑专业 BIM 制图实践、结构专业 BIM 制图实践、机电专业 BIM 制图实践及 BIM 制图案例解析。本书第 4~8 章均专门设置了“疑难解析”，第 8 章还采用二维码集成了 10 个操作讲解视频，以便读者快速掌握相关知识，提升 BIM 制图能力。

本书可作为普通高校土建类专业 BIM 制图相关课程的教材，也可作为 BIM 制图初学者的参考书。

**图书在版编目（CIP）数据**

BIM 应用与制图/张同伟主编. —北京：机械工业出版社，2024.7
（智能建造理论·技术与管理丛书）
ISBN 978-7-111-75543-2

Ⅰ.①B…　Ⅱ.①张…　Ⅲ.①建筑设计-计算机辅助设计-应用软件
Ⅳ.①TU201.4

中国国家版本馆 CIP 数据核字（2024）第 070197 号

机械工业出版社（北京市百万庄大街 22 号　邮政编码 100037）
策划编辑：马军平　　　　责任编辑：马军平
责任校对：张勤思　张　征　　封面设计：张　静
责任印制：李　昂
河北泓景印刷有限公司印刷
2024 年 7 月第 1 版第 1 次印刷
184mm×260mm · 15.25 印张 · 373 千字
标准书号：ISBN 978-7-111-75543-2
定价：49.80 元

电话服务　　　　网络服务
客服电话：010-88361066　　机　工　官　网：www.cmpbook.com
010-88379833　　机　工　官　博：weibo.com/cmp1952
010-68326294　　金　书　网：www.golden-book.com
**封底无防伪标均为盗版**　　机工教育服务网：www.cmpedu.com

# 前言

建筑信息模型（BIM）在近年来发展迅速，推动了整个土木建筑行业的变革，目前用人单位对BIM技术人员需求量大。结合土木建筑工程专业培养目标与用人单位的需求，也为深入推进建筑行业信息化发展，紧跟新兴技术的发展趋势，顺应建筑行业职业化、专业化的发展要求，将BIM融入到建筑学专业土木工程专业人才培养方案，特编写了本书。

建筑设计从二维向三维转换，已经是不可逆转的趋势，以BIM为核心的建筑信息化技术体系，已经成为建筑行业技术升级、生产方式和管理模式变革的重要技术性支撑。本书系统地阐述了BIM的基础知识和基本应用，从其发展历程、概念与内涵到BIM相关软件的具体操作进行了总结，并从多角度解读了BIM软件平台工作流程与制图之间的关系。

本书由佳木斯大学张同伟任主编，佳木斯大学关大鹏、哈尔滨建筑云网络科技有限公司杨道宇任副主编。具体编写分工如下：张同伟编写第1章，佳木斯大学叶榕榕编写第2章，西安建筑科技大学张雪琪编写第3章，关大鹏编写第4章与第8章，哈尔滨工业大学建筑设计研究院有限公司张帅编写第5章，杨道宇编写第6章，哈尔滨工业大学建筑设计研究院有限公司顾磊编写第7章。全书由张同伟统稿。华东建筑集团股份有限公司海南设计研究院张孝廉审阅了书稿，并提出了许多宝贵的意见和建议，在此深表感谢。

本书注重教材的系统性、实用性及通用性，由浅入深，从基础延伸到专业，软件应用结合工程实例是本书编写的主要特色。本书适合建筑学、土木工程专业学生及初学BIM软件的设计人员使用。

本书在编写过程中参考了有关资料和著作，在此向相关作者表示感谢。

限于编者水平，书中难免存在不足之处，敬请读者批评指正。

编　者

# 目 录

# 第1章

# BIM概述

随着国家“十四五”规划的提出，各省、自治区、直辖市陆续出台了“十四五”规划和二〇三五年远景目标，建筑行业部委及各行政管理部门也落地了相关文件政策，进一步明晰了 BIM 技术的定位：BIM 技术是建筑行业数字化转型的关键技术引擎。

“十三五”期间 BIM 技术在我国建筑行业的应用推广已有了较大进展。BIM 应用的项目覆盖范围持续提升，BIM 应用的业务范围不断扩大，越来越多的 BIM 应用价值得到验证，行业对 BIM 技术的整体认知有了大幅度提升，也提出了更高的要求，BIM 核心技术的开发利用、BIM 技术与其他技术的集成进程对其推广应用影响日趋紧密。这都说明了我国建筑业 BIM 应用基础已具备。同时，各界也在持续探索适合 BIM 发展的应用环境，如 BIM 相关标准和规范体系、BIM 配套实施政策体系和 BIM 人才培养体系等方面。这些是 BIM 持续应用发展的保障。

## 1.1 BIM 概念

### 1.1.1 BIM 的定义

BIM 思想的产生是在 1975 年，由查理斯·伊斯曼（Charles Eastman）提出来的。Eastman 教授在其研究的课题“Building Description System（建筑描述系统）”中提出了“a computer-based description of-a building”，以便于实现建筑工程的可视化和量化分析，提高工程建设效率。但此观点在当时流传较慢，直到 2002 年，Autodesk 公司正式发布《BIM 白皮书》后，BIM 教父——著名建筑师杰瑞·莱瑟林（Jerry Laiserin）对 BIM 的内涵和外延进行了界定，并把 BIM 一词推广流传。

BIM 是 Building Information Modeling 的缩写，直译为建筑信息模型。进入 21 世纪以来，随着计算机技术的迅猛发展，BIM 技术的应用日趋成熟。目前国际上不同组织和科研机构对于 BIM 的概念还没有给出统一的定义与解释。

国际标准组织设施信息委员会（Facilities Information Council，FIC）给出了一个定义：建筑信息模型是利用开放的行业标准，对设施的物理和功能特性及其相关的项目生命周期信息进行数字化形式的表现，从而为项目决策提供支持，有利于更好地实现项目的价值。在其补充说明中强调，建筑信息模型将所有的相关方面集成在一个连贯有序的数据组织中，相关的应用软件在被许可的情况下可以获取、修改或增加数据。

美国国家 BIM 标准委员会（The National Building Information Modeling Standards Committee，NBIMSC）对 BIM 的定义：BIM 是一个设施（建设项目）物理和功能特性的数字表达；BIM 是一个共享的知识资源，是一个分享有关这个设施的信息，为该设施从概念到拆除的全生命周期中的所有决策提供可靠依据的过程；在项目的不同阶段，项目的不同利益相关方可在 BIM 中插入、提取、更新和修改信息，以支持和反映各自职责范围内的协同作业。

Building SMART International 对 BIM 的定义：BIM 是首字母缩略词，以下三者之间既互相独立又彼此关联：

1）Building Information Modeling：建筑信息模型应用是创建和利用项目数据在其全生命期内进行设计、施工和运营的业务过程，允许所有项目相关方通过数据互用使不同技术平台之间在同一时间利用相同的信息。

2）Building Information Model：建筑信息模型是一个设施物理特征和功能特征的数字化表达，是该项目相关方的共享知识资源，为项目全生命期内的所有决策提供可靠的信息支持。

3）Building Information Management：建筑信息管理是指利用数字原型信息支持项目全生命期信息共享的业务流程组织和控制过程。建筑信息管理的效益包括集中和可视化沟通、更早进行多方案比较、可持续分析、高效设计、多专业集成、施工现场控制、竣工资料记录等。

我国住房和城乡建设部发布的 GB/T 51212—2016《建筑信息模型应用统一标准》将 BIM 的定义为：在建设工程及设施全生命期内，对其物理和功能特性进行数字化表达，并依此设计、施工、运营的过程和结果的总称。

### 1.1.2 BIM 应用趋势

近年来，BIM 应用整体上呈现从技术应用到管理应用、从模型应用到信息应用、从 BIM 应用到集成应用、从辅助交付到法定交付等方面的发展趋势。

第一个趋势是从技术应用到管理应用，即从技术团队应用到管理团队应用、从技术人员应用到管理人员应用。目前 BIM 技术应用已经开始进入日常普及状态，但 BIM 管理应用仍处于早期摸索阶段，主要表现为 BIM 应用主体仍为一线生产人员，项目或企业管理层和决策层应用的人员数量仍然比较少，这也是 BIM 应用和项目管理不能有效结合的主要原因，需要通过推动企业和项目管理层掌握 BIM 应用来实现这个转变。

第二个趋势是从模型应用到信息应用，即从几何信息应用到非几何信息应用。目前，BIM 几何信息应用的覆盖面比较广，成熟度和普及度也都比较高，但 BIM 非几何信息应用还局限在部分场景，数据持续应用在法律和技术层面都存在障碍，需要扩大 BIM 模型中的信息在项目建设和运维活动中的应用场景。

第三个趋势是从 BIM 应用到集成应用，即从 BIM 单一技术的应用到 BIM 与其他信息技术的集成应用。目前不同信息技术在建筑业的应用成熟度处于不同阶段，BIM 与其他技术的集成应用存在不同的问题，处在不同的成熟度，需要逐项解决 BIM 和其他技术的集成应用问题。

第四个趋势是从辅助交付到法定交付，目前 BIM 应用为辅助应用而非生产性应用，BIM 模型为辅助交付物而非法定交付物，图纸为法定交付物，需要同时准备技术和法律条件使 BIM 成为和图纸具有同等法律地位的法定交付物，且技术条件首当其冲。

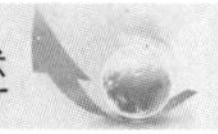

### 1.1.3 BIM 的价值

1. 建筑企业 BIM 应用

首先是业主，作为工程项目的建设单位，有一大批具有市场领导地位的业主在过去几年中基本完成了 BIM 技术试点与探索，切身体会到 BIM 技术对工程项目建设在质量管理、成本管理、工期管理等方面的效益与价值，实现了设计阶段到施工阶段 BIM 的基本目标。根据对很多企业的调研所得，部分企业已由单个项目的设计、施工应用转为全生命期应用的探索，方向大体以智慧城市运营商为目标探索项目施工交付后的智慧运营管理，以最大化获取数字建造带来的价值。

其次是设计单位，设计阶段的 BIM 模型是实现建设工程项目全生命期数字建造与管理应用的源头数据，设计单位 BIM 技术应用目前主要有 BIM 图纸校核、BIM 伴随设计和 BIM 正向设计三种逐步深入的模式。过去几年基本以先进行施工图设计、后 BIM 技术介入的 BIM 图纸校核模式为主，能够解决大部分的设计“错、漏、碰、缺”问题，但由于设计人员与 BIM 模型的创建人员水平参差不齐，目前模型与图纸仍不能较好实现“模图一致”。BIM“正向设计”是解决“模图一致”最为可行和有效的方式之一，但受技术和管理难度的制约，目前能够成建制实现 BIM 正向设计的设计企业并不是很多，因此具体项目在没有条件实施 BIM 正向设计的情况下，设计企业会采用 BIM“伴随设计”的方式，即在初步设计或施工图设计过程中 BIM 同步介入，整个施工图设计过程持续应用 BIM 技术进行校核与优化。目前行业开始探索成建制实现 BIM“正向设计”的有效途径与办法，逐步由 BIM 图纸校核与 BIM 伴随设计的应用模式转为 BIM“正向设计”的模式，部分企业已取得明显进展。

最后是施工企业，作为项目落地的实施方，最能检验一个项目 BIM 应用的质量情况。过去几年以央企、国企为代表，大力发展企业 BIM 生产力建设的工作，培养了一批能够支撑一线生产需要的 BIM 工程师，并成立 BIM 研发中心，是国内 BIM 应用创新的排头兵。施工单位 BIM 应用主要有两个方向：一是项目实际生产需求，典型代表有管线碰撞检查、管线综合协调管理、复杂工艺工法辅助模拟和技术交底、4D 进度管控、5D 成本管控等，充分探索 BIM 应用的附加价值，贯彻一模多用的应用宗旨，上述应用能够在一定程度上辅助一线生产实现精细化管理的目标，能有效提升项目质量、减少沟通成本、减少窝工返工等情况；二是科研创新需求，典型代表有三维点云扫描实现“模实一致”校核、智能机器人巡检、智慧工地管理、虚拟现实应用、3D 打印、智能建造机器人、智能放样机器人等。

2. 项目全过程 BIM 应用

BIM 集成应用包括 BIM 工程项目信息结构化管理、可视化展示和沉浸式体验的集成，规划、设计、施工、运维不同阶段的项目全生命期集成，业主、设计、施工、运维、造价、监理不同项目主体的集成，以及 BIM 与地理信息、仿真分析、云计算、物联网、人工智能、大数据等其他信息技术的集成应用等几个方面。BIM 应用从单项功能应用转入集成应用阶段，是工程项目数字化程度日益提高和实现建筑业数字化的必然要求，目前上述不同维度的集成应用水平参差不齐。

就 BIM 本身的核心价值而言，几何信息可视化应用范围和水平较高，非几何信息的模型数据应用受制于模图一致水平和模型法律地位等原因，其应用广度和深度仍处于初期少量尝试阶段，沉浸式体验应用在技术和设备上离大面积深度普及应用仍有较大差距。

项目不同阶段 BIM 一模到底、项目所有参建方基于 BIM 协同作业是 BIM 的初心，但目前的情况不乐观，既有技术和产品问题，也有人员能力、经济、法律、管理等其他诸多问题。

就 BIM 与其他相关信息技术集成而言，应用主要有 BIM+仿真分析模拟、BIM+云计算、BIM+物联网、BIM+数字化加工、BIM+GIS、BIM+3D 扫描、BIM+虚拟现实等。BIM 与不同技术集成应用的成熟度不完全一致，影响 BIM 集成应用发展的因素主要有以下几方面：一是受制于技术和产品本身，与之配套的软硬件体系成熟度不一；二是各种技术集成应用研发成本高、人力资源缺乏；三是目前 BIM 应用主要还停留在一线生产的单项应用中，具备 BIM 集成应用管理意识与能力的企业数量还不多。

3. 未来 BIM 的应用

建筑业数字化转型的关键是工程项目数字化，工程项目数字化的主要形成期在建造阶段，数字建造是工程项目数字化的主要途径，BIM 是数字建造、智能建造、智慧建筑、城市信息模型（City Information Model，CIM）的基础。

BIM 工程数据的应用可以划分为三个层面：第一个是项目个体层面，它是数字建造的核心；第二个是企业、行业层面，它是整个产业数字化转型的基础；第三个是政府和城市管理层面，它是组成智慧城市、CIM 数学底座的项目基础数据。每个层面的应用都对 BIM 数据有相应的“可用性”要求。

BIM 数据要满足各个层面“可用”的目的，就必须要达到“模图实一致”的基本要求，也就是说，设计需要“模图一致”，施工需要“模实一致”。以目前有关 CIM 示范的做法为例，在设计阶段，首先需要进行 BIM 规划与方案报批，然后需要通过 BIM 施工图审查；在施工阶段，需要提交竣工 BIM 模型进行竣工备案；这几个环节的 BIM 数据都将汇集到 CIM 平台上，以便进行后续的应用。

在设计源头，“模图一致”设计就成为首选的技术路径，BIM 正向设计是目前已知确保模图一致的最可行方式。但是对设计企业来说，BIM 正向设计的转型之路并没有那么简单。一般来说，做个别正向设计的试点项目容易，但想要大范围、可持续的 BIM 正向设计转型，设计企业就面临着非常大的困难。主要体现在三个方面：人员（会做正向设计的人）、产品（能做正向设计、能出图、效率高的软件工具）、管理（与正向设计匹配的技术与流程管理），需要逐项解决。这部分工作目前已经有了一些成功案例。

在“模图一致”设计成果基础上，“模实一致”施工成为可能，主要工作包括按模施工和按实改模两个部分，需要解决的具体问题也有不少，这部分工作还处于早期探索阶段。

只有做到了“模图一致”设计、“模实一致”施工，BIM 对数字建造、智能建造、智慧建造、建筑业数字化、城市信息模型、智慧城市的价值才真正具备了实现的基础。

BIM 的未来，属于那些勇于跨学科发展的人，属于那些深入到一线观察现场需求的人，属于那些把场景转化为需求的人，属于那些具有鹰眼的人——既能看到草丛里的兔子，知道今天怎样填饱肚子；也能看到远处的群山，知道未来该飞向何方。

## 1.2 BIM 国家政策

当前阶段，BIM 政策的重要性体现在三个方面。首先，BIM 技术作为一项新技术，其发展和推广需要政策的引导和培育。其次，单纯依靠市场机制分配资源有时难以满足 BIM 技

术发展的需要。最后，迅速增强本国的技术力量，解决行业卡脖子问题，需要包括政府在内的各级组织的共同努力。

从近几年数据上来看，我国 BIM 发展需求越来越广泛化、精细化、协同化。随着需求的变化，BIM 政策呈现出相同的变化特点，整体环境越来越好：

1）BIM 政策数量越来越密集，涉及范围越来越广，从国家和行业到各省（区、市）均发布了各类 BIM 政策，呈现出了非常明显的地域和行业扩散、应用方向明确、应用支撑体系健全的发展特点。政策发布主体从部分发达省份向中西部省份扩散，目前全国已经有接近80%的省（区、市）发布了省级 BIM 专项政策，有效地支撑了整体市场的活跃。

2）BIM 政策执行力度逐渐加强，BIM 落地效果更加明显。起步阶段 BIM 应用的政策主要为通用指导性意见，后逐步细化落地，如 BIM 技术应用通知类政策、BIM 如何与现行管理制度融合类政策、示范工程类政策、BIM 取费类政策等。

3）BIM 政策与其他政策的互促愈发频繁，如发布了 BIM+装配式、BIM+智能建造等 BIM+新型建造方式的相关政策，以及 BIM 与 CIM、EPC（Engineering Procurement Construction）相结合的新型建造模式的相关政策。

从国家针对 BIM 发展的一系列政策可以看出国家推动 BIM 技术的决心，BIM 技术在成为建筑业转型发展的主要支撑技术。自 2011 年开始，国家就开始对 BIM 技术的应用进行政策上的引导，国家层面最早的一项 BIM 技术政策是《2011—2015 年建筑业信息化发展纲要》，这是 BIM 第一次出现在我国的行业技术政策中，可以看作是国内 BIM 起步的政策，文中 9 次提到 BIM 技术，把 BIM 作为“支撑行业产业升级的核心技术”重点发展。

随后在 2012 年，住房和城乡建设部启动“勘察设计和施工 BIM 发展对策研究”，针对我国特有的国情和行业特点，参考发达国家和地区 BIM 技术研究与应用经验，提出了我国在勘察设计与施工领域的 BIM 应用技术政策方向、BIM 发展模式与技术路线、近期应开展的主要工作等建议。这为后期《关于推进 BIM 技术在建筑领域内应用的指导意见》和《2016—2020 年建筑业信息化发展纲要》的推出打下了基础。在《关于推进 BIM 在建筑领域内应用的指导意见》中，国家将 BIM 技术提升为“建筑业信息化的重要组成部分”，并在《2016—2020 年建筑业信息化发展纲要》中重点强调了 BIM 集成能力的提升，首次提出了向“智慧建造”和“智慧企业”的方向发展。

与 2020 年相比，2021 年在政策层面国家在智能建造层面提出了 BIM 应用，各地方出台了许多 BIM 技术取费政策及建立有关 BIM 信息管理平台等相关方面的政策（表 1-1），选取了大量 BIM 技术应用试点。

表 1-1 国家和行业主要 BIM 政策汇总

| 序号 | 政策名称 | 发布单位 | 发布时间 | 政策的主要内容 |
|---|---|---|---|---|
| 1 | 《2011—2015 年建筑业信息化发展纲要》 | 住房和城乡建设部 | 2011 年 5 月 | 加快 BIM、基于网络的协同工作等新技术在工程中的应用 |
| 2 | 《关于推进 BIM 技术在建筑领域内应用的指导意见》 | 住房和城乡建设部 | 2015 年 6 月 | 到 2020 年末，建筑行业甲级勘察、设计单位及特级、一级房屋建筑工程施工企业应掌握并实现 BIM 与企业管理系统和其他信息技术的一体化集成应用。到 2020 年末，以国有资金投资为主的大中型建筑新立项项目勘察设计、施工、运营维护中，集成应用 BIM 的项目比率达到 90% |

（续）

| 序号 | 政策名称 | 发布单位 | 发布时间 | 政策的主要内容 |
|---|---|---|---|---|
| 3 | 《2016—2020年建筑业信息化发展纲要》 | 住房和城乡建设部 | 2016年8月 | 着力增强BIM、大数据、智能化、移动通信、云计算、物联网等信息技术集成应用能力，建筑业数字化、网络化、智能化取得突破性进展 |
| 4 | 《关于印发推进智慧交通发展行动计划（2017—2020年）的通知》 | 交通运输部办公厅 | 2017年1月 | 推进建筑信息模型（BIM）技术在重大交通基础设施项目规划、设计、建设、施工、运营、检测维护管理全生命期的应用，基础设施建设和管理水平大幅度提升 |
| 5 | 《关于促进建筑业持续健康发展的意见》 | 国务院办公厅 | 2017年2月 | 加快推进BIM技术在规划、勘察、设计、施工和运营维护全过程的集成应用，实现工程建设项目全生命期数据共享和信息化管理 |
| 6 | 《推进智慧交通发展行动计划》 | 交通运输部 | 2017年2月 | 深化BIM技术在公路、水运领域的应用。在公路领域选取国家高速公路、特大型桥梁、特长隧道等重大基础设施项目，在水运领域选取大型港口码头、航道、船闸等重大基础设施项目，鼓励企业在设计、建设、运维等阶段开展BIM技术应用 |
| 7 | 《关于推进公路水运工程BIM技术应用的指导意见》 | 交通运输部 | 2018年3月 | 围绕BIM技术发展和行业发展需要，有序推进公路水运工程BIM技术应用，在条件成熟的领域和专业优先应用BIM技术，逐步实现BIM技术在公路水运工程中的广泛应用 |
| 8 | 《关于印发〈住房和城乡建设部工程质量安全监管2019年工作要点〉的通知》 | 住房和城乡建设部 | 2019年2月 | 推进BIM技术集成应用。支持推动BIM自主知识产权底层平台软件的研发。组织开展BIM工程应用评价指标体系和评价方法研究，进一步推进BIM技术在设计、施工和运营维护全过程的集成应用 |
| 9 | 《关于推进全过程工程咨询服务发展的指导意见》 | 国家发展改革委、住房和城乡建设部 | 2019年3月 | 大力开发和利用建筑信息模型（BIM）、大数据、物联网等现代信息技术和资源，努力提高信息化管理与应用水平，为开展全过程工程咨询业务提供保障 |
| 10 | 《关于印发〈推进综合交通运输大数据发展行动纲要（2020—2025年）〉的通知》 | 交通运输部 | 2019年12 | 加强技术研发应用。推动各类交通运输基础设施、运载工具数字孪生技术研发，加快交通运输各领域建筑信息模型（BIM）技术创新，形成具有自主知识产权的应用产品。研究制定交通运输行业互联网协议第六版（IPv6）地址规划，推进第五代移动通信技术（5G）、卫星通信信息网络等在交通运输各领域的研发应用。开展综合交通运输体系下大数据关键技术研发应用 |
| 11 | 《关于印发〈住房和城乡建设部工程安全质量监管司2020年工作要点〉通知》 | 住房和城乡建设部 | 2020年4月 | 创新监管方式，采用“互联网+监管”手段，推广施工图数字化审查，试点推进BIM审图模式，提高信息化监管能力和审查效率。推动BIM技术在工程建设全过程的集成应用，开展建筑业信息化发展纲要和建筑机器人发展研究工作，提升建筑业信息化水平 |
| 12 | 《关于发布〈工程项目建筑信息模型（BIM）应用成熟度评价导则〉〈企业建筑信息模型（BIM）实施能力成熟评价导则〉的通知》 | 全国智能建筑及居住区数字化标准化技术委员会 | 2020年5月 | 对工程项目BIM实施成熟度评价、企业BIM能力成熟度评价有了相应的导则参考 |

（续）

| 序号 | 政策名称 | 发布单位 | 发布时间 | 政策的主要内容 |
|---|---|---|---|---|
| 13 | 《关于推动智能建造与建筑工业化协同发展的指导意见》 | 住房和城乡建设部等十三部委 | 2020年7月 | 加大建筑信息模型（BIM）等新技术的集成和创新应用、并且要积极应用自主可控的BIM技术 |
| 14 | 《关于加快新型建筑工业化发展的若干意见》 | 住房和城乡建设部等八部门 | 2020年8月 | 推广精益化施工和加快信息技术融合发展，其中，要大力推广建筑信息模型（BIM）技术、大数据技术、物联网技术和智能建造技术 |
| 15 | 启动《中国建筑业信息化发展报告（2021）》的编写工作 | 住房和城乡建设部 | 2021年4月 | 聚焦智能建造，旨在展现当前建筑业智能化实践，探索建筑业高质量发展路径。大力发展数字设计、智能生产、智能施工和智慧运维，加快建筑信息模型（BIM）技术研发和应用 |

## 1.3 BIM地方政策

在国家和行业政策的引领下，我国出台BIM推广政策的省（区、市）数量逐渐增多，全国BIM技术应用推广的范围更加广泛，BIM政策更加细化，更具有操作性；同时，对房建、公路、水运等工程类型也提出了相应的BIM应用政策，BIM技术应用领域更加专业化。这些都表明了国家和地方对BIM应用的重视程度越来越高。

自2014年开始，在住房和城乡建设部的大力推动下，各省（区、市）相继出台对应的BIM落地政策、BIM政策呈现出了非常明显的地域和行业逐渐扩散、应用方向日趋明确、应用支撑体系日益健全的发展特点。到目前我国已初步形成BIM技术应用标准和政策体系，为BIM的快速发展奠定了坚实的基础。

2017年，贵州、江西、河南等地正式出台BIM推广意见，明确提出在省级范围内推广BIM技术应用。到2020年，各地政府对于BIM技术的重视程度不减，重庆、湖南、上海等多地出台BIM应用意见的相关政策，旨在推动BIM技术的进一步应用普及。表1-2列举了部分地方主要BIM政策（2017—2021年），详细的各地方BIM政策可从各地方政府网站查阅，此处不一一罗列。

表1-2 部分地方主要BIM政策

| 序号 | 政策名称 | 地区 | 时间 |
|---|---|---|---|
| 1 | 《关于推进建筑信息模型（BIM）技术应用的指导意见》 | 贵州省 | 2017年3月 |
| 2 | 《关于加快全省建筑信息模型应用的指导意见》 | 吉林省 | 2017年6月 |
| 3 | 《关于印发〈江西省推进建筑信息模型（BIM）技术应用工作的指导意见〉的通知》 | 江西省 | 2017年6月 |
| 4 | 《关于印发〈安徽省勘察设计企业BIM建设指南〉的通知》 | 安徽省 | 2017年6月 |
| 5 | 《关于印发推进建筑信息模型（BIM）技术应用工作的指导意见的通知》 | 河南省 | 2017年7月 |
| 6 | 《武汉市城建委关于推进建筑信息模型（BIM）技术应用工作的通知》 | 武汉市 | 2017年9月 |
| 7 | 《关于进一步加快应用建筑信息模型（BIM）技术的通知》 | 重庆市 | 2018年4月 |
| 8 | 《关于促进公路水运工程BIM技术应用的实施意见》 | 广西壮族自治区 | 2018年5月 |

（续）

| 序号 | 政策名称 | 地区 | 时间 |
|---|---|---|---|
| 9 | 《关于进一步加快推进我市建筑信息模型（BIM）技术应用的通知》 | 广州市 | 2019年12月 |
| 10 | 《关于公开征求〈湖南省住房和城乡建设厅关于开展全省房屋建筑工程施工图BIM审查工作的通知（试行）（征求意见稿）〉意见的函》 | 湖南省 | 2020年5月 |
| 11 | 《关于开展2020年度建筑信息模型（BIM）技术应用示范工作的通知》 | 重庆市 | 2020年5月 |
| 12 | 《关于开展2020年度上海市工程系列建设交通类各专业高级专业技术职务任职资格评审工作通知》 | 上海市 | 2020年6月 |
| 13 | 《关于进一步推进建筑信息模型（BIM）技术应用的通知》 | 山西省 | 2020年6月 |
| 14 | 《关于试行建筑工程三维（BIM）规划电子报批辅助审查工作的通知》 | 广州市 | 2020年7月 |
| 15 | 《关于征求〈关于推进BIM技术应用的通知〉意见的通知》 | 青岛市 | 2020年10月 |
| 16 | 《关于启用重庆市BIM项目管理平台的通知》 | 重庆市 | 2020年11月 |
| 17 | 《浙江省七部门关于深化房屋建筑和市政基础设施工程施工图管理改革实施意见》 | 浙江省 | 2020年11月 |
| 18 | 《关于公开征求〈济南市房屋建筑和市政基础设施项目工程总承包管理办法（征求意见稿）〉的通知》 | 济南市 | 2020年12月 |
| 19 | 《关于推进智能建造的实施意见》 | 重庆市 | 2020年12月 |
| 20 | 《关于印发〈黄浦区建筑节能和绿色建筑示范项目专项扶持办法〉的通知》 | 上海市 | 2021年1月 |
| 21 | 《开展BIM技术应用示范工作通知》 | 河北省 | 2021年2月 |
| 22 | 《关于加快推进我市建筑信息模型（BIM）技术应用的通知》 | 南京市 | 2021年2月 |
| 23 | 《开展以BIM技术为基础的建筑企业数字化中心预选工作》 | 河北省 | 2021年4月 |
| 24 | 《河北省发布建筑信息模型（BIM）技术应用指南》 | 河北省 | 2021年4月 |
| 25 | 《河南省发布BIM收费参考依据》 | 河南省 | 2021年5月 |
| 26 | 《关于印发〈南京市建筑信息模型（BIM）技术应用服务费用计价参考（设计、施工阶段）〉的通知》 | 南京市 | 2021年6月 |
| 27 | 《苏州市住房城乡建设局关于进一步加强苏州市建筑信息模型（BIM）技术应用的通知》 | 苏州市 | 2021年6月 |
| 28 | 2021上海市BIM技术应用与发展报告发布 | 上海市 | 2021年6月 |
| 29 | 《关于增加全省建筑信息模型（BIM）技术应用试点企业的通知》 | 山西省 | 2021年7月 |
| 30 | 《关于印发〈上海市进一步推进建筑信息模型技术应用三年行动计划（2021—2023）〉的通知》 | 上海市 | 2021年7月 |
| 31 | 《关于印发广东省促进建筑业高质量发展若干措施的通知》 | 广东省 | 2021年8月 |

## 1.4 BIM人才培养现状

近年来随着BIM技术的发展，BIM应用范围越来越大，应用深度越来越深，加之政策的大力扶持，带动了BIM人才需求的迅猛增长，BIM人才整体处于较为缺乏的状态。

《2021中国建筑业BIM应用数据》报告显示，经过多年发展，人才匮乏的问题非但没有解决，反而更加严峻了。在持续增长的BIM项目需求与持续增加的BIM投入下，43%的

企业现阶段面临的首要任务是让更多项目业务人员主动应用BIM技术。而在该首要任务下企业面临的阻碍因素中，缺乏BIM人才占比高达61.91%，缺乏BIM人才已连续第五年成为企业在应用BIM过程中最大的阻碍项。现阶段新应用点不断推出，软件迭代更新快，BIM应用范围不断扩大、应用深度不断增加，企业对BIM人才的需求量变大，要求也明显提高，特别是BIM+技术、BIM+商务、BIM+生产等方面的复合型人才，BIM+新技术的探索型人才尤其匮乏。

与此同时，随着大环境的影响，行业对于自主可控的BIM技术平台的诉求越来越明显，BIM核心技术研发人才的培养也至关重要。

### 1.4.1 BIM人才现状

1. BIM人才的需求迅猛增长

应用BIM的项目越来越多，对BIM人才的需求越来越多。根据住房和城乡建设部《关于印发推进建筑信息模型应用指导意见》：到2020年末，新立项项目勘察设计、施工、运营维护中，集成应用BIM技术的项目比例达到90%。其中上海市在2020年新增规模以上项目中，BIM技术的应用率已经达到了95.1%。

政府鼓励BIM应用的政策力度加大，对BIM人才的需求强烈。除了国家政策，各地方，包括上海、广东、河南、山西、湖南、吉林、海南、甘肃等省（区、市）、深圳、重庆、南京、青岛等市都推出了当地的BIM政策或标准。

人才紧缺已经成为行业发展的制约因素。在人力资源和社会保障部2019年发布的《新职业—建筑信息模型技术员就业景气现状分析报告》中，提出“未来五年我国各类企业对BIM技术人才的需求总量将达到130万。”而现状是BIM人才远少于发展需要，成为制约BIM发展的短板之一。

2. BIM人才培养的现状

（1）资格能力认证　国内外均有BIM技术相关的认证，随着BIM技术应用的需求越强烈，BIM技术相关认证的含金量也越来越高，如全国BIM应用技能考试、全国BIM专业技术能力水平考试、教育部“1+X”建筑信息模型（BIM）职业技能等级考试、广联达BIM系列软件技能鉴定考试、Autodesk Revit工程师认证考试等。从认证上来看，总体以BIM建模与模型应用为主，缺乏对创新探索、施工技术融合方向的认证。

（2）行业会议　主要普及对BIM技术应用的认知和了解，了解BIM技术的发展现状和趋势，BIM技术给项目管理带来的变革和价值，学习如何应用BIM对项目进行指标化管控和精细化管理，如BIM技术+智慧工地施工全过程管理及信息化技术应用暨项目观摩交流研讨会、中国数字建筑峰会、基础设施BIM峰会等。

（3）大赛　大赛的目的是为了促进BIM技术在我国建筑行业广泛应用，随着大赛参与项目的人才的不断增多，大赛的竞争也越来越激烈，BIM人才的水平随之提升，如中国建设工程BIM大赛、龙图杯全国BIM大赛、工程建设行业BIM大赛、创新杯建筑信息模型（BIM）应用大赛及各省市政府举办的大赛等。

（4）机构培训　BIM人才培养需求旺盛，专业培训机构蓬勃式发展，不少BIM咨询企业、软件开发企业等都在帮助企业培养专业性的BIM人才。

（5）企业内训　一些BIM发展较早且有能力的企业已经建立起自己企业的BIM人才培

养计划和系统，有针对性地进行企业内训，培养符合企业要求的BIM人才。

(6) 项目实践自学　一些刚开始发展BIM的企业，并没有完善的培训，但是通过企业高潜人才在项目的实践自学，也能培养出实战型的BIM人才。

综上，BIM人才需求空间大，BIM人才缺口也大，在目前的认证、会议、大赛、培训、实践的多种人才培养方式下，BIM人才培养还属于散点状，缺乏对复合型与创新型人才的认证与培养，急需建立健全的BIM认证，完善具有公信力的BIM职业通道，这对于推进BIM技术发展具有重要作用。

### 1.4.2　BIM认证情况

目前国内建筑行业对BIM技术的使用要求越来越严格，更多的企业也要求应用BIM技术，期望能够为建筑工程的建设及使用增值。目前建筑工程在招标投标环节，更多的甲方、业主要求使用BIM技术；在人才晋升、人才招聘中，越来越多的企业也要求人才能够应用BIM技术；更有在河南省，要求全省建筑企业进行“具备BIM技术应用能力”等级认定。BIM技术的认证愈显重要。

BIM认证，主要以行业协会为主，软件企业参与合作。伴随越来越多的企业推广BIM技术，以及以模型的创建能力为认证目标的认证考试、培训，已经培养了大批专业技术人员。

BIM认证需要不断地扩展，针对这一情况，目前除了建模能力的考核，以BIM项目管理能力、BIM规划能力为目标的认证也逐步开展，但认证尚不完善，还无法系统地从管理维度进行体系的考核，而行业最紧缺的恰恰是既懂项目管理又懂BIM的综合性人才，所以在BIM认证这条道路上还需要不断地探索和推进。

1. 行业BIM认证情况

(1) 全国BIM技能等级考试

发证机关：中国图学学会和人力资源和社会保障部联合颁发。

证书分类：一级BIM建模师、二级BIM高级建模师（区分专业）、三级BIM设计应用建模师（区分专业基础之上偏重模型的具体分析）。

报考条件：一级和二级BIM技能应具有高中或高中以上学历（或其同等学历）；三级BIM技能应具有土木建筑工程及相关专业大专或大专以上学历（或其同等学历）。

一级（具备以下条件之一者可申报本级别）：①达到本技能一级所推荐的培训时间；②连续从事BIM建模或相关工作1年以上者。

二级（具备以下条件之一者可申报本级别）：①已取得本技能一级考核证书，且达到本技能二级所推荐的培训时间；②连续从事BIM建模和应用相关工作2年以上者。

三级（具备以下条件之一者可申报本级别）：①已取得本技能二级考核证书，且达到本技能三级所推荐的培训时间；②连续从事BIM设计和专业应用工作2年以上者。

考试时间：每年的6月和12月，一年两次。

(2) 全国BIM应用技能考试

发证机关：中国建设教育协会。

证书分类：一级BIM建模师、二级专业BIM应用师（区分专业）、三级综合BIM应用师（拥有建模能力，包括与各个专业的结合、实施BIM流程、制定BIM标准、多方协同等，

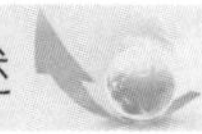

偏重于 BIM 在管理上的应用）。

报考条件：

一级：土建类及相关专业在校学生，建筑业从业人员。

二级（凡遵守国家法律、法规，具备下列条件之一者可申请）：①通过 BIM 建模应用考试或具有 BIM 相关工作经验 3 年以上；②取得全国范围或省级地方工程建设相关职业或执业资格证书，如一级或二级建造师、造价工程师、监理工程师、一级或二级注册建筑师、注册结构工程师、注册设备工程师等。

三级（凡遵守国家法律、法规，具备下列条件之一者可申请）：①通过专业 BIM 应用考试并具有 BIM 相关工作经验 3 年以上；②工程建设相关专业专科及以上学历毕业，并具有 BIM 相关工作经验 5 年以上；③取得全国范围工程建设相关职业或执业资格证书，如一级建造师、造价工程师、监理工程师、一级注册建筑师、注册结构工程师、注册设备工程师等；④取得工程师及以上级别职称评定，并具有 BIM 相关工作经验 3 年。

考试时间：每年的第二季度和第四季度。

（3）全国 BIM 专业技术能力水平考试

发证机关：工业和信息化部电子行业职业技能鉴定指导中心和北京绿色建筑产业联盟联合颁发。

证书分类：BIM 建模技术、BIM 项目管理、BIM 战略规划考试。

报考条件：凡遵守国家法律、法规、工程类、工程经济类、财经类、管理类等专业，在校大学生已经选修过 BIM 相关理论知识和操作能力课程，或从事工程项目建筑设计、施工技术与管理的人员已经掌握 BIM 相关理论知识和操作能力，或社会相关从业人员通过自学或参加 BIM 理论与实践相结合系统学习的人员。

BIM 建模技术（满足“前提”即可报考）。

BIM 项目管理（大专学历以上）：①从事施工技术与管理工作满 4 年，考 4 科；②从事施工技术与管理工作满 6 年，BIM 技术相关工作经历满 2 年，考 3 科。

BIM 战略规划：本科及以上学历，从事建筑工程相关工作满 6 年，从事 BIM 相关工作满 2 年。

考试时间：每年 6 月第二个周末；每年 12 月第二个周末。

（4）教育部“1+X”建筑信息模型（BIM）职业技能等级考试

发证机关：中科建筑产业化创新研究中心。

证书分类：初级 BIM 建模、中级 BIM 专业应用、高级 BIM 综合应用与管理三个等级。其中中级有明确专业划分，具体分为：城乡规划与建筑设计类专业、结构工程类专业、建筑设备类专业、建设工程管理类专业。

报考条件：

初级（凡遵纪守法并符合以下条件之一者可申报本级别）：①职业院校在校学生（中等专业学校及以上在校学生）；②从事 BIM 相关工作的行业从业人员。

中级（凡遵纪守法并符合以下条件之一者可申报本级别）：①高等职业院校在校学生；②已取得建筑信息模型（BIM）职业技能初级证书人员；③具有 BIM 相关工作经验 1 年以上的行业从业人员。

高级（凡遵纪守法并符合以下条件之一者可申报本级别）：①本科及以上在校学生；

②已取得建筑信息模型（BIM）职业技能中级证书人员；③具有 BIM 相关工作经验 3 年以上的行业从业人员。

考试时间：初级每年 4 月、5 月、6 月、9 月、10 月、11 月考试；中级每年 5 月、6 月、10 月、11 月、12 月考试；高级每年 9 月、11 月、12 月考试。

2. 软件企业认证

（1）Autodesk Revit 工程师认证考试

发证机关：Autodesk 软件公司。

证书分类：Revit 初级工程师、Revit 高级工程师、Revit 认证教员。

报考条件：大中专、职业技术院校的在校学生，以及企事业单位的工程技术人员。

考试时间：报名缴费成功后即进行考试。

（2）广联达 BIM 系列软件技能鉴定考试

发证机关：广联达科技股份有限公司和中关村数字建筑绿色发展联盟联合颁发。

证书分类：广联达 BIM 系列软件一级（基础）、广联达 BIM 系列软件二级（熟手）。

考试科目有 3 个：斑马进度计划、广联达建筑工程 BIM 建模、施工现场布置。

报考条件：该考试适用于所有工程技术从业人员（大于 22 周岁），考试采用晋级制，一级通过才能参加二级考试。

考试时间：考试时间为每天：14：00~17：00 或 19：00~22：00（一旦报名需在每天规定时间点准时参加考试）。

随着 BIM 技术的发展与 BIM 应用的持续深入，BIM 证书的应用范围也越来越广，证书的需求也越来越强烈。BIM 认证也逐步成为执业证书，在建设工程招标投标、人才晋升等环节发挥价值。随着 BIM 认证含金量持续升级，相信 BIM 技术的应用能够助力建筑工程的建设与使用的增值。

# 第2章

# BIM标准概述

BIM 标准的核心是建立一种统一的 BIM 技术准则、方法与流程，帮助建筑工程行业最大限度地提高数据的兼容性、互操作性、安全性、质量性能水平，通过协调工程项目各参与方的需求，解决实际或隐性问题，达成决策与共识，从而推动行业完成秩序优化并获得最大效益。

工程建设领域对各阶段项目参与方的协作要求较高，BIM 技术相关的应用平台致力于赋能各方信息交互、业务沟通共识，不论是通过建筑信息模型建立输入信息，还是在建筑项目全过程中协同工作使用信息，都需要公开的、达成共识的、可共享的相关标准作为基础支撑，让信息与数据在项目全生命期每个环节、每个角色之间顺利、高效地传递是 BIM 标准的核心目标。为了达到这一目标，就必须要有全面的、可靠的、相互关联的 BIM 标准体系，这样才能发挥 BIM 技术的最大价值。

BIM 标准及相关规范对行业相关产品研发应用及服务产业化发展有着深刻影响，制定合理有效的 BIM 标准能够不断提升建筑行业生产效率，改善建筑行业现状，随着行业生产力发展与技术的进步，BIM 标准也在不断前行和细化、改进和完善。GB/T 51447—2021《建筑信息模型储存标准》的发布，代表着在国家与行业层面对 BIM 相关标准的审视更进一步。近年来 BIM 标准体系的发展体现出以地方性需求为主，以 BIM 技术延伸到其他技术领域应用标准的态势，如与智慧工地标准、质量管控、安全管控等标准的结合，反映出整个行业更加注重 BIM 标准的实用性与落地性。

根据行业中标准应用体系的层级，按照对标准制定的指导定位、应用领域、技术范围、标准细度等维度分析，可将 BIM 标准分为三个层级：

第一层为国家和行业性 BIM 标准与规范。包括基础标准，如模型分类和编码标准、模型储存标准；通用标准，如国内的模型应用统一标准；应用标准，如国内的设计信息模型交付标准、施工信息模型应用标准。

第二层为地方性 BIM 标准与规范。国家 BIM 标准在编制时考虑到了标准未来扩展的可能性，各地结合地方发展需求，在国家层面发布的政策和标准基础上进行拓展与衍生形成的 BIM 标准。

第三层为企业级 BIM 标准与规范。为了充分保证建筑工程相关企业项目高质量建设与技术高标准发展，企业基于地方 BIM 标准与规范要求，参考相关政策，制定平台、模型、管理方面的 BIM 标准体系，支持企业 BIM 平台搭建，保障 BIM 技术的标准化应用与推广。

我国 BIM 标准整体架构如图 2-1 所示。

图 2-1　我国 BIM 标准整体架构

## 2.1　BIM 国家标准

我国 BIM 国家标准编制的出发点是在国内已有 BIM 应用软件成果的基础上，确保数据互通完整性与存取完备性，充分考虑 BIM 技术与国内建筑工程应用软件紧密结合，满足实际项目的建造应用需求。

住房和城乡建设部于 2012 年与 2013 年共发布了 6 项 BIM 国家标准制订项目，开始从信息共享能力（信息内容、数据格式、信息交换、集成存储）、协同工作能力（优化、辅助决策）、专业任务能力（用专业软件提升完成专业任务的效率与效果并降低成本）等方面对国家和行业 BIM 技术应用进行研究与相关内容编制，并于 2021 年发布了第 7 项 BIM 标准制订项目，现对三种 7 项标准的关注点做简要介绍与说明：

（1）统一标准　《建筑信息模型应用统一标准》，标准号 GB/T 51212—2016，2018 年 1 月 1 日起实施。它是对 BIM 模型在整个项目生命期中如何建立、共享、使用做出统一规定，关注 BIM 技术应用原则，并未规定具体细节，是其他标准的基本准则。

（2）基础标准

1）《建筑信息模型分类和编码标准》，标准号 GB/T 51269—2017，2018 年 5 月 1 日起实施。此标准对应国际标准体系的分类编码标准，是对建筑全生命期包括已有模型与自建构件、供应商的产品构件、项目进行事项与工序进行编码，在数据结构和分类方法上与总分类码（OmniClass）基本保持一致，但在本土化方面做了改进，具体分类编码编号有所不同。

2）《建筑信息模型存储标准》，标准号 GB/T 51447—2021，2019 年 4 月完成征求意见稿，2022 年 2 月 1 日起实施。此标准为对应国际标准体系的数据模型标准，主要参考的是工业基础类（Industry Foundation Classes，IFC）标准。此标准关注的是 BIM 技术应用过程中每个环节的模型文件用什么样的格式进行交互，如何完成正常数据传递，以及模型存储的内容有哪些。

（3）应用标准

1）《建筑信息模型设计交付标准》，标准号 GB/T 51301—2018，2019 年 6 月 1 日起开始实施。此标准对应国际标准体系的过程交换标准，主要对项目设计阶段的 BIM 模型命名规则、模型精细度等级、建筑基本信息、属性信息、交付信息等进行较为详细的描述，设计人员可以根据项目的进展需求找到对应的模型精细度的相关要求。

2）《制造工业工程设计信息模型应用标准》，标准号 GB/T 51362—2019，2019 年 10 月 1 日起开始实施。此标准是面向制造业工厂和设施的 BIM 执行标准，包括 BIM 设计标准、模型命名规则、模型精细度要求、模型拆分规则、项目交付规则等，属于按照行业划分的制造业工业分支标准。

3）《建筑信息模型施工应用标准》，标准号 GB/T 51235—2017，2018 年 1 月 1 日起开始实施。此标准面向施工和监理阶段，详细描述了在施工管理过程中如何使用 BIM 模型，包括利用 BIM 模型进行深化设计、方案策划、进度管理、安全管理、成本管理等，以及向工程相关方交付施工模型的要点。

4）《城市轨道交通工程 BIM 应用指南》（建办质函〔2018〕274 号），2018 年 5 月 30 日发布。此指南面向适用于城市轨道交通工程新建、改建、扩建等项目的 BIM 创建、使用和管理。指导城市轨道交通工程在可行性研究、初步设计、施工图设计和施工等建设全过程应用 BIM，并实现工程的数字化交付。

上述标准的要点及重点关注对象见表 2-1。

表 2-1 中国 BIM 国家标准的要点及重点关注对象

| 序号 | 标准名称 | 标准要点 | 重点关注对象 |
|---|---|---|---|
| 1 | 《建筑信息模型应用统一标准》<br>GB/T 51212—2016 | 关注 BIM 技术应用原则，是其他标准的基本准则 | 所有使用 BIM 技术的人员 |
| 2 | 《建筑信息模型分类和编码标准》<br>GB/T 51269—2017 | 提出适用于建筑工程模型数据的分类和编码的基本原则、格式要求 | 软件开发人员，相关 BIM 技术人员 |
| 3 | 《建筑信息模型存储标准》<br>GB/T 51447—2021 | 提出适用于建筑工程全生命期模型数据的存储要求 | 所有使用 BIM 技术的人员 |
| 4 | 《建筑信息模型设计交付标准》<br>GB/T 51301—2018 | 提出建筑工程设计模型数据交付的基本原则、格式要求、流程等 | BIM 设计人员、咨询人员 |
| 5 | 《制造工业工程设计信息模型应用标准》<br>GB/T 51362—2019 | 面向制造业工厂和设施的 BIM 执行标准，属于制造业工业分支标准 | 制造业工厂的 BIM 设计和建造人员 |
| 6 | 《建筑信息模型施工应用标准》<br>GB/T 51235—2017 | 提出施工阶段建筑信息模型应用的创建、使用和管理要求 | 施工人员、监理人员 |
| 7 | 《城市轨道交通工程 BIM 应用指南》<br>建办质函〔2018〕274 号 | 适用于城市轨道交通工程新建、改建、扩建等项目的 BIM 创建、使用和管理 | 城市轨道交通工程建设参与人员 |

## 2.2 BIM 地方标准

大部分 BIM 地方标准基本上是在国家与行业标准的基础上，结合各地建筑工业发展需求做标准的拓展，一方面补充了国家与行业尚未发布的标准空白；另一方面对各地 BIM 技术应用进行研究，制定出比国家与行业标准更加细化的参考规范。这样 BIM 标准才具备引导各地工程建设项目顺利引入 BIM 技术的可操作性，并且能够针对地方发展特色制定出更加严格的地方标准，使得 BIM 技术应用更加具有落地性。经过对地方性 BIM 标准、规范内容的研究与整理，地方标准的内容可以大致划分为三种类型：

（1）技术推广应用类相关标准　这部分标准与规范是地方性 BIM 标准最常见的一种类型，它们对国家与行业的 BIM 标准规范是一种承接关系，在国家标准未详细规定的区域与技术细节上进行深化与补充，加入各地对 BIM 技术应用更加深入的要求。例如：对各地 BIM 模型的出图要求、线性比例与显示颜色，结合各地设计招投标、施工图审图的要求，进行了更加细致与明确的规定；对 BIM 模型与构件的命名与编码，结合城市信息管理对模型的要求，细化到土建、安装、装修等专业大类下细分构件的命名与编码规则，均做了详细的说明与注释。

（2）应用收费模式类相关标准　2016—2017 年短短一年内，上海、广东、浙江便出台了 BIM 技术推广应用费用计价指导标准与参考依据，而这类标准比国家第一部 BIM 标准正式出台实施时间还早。这种情况充分说明各地在推动 BIM 技术研究与应用的过程中已经受到关于 BIM 技术相关应用与推广服务费用的困扰，并且在反复尝试与试行的过程中不断对 BIM 技术收费标准进行调整与完善，最终结合各地工程建设项目设计、施工、运维等各阶段 BIM 技术应用特点，参考各专业对 BIM 模型细度的不同要求，辅助以调整系数，纷纷出台了 BIM 技术应用收费模式的相关标准与规范，为更好地推广 BIM 技术提供了强有力的费用政策支持。经过 2~3 年的发展，随着各地 BIM 技术应用服务类型的增多，又衍生出更多其他类型的收费模式。

（3）细分领域应用类相关标准　近年来，关于住宅保障性住房、城市轨道交通、地下隧道工程等建筑工程细分领域的 BIM 应用标准出台得越来越多，意味着原有的各地方性 BIM 标准与规范已不能满足不同建筑工程细分领域 BIM 技术应用的建设需求，需要这些细分领域的参建方，如建设方、设计方、施工方牵头来补充完善各自细分领域的 BIM 相关标准与规范，包括 BIM 建模要求、模型细度、模型应用范围与内容等，都较为及时地迎合了各地城市建设过程中遇到的不同领域的 BIM 技术应用标准无法通用的需求，能够补充各细分领域对 BIM 技术全方位应用的要求。

按照以上类型对目前地方性 BIM 标准和技术政策进行了部分列举示例，见表 2-2，详细的各地 BIM 标准可从各地政府网站查阅，此处不再罗列。

表 2-2　中国部分地方主要 BIM 标准

| 标准类型 | 标准名称 | 发布机构 | 发布/实施时间 |
|---|---|---|---|
| 技术推广应用相关标准 | 《河北省建筑信息模型(BIM)技术应用指南(试行)》 | 河北省住房和城乡建设厅 | 2021 年 4 月 |
| | 《山西省住房和城乡建设厅关于进一步推进建筑信息模型(BIM)技术应用的通知》 | 山西省住房和城乡建设厅 | 2021 年 7 月 |
| | 《青岛市房屋建筑工程 BIM 设计交付要点》 | 青岛市住房和城乡建设局 | 2021 年 5 月 |
| 应用收费模式相关标准 | 《南京市建筑信息模型(BIM)技术应用服务费用计价参考(设计、施工阶段)》 | 南京市城乡建设委员会 | 2021 年 6 月 |
| | 《河南省房屋建筑和市政基础设施工程信息模型 BIM)技术服务计价参考依据》 | 河南省住房和城乡建设厅 | 2021 年 5 月 |
| | 《青岛市 BIM 技术应用费用计价参考依据》 | 青岛市住房和城乡建设局 | 2021 年 5 月 |

（续）

| 标准类型 | 标准名称 | 发布机构 | 发布/实施时间 |
| --- | --- | --- | --- |
| 应用收费模式相关标准 | 《甘肃省建设项目建筑信息模型（BIM）技术服务计费参考依据》 | 甘肃省住房和城乡建设厅 | 2021 年 4 月 |
| | 《海南省建筑信息模型（BIM）技术应用费用参考价格》 | 海南省住房和城乡建设厅 | 2021 年 1 月 |
| | 《安徽省建筑信息模型（BIM）技术服务计费参考依据》 | 安徽省住房和城乡建设厅 | 2020 年 10 月 |
| 细分领域应用相关标准 | 《深圳市装配式混凝土 BIM 技术应用标准》T/BIAS 8—2020 | 深圳市住房和建设局 | 2020 年 4 月 |
| | 《城市轨道交通建筑信息模型（BIM）建模与交付标准》DBJ/T 15-160—2019 | 广东省住房和城乡建设厅 | 2019 年 11 月 |
| | 《城市轨道交通基于建筑信息模型（BIM）的设备设施管理编码规范》 | 广东省住房和城乡建设厅 | 2019 年 11 月 |

## 2.3 企业 BIM 标准

随着地方性 BIM 标准规范的出台与细化，企业作为 BIM 技术应用的最终载体，承担着 BIM 技术相关研究与落地应用最重要的责任。一个建筑工程项目，不论是发起项目的建设单位，还是项目源头的规划、设计单位，或是项目建设的施工、监理单位，乃至项目运营的运维单位，均需要对 BIM 技术与各环节业务结合应用做详细而实用的计划与实践，这样才能使得建筑工程各阶段对 BIM 技术应用保持持续而有利的推动。

企业在 BIM 技术应用过程中扮演着最重要的角色，一方面要充分利用 BIM 技术的优势，完善原有的业务流程，改进工作习惯，提升工作效率，降低成本；另一方面要投入人力物力，为充分了解 BIM 技术而做出更多努力，促进企业能够更好、更健康地发展。

在这种情况下，制定企业 BIM 标准规范便成为企业推广 BIM 技术应用前必不可少的一环，通过制定企业 BIM 标准规范，能够让企业更加了解自己的业务痛点，充分认知 BIM 技术的优缺点，更好地利用 BIM 技术为企业发展做贡献。

企业对 BIM 模型中的数据信息随着项目进展不断积累，这些信息是从不同管理部门、岗位、人员使用各种不同的软件输入产生，为了使信息与数据流动起来并产生作用，企业需要搭建技术平台实现信息存储、转换、协同与应用。而 BIM 标准能够帮助企业梳理标准的业务框架体系与工作流程，规定企业项目在不同阶段的模型建立深度、构件细度等级，以及与之对应的各阶段 BIM 技术应用内容，明确企业各业务部门、系统之间的协同工作模式，BIM 技术应用流程、BIM 技术实施方法、培训管理机制等，确保企业 BIM 技术循序渐进完成落地应用。由于各个企业的具体情况不同，所以各个企业的 BIM 标准方向、范围、内容都会有一定差异。

# 第3章 BIM软件概述

随着数字化时代的到来，建筑业 BIM 技术的应用日趋深入，BIM 应用的深度及广度也在不断增加。BIM 技术已贯穿设计、施工、运维全生命期，也涉及各个参建方，如建设方、勘察单位、设计院、施工单位、材料供应商、运维方等；BIM 模型也在可视化、设计协作、施工深化设计、冲突检测及成本控制中发挥较大的作用。随着建筑业对 BIM 技术的使用需求不断扩张，单一的 BIM 软件应用已不能满足建筑行业的使用需求，BIM 集成应用已成为行业发展趋势，除了基于 BIM 的软件系统集成外，软件、硬件的一体化集成应用已经逐步延伸到施工项目建造和管理过程中，并且已经发挥了较大的作用，使 BIM 技术的应用更加深入、全面。

BIM 软件及相关设备可分为 BIM 应用工具类产品、BIM 集成管理类产品、BIM 软硬集成类产品三类。

1）BIM 应用工具类产品，主要是侧重对建设工程及设施的物理和功能特性进行数字化表达，以搭建、深化基础模型及实际应用需求为导向，对建筑信息模型搭载的数据信息进行加工处理的一类软件。

2）BIM 集成管理类产品，主要是侧重对设计、施工、运营的过程进行管理，可有效满足工程建设全生命期中数字化、可视化、信息化的需求，通过标准、组织、平台实现更高层次应用的一类软件。

3）BIM 软硬集成类产品，主要是侧重软件、硬件一体化集成应用的产品。大致可分为两类，一类是以 BIM 技术为驱动的应用，如 BIM 放线机器人，主要应用在施工生产过程中；另一类是以物联网设备设施为基础，融合 BIM 进行的应用，如危大工程监测，主要应用在施工现场管理过程中。

## 3.1 设计阶段

BIM 在建筑设计的应用范围非常广泛，无论是在设计方案论证，还是在设计创作、协同设计、建筑性能分析、结构分析，以及在绿色建筑评估、规范验证、工程量统计等方面都有广泛的应用。

在设计创作或设计方案论证阶段，BIM 三维模型展示的设计效果可方便评审人员、业主对方案进行评估，甚至可以就当前设计方案讨论施工可行性及如何削减成本、缩短工期等问题，提供切实可行的方案和修改意见。由于采用了可视化方式，可获得来自最终用户和业主

的积极反馈，使方案的决策时间大大缩短，促成共识。

在施工图设计阶段使用 BIM 技术，可以更好地进行协同设计，BIM 技术使不同专业甚至是身处异地的设计人员都能够通过网络在同一个 BIM 模型上展开协同设计，使设计能够协调进行。以往各专业各视角之间不协调的事情时有发生，即使花费了大量人力、物力对图纸进行审查仍然不能把不协调的问题全部解决。有些问题到了施工时才被发现，提高了建设成本，造成了工期延误。应用 BIM 技术及 BIM 服务器，通过协同设计和可视化分析就可以及时解决上述设计中的不协调问题，保证后期施工的顺利进行。

1. 概念设计

应用价值：能够帮助项目团队在概念设计阶段，通过三维模型来理解复杂空间的标准和做法，从而节省时间，提供给团队更多增值活动的可能。特别是在客户需求讨论、选择及分析最佳方案时，可获得较高的互动效应，借助模型做出关键性决定。概念设计场景涉及的应用工具类与集成管理类软件见表 3-1、表 3-2。

表 3-1　概念设计应用工具类产品分析

| 产品名称 | 产品分析 |
| --- | --- |
| SketchUp | 软件容易掌握，操作更为便捷，对于初期设计更为简便，适合快速生成体量推敲；但模型的准确性和细化加深的可能性都有很大限制 |
| Revit | 软件准确性、数据性更强，在后期出图及转化至施工图的过程中也会有一定的便利性，但前期的设计操作过于复杂，对概念阶段方案快速的变化应对能力较差 |

表 3-2　概念设计集成管理类产品分析

| 产品名称 | 产品分析 |
| --- | --- |
| 欧特克 BIM360 | 基于云的互联网 BIM 数据管理平台，同时支持图纸与 BIM 模型的轻量化、同步、修改和协同。与欧特克系列软件深度结合，可以方便地将本地模型文件通过 BIM360 模块与云端数据协同与交互，让团队中不同成员实时掌握最新的数据，并完成对整个项目数据的统计、分析和管理工作 |

2. 建筑分析与设计

应用价值：通过建立或者导入模型，对建筑的使用性能进行计算分析，获取日照、光照、声环境、热环境的信息，导出计算结果，对设计调整的决策提供支持，优化设计。应用工具类相关产品分析见表 3-3。

表 3-3　建筑分析与设计应用工具类产品分析

| 产品名称 | 产品分析 |
| --- | --- |
| EcotectAnalysis | 软件操作界面友好，3DS、DXF 格式的文件可直接导入，与常见设计软件兼容性较好，分析结果可以用丰富的色彩图形进行表达，提高结果的可读性 |
| GreenBuildingStudio | 基于 Web 的建筑整体能耗、水资源和碳排放的分析工具。可以用插件将 Revit 等 BIM 中的模型导出 gbXML 并上传到 GBS 的服务器上，计算结果即时显示并可导出比较。采用了云计算技术，具有较强的数据处理能力和效率 |
| IES | 集成化的软件模块非常灵活并且适应性强，因此也更容易与各种绿色建筑标准（如 LEED）相结合，并提出相应评价内容。软件为英国开发，软件中整合的材料规范等信息可能与中国的不符，所以结果会有偏差 |
| Energy Plus | 主要输入及输出的方式以纯文本档案来储存。软件本身接口给予的提示较少，引导过程都需阅读使用手册，学习成本较高 |
| BIMSpace 乐建 | 在深度融合国家规范的基础上，为设计师提供设计、计算、检查及出图等高效便捷功能，界面简单易识别，操作灵活易上手，同时为下游预埋建筑数据，可实现全专业高效协同，提升建筑设计效率与质量 |

3. 结构分析与设计

应用价值：通过建立或者导入模型，进行结构受力分析，完成建筑工程各结构的截面设计，通过数据库的建立获取更加准确的数据参数，如梁、板、柱、楼梯结构的信息参数等，了解建筑结构的整体比例特征，保证设计效果。应用工具类相关产品分析见表 3-4。

表 3-4 结构分析与设计应用工具类产品分析

| 产品名称 | 产品分析 |
| --- | --- |
| PKPM | 设计流程非常简便，它的操作界面是一些常规的构件和荷载的输入，设计者可以很方便地进行结构设计，然而它的很多参数和公式都隐藏在软件的背后。设计者不能进行修改，特别是遇到复杂一些的结构形式，应用会受到一定的影响。完全遵循中国标准规范和设计师习惯，可以快速配筋并出图 |
| Midas | 可以进行多高层及空间结构的建模与分析。侧重点是针对土木结构，特别是分析预应力箱形桥梁、悬索桥、斜拉桥等特殊的桥梁结构形式，同时可以做非线性边界分析、水化热分析、材料非线性分析、静力弹塑性分析、动力弹塑性分析，也可以进行中国规范校核 |
| SAP2000 | 专注于空间结构，如网壳类、桁架类、不规则结构等，也可以进行中国规范校核。软件将大量的设计参数提供给设计者，让设计者自己来定义和设置这些参数，大大提高了设计的灵活性 |
| BIMSpace 乐构 | 基于 Revit 平台开发的结构施工图设计、校审软件。致力于融合计算模型信息自动创建结构模型，进行结构施工图的智能化设计和可靠校审，为设计工作提质增效 |
| Robot | Robot 与 Revit 软件同属于 Autodesk 公司，两者之间的结构模型数据可以实现很好的传递，避免了结构模型通过软件接口或中间格式导入其他分析软件可能出现的数据异常，如截面不匹配、材质信息丢失等，实现了建模软件与结构分析软件之间更好的结合。但软件中包含的中国规范有限，且版本都比较陈旧，不太适用于中国的结构设计 |

4. 机电分析与设计

应用价值：空调系统建模、模拟计算、气象参数图表输出、全年动态负荷报表输出、能耗分析报表输出、方案优化对比，提供建筑全年动态负荷计算及能耗模拟分析，根据数据优化设备选型方案，降低设备投资与建筑整体能耗，帮助设计人员基于能源利用和设备生命周期成本，优化设计方案，打造绿色节能建筑。应用工具类产品分析见表 3-5。

表 3-5 机电分析与设计应用工具类产品分析

| 产品名称 | 产品分析 |
| --- | --- |
| Trane Trace | 基于能源利用和设备生命期成本，优化建筑暖通空调系统的设计。具有超强的模拟功能，可模拟 ASHRAE 推荐的 8 种冷负荷计算法，具有操作简单、使用便利的特点 |
| BIMSpace 机电 | 以数据标准为基础，集高效建模、准确计算、快速出图于一身，可进行全专业协同高效设计，从 BIM 正向设计实现模图一体化的角度出发，助力设计院向高效率、高质量转型 |
| Magicad | 软件设计模块包含大量的计算功能，如流量叠加计算、管径选择计算、水利平衡计算、噪声计算和材料统计，适用于 AutoCAD 和 Revit 平台 |
| Rebro | 应用于建筑机电设计工程的三维深化设计、出图，适用于建筑结构、给水排水、暖通、电气设计。集机电建模、碰撞检查、工程量精确统计、深化施工图出图、预制加工、动画漫游、可视化交底等机电全过程功能 |

5. 施工图协同设计

应用价值：通过协同设计建立统一的设计标准，包括图层、颜色、线型、打印样式等，在此基础上，所有设计专业及人员在一个统一的平台上进行设计，从而减少现行各专业之间及专业内部由于沟通不畅或沟通不及时导致的错、漏、碰、缺，真正实现所有图纸信息元的单一性，实现一处修改其他自动修改，提升设计效率和设计质量。应用工具类产品分析见表 3-6。

表 3-6 施工图协同设计应用工具类产品分析

| 产品名称 | 产品分析 |
| --- | --- |
| Revit | 通过工作集的使用，所有设计师都基于同一个建筑模型开展设计，随时将其编辑结果保存到设计中心，以便其他设计师更新各自的工作集，看到别人的设计结果。这样每个设计小组成员都可以及时了解他人及整个项目的进展情况，从而保证其设计和其他成员的设计保持一致 |
| ArchiCAD | 多个设计人员可以同时对同一项目进行编辑以提高项目的推进效率。多设计人员同时操作时，仍需要划定权属范围协同创作 |

### 6. 设计模型搭建

应用价值：通过建立 3D 空间模型展现建筑的各种平面图、立面图、透视图及 3D 动画，各类图纸都来自同一个模型，所以图纸之间是存在关联互动性的，任何一个图纸的参数发生改变，其他图纸的参数也会发生相应的改变，从而将建筑的整体变化直观展现出来。更重要的是将原本用二维图形和文字表达的信息提升到三维的层面，解决了二维图形不能解决的“可视化”和“可计算”问题，为后续其他深入的 BIM 应用提供基础。应用工具类产品分析见表 3-7。

表 3-7 设计模型搭建应用工具类产品分析

| 产品名称 | 产品分析 |
| --- | --- |
| Revit | 国内主流 BIM 软件，具有良好的用户界面，操作简便；各部件的平面图与 3D 模型双向关联。Revit 的原理是组合，它的门、窗、墙、楼梯等都是组件，而建模的过程则是将这些组件拼成一个模型。所以 Revit 对于容易分辨这些组件的建筑会很容易建模，但是对于异形建筑而言建模就会比较难 |
| ArchiCAD | 最早的 3D 建模软件，具有良好的用户界面，操作简便；拥有大数据的对象库，是唯一支持 mac 系统的 BIM 制模软件。软件指令都保存在内存条中，不适用于大型项目的制模，存在模型缩放问题，需要对模型进行分割处理 |
| Bentley | 支持复杂度高的曲面设计，设计模式和运行机理独特，用户绘制的建筑模型具有“可控制的随机形态”，即通过定义模型各部位的空间结构联系，就可以基于用户定义模拟多种不同的外形结构，使得设计工作既具有多样性，还具有坐标点定位功能 |

## 3.2 施工管理阶段

BIM 技术在施工阶段可以应用于以下方面：施工进度模拟、施工组织模拟、数字化工业建造、施工进度、质量、安全、成本等过程管理。

数字化工业建造的前提是详尽的数字化信息，而 BIM 模型的构件信息都以数字化形式存储。如数控机床这些用数字化建造的设备需要的就是描述构件的数字化信息，这些数字化信息为数控机床提供了构件精确的定位信息，为建造提供了必要条件。

BIM 技术与 3D 激光扫描、视频、图片、GPS、移动通信、射频识别技术（Radio Frequency Identification，RFID）、互联网等技术的集成，可以实现对现场的构件和设备及施工进度和质量的实时跟踪。另外，通过 BIM 技术和管理信息系统的集成，可以有效支持造价、采购、库存、财务等的动态精确管理，减少库存开支，在竣工时可以生成项目竣工模型和相关文件，有利于后续的运营管理；并且业主、设计方、预制厂商、材料供应商等可利用 BIM 模型的信息集成化与施工方进行沟通，提高效率，减少错误。

### 1. 施工总平面布置设计

应用价值：根据项目场地情况，结合项目施工组织安排，基于BIM设计各阶段现场材料堆场、临时道路、垂直运输机械、临水临电等内容的平面布局；同时对现场办公区、生活区进行规划布置，保证施工现场空间上、时间上的高效组织，并可提取临建工程量支撑临建管理。相关产品分析见表3-8。

表3-8 施工总平面布置设计应用工具类产品分析

| 产品名称 | 产品分析 |
| --- | --- |
| Revit | 可以精细化创建临建BIM模型，进行模型渲染和提取临建工程量，模型信息丰富，但达到满足施工现场布置需要的模型精度的建模工作量较大 |
| 品茗BIM施工策划软件 | 可基于CAD场地平面图快速建模，符合国内施工需求的建模效率高，但模型渲染效果相较于常用的BIM效果类软件还有差距 |
| Lumion | 可以进行临建模型渲染和漫游动画制作，软件操作简单且效果逼真，但渲染时间较长，模型导入后数据信息易丢失和更改 |
| 3dsmax | 可以进行临建模型渲染和动画制作，渲染效果逼真，但软件较难掌握 |
| 广联达BIMMAKE | 基于广联达自研图形平台开发，支持场地构件建模，也可以导入设计和招投标算量产生的实体模型，辅助建模可以进行精细化的临建BIM模型的创建，支持模型渲染和临建工程量提取 |

### 2. 可视化交底

应用价值：应用BIM可视化的特点，针对项目技术交底、质量样板、安全体验教育等方面重点管控的工艺、工序、节点、危险作业环境等进行BIM模型创建，导入可视化交互设计软件或平台端进行交底内容的详细设计，输出成果至交互媒介，如VR、MR设备，使得现场作业人员能更直观和高效地掌握传递的管控重点内容。通过BIM软硬件集成应用，提高教育、交底、培训的体验感和真实感，提高相应管理效率。应用工具类、集成管理类、软硬件集成类相关产品分析见表3-9～表3-11。

表3-9 可视化交底应用工具类产品分析

| 产品名称 | 产品分析 |
| --- | --- |
| Revit | 可以根据交底的具体内容精细化创建交底BIM模型，模型信息丰富，但建模工作量较大；可以完成交底模型的渲染，但渲染成果用于交底通常精度不足 |
| Fuzor | 可以将BIM模型转化成带数据的BIMVR场景，也可实现4D施工模拟 |
| 3dsmax | 可以根据交底的具体内容精细化创建交底BIM模型，模型造型体现逼真，但模型信息不够丰富，同时可以输出可视化交底交互设计软件所需的文件（如全景照片、渲染和动画），软件较难掌握 |
| Lumion | 可以对交底BIM模型进行渲染处理，同时输出交底交互设计软件所需的文件（如全景照片、渲染），操作简单但渲染时间较长，模型导入后数据信息易丢失和更改 |
| 720yun | 可以进行可视化交底的交互设计，基于输出的全景照片，可以添加热点、场景切换、录入文字及图片等辅助交底的说明信息，还可以输出交互媒介。软件操作简单，交底设计丰富，但对全景照片的质量要求较高 |
| 广联达BIM可视化交底软件 | 借助BIM模型的可视化，实现交底内容形式的拓展，不仅可以看文字，还可以看模型、视频等；通过移动端进行分享，实现随时随地查看交底内容。覆盖交底的后续签收、执行、归档等环节，实现交底的全流程管控 |
| 广联达BIM工序动画制作软件 | 可以导入40种以上的模型格式，用于加工制作3D工艺工序动画。功能设计简单易学，根据施工工艺定制相关动画编辑功能，极大降低动画制作门槛 |
| TrimbleConnect | 对可视化交底模型进行轻量化处理，导入到VR交互设备中进行呈现 |

表 3-10 集成管理类产品分析

| 产品名称 | 产品分析 |
| --- | --- |
| 广联达 BIM 项目级管理平台 | 以 BIM 平台为核心,集成全专业模型,并以集成模型为数据载体,为施工过程中的进度、合同、成本、质量、安全、物资等方面的管理提供数据支撑,实现有效决策和精细化管理,从而达到减少施工变更、缩短工期、控制成本、提升质量的目的 |
| 清华大学 4D-BIM 系统 | 国家"十五""十一五"科技支撑计划的研究成果。通过将 BIM 与 4D 技术有机结合,引入建筑业国际标准 IFC,研究基于 IFC 标准的 BIM 体系结构、模型定义及建模技术、数据交换与集成技术,将建筑物及其施工现场 3D 模型与施工进度、资源、安全、质量、成本及场地布置等施工信息相集成,建立基于 IFC 标准的 4D-BIM 模型,实现了基于 BIM 的施工进度、施工资源及成本、施工安全与质量、施工场地及设施的 4D 集成管理、实时控制和动态模拟 |
| 欧特克 BIM360 | 基于云的互联网 BIM 数据管理平台,支持图纸与 BIM 模型的轻量化、同步、修改和协同。与欧特克系列软件深度结合,可以方便地将本地模型文件通过 BIM360 模块与云端数据协同与交互,让团队中不同成员实时掌握最新的数据,并完成对整个项目数据的统计、分析和管理工作 |
| 甲骨文 Aconex | 大型工程建设项目管理协同平台,可以管理项目中数量众多的参与者及海量图纸、文档、3D (BIM) 模型、跨组织的流程和决策,并提供对全项目范围的所有流程管理,包括文档管理、工作流管理、BIM 协同、质量和安全管理、招投标、移交与运维、报表分析、信息通知等 |
| 鲁班 BIM 软件 | 定位建造阶段 BIM 应用,提供工程基础数据与 BIM 应用两大解决方案。围绕工程项目基础数据的创建、管理和应用共享,基于 BIM 技术和互联网技术为行业用户提供从工具级、项目级到企业级的完整解决方案。主要应用价值于建造阶段碰撞检查、材料过程控制、对外造价管理、内部成本控制、基于 BIM 的指标管理、虚拟施工指导、钢筋下料优化、工程档案管理、设备(部品)库管理、企业定额库建立 |
| 品茗 CCBIM | 集数据管理、微信沟通、看图看模三大优势于一体的轻量化 BIM 软件。专为工程建筑领域施工单位、咨询企业、工程监理单位等机构提供 BIM 相关服务,通过模型在移动端和 WEB 端轻量化显示和基于模型的协同功能让 BIM 协同工作更简单。具备品茗自主研发的模型轻量化引擎,能轻松实现模型和图纸的轻量化查看并支持采用二维码进行分享,同时该平台可与品茗旗下所有 BIM 软件无缝对接 |

表 3-11 可视化交底软硬件集成类产品分析

| 产品名称 | 产品分析 |
| --- | --- |
| VR | 虚拟现实(Virtual Reality, VR),是一种可以创建和体验虚拟 BIM 空间的计算机仿真系统。利用 BIM 模型在计算机中生成模拟环境,通过多源信息融合、交互式的三维动态视景和实体行为的系统仿真,使用户沉浸到该环境中进行 BIM 的交互体验。核心技术有动态环境建模技术、实时三维图形生成技术、立体显示和传感器技术、系统集成技术等 |
| AR | 增强现实(Augmented Reality, AR),是一种实时地计算摄影机影像的位置及角度,并加上响应 BIM 模型的技术,该技术的目标是在屏幕上把虚拟 BIM 模型套在现实世界并进行互动。其设备体验效果的核心除了 BIM 模型本身和响应动作,硬件效果主要在于设备计算芯片的算力和光学方案的显示效果,即设备配置越高,软件交互制作越精良,体验感越佳。主要特点分析:<br>1)感知全息化。融合多种感知手段采集的信息,并以可视化方式全息呈现。<br>2)业务实景化。用实景画面展现业务场景,用户具有临场感。<br>3)信息协同化。多种来源、多个维度的信息通过空间位置、目标对象加以聚合、关联。<br>4)应用集成化。通过图标、标签等 AR 元素建立各类业务应用的入口,在一个全景界面中集成调用 |
| MR | 混合现实(Mixed Realiry, MR),是通过智能可穿戴设备技术,将现实世界与 BIM 模型相叠加,从而建立出一个新的环境,以及符合一般视觉上所认知的虚拟影像,使现实世界中的实物能够与虚拟世界中的物件共同存在并即时互动,因此设备中会有一套 SLAM 系统对周边环境进行实时扫描,并需要 CPU 在设备里创建一个三角网虚拟世界与 BIM 模型进行互动,因此 MR 技术是目前扩展显示类设备中技术含量最高的一种,其硬件和配套软件成本也相对较高。主要特点分析:<br>1)虚实结合。真实的环境中增加虚拟的物体,虚实结合,实现更好的交流沟通。<br>2)动作捕捉。具有动作捕捉技术,体验者可通过手势操作,与虚拟物体进行互动。<br>3)增强体验感。虚实结合,让人身临其境。<br>4)轻便灵活。头盔整体重量小,可长时间佩戴 |

（续）

| 产品名称 | 产品分析 |
| --- | --- |
| 智能 AR 全景 | 以 AR 增强现实、大数据分析技术为核心，以视频地图引擎为基础，将高点视频内的建筑物、人、车、突发事件等细节信息以点、线、面地图图层的形式，自动叠加到基于高点的“实景地图”上，实现整个项目一张图指挥作战，增强全局指挥的功能，达到扁平化快速、精准指挥的效果。主要特点分析：<br>1）感知全息化。融合多种感知手段采集的信息，并以可视化方式全息呈现。<br>2）业务实景化。用实景画面展现业务场景，用户具有临场感。<br>3）信息协同化。多种来源、多个维度的信息通过空间位置、目标对象加以聚合、关联。<br>4）应用集成化。通过图标、标签等 AR 元素建立各类业务应用的入口，在一个全景界面中集成调用 |

3. 进度管理

应用价值：基于 BIM 技术进行项目进度计划管理，利用模型可视化的特点，将进度计划与模型构件挂接，进行模拟施工、结合输出的人材机资源投入统计数据及时调整和优化进度计划，过程中按实录入实际进度，并通过实际进度和计划进度的对比与分析，进行进度的动态纠偏管理。通过 BIM 软硬集成应用，提高计划编制效率和质量，实现实时的精细化进度管控。应用工具类产品分析见表 3-12。

表 3-12　进度管理应用工具类产品分析

| 产品名称 | 产品分析 |
| --- | --- |
| 斑马进度计划 | 提供智能、易用的进度计划编制与管理（PDCA）工具与服务。辅助项目从源头快速有效制订合理的进度计划，快速计算最短工期、推演最优施工方案，提前规避施工冲突；施工过程中辅助项目计算关键线路变化，及时准确预警风险，指导纠偏，提供索赔依据；最终达到有效缩短工期，节约成本，增强企业和项目竞争力、降低履约风险的目的 |
| Navisworks | 承接 Revit 创建的 BIM 模型，并可利用“选择树”和“集合”功能进行模型构件的分类，可以手工录入或导入进度计划表，并将模型构件与进度计划挂接，进行进度模拟；也可以按实录入实际进度情况，进行对比分析，对进度计划进行动态纠偏管理。软件操作简单，但进度模拟的感官效果不好，并且无法输出资源曲线辅助进度计划的优化 |

## 3.3　竣工交付阶段

在运营维护阶段 BIM 可以有以下方面的应用：竣工模型交付、维护管理等。

施工方竣工后对 BIM 模型进行必要的测试和调整再向业主提交，这样运营维护管理方得到的不只是设计和竣工图，还能得到反映真实状况的 BIM 模型，其中包含了施工过程记录、材料使用情况、设备的调试记录及状态等资料。BIM 能将建筑物空间信息、设备信息和其他信息有机地整合起来，结合运营维护管理系统，可以充分发挥空间定位和数据记录的优势，合理制订运营、管理、维护计划，尽可能降低运营过程中的突发事件。

1. 竣工验收

应用价值：整合所有专业模型，拟合建设工程实施过程中的技术资料、管理资料、进度资料、造价资料等，交付给业主方。相关产品分析见表 3-13。

2. 运维管理

应用价值：整合所有专业模型，集成所有设备、末端等信息，以便交付使用单位后续使用和维护。相关产品分析见表 3-14。

表 3-13 竣工交付应用工具类产品分析

| 产品名称 | 产品分析 |
| --- | --- |
| Revit | 拟合所有专业模型,是集成建筑模型信息的基础文件 |
| 广联达 BIMMAKE | 精细化创建 BIM 模型,模型信息丰富,内置构件库有大量构件,可用于竣工验收阶段模型资料交付 |
| NavisWorks | 可形成分析报告,用于竣工验收阶段模型资料交付 |
| 广联达 BIM 项目级管理平台 | 可导入 Revit 模型,整合工程实施过程中的技术资料、签证资料、施工管理资料等 |

表 3-14 竣工交付集成管理类产品分析

| 产品名称 | 产品分析 |
| --- | --- |
| 博锐尚格 | 可整合 Revit 模型,对接现场设备、探测器等工作状态数据,按照一定规则或标准整合成为最终运维管理平台可用数据。目前该类软件主要为运维厂商内部应用软件,未对市场开放 |
| 蓝色星球 | 可整合 Revit 模型,对接现场设备、探测器等工作状态数据,按照一定规则或标准整合成为最终运维管理平台可用数据 |

# 第4章

# Revit软件入门及图纸标准化管理

## 4.1 Revit 2020 简介

### 4.1.1 Revit 的基本概念

Revit 是 Autodesk 公司一套系列软件的名称。Revit 的各种功能是用于规划、设计、建造及管理建筑和基础设施的基于模型的智能流程。Revit 支持多领域协作设计，是专为建筑信息模型（BIM）构建的，有助于设计、建造和维护质量更好、能效更高的建筑，是我国建筑业 BIM 体系中使用最广泛的软件。

Revit 中用来标识对象的大多数术语是业界通用的标准术语。但是，有一些术语对 Revit 来讲是唯一的。了解下列基本概念对于了解 Revit 非常重要。

1. 项目

在 Revit 中，项目是单个设计信息数据库——建筑信息模型。项目文件中包含了建筑的所有设计信息（从几何图形到构造数据）。这些信息包括用于设计模型的构件、项目视图和设计图纸。利用 Revit 不仅可以轻松地修改设计，还可以使修改反映在所有关联区域（平面图、立面图、剖面图、明细表等）中，仅需跟踪一个文件，便于对项目进行管理。

2. 标高

标高是无限水平面，作为屋顶、楼板和天花板等以层为主体的图元的参照。标高一般用于定义建筑物内的垂直高度或楼层。用户可为每个已知楼层或建筑物的其他必需参照（如第二层、墙顶或基础底端）创建标高。只有在剖面图或立面图中才可放置标高。图 4-1 所示为某别墅的南立面图。

3. 图元

在创建项目时，用户可以向设计中添加 Revit 参数化建筑图元。Revit 按照类别、族、类型对图元进行分类，如图 4-2 所示。

4. 类别

类别是一组用于对建筑设计进行建模或记录的图元。例如，模型图元类别包括墙和梁，注释图元类别包括标记和文字注释。

图 4-1　某别墅的南立面图

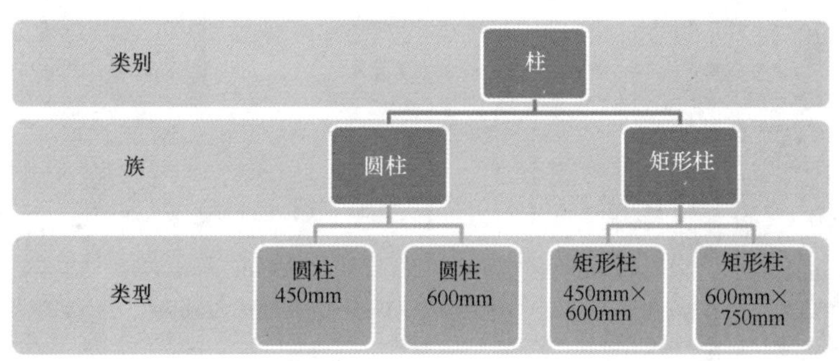


图 4-2　图元的分类

5. 族

族是某一类别中图元的类。族根据参数（属性）集的共用、使用上的相同点和图形表示的相似度来对图元进行分组。一个族中不同图元的部分或全部属性可能有不同的值，但是属性（其名称与含义）的设置是相同的。例如，可以将桁架视为一个族，虽然构成该族的腹杆支座可能会有不同的尺寸和材质。

族包括可载入族、系统族和内建族三种，解释如下。

1）可载入族可以载入到项目中，且根据样板创建。它们可以确定族的属性设置和族的图形化表示方法。

2）系统族包括楼板、尺寸标注、屋顶和标高。它们不能作为单个文件载入或创建，Revit Structure 预定义了系统族的属性设置及图形表示。用户可以在项目内使用预定义的类型生成属于此族的新类型。例如，墙在系统中已经被预定义，但用户可使用不同组合创建其他类型的墙。系统族可以在项目之间传递。

3）内建族用于定义在项目的上下文中创建的自定义图元。如果用户的项目需要不重复使用的独特几何图形，或者某个项目需要的几何图形必须与其他项目的几何图形保持众多关系之一，则可创建内建族。

提示：由于内建族在项目中的使用受到限制，因此每个内建族都只包含一种类型，用户可以在项目中创建多个内建族，并且可以将同一个内建族的多个副本放置在项目中，与系统族和可载入族不同，用户不能通过复制内建族类型来创建多种类型。

6. 类型

每一个族都可以拥有多个类型。类型可以是族的特定尺寸，如一个 A0 的标题栏或 910mm×2100mm 的门。类型也可以是样式，如尺寸标注的默认对齐样式或默认角度样式。

### 4.1.2 参数化建模系统中的图元行为

在项目中，Revit 使用三种类型的图元，如图 4-3 所示。

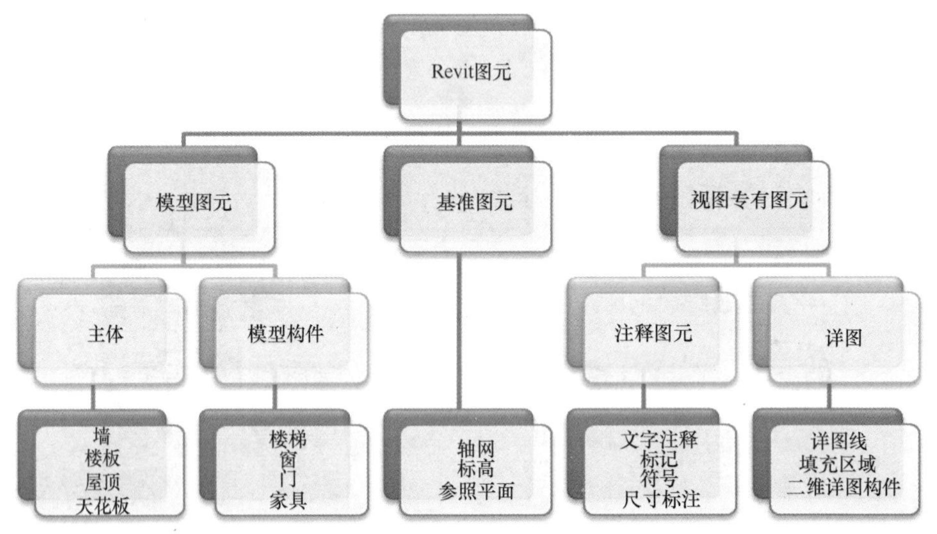


图 4-3　Revit 使用三种类型的图元

（1）模型图元　表示建筑的实际三维几何图形。它们显示在模型的相关视图中。例如，结构墙、楼板、屋顶和坡道是模型图元。

模型图元包括主体和模型构件两种类型，解释如下：

1）主体（或主体图元）通常在构造场地中在位构建，如结构墙、楼板、屋顶和坡道。

2）模型构件是建筑模型中除主体图元外的其他类型图元，如结构梁、结构柱、独立基础和钢筋。

（2）基准图元　可帮助用户定义项目上下文。例如，柱轴网、标高和参照平面是基准图元。

（3）视图专有图元　只显示在放置这些图元的视图中，可帮助用户对模型进行描述或归档。例如，尺寸标注、标记和二维详图构件是视图专有图元。

视图专有图元包括注释图元和详图两种类型，解释如下：

1）注释图元是对模型进行归档并在图纸上保持比例的二维构件，如尺寸标注、标记和

注释记号。

2）详图是在特定视图中提供有关建筑模型详细信息的二维项，如详图线、填充区域和二维详图构件。

参数化模型中的图元行为为设计者提供了设计灵活性。Revit 图元设计可以由用户直接创建和修改，无须进行编程。在 Revit 中绘图时可以定义新的参数化图元。

在 Revit 中，图元通常根据其在建筑中的上下文来确定自己的行为。上下文是由构件的绘制方式，以及该构件与其他构件之间建立的约束关系确定的。通常，要建立这些关系，无须执行任何操作，用户执行的设计操作和绘制方式已隐含了这些关系。在其他情况下，可以显式地控制这些关系。例如，通过锁定尺寸标注或对齐两面墙。

### 4.1.3 Revit 2020 的三个模块

Revit 2020 是一款三维建筑信息模型建模软件，适用于建筑设计、MEP 工程、结构工程和施工领域。Revit 的默认单位是 mm。

当一栋大楼完成打桩基础（包含钢筋）、立柱（包含钢筋）、架梁（包含钢筋）、水泥板浇筑（包含钢筋）、结构楼梯浇筑等框架结构建造（此阶段称为结构设计）后，然后就是砌砖、抹灰浆、贴外墙/内墙瓷砖、铺地砖、吊顶、建造楼梯（非框架结构楼梯）、室内软装布置、室外场地布置等施工建造作业（此阶段称为建筑设计），最后进行强电、排气系统、供暖设备、供水系统等设备的安装与调试。这就是整个房地产项目的完整建造流程。

那么，Revit 又是怎样进行正向建模的呢？Revit 是由 Revit Architecture（建筑）、Revit Structure（结构）和 Revit MEP（设备）三个模块组合而成的综合建模软件。

Revit Architecture 模块用于完成建筑项目第二阶段的建筑设计。那为什么在 Revit 2020 的功能区中排列在第一个选项卡呢？其原因就是国内的建筑结构不仅仅是框架结构，还有其他结构形式（后续介绍）。建筑设计的内容主要用于准确地表达建筑物的总体布局、外形轮廓、大小尺寸、内部构造和室内外装修情况。另外，Revit Architecture 模块能出建筑施工图和效果图。

Revit Structure 模块用于完成建筑项目第一阶段的结构设计。建筑结构主要用于表达房屋的骨架构造的类型、尺寸、使用材料要求、承重构件的布置与详细构造。Revit Structure 模块可以出结构施工图和相关明细表。Revit Structure 模块和 Revit Architecture 模块在各自建模过程中是可以相互使用的。例如，在结构中添加建筑元素，或者在建筑设计中添加结构楼板、结构楼梯等结构构件。

Revit MEP 模块用于完成建筑项目第三阶段的系统设计、设备安装与调试。只要弄清楚这三个模块各自的用途和建模的先后顺序，在建模时就不会产生逻辑混乱、不知从何着手的情况了。

## 4.2 Revit 2020 界面

Revit 2020 界面是模块三合一的简洁型界面，通过功能区进入不同的选项卡，开始进行不同的设计。Revit 2020 界面包括主页界面和工作界面。

### 4.2.1 Revit 2020 主页界面

Revit 2020 的主页界面延续了 Revit 版本系列的“模型”和“族”的创建入口功能，启动 Revit 2020 会打开图 4-4 所示的主页界面。

主页界面的左侧区域包括“模型”和“族”两个选项组，各选项组有不同的功能，下面熟悉一下两个选项组的基本功能。

图 4-4　Revit 2020 主页界面

1. “模型”选项组

模型是指建筑工程项目的模型，想要创建完整的建筑工程项目，就要创建新的项目文件或者打开已有的项目文件进行编辑。

在“模型”选项组中，包括“打开”和“新建”两个选项，用户还可以选择 Revit 提供的样板文件进入工作界面。

2. “族”选项组

族是一个包含通用属性（称为参数）集和相关图形表示的图元组，常见的包括家具、电器产品、预制板、预制梁等。

在“族”选项组中，包括“打开”和“新建”两个选项。选择“新建”选项，打开“新族-选择样板文件”对话框。通过此对话框选择合适的族样板文件，进入族设计环境，进行族的设计。

主页界面的右侧区域包括“模型”列表和“族”列表，用户可以选择 Revit 提供的样板文件或族文件，进入工作界面进行模型学习和功能操作。

### 4.2.2 Revit 2020 工作界面

Revit 2020 工作界面沿用了 Revit2014 以来的界面风格。在主页界面右侧区域的“模型”列表中选择一个项目样板或新建项目样板，进入 Revit 2020 工作界面，如图 4-5 所示。

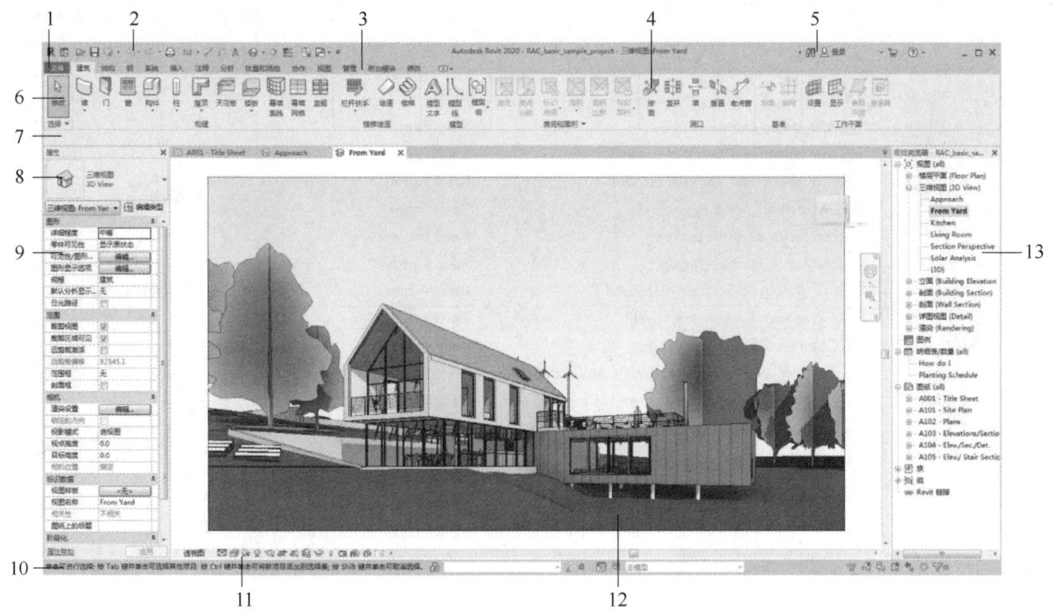


图 4-5　Revit 2020 工作界面

1—应用程序选项卡　2—快速访问工具栏　3—上下文选项卡　4—面板　5—信息中心　6—功能区　7—选项栏　8—类型选择器　9—“属性”选项板　10—状态栏　11—视图控制栏　12—图形区　13—“项目浏览器”选项板

## 4.3　参数化建模系统中的图元行为

### 4.3.1　图元的基本选择方法

图元的基本选择方法如下：

1）定位要选择的图元：将光标移动到绘图区域的图元上。Revit 2020 将高亮显示该图元并在状态栏和工具中显示有关该图元的信息。

2）选择一个图元：单击该图元。

3）选择多个图元：按住<Ctrl+>键+单击每个图元。

4）确定当前选择的图元数量：在状态栏 :0 上选择“合计”。

5）选择特定类型的全部图元：选择所需类型的一个图元，并键入“选择全部实例”（或符号 SA）。

6）选择某种类别（或某些类别）的所有图元：在图元周围绘制一个拾取框，并单击选项卡“过滤器”面板，单击“过滤器”按钮。按照所需类型，单击“确定”按钮。

7）取消选择图元：按住<Shift>键+单击每个图元，可以从一组选定图元中取消选择该图元。

8）重新选择以前的图元：按住<Ctrl>键+左箭头键（　）。

图元基本选择方法案例示范：

1）单击快速访问工具栏的“打开”按钮，打开 Revit 2020 安装路径（安装位置下的 rac_advanced_sample_family 族文件），如图 4-6 所示。

图 4-6 打开图元

2）将光标移动到绘图区域中要选择的图元上，Revit 2020 将用蓝色显示该图元，并在左下角状态栏显示有关该图元的信息，如图 4-7 所示。

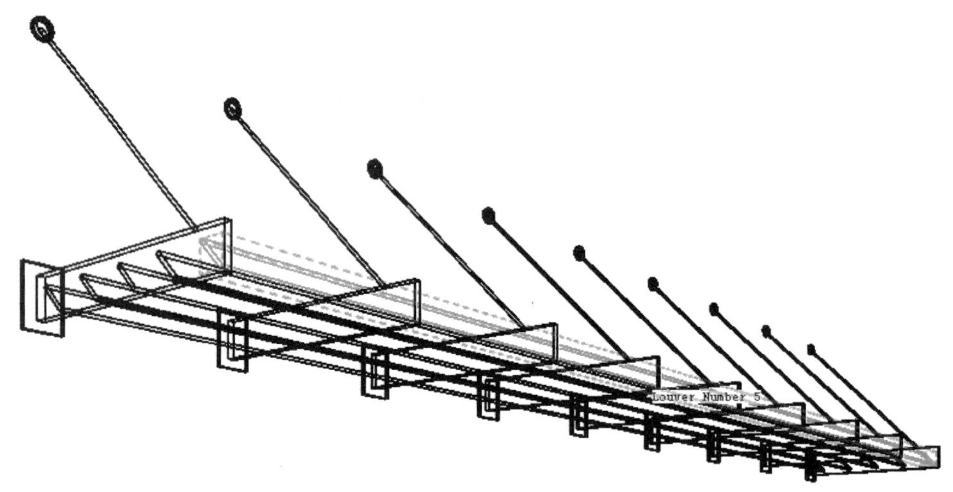


图 4-7 选择图元

3）单击显示工具提示的图元，该图元呈半透明蓝色显示。

4）按住<Ctrl>键同时选择其他图元，之后多个图元被选中。此时右下角状态栏可显示当前所选图元数量，如图 4-8 所示。

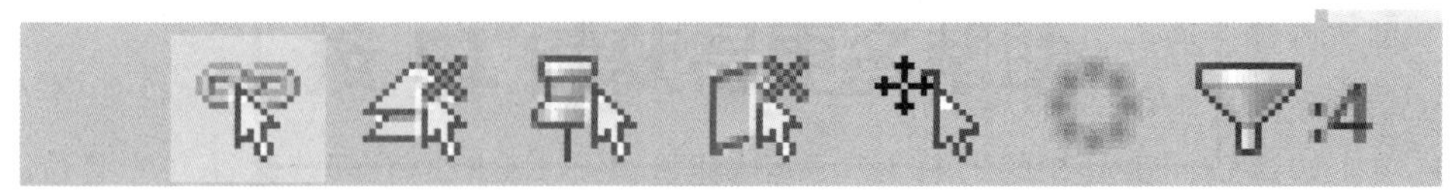


图 4-8 显示所选图元数量

5）单击图标，“过滤器”对话框将被打开，取消勾选或者勾选类别复选框，可选择所选图元是否显示。

6）如果需要选择同一类别的图元，先选中此类别中的任意一个图元，然后直接输入 SA，剩余同类别图元即会被选中。也可以先选中一个图元，右击并执行右键菜单中的“选择全部实例”|“在视图中可见”命令，如图 4-9 所示，即可同时选中同类别的全部图元。还可以通过拾取框选择，先用光标在图形区画一个从右向左的矩形，矩形边框所包含或相交的部分的图元都将被选中，此方法选中的图元不分类别。

7）若要部分取消或者全部取消选中的图元，则按住<Shift>键同时选择图元，即可取消选择。如果想要快速取消选择全部图元，则按<Esc>键退出操作即可。

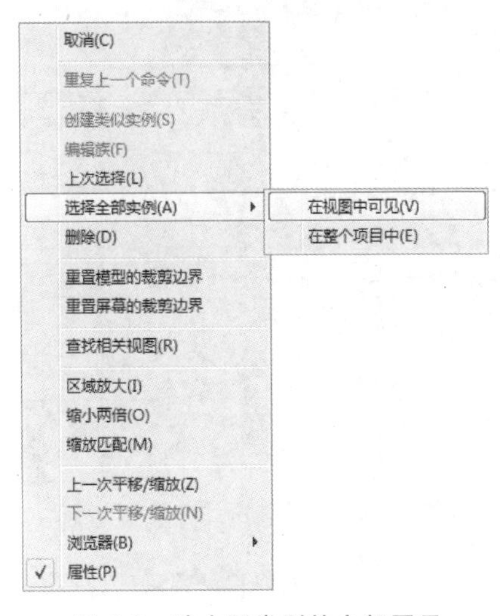


图 4-9　选中同类别的全部图元

## 4.3.2　通过选择过滤器选择图元

Revit 2020 提供了控制图元显示的过滤器选项，过滤器包括“选择链接”“选择基线图元”“选择锁定图元”“按面选择图元”“选择时拖拽图元”五个选项。可在工具面板“选择”面板中的过滤器选项及状态栏右下角的选择过滤器按钮找到过滤器。

（1）选择链接　“选择链接”跟链接的文件及其链接的图元有关。此选项可以选择包括 Revit 模型、CAD 文件和点云扫描数据文件等类别的链接及其图元。

提示：想要判断一个项目中是否有链接的模型或者文件，在项目浏览器底部的“Revit 链接”查看是否有链接对象。

（2）选择基线图元　基线用来参照底图、定位。

实例演示：

1）单击快速访问工具栏上的“打开”按钮，从“打开”对话框中打开 Revit 安装路径下的 rac_advanced_sample_project. rvt 建筑样例文件。在项目浏览器的“视图”|“楼层平面”中双击打开“03-Floor”视图，如图 4-10 所示。

2）在属性选项板的“底图”选项，点击“范围：底部标高”选择“01-Entry Level”作为基线，并单击属性选择板底部的“应用”按钮确认，如图 4-11 所示。

3）图形中显示楼层一的基线（灰显）如图 4-12 所示。

4）在工具面板的“选择”面板中选择“选择基线图元”选项，或者在右下角状态栏单击“选择基线图元”选项，即可选择灰显的基线图元。

（3）选择锁定图元　在建筑项目中，某些图元被锁定后，将不能被选择。如果想要取消锁定，则需要设置此过滤器选项。

实例演示：

1）单击快速访问工具栏的“打开”按钮，从 Revit 软件下载路径中选择 rme_advanced_sample_project. rvt 样例文件打开。

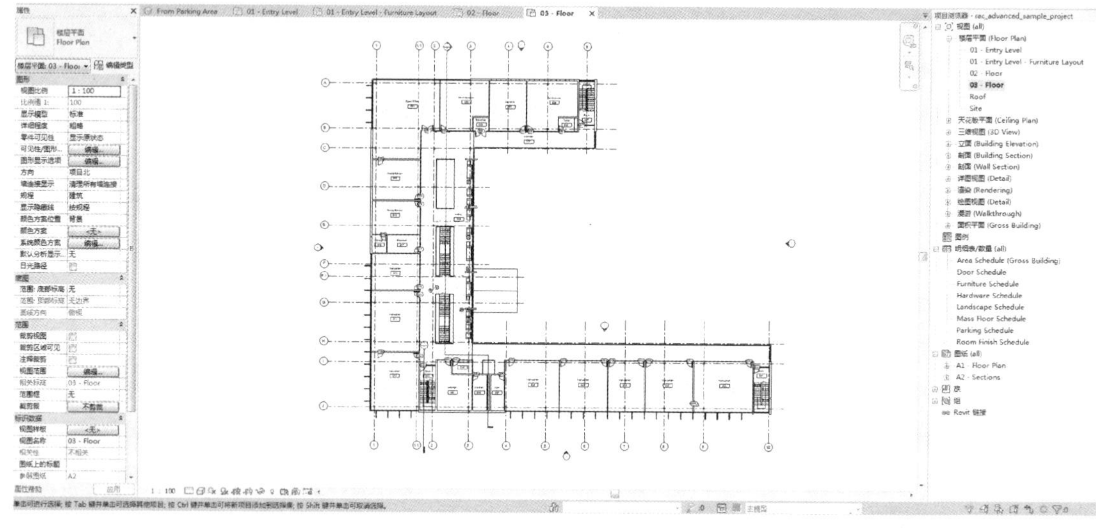

图 4-10 “03-Floor”视图

图 4-11 属性选项板的“底图”选项

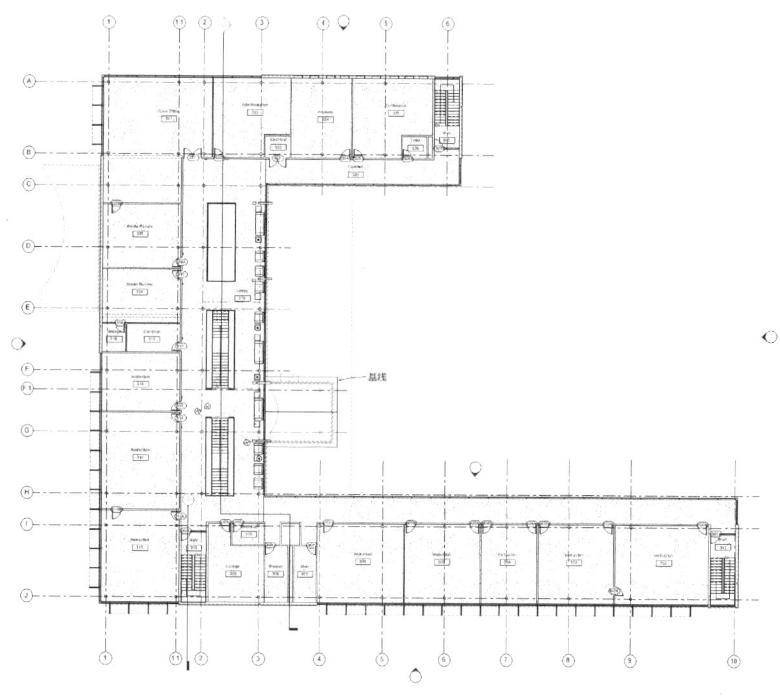


图 4-12 楼层一的基线

2）打开样例后，在图形区中选择默认视图中一个通风管道图元，并执行右键菜单“选择全部实例”|“在整个项目中”命令，选中该类型的所有通风管图元，如图 4-13 所示。

3）在弹出的“修改 | 风管”选项卡的“修改”面板中单击“锁定”按钮，被选中的风管图元上添加了图钉标记，表示被锁定。

4）默认情况下，被锁定的图元不能选择，需要在“选择”面板单击勾选“选择锁定图元”解除限制或者单击“修改 | 风管”面板的“解锁”按钮，如图 4-14 所示。

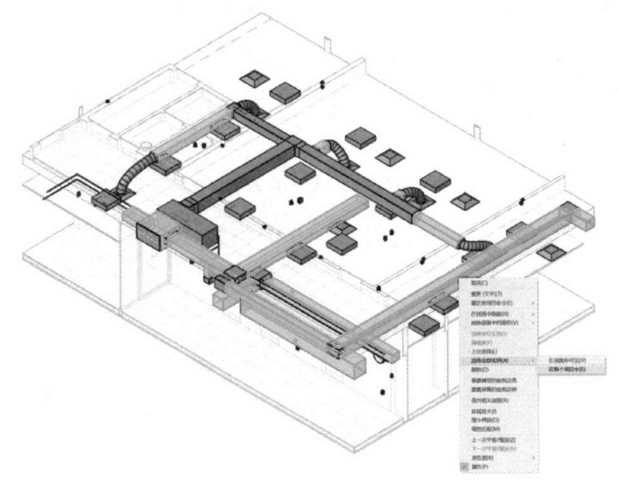

图 4-13 选择同类通风管图元

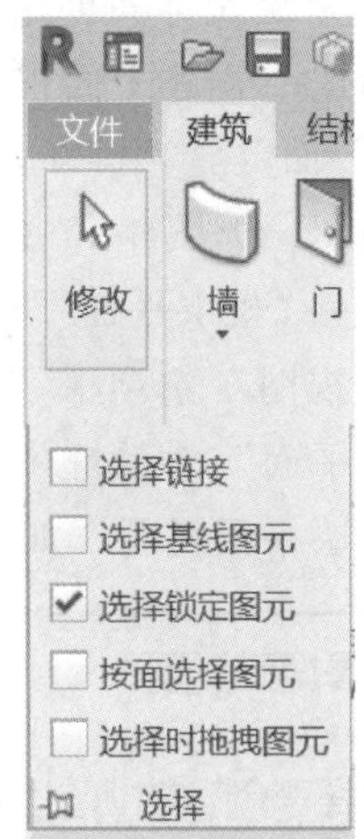


图 4-14 选择锁定图元

（4）按面选择图元 想要通过内部面板拾取而不是边来选择图元时，修改可以选择此过滤器选项。

提示：此选项适用于所有模型视图和详图视图，但不适用于视觉样式属性的“线框”。

（5）选择时拖拽图元 既要选择图元又要移动图元时，可选择此过滤器选项或者单击状态栏上“选择时拖拽图元”按钮。

提示：选择此过滤器选项时最好也选择“按面选择图元”选项，这样可以快速地选择并移动图元，如果选择图元的同时移动图元不选择此选项，则需要选择图元后释放鼠标，再移动鼠标，分步进行。

## 4.4 视图生成

在施工图设计中需要创建大量的平面、立面、剖面、详图索引、图例、明细表等各种视图，以满足施工图设计要求，如房间面积填充平面视图、室内立面视图、斜立面视图、防火分区平面视图、建筑剖面和墙身剖面视图、楼梯间索引详图、墙身屋顶节点详图、门窗图例视图、门窗等构件统计表、房间面积统计表、混凝土用量统计表等。本部分将详细讲解 Revit 2020 版本的各种视图设计方法和技巧。

### 4.4.1 平面视图

平面视图是 Revit 2020 版本中最重要的设计视图，绝大部分的设计内容都是在平面视图中操作完成的。除常用的楼层平面、天花板平面、场地平面外，设计中常用的房间分析平面图、总建筑面积平面图、防火分区平面图等平面视图都是从楼层平面视图演化而来，并和楼层平面视图保持一定的关联关系。本章将讲解上述各种平面视图的创建、编辑与设置方法。

#### 4.4.1.1 楼层平面视图

1. 创建楼层平面视图

创建楼层平面视图有以下三种方法。

（1）绘制标高创建　在立面视图中，功能区单击“建筑”选项卡的“标高”工具，选项栏勾选“创建平面视图”选项，单击“平面视图类型”按钮并在弹出的对话框中选择“楼层平面”选项，单击“确定”按钮后绘制一层标高，即可在项目浏览器中创建一层楼层平面视图，如图 4-15 所示。

（2）“楼层平面”命令　先使用阵列、复制命令创建黑色标头的参照标高，然后功能区单击“视图”选项卡“创建”面板的“平面视图”工具，选择“楼层平面”命令，在“新建楼层平面”对话框中选择复制、阵列的标高名称，单击“确定”按钮即可将参照标高转换为楼层平面视图，如图 4-16 所示。

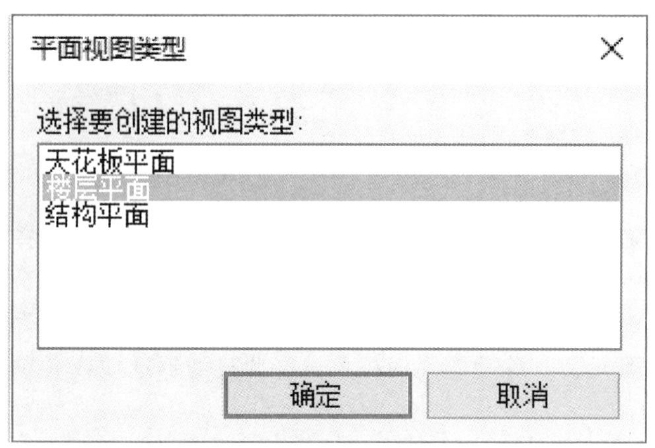


图 4-15　平面视图类型

图 4-16　新建楼层平面

（3）“复制视图”工具　该功能适用于所有的平面、立面、剖面、详图、明细表视图、三维视图等视图，是基于现有的平、立、剖等视图快速创建同类视图的方法。单击“视图”选项卡创建面板的“复制视图”工具，选择“复制视图”|“带细节复制”|“复制作为相关”等命令，即可在项目浏览器中创建并打开新建视图，还可以在项目浏览器中重新命名新建视图，如图 4-17 所示。

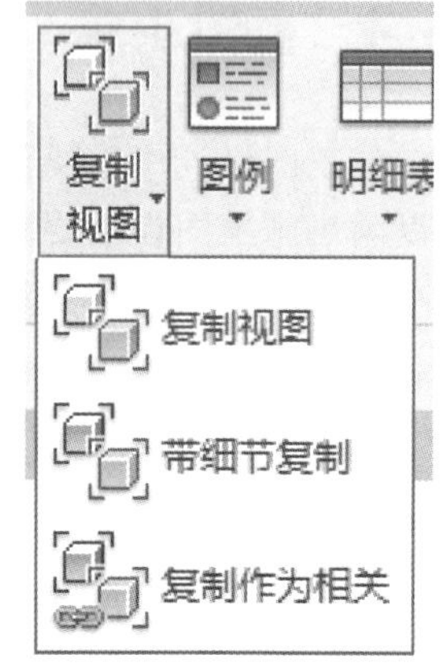


图 4-17　“复制视图”工具

1）“复制视图”：该命令只复制图中的轴网、标高和模型图元，其他门窗标记、尺寸标注、详图线等注释类图元都不复制。而且复制的视图和原始视图之间仅保持轴网、标高、现有及新建模型图元的同步自动更新，后续添加的所有注释类图元都只显示在创建的视图中，复制的视图中不同步。

2）“带细节复制”：该命令可以复制当前视图所有的轴网、标高、模型图元和注释图元。但复制的视图和原始视图之间仅保持轴网、标高、现有及新建模型图元、现有注释图元的同步自动更新，后续添加的所有注释类图元都只显示在创建的视图中，复制的视图中不同步。

3）“复制作为相关”：该命令可以复制当前视图所有的轴网、标高、模型图元和注释图元，而且复制的视图和原始视图之间保持绝对关联，所有现有图元和后续添加的图元始终自动同步。

2. 视图编辑与设置

创建的平面视图，可以根据设计需要设置视图比例、图元可见性、详细程度、显示样式、视图裁剪等，也可在视图的“属性”选项板中设置更多的视图参数。

（1）视图比例设置　在平面视图中，可按以下两种方法设置视图比例：

1）视图控制栏。单击绘图区域左下角的视图控制栏中的“1∶100”，从打开的比例列表中选择需要的视图比例即可（默认选择1∶100），如图4-18所示。在比例列表中单击“自定义”命令，然后在“自定义比例”对话框中输入需要的比例值100，可勾选“显示名称”选项，在后面栏中输入该比例在比例列表中的显示名称（如1∶100）单击“确定”按钮后即可改变当前视图的比例。

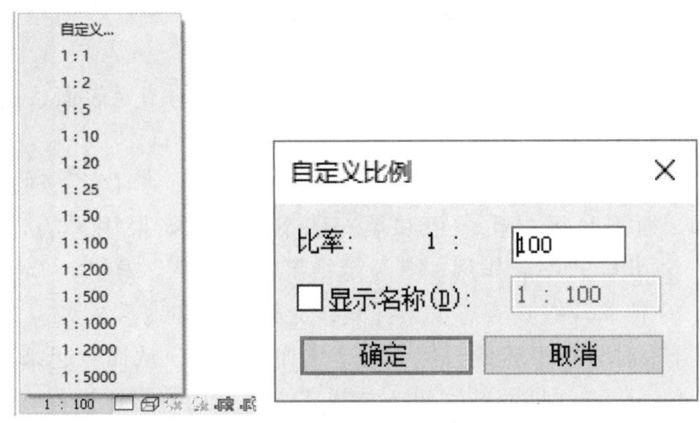


图4-18　视图控制栏设置视图比例

2）视图“属性”选项板。在左侧的视图“属性”选项板中的参数“图形”|“视图比例”的下拉列表中选择需要的视图比例“1∶100”，如图4-19所示。如左下拉列表中单击“自定义”命令，则在下面的参数“比例值1∶”文本框中输入所需比例值，即可自定义比例。

（2）视图详细程度设置　Revit 2020在创建平面、立剖面等视图时，会根据视图的比例自动按照样板文件预先设置中不同比例对应的详细程度来显示视图中的图元。视图的详细程度分为粗略、中等和精细三种。同一个图元在不同的详细程度设置下会显示不同的内容。此功能可用于图形显示控制，如图4-20所示。

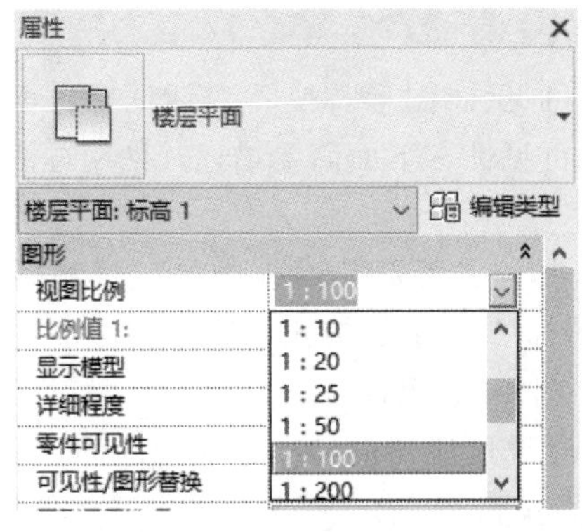


图4-19　视图“属性”选项板设置视图比例

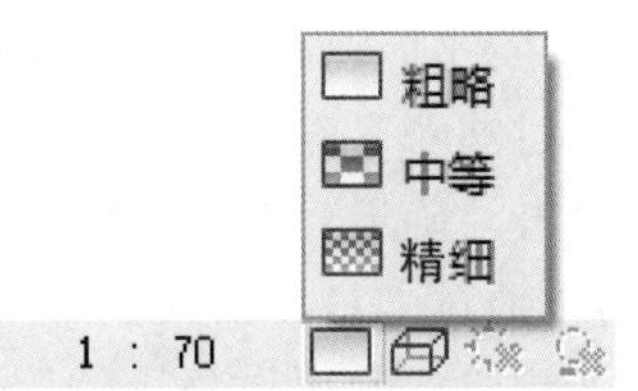


图4-20　图形显示控制

(3) 视觉样式设置　单击绘图区域左下角的视图控制栏中的"视觉样式"选项，打开"视觉样式"列表，从中选择需要的视觉样式即可，如图 4-21 所示。

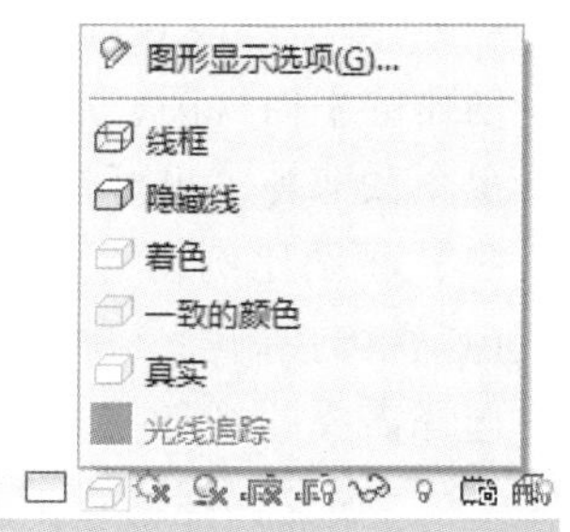


图 4-21　视觉样式

无论是平面视图，还是立剖面、三维视图，视觉显示样式有以下六种（图 4-22）：

1）线框：以透明线框模式显示所有能看见和看不见的图元边线及表面填充图案。

2）隐藏线：以黑白两色显示所有能看见的图元边线及表面填充图案，且阳面和阴面显示亮度相同。

3）着色：以图元材质颜色彩色显示所有能看见的图元表面及表面填充图案，图元边线不显示，且阳面和阴面显示亮度不同。

4）一致的颜色：以图元材质颜色彩色显示所有能看见的图元表面、边线及表面填充图案，且阳面和阴面显示亮度相同。

5）真实：从"选项"对话框启用"硬件加速"功能后，"真实"样式将以图元真实的渲染材质外观显示，而不是用材质颜色和填充图案显示。如果用户的计算机显卡不支持"硬件加速"功能，则此样式不起作用，其显示结果同"着色"样式。

6）光线追踪：一种照片级真实感渲染样式，允许平移和缩放模型。在使用该视觉样式时，模型的渲染在开始时分辨率较低，但会迅速增加保真度，从而看起来更具有照片级真实感。在使用"光线追踪"样式期间或在进入该样式之前，用户可以选择在"图形显示选项"对话框中设置照明、摄影曝光和背景。

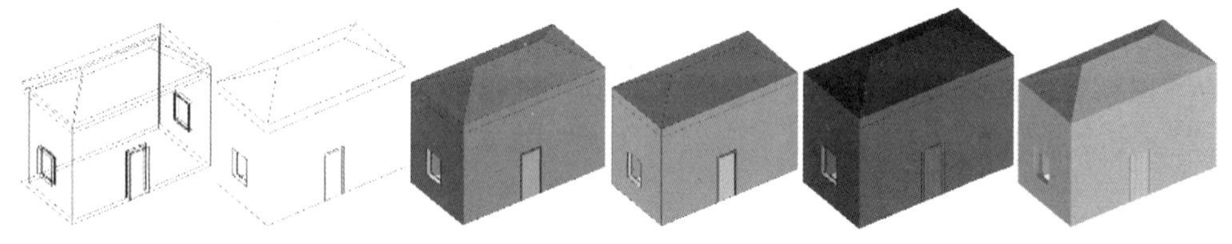

图 4-22　从左至右依次为三维视图的六种图形显示样式

(4) 视图可见性设置　在平面、立剖面、三维视图中，随时可以根据设计和出图的需要，隐藏或恢复某些图元的显示。Revit 2020 中提供了"可见性/图形"工具、隐藏与显示、临时隐藏或隔离三种可见性设置方法。

(5) 过滤器设置与应用　在"视图"选项卡"可见性/图形替换"对话框中，可以看到 Revit 2020 能够通过"过滤器"来设置视图的图元可见性。下面简要描述其使用方法，如图 4-23 所示。

1）在任意平面视图中，单击功能区"视图"选项卡"图形"面板中的"过滤器"工具，打开"过滤器"对话框。单击左下角的第一个图标"新建"按钮，输入所添加过滤器的名称，单击"确定"按钮创建一个空的过滤器，如图 4-24 所示。

2）可以通过"过滤器列表"下拉列表框来显示所设过滤器的种类，在中间的"类别"列表框中勾选如"专用设备""卫浴装置"等类别，单击"确定"按钮完成过滤器设置，如图 4-25 所示。

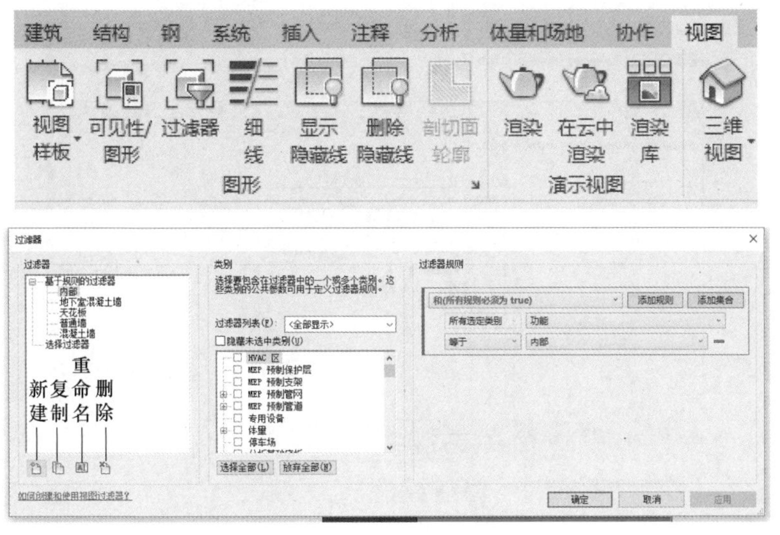


图 4-23 过滤器设置与应用

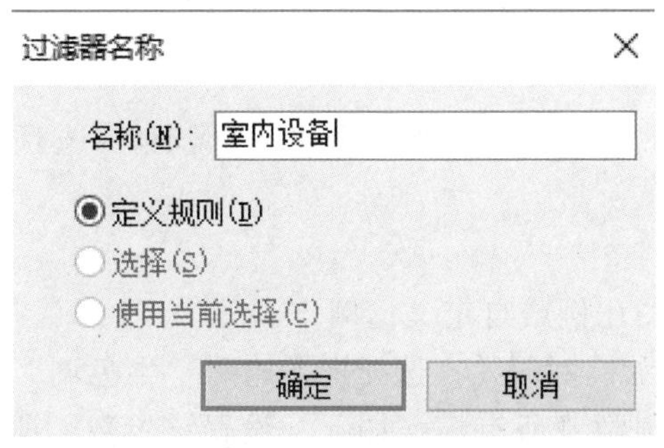


图 4-24 新建过滤器

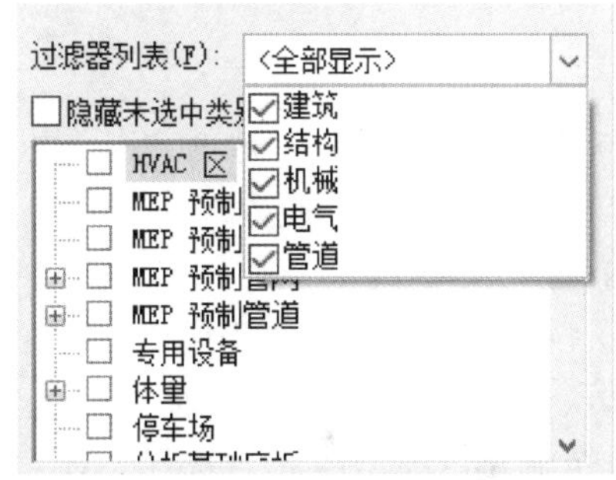


图 4-25 过滤器列表

在“过滤器”对话框中，可以进一步设置“过滤器规则”的“过滤条件”，从而将类别中具有某些共同特性的图元给过滤出来，而不是该类别的所有图元，如图 4-26 所示。

图 4-26 过滤器规则设置

3）单击：“可见性/图形”工具按钮，打开“可见性/图形替换”对话框，在“过滤器”选项卡中单击“添加”按钮，从“添加过滤器”对话框中选择刚创建的过滤器，单击“确定”按钮，然后取消勾选其“可见性”选项，单击“确定”按钮后即可自动隐藏所有的室内设备，如图 4-27 所示。

在“可见性/图形替换”对话框中，除了可以关闭过滤图元的显示，也可以设置这些图元的投影和截面显示线样式和填充图案样式的替换样式，或设置其为半色调、透明显示，以实现特殊的显示效果。

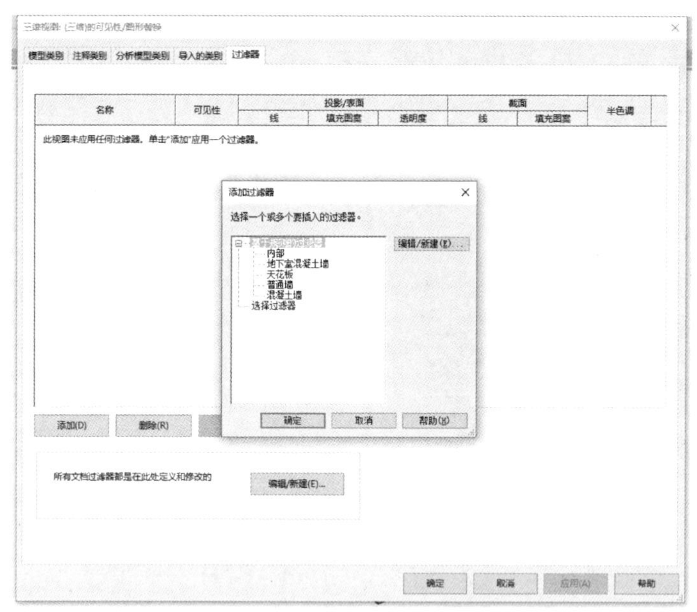

图 4-27 “可见性/图形替换”对话框

（6）视图“属性”选项板　更多的平面视图设置需要在视图“属性”选项板（图 4-19）中设置相关参数。

1）图形类参数。

①“视图比例”和“比例值 1：”：可设置视图比例或自定义比例。

②“显示模型”：选择“标准”选项则正常显示模型图元，选择视图比例“半色调”选项则灰色调显示模型图元，选择“不显示”选项则隐藏所有模型图元。设置该参数，所有注释类及详图图元不受影响。此功能可在某些特殊平面详图视图中需要突出显示注释类及详图图元，淡化或不显示模型图元时使用。

③“详细程度”：可设置图形显示为粗略、中等、精细三种，控制图元的显示细节。

④“可见性/图形替换”：单击后面的“编辑”按钮打开“可见性/图形替换”对话框，设置图元可见性。

⑤“图形显示选项”：使用“图形显示选项”对话框中的设置来增强模型视图的视觉效果。单击后面的“编辑”按钮打开“图形显示选项”对话框，设置模型的阴影和日光位置。

⑥“方向”：可以选择“项目北”和“正北”方向。

⑦“墙连接显示”：设置平面图中墙交点位置的自动处理方式为“清理所有墙连接”或“清理相同类型的墙连接”。图 4-28 为两种墙连接显示。本例选择“清理所有墙连接”。当“详细程度”为中等和精细时，该参数自动选择“清理墙连接显示所有墙连接”方式，且不能更改，如图 4-28 所示。

⑧“规程”：指定规程专有图元在视图中的显示方式，也可以使用此参数来组织项目浏览器中的视图，如图 4-29 所示。

⑨“显示隐藏线”：根据类别控制视图中的隐藏线的显示。“全部”则根据适用于“可见性/图形替换”对话框中大部分模型类别的隐藏线子类别显示所有隐藏线；“按规程”则根据“规程”设置显示隐藏线；“无”则在该视图中不显示隐藏线。

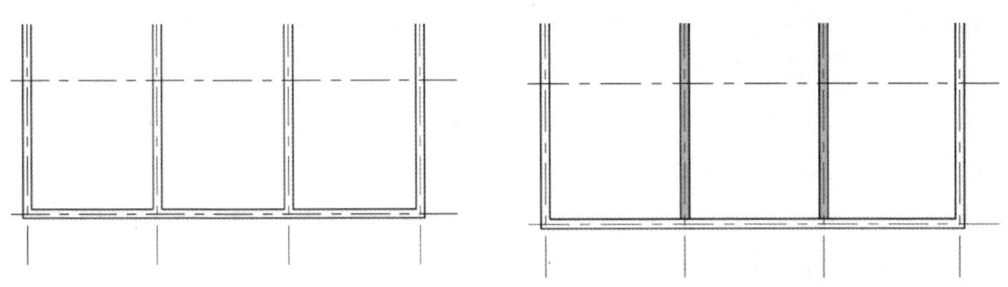

图 4-28　墙连接显示

⑩“颜色方案位置”和“颜色方案”：用于设置面积分析和房间分析平面颜色填充方案。

⑪“系统颜色方案”：将颜色方案应用到管道和风管系统。

⑫“默认分析显示样式”：选择视图的默认分析显示样式。可用样式在“分析显示样式”对话框中创建，如图 4-30 所示。

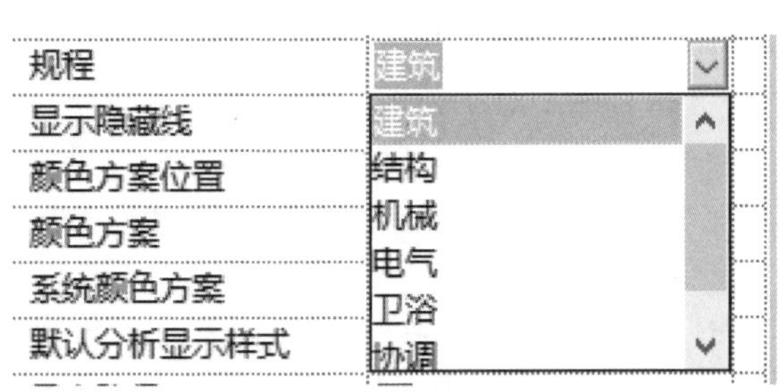


图 4-29　指定图元在视图中的显示方式

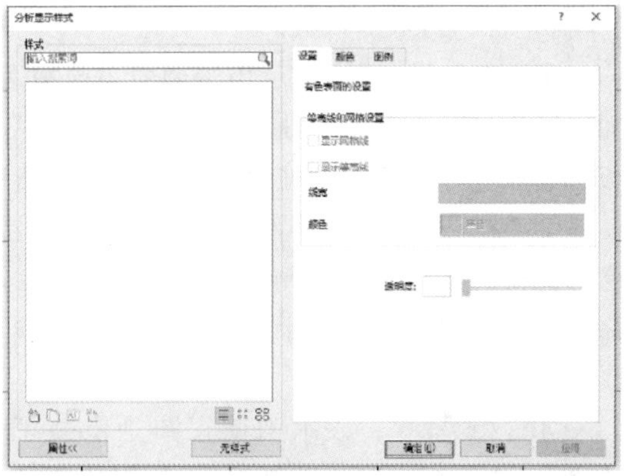

图 4-30　分析显示样式

⑬“日光路径”：为项目中指定的地理位置打开或关闭日光投射显示。日光路径可用于所有三维视图，但不包括使用“线框”或“一致的颜色”视觉样式的视图。为在研究建筑和场地的灯光/阴影效果时获得最佳结果，需在三维视图中打开日光路径和阴影显示。

2）底图。

①“范围：底部/顶部标高”：在当前平面视图中显示一系列模型。通过为（底部标高）范围指定标高设置基线范围。此标高和紧邻的上一标高之间的模型范围或（顶部标高）范围会显示。基线方向设置基线范围的视图方向。

②“基线方向”：基线即底图。Revit 2020 默认把下面一层的平面图灰色显示作为当前平面图的底图，以方便捕捉绘制，出图前请设置“基线”参数为“无”。Revit 2020 可把任意一层设置为基线底图，不受楼层上下限制。

3）范围。

①“剪裁视图”：使用该功能，超出剪裁区域的模型图元（或图元的一部分）不会在视图中显示。

②“剪裁区域可见”：显示剪裁区域的边界。选择剪裁区域，并使用夹点调整其大小，或使用“修改”选项卡上的工具编辑、重置或确定剪裁区域的大小。

③“注释剪裁”：注释剪裁区域会在接触到注释图元的任何部分时完全剪裁注释图元，从而确保不会给绘制部分注释。

④“视图范围”：视图范围是一组水平面，控制了对象在平面视图中的可见性。定义了视图范围的水平平面包括：顶部、剖切平面和底部。顶部和底部平面定义了视图范围的顶部边缘高度和底部边缘高度。剖切平面通过剖切标识的方式确定了图元与平面相交时显示的高度。这三个平面标识了主视图范围。

⑤“相关标高”：显示当前视图所关联的标高。若要添加标高，必须处于剖切视图或立面视图。添加标高时，可以创建一个关联平面视图。

⑥“范围框”：将范围框应用到视图以定义视图剪裁，从而控制基准图元（轴网、标高和参照线）在视图中的显示。在模型中创建范围框并将其指定给基准图元，随后将范围框应用到一个或多个视图。视图中仅会显示与指定的范围框相交的基准。

⑦“截剪裁”：控制模型边在视图剪裁平面中或上方位置的显示方式，系统给出三种选项：不剪裁、剪裁时无截面线和带线剪裁。

4）标识数据类参数。

①“视图样板”：显示用于创建当前视图的样本的名称。视图样板是一组视图属性集合，如视图比例、规程、详细程度及可见性设置。使用视图样板可为视图应用标准设置。视图样板可确保遵守办公室标准并保证施工图文档集之间的一致性。

②“视图名称”：设置视图在项目浏览器中显示的名称。对平面图来说，该名称和标高名称保持一致，可以设置为“首层平面图”等，单击“确定”按钮时会提示“是否希望重命名标高和视图?”，如果选择“是”，则项目浏览器中的名称和立面图中的标高名称都会改变。

③“相关性”：表示当前视图是依赖于另一个视图或是独立视图，只能读取不能修改。复制视图时，可以创建多个依赖于主视图的副本。这些副本会与主视图和所有其他相关视图保持同步，这样在某个视图中进行视图特定更改时，更改内容会在所有视图中体现。

④“图纸上的标题”：指定在图纸上显示为视图标题的文字，可以为图纸上的各个视图标题定义属性，还可以定义并使用视图标题类型将标准设置应用到视图标题。当视图放到图纸上时，此处还会显示“图纸编号”和“图纸名称”只读参数，并自动提取视图所在图纸的编号和名称。

⑤“参照图纸”：指定包含当前视图的图纸。

⑥“参照详图”：如果当前视图在图纸中被参照，则该值会指定放置在参照图纸上的参照视图。如在平面视图中创建剖面，将该平面视图作为首个详图放置在编号为 A101 的图纸上。剖面视图的参照详图编号为 1。

5）阶段化。

①“阶段化过滤器”：指定当前视图的阶段过滤器。阶段过滤器会根据图元的阶段状态（如新建、现有、已拆除或临时）来控制图元的显示。有多种默认阶段过滤器可用于项目，如“完全显示”“显示拆除+新建”“显示新建”等。

②“阶段”：指定当前视图的阶段。可以定义项目阶段（如“现有”“扩展 1”“扩展 2”等），并将阶段过滤器应用到视图和明细表，以显示不同工作阶段的项目情况。

3. 视图样板

设置好的平面视图的比例、详细程度、模型图形样式、可见性及视图属性参数，以及视图裁剪参数等，都可以保存为一个视图设置样板，然后将其设置快速自动应用到其他楼层平面视图中，以提高设置效率，如图 4-31 所示。

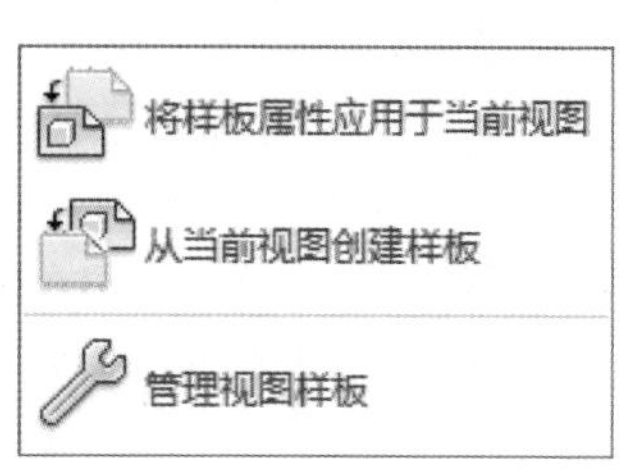


图 4-31 管理视图样板

（1）从当前视图创建样板

1）在平面视图中，功能区单击“视图”选项卡“视图样板”工具，从下拉菜单中选择“从当前视图创建样板”命令。

2）在“新视图样板”对话框中输入“首层平面显示”，单击“确定”按钮打开“视图样板”对话框，对话框右侧的“视图属性”选项组中各项参数自动提取了当前平面视图的参数值。可在此重新编辑各项参数设置，如图 4-32 所示。

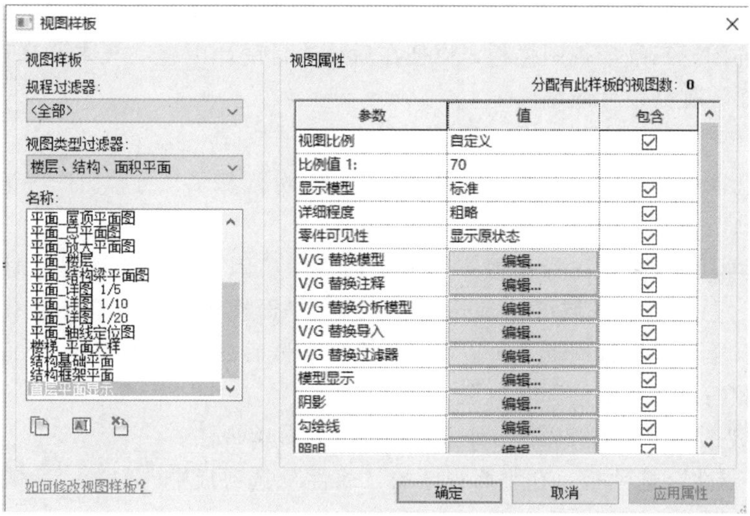

视图样板
视图样板
规程过滤器:
<全部>
视图类型过滤器:
楼层、结构、面积平面
名称:
平面_屋顶平面图
平面_总平面图
平面_放大平面图
平面_楼层
平面_结构梁平面图
平面_详图 1/5
平面_详图 1/10
平面_详图 1/20
平面_轴线定位图
楼梯_平面大样
结构基础平面
结构框架平面
首层平面显示
如何修改视图样板?

视图属性
分配有此样板的视图数: 0

| 参数 | 值 | 包含 |
| --- | --- | --- |
| 视图比例 | 自定义 | ☑ |
| 比例值 1: | 70 | |
| 显示模型 | 标准 | ☑ |
| 详细程度 | 粗略 | ☑ |
| 零件可见性 | 显示原状态 | ☑ |
| V/G 替换模型 | 编辑... | ☑ |
| V/G 替换注释 | 编辑... | ☑ |
| V/G 替换分析模型 | 编辑... | ☑ |
| V/G 替换导入 | 编辑... | ☑ |
| V/G 替换过滤器 | 编辑... | ☑ |
| 模型显示 | 编辑... | ☑ |
| 阴影 | 编辑... | ☑ |
| 勾绘线 | 编辑... | ☑ |
| 照明 | 编辑 | ☑ |

确定 取消 应用属性

图 4-32 “视图样板”对话框

3）单击“确定”按钮即可基于平面视图的视图属性设置创建了“楼层、结构、面积平面”类型视图样板。

（2）“将样板属性应用于当前视图” 将存储在视图样板中的特性应用到当前视图。使用视图样板可以应用规程特定的设置和自定义视图外观。之后对视图样板的更改不会自动应用到该视图。要链接视图样板到某一视图，使该视图自动反映视图样板的更新，需使用视图“特性”选项板中的“视图样板”特性。

（3）“管理视图样板” 用于显示项目中的视图样板的参数。可以添加、删除和编辑现有的视图样板，还可以复制现有的视图样板，以便作为创建新视图样板的起点。如果修改现有样板的参数，则所做的修改不会影响该样板以前应用到的视图。

1）在“规程过滤器”下拉列表框中可以选择所需规程，如图 4-33 所示。

2）从“视图类型过滤器”下拉列表框中可以选择所需视图类型，如图 4-34 所示。

3）在“名称”列表框中选择某一个样板名称，在右侧“视图属性”选项组中可设置其各项参数，如图 4-35 所示。

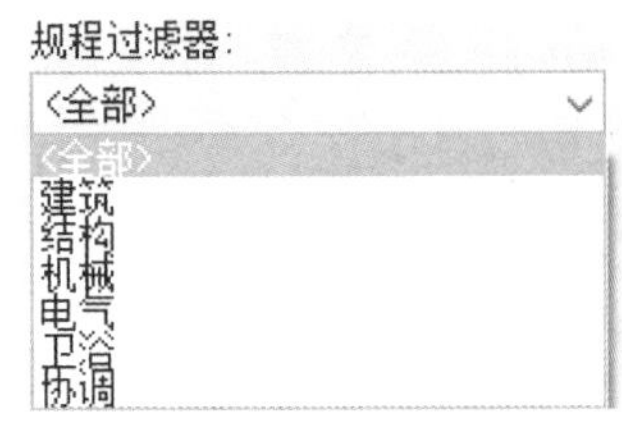

图 4-33　规程过滤器

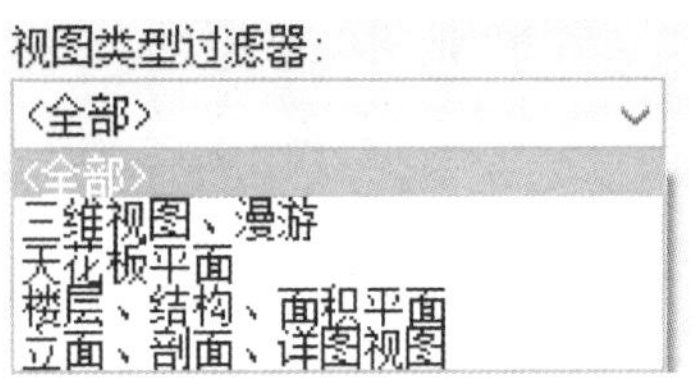

图 4-34　视图类型过滤器

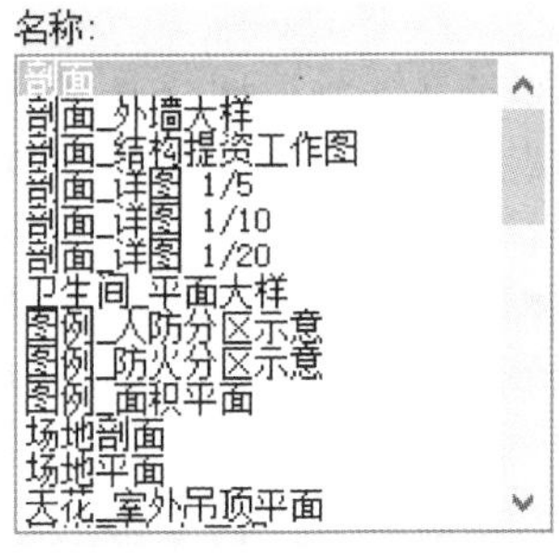

图 4-35　选择样板名称

4）左下角的三个图标，可以复制、重命名和删除选择的视图样板，如图 4-36 所示。

图 4-36　复制、重命名和删除视图样板

建议在自己的样板文件中设置好各种常用的不同比例的平面、立剖面、详图、三维等视图样板，以便在后续项目设计中直接批量设置视图，提高设计效率。

4. 视图裁剪

视图裁剪功能在视图设计中非常重要，在大项目分区显示、分幅出图等情况下可以使用该功能调整裁剪范围显示视图局部。

（1）“裁剪视图”与“注释裁剪”打开平面视图　因而在创建该视图时已经自动打开了“裁剪视图”与“裁剪区域可见”开关，所以在平面视图中，建筑外围有一个很大的矩形裁剪范围框。单击选择裁剪框，可以看到一个回形嵌套的矩形裁剪框，里面的实线框是模型裁剪框，外侧的虚线框是注释裁剪框。

1）“裁剪视图”：可通过以下两种方式控制是否裁剪视图。

① 视图“属性”选项板：在平面视图的“属性”选项板中，勾选“裁剪视图”参数则可以用模型裁剪框裁剪视图。取消勾选则不裁剪。

② 视图控制栏：单击 按钮，可以在不裁剪和裁剪视图间切换。

2）“裁剪区域可见”：和“裁剪视图”一样，可通过“属性”选项板的“裁剪区域可见”参数和视图控制栏的 或 按钮控制模型裁剪框是否显示。注意：当不裁剪视图时，即使打开裁剪框显示，也不裁剪视图。

3）“注释裁剪”：必须通过视图“属性”选项板的“注释裁剪”参数控制虚线注释裁剪框是否显示。注释裁剪框专用于裁剪尺寸标注、文字注释等注释类图元，凡与注释裁剪框相交的注释图元都会被全部隐藏。

如果不打开“注释裁剪”，仅用模型裁剪框裁剪视图的话，可能会出现图 4-37 所示的情况：没有被完全裁剪掉的双开门，其门标记依然在裁剪框外正常显示。

（2）裁剪视图　打开上述三个开关后，即可使用以下两种方法来调整裁剪框边界裁剪视图。

1）拖拽裁剪框。

① 在平面视图中，单击选择模型裁剪框，拖拽实线边线中间的蓝色实心双三角控制柄，到指定位置松开鼠标，虚线注释裁剪框跟随移动裁剪视图。拖拽虚线注释裁剪框和指定位置

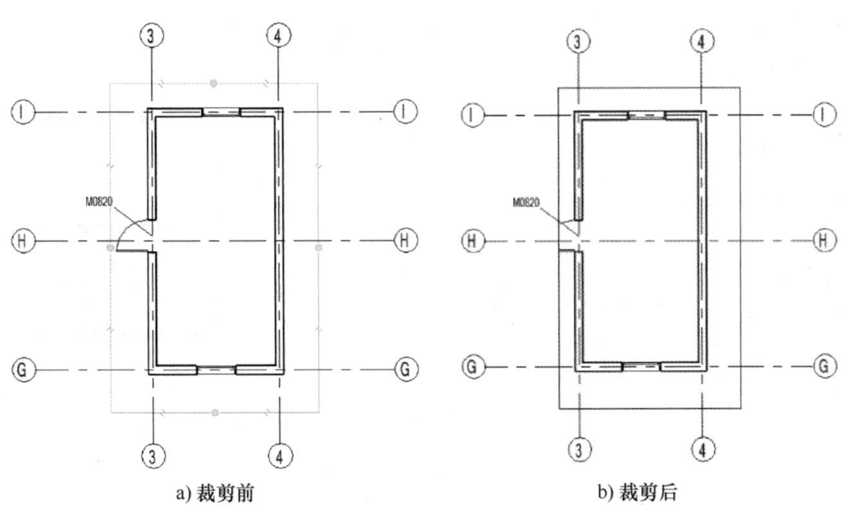


a) 裁剪前　　b) 裁剪后

图 4-37　未打开“注释裁剪”使用模型裁剪框裁剪视图

的标记相交，裁剪隐藏标记。

② 拖拽东、西、南裁剪边界到轴网标头外侧位置。

③ 在视图控制栏单击按钮，隐藏裁剪边界显示，裁剪后的平面图如图 4-38 所示。

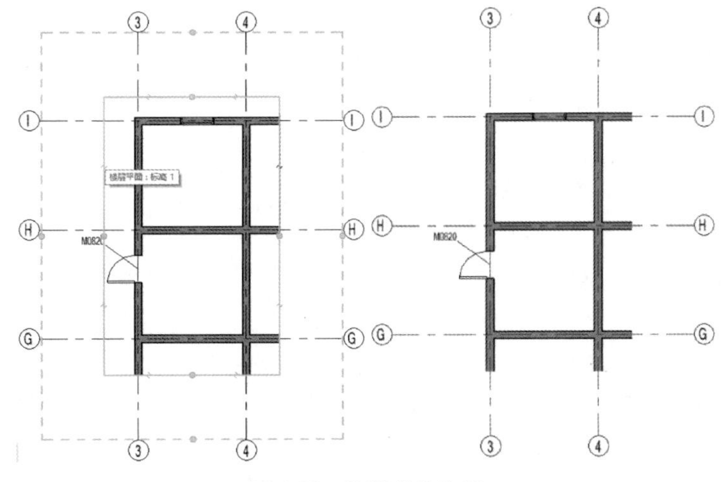


图 4-38　隐藏裁剪边界

2）尺寸精确裁剪。打开平面视图，单击选择模型裁剪框，在功能区单击“修改 | 楼层平面”子选项卡的“尺寸裁剪”工具，打开“裁剪区域尺寸”对话框。

① 设置裁剪框的“宽度”“高度”参数和“注释裁剪偏移”的左、右、顶、底四边距离模型裁剪框的边距尺寸，单击“确定”按钮。剪裁区域可根据数值进行变化。

② 在视图控制栏单击按钮，隐藏裁剪边界显示，裁剪后的平面图如图 4-39 所示。

（3）裁剪视图功能的其他应用——轴网标头与裁剪框

1）选择任意一根垂直轴线，会发现裁剪边界外的所有上标头全部变成了“2D”标头，且标头会随着裁剪边界自动调整其位置。打开其他视图，可以看到其他视图中的轴线上标头位置没有变化。

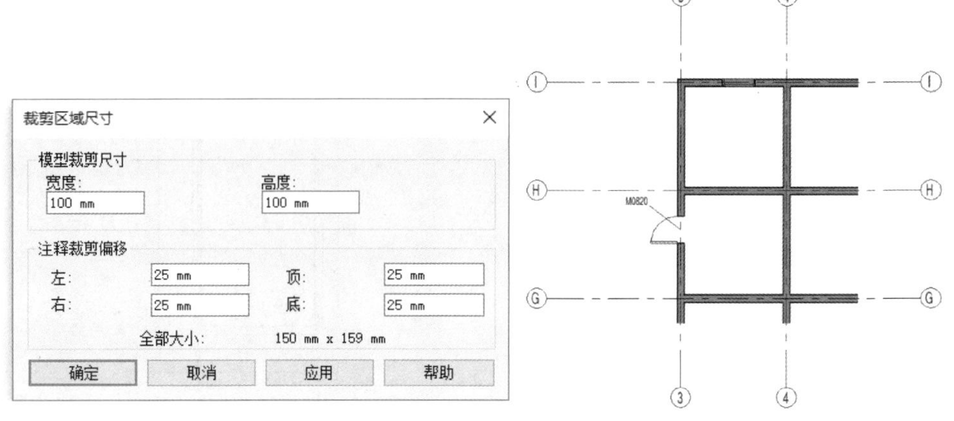


图 4-39　尺寸精确裁剪

2）如果拖拽裁剪框边界到标头之外，则所有上标头又会恢复为“3D”标头，与其他平面视图中的轴网标头同步联动。

3）在平面图设计中如需单独调整某层轴网标头位置，即可使用此功能。

5. 视图范围、平面区域与截剪裁

Revit 2020 平面视图模型图元的显示，由视图范围、平面区域与截剪裁的参数设置控制。

（1）视图范围　建筑设计中平面视图模型图元的显示，默认是在楼层标高以上 1200mm 位置水平剖切模型后向下俯视而得，不同剖切位置、向下不同的视图深度决定了平面视图中模型的显示。

1）打开平面视图，在视图“属性”选项板中单击“视图范围”参数后面的“编辑”按钮，打开“视图范围”对话框，如图 4-40 所示。

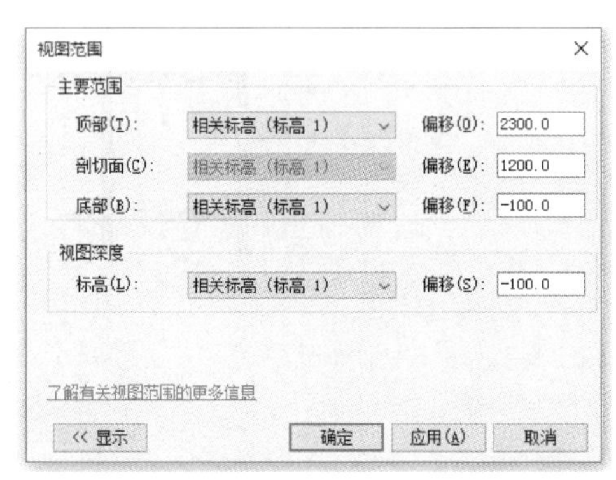


图 4-40　“视图范围”对话框

2）“主要范围”选项组设置。

①“顶部”与“偏移”：这两个参数结合设置了视图“主要范围”的顶部位置，默认为相对当前标高 1 向上偏移 2300mm 的位置。

②“底部”与“偏移”：这两个参数结合设置了视图“主要范围”的底部位置，如图 4-40 所示，默认为当前标高 1 位置。

③“剖切面”与“偏移”：这两个参数结合设置了横切模型的高度位置，默认为相对当前标高 1 向上偏移 1200mm 的位置。注意：剖切面的高度位置必须位于顶部和底部高度之间。

3）“视图深度”选项组设置。“标高”与“偏移”这两个参数结合决定了从剖切面向下俯视能看多深，由此也就决定了平面视图中模型的显示。默认的视图深度为到当前标高为止。在需要时可以设置相对当前标高的偏移量。

4）单击“确定”按钮关闭对话框。平面视图的显示即由上述“剖切面”到视图深度

“偏移量”之间范围内的图元决定。

（2）平面区域　在平面视图中，功能区单击“视图”选项卡“创建”面板“平面视图”工具，从下拉菜单中选择“平面区域”命令，显示“修改 | 创建平面区域边界”子选项卡，如图 4-41 所示。

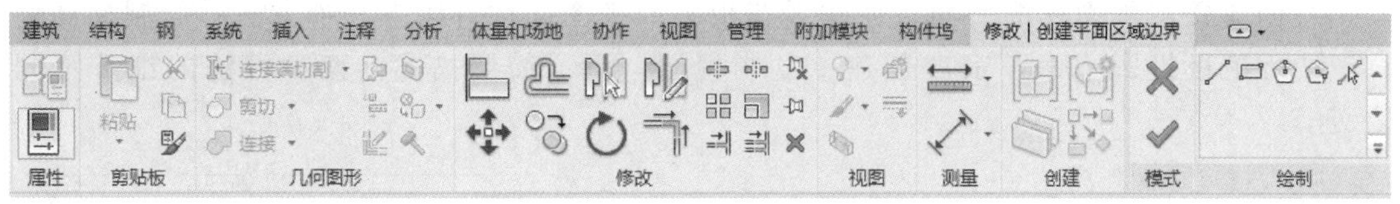


图 4-41　“平面视图”工具

1）在平面内绘制闭合的区域并指定不同的视图范围，以便显示剖切面上下的附属件。视图汇总的多个平面区域不能彼此重叠，但它们可以具有重合边。

2）如图 4-42 所示，单击选择平面区域，拖拽边线上的蓝色实心双三角控制柄可调整边界范围。

3）单击“修改 | 平面区域”子选项卡的“编辑边界”工具，返回绘制边界状态，可重新编辑平面区域边界位置和形状，“完成平面区域”后刷新平面显示。

4）单击“修改 | 平面区域”子选项卡的“视图范围”工具或设置“属性”选项板的“视图范围”参数，可以重新设置平面区域范围内的“剖切面”等参数。

5）出图前可用“可见性/图形”工具，在“注释类别”选项卡中取消勾选“平面区域”类别，隐藏其显示。

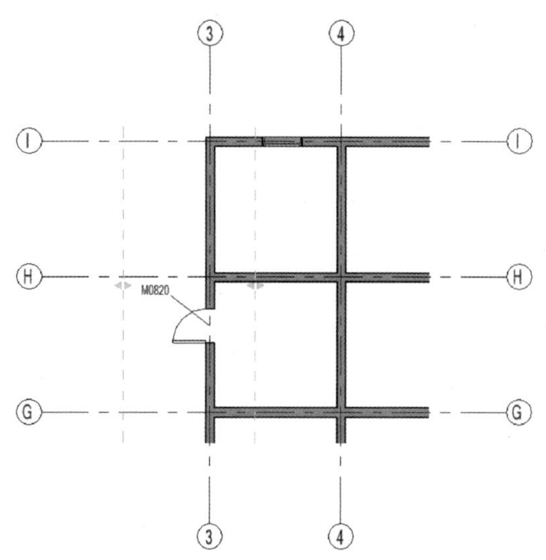


图 4-42　调整边界范围

（3）截剪裁

1）“截剪裁”参数默认的设置为“不剪裁”，平面视图显示被剪裁构件在 F1 标高的底部投影边线，如图 4-43 所示。

2）单击“截剪裁”参数后面的按钮，打开“截剪裁”对话框，选择“剪裁时无截面线”选项，单击“确定”按钮。被剪裁构件在 F2“视图深度”位置截断了，墙的下部不显示，且在截断位置不显示截面线，如图 4-44 所示。

3）同理，如选择“剪裁时有截面线”选项，则被剪裁构件在 F2“视图深度”位置截断，墙的下部不显示，但在截断位置显示截面线，如图 4-45 所示。

图 4-43　显示被剪裁构件

图 4-44　不显示被剪裁构件

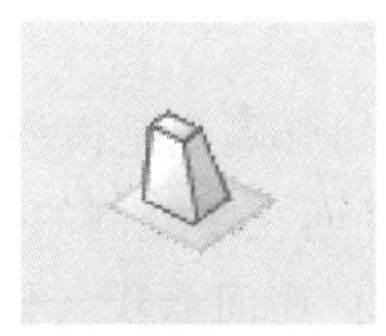

图 4-45　截断位置显示截面线

#### 4.4.1.2 天花板平面视图

天花板平面视图的创建、编辑与设置、视图样板、视图裁剪、视图范围等功能与楼层平面视图完全一样，本节不再详述。下面仅就创建天花板平面视图的细节不同之处做简要介绍。

与创建楼层平面视图一样，创建天花板平面视图同样有以下三种方法：绘制标高创建、“天花板投影平面”命令创建，复制视图。下面简要描述前两种方法的细节不同之处。

1. 绘制标高创建

在立面视图中，功能区单击“建筑”选项卡的“标高”工具，在选项栏勾选“创建平面视图”选项，单击“平面视图类型”按钮选择“天花板平面”，确定后绘制一层标高，即可在项目浏览器中创建一层天花板平面视图，如图 4-46 所示。

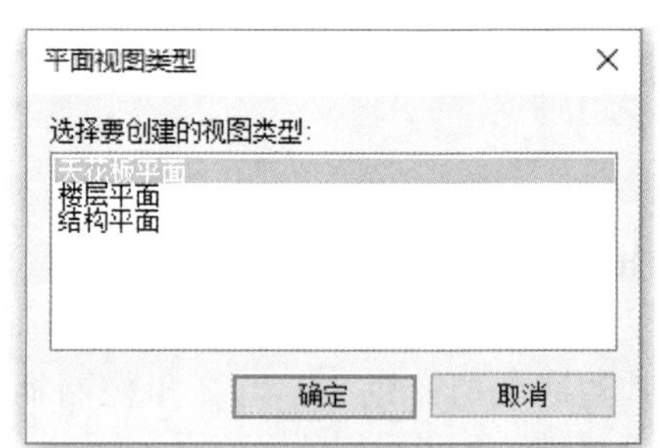


图 4-46 “平面视图类型”对话框

2. “天花板投影平面”命令创建

先使用阵列、复制命令创建黑色标头的参照标高，然后在功能区单击“视图”选项卡“创建”面板的“平面视图”工具，选择“天花板投影平面”命令，在“新建天花板平面”对话框中选择复制、阵列的标高名称，单击“确定”按钮即可将参照标高转换为天花板平面视图。

#### 4.4.1.3 房间分析平面视图

除了前面介绍的各种建筑构件，Revit 2020 还提供了专用的“房间”构件，可以对建筑空间进行细分，并自动标记房间的编号、面积等参数，还可以自动创建房间颜色填充平面图和图例。

1. 房间与房间标记

特别说明：与门窗和门窗标记一样，房间也分“房间”构件和房间标记两个对象。

(1) 房间边界　在创建房间前，需要先创建房间边界。Revit 2020 可以自动识别墙、幕墙、幕墙系统、楼板、屋顶、天花板、柱子（建筑柱、材质为混凝土的结构柱）、建筑地坪、房间分隔线等构件为房间边界。前几种房间边界在前面各章中都做了详细介绍，本节仅介绍“房间分隔线”的使用方法。

房间分隔线用在开放的、没有隔墙等房间边界的建筑空间内，用线将一个大的房间细分为几个小房间，如在起居室内划分一个就餐区等。房间分隔线在平面视图和三维视图中可见。

1）功能区单击“建筑”选项卡，在“房间和面积”面板选择“房间分隔”命令，显示“修改 | 放置房间分隔”子选项卡，如图 4-47 所示。

2）利用绘制工具对房间进行分隔，如图 4-48 所示。

房间分隔线是模型线，因此可以自动同步到所有从 F1 平面视图复制的视图中。

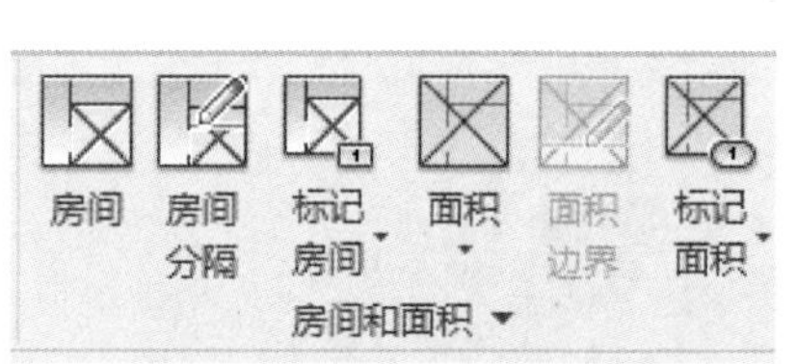


图 4-47 房间分隔线

(2) 房间面积与体积计算设置　Revit 2020 可以自动计算房间的面积和体积，但默认只计算房间面

积。计算房间面积时，墙的房间边界位置可以根据需要设定为墙面或墙中心线等。另外，房间面积和体积的计算结果和测量高度有关系，默认是从楼层标高1200mm位置计算。在有斜墙的房间中，从1200mm虚线位置测量的面积和体积比从楼板上方虚线位置测量的值要小。

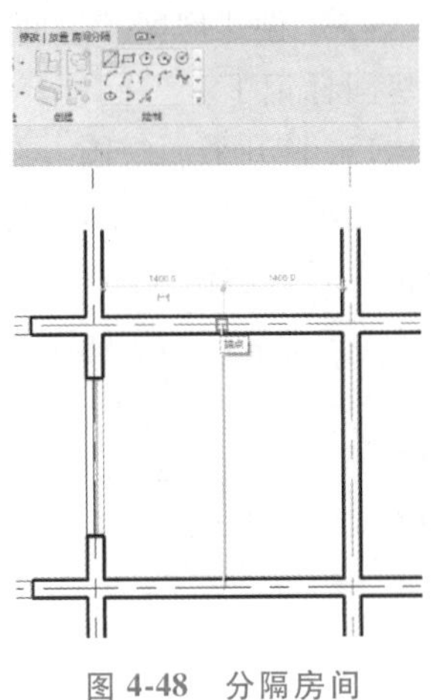

图 4-48 分隔房间

1）在功能区单击“建筑”选项卡，在“房间和面积”面板下拉菜单中选择“面积和体积计算”命令，打开“面积和体积计算”对话框，如图4-49所示。

2）启用“体积计算”：本例默认选择“仅按面积（更快）”，仅计算面积。

①“仅按面积（更快）”：默认选择本项，只计算房间面积，不计算体积，计算速度快。

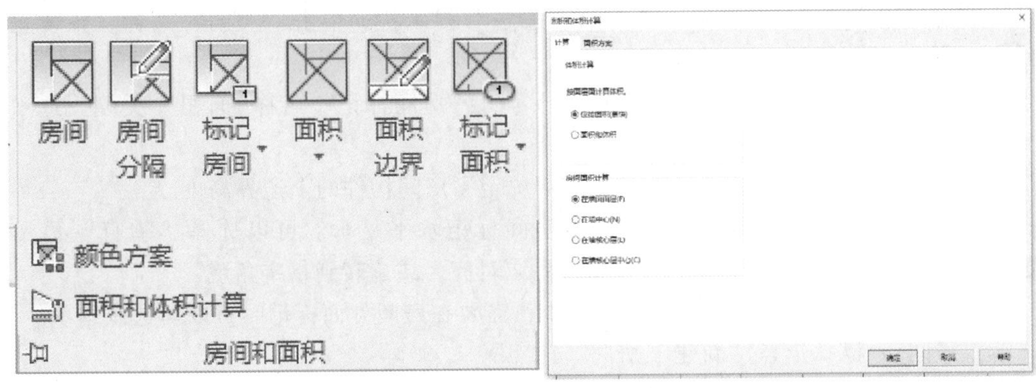


图 4-49 “面积和体积计算”对话框

②“面积和体积”：选择本项则可以同时计算面积和体积。启用该功能将影响Revit 2020的性能，强烈建议只在需要计算房间体积时启用该功能，在创建了房间体积统计表后，立刻禁用该功能。

3）“房间面积计算”：可根据需要选择“在墙中心”“在墙核心层”“在墙核心层中心”为房间边界位置。单击“确定”按钮完成设置。

4）计算高度设置：“计算高度”参数由标高族的类型属性定义，因此需要在立面图中设置。打开南立面视图，选择F1标高，单击“属性”选项板的“编辑类型”按钮。F1标高的族“类型”名称为“C标高00+层标”。

①“自动计算房间高度”与“计算高度”：勾选“自动计算房间高度”参数，按标高以上1200mm高度计算，“计算高度”参数变为灰色只读的“自动”，单击“确定”按钮。如需定义不同的计算高度，可取消勾选“自动计算房间高度”参数，并输入“计算高度”参数值（有斜墙房间时，可以设置“计算高度”为0，一般可以确保所有面积的正确计算）。

② 同样方法选择F2标高，勾选“自动计算房间高度”类型参数，保存文件。因为F2、F3、F4都是“C_上标高十层标”标高族类型，因此只需要设置一次即可。如需给不同的层定义不同的计算高度，可以在标高的类型属性对话框中“复制”一个新的标高类型，然后设置“计算高度”参数，确定后即替换当前选择标高原有的族类型。

（3）创建房间和房间标记　分隔好了房间，设置好了计算规则，就可以创建房间构件和房间标记了。

1）打开平面视图。在功能区单击“建筑”选项卡“房间和面积”面板的“房间”工具，显示“修改｜放置房间”子选项卡，选择“在放置时进行标记”（选择该选项在创建房间构件时自动创建房间标记），如图 4-50 所示。

图 4-50　在放置时进行标记

2）单击“高亮显示边界”工具，系统可以自动查找墙、柱、楼板、房间分隔线等，图中所有的房间边界图元橙色亮显，并显示“警告”提示栏，单击“关闭”按钮，恢复正常显示。

3）从类型选择器中选择“C_ 房间标记”的“房间标记__名称+面积”类型。选项栏设置以下参数：

①“上限”和“偏移”：这两个参数共同决定了房间构件的上边界高度。

② 标记方向：默认选择“水平”，则房间标记水平显示。可以选择“垂直”显示或“模型”显示（标记与建筑模型中的墙和边界线对齐，或旋转到指定角度）。

③“引线”：默认不勾选。当房间空间小，需要在房间外面标记时可以勾选该选项。

④“房间”：默认选择“新建”房间。

4）移动光标，在房间外时出现面积为“未闭合”的房间和标记预览图形，移动光标到房间内，房间边界亮显并显示房间面积值，如图 4-51 所示，单击即可放置房间和房间标记。继续移动光标依次创建 F1 层其他房间和房间标记。

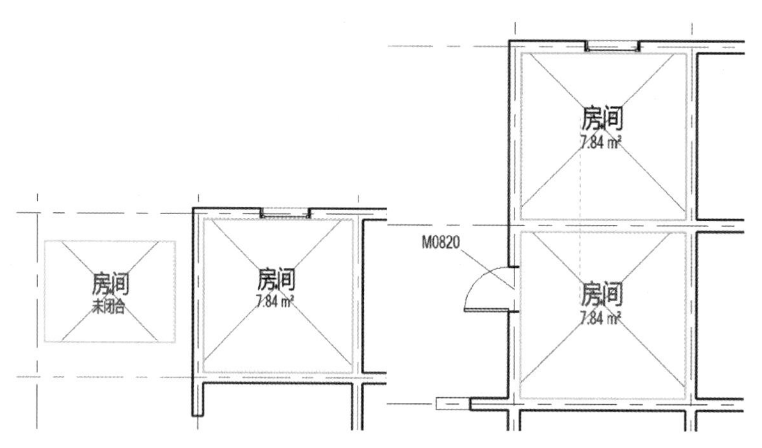


图 4-51　放置与标记房间

（4）编辑房间

1）编辑房间标记。

① 移动光标到楼梯间房间标记文字上，文字亮显，单击选择标记，房间边界亮显，房

间名称“房间”呈蓝色显示，如图 4-52 所示。

② 单击房间名称“房间”，输入需要填入的房间名称后按<Enter>键。

③ 选择房间标记，在选项栏勾选“引线”，则自动创建引线。拖拽房间标记的十字移动符号，可将标记移动到房间外。

2）房间“属性”编辑。移动光标到房间标记文字左上角，带斜十字叉的房间边界高亮显示，单击即可选择房间，“修改 | 房间”子选项卡如图 4-53 所示。

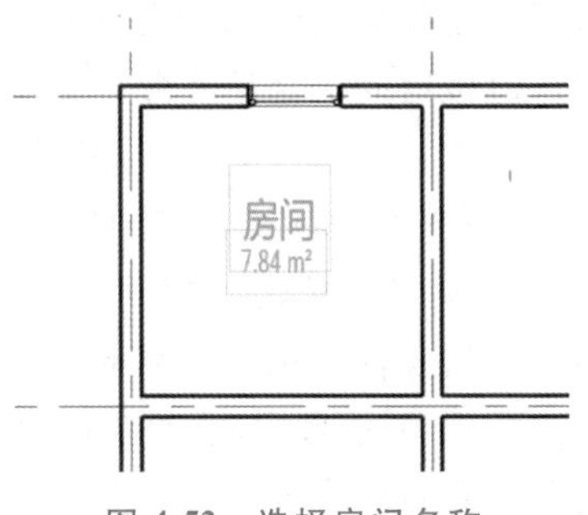


图 4-52 选择房间名称

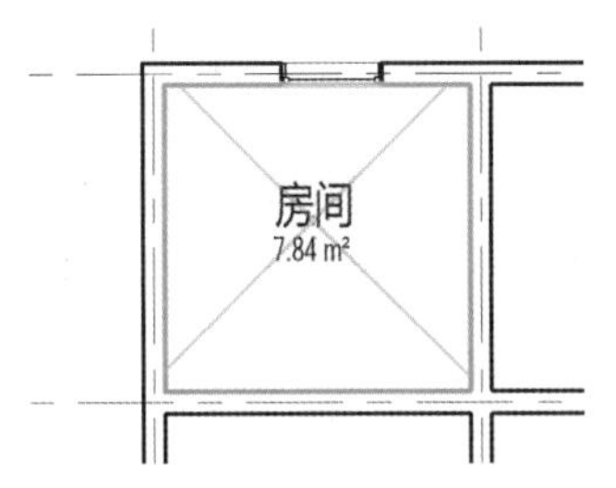


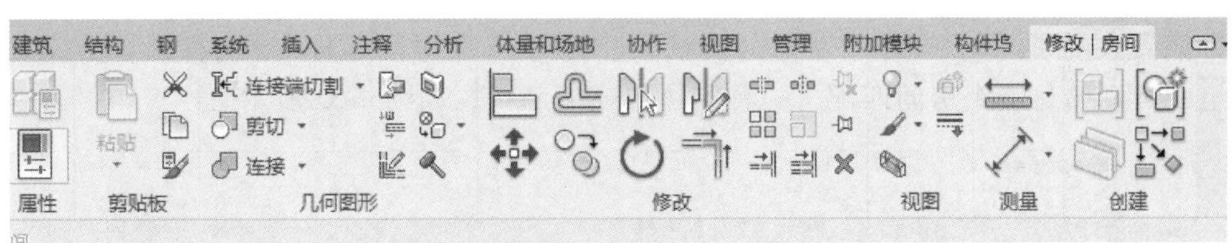


图 4-53 “修改 | 房间”子选项卡

房间的“属性”选项板，房间的面积、周长等参数为只读。可设置房间的“上限”“高度偏移”（上边界）和“底部偏移”（下边界）及房间“名称”（可从下拉列表中选择现有名称）。

创建房间时设置的或房间属性设置的参数“上限”“高度偏移”（上边界）和“底部偏移”（下边界）值，决定了房间体积的计算法则，如图 4-54 所示。当上边界高度在屋顶（房间边界图元）的下方时，房间体积按上边界高度计算，边界上方的体积不计算。当上边界高度在屋顶（房间边界图元）的上方时，房间体积按屋顶边界内的实际体积计算。此功能在有坡屋顶或酒店大堂有多层通透空间时，将“高度偏移”（上边界）设置到屋顶或楼板、天花板高度之上，可以确保精确计算房间体积。

在计算房间体积时，还需要注意一点：当室内墙体、柱等房间边界的图元和计算方没有同步达到屋顶、楼板或天花板的下表面时，则墙体、柱上方的空间也不会计算在房间体积之内。

| 房间 (1) | 编辑类型 |
|---|---|
| 约束 | |
| 标高 | 标高 1 |
| 上限 | 标高 1 |
| 高度偏移 | 2438.4 |
| 底部偏移 | 0.0 |
| 尺寸标注 | |
| 面积 | 7.840 |
| 周长 | 11200.0 |
| 房间标示高度 | 2438.4 |
| 体积 | 未计算 |
| 计算高度 | 0.0 |
| 标识数据 | |
| 编号 | 1 |
| 名称 | 房间 |
| 图像 | |
| 注释 | |
| 占用 | |
| 部门 | |
| 基面面层 | |
| 天花板面层 | |
| 墙面面层 | |
| 楼板面层 | |
| 占用者 | |
| 阶段化 | |
| 阶段 | 新构造 |

图 4-54 房间属性设置

3）删除房间：单击选择“楼梯间”房间（不是选择房间标记），然后按<Delete>键或功能区的“删除”工具即可删除该房间。删除房间时系统会在右下角弹出“警告”提示：“已从所有模型视图中删除某个房间，但该房间仍保留在此项目中。可从任何明细表中删除房间或使用‘房间’命令将其放回模型中。”此时尽管视图中没有了该房间，但在房间统计表中依然存在，但标记为“未放置”。只有在房间统计表中删除了该房间，才是彻底地从项目删除该房间。

① 功能区单击“房间”工具，和前述创建房间时一样，但在选项栏中从“房间”参数的下拉列表框中选择，移动光标在房间内单击即可重新放置房间。

② 单击选择房间的房间标记，按<Delete>键删除。房间依然在视图中存在，单击“标记”工具选择“标记房间”命令，在房间内单击即可重新标记房间。

4）移动、复制等编辑命令。选择房间，然后将其移动或复制到其他房间边界内，则房间边界和面积等参数自动更新。

2. *房间填充与图例*

创建了房间，即可根据房间名称或面积等自动创建颜色填充平面图，并放置颜色图例。

（1）创建颜色填充平面图与颜色图例

1）在“房间面积分析”平面视图中，功能区单击“视图”选项卡“可见性|图形”工具，在“注释类别”中取消勾选“轴网”和“参照平面”，单击“确定”按钮隐藏其显示。

2）在视图“属性”选项板中，单击“颜色方案”后面的“<无>”按钮，打开“编辑颜色方案”对话框。在左侧“方案”选项组中选择“按房间名称”，在右侧“方案定义”选项组中自动给每一个房间匹配了一种实体填充的颜色，如图 4-55 所示。

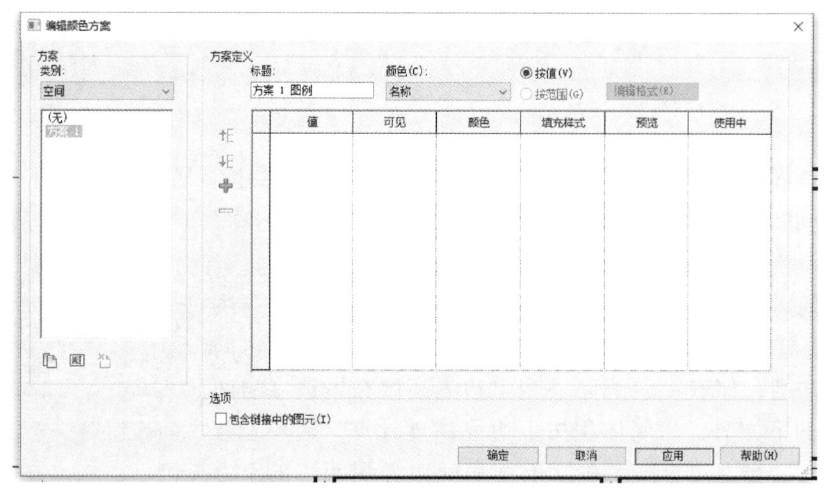


图 4-55 “编辑颜色方案”对话框

3）编辑颜色方案。本例采用默认设置。

① 单击左下角的三个图形按钮，可以复制、重命名、删除颜色方案。

②“标题”文本框：设置颜色图例的标题名称。

③ 在“颜色”下列列表可以选择“名称”“部门”等填色依据。

④ 在下面的列表框中，单击“填充样式”列可从下拉列表中选择颜色“实体填充”或某种填充样式。单击“颜色”列下的按钮可以选择实体填充或填充图案的颜色。

⑤ 中间竖排的四个按钮可以上下移动右侧列表中某一条的上下位置，可以新建一行或

删除新建的行。

⑥“包含链接中的图元”：勾选该选项，可以给链接的 RVT 文件中的房间创建颜色填充。

4）单击“确定”按钮回到“属性”选项板，设置“颜色方案位置”参数为“背景”，自动创建颜色填充平面图。当“颜色方案位置”参数为“背景”时，家具、楼梯等室内构件可遮挡住平面填充颜色；如设置为“前景”，则填充颜色将覆盖家具、楼梯等所有室内构件。

（2）编辑颜色方案与颜色图例　平面房间颜色填充方案可以随时根据需要编辑修改。

1）“编辑方案”：单击选择颜色图例，在功能区单击“修改｜颜色填充图例”子选项卡，单击“编辑方案”回到“编辑颜色方案”对话框中重新设置填充图案、颜色，或创建新的颜色方案，单击“确定”按钮后平面图自动更新。也可单击“常用”选项卡“房间和面积”面板的下拉三角箭头，从下拉菜单中选择“颜色方案”命令回到“编辑颜色方案”对话框中重新设置。

2）“属性”选项板：单击选择颜色图例，在“属性”选项板中单击“编辑类型”按钮，可设置以下参数：

① 图形类参数：可设置图例的“样例宽度”“样例高度”“颜色”“背景”等；勾选“显示标题”可显示颜色方案标题；设置“显示的值”为“全部”则图例显示项目中所有房间的图例，如设置为“按视图”则只显示当前平面图房间的图例。

② 文字类参数：设置图例字体、大小、下画线等。

③ 标题文字类参数：设置图例标题的字体、大小、下画线等。

3）控制柄调整。

① 单击选择颜色图例，向上拖拽图例下方的蓝色实心圆点，可将图例分列布置；向下拖拽可恢复单列显示。

② 拖拽图例上方的蓝色实心三角形，可调整图例列宽。

### 4.4.2　立面视图

在 Revit 2020 的项目文件中，默认包含了东南西北四个正立面视图。除了这四个立面视图，还可以根据设计需要创建更多的立面视图，本章将详细介绍各种立面视图的创建方法。

立面视图的复制视图、视图比例、详细程度、视图可见性、过滤器设置、视觉样式、视图属性、视图裁剪等设置和楼层平面视图的设置方法完全一样，仅个别参数和细节略有不同，详细操作方法请参照前面楼层平面视图章节内容，本章仅就不同之处做详细介绍。

1. 建筑正立面视图

如前所述，项目文件中默认包含了东南西北四个正立面视图。这四个立面视图是根据楼层平面视图上的四个不同方向的立面符号自动创建的。立面符号由立面标记和标记箭头两部分组成。

1）单击选择圆，完整的立面标记如图 4-56 所示。

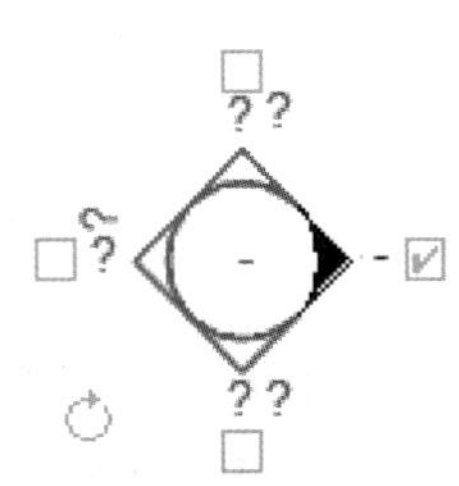

图 4-56　立面标记

① 符号四面有四个正方形复选框，勾选即可自动创建一个立面视图。此功能在创建多个室内立面时非常有用。

② 单击并拖拽符号左下角的旋转符号，可以旋转立面符号，创建

斜立面。此功能无法精确控制旋转角度，不建议使用。

2）单击圆外的黑色三角标记箭头，在立面符号中心位置出现一条蓝色的线代表立面剪裁平面，如图 4-57 所示，在默认样板中，正立面关闭了视图裁剪边界和远裁剪，因此四个正立面能看到无限宽、无限远。

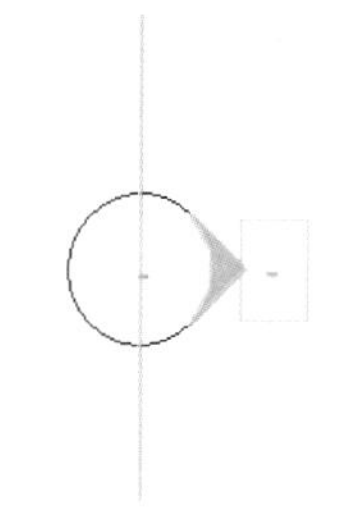

图 4-57 立面剪裁平面

特别提醒：在设计开始时，如果建筑的范围超出了默认四个立面符号的范围，一定要分别窗选整个立面符号，然后拖拽或用“移动”工具将其移动到建筑范围之外，以创建完整的建筑立面视图。如果立面符号位于建筑范围之内，它创建的实际上是一个剖面视图。

如果删除默认的四个正立面视图符号，则它对应的立面视图也将被删除。虽然可以用“立面”命令重新创建立面视图，但在原来视图中已经创建的尺寸标注、文字注释等注释类图元将不能恢复。因此务必谨慎操作。

2. 创建立面视图

无论是建筑正立面、斜立面视图还是室内立面视图，都可以使用“立面”命令创建。

1）打开平面视图，在功能区单击“视图”选项卡“创建”面板的“立面”工具下拉三角箭头，在下拉菜单中选择“立面”命令，如图 4-58 所示，显示“修改 | 立面”子选项卡。

2）移动光标到指定位置，可以发现立面标记箭头在随着光标自动调整其对齐方向，始终与其附近的墙保持正交方向。在指定位置单击放置立面符号，在项目浏览器中自动创建“立面 1-a”立面视图。按<Esc>键或单击，结束“立面”命令。

3）在项目浏览器中选择“立面 1-a”，从右键菜单中选择“重命名”，输入“×立面”，单击“确定”按钮。

4）打开立面视图。可用以下四种方法打开刚创建的立面视图。

① 双击黑色三角立面标记箭头。

② 单击黑色三角立面标记箭头，从右键菜单中选择“进入立面视图”命令，如图 4-59 所示。

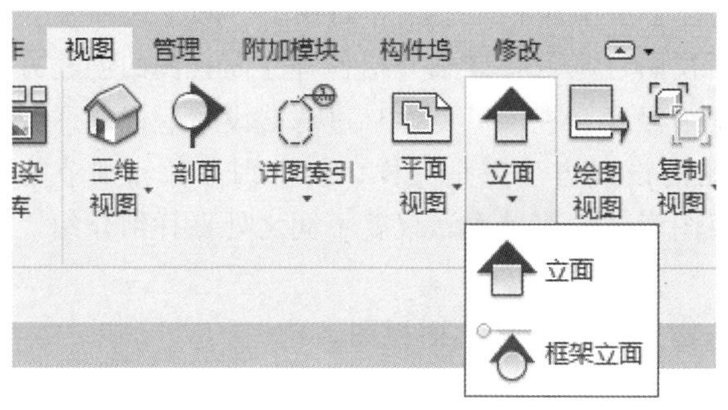


图 4-58 “修改 | 立面”菜单

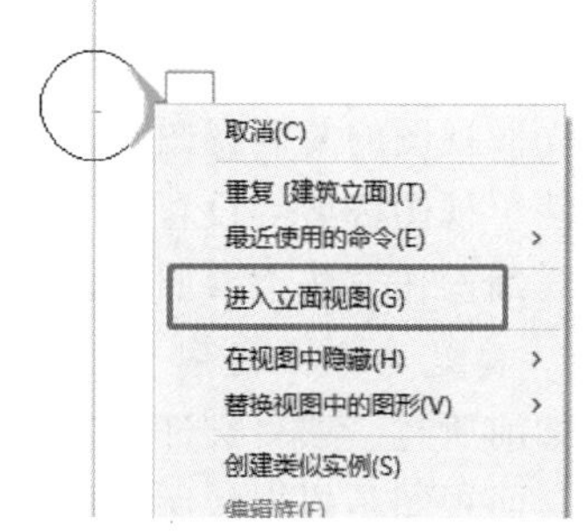


图 4-59 “进入立面视图”命令

③ 在项目浏览器中双击视图名称“×立面”。

④ 在项目浏览器中单击选择视图名称“×立面”，从右键菜单中选择“打开”命令。

5）在立面视图中，选择视图裁剪边界，可直观地调整立面视图的裁剪范围，如图 4-60

所示。如果要精确地创建某角度的斜立面视图，可以先放置立面符号，然后选择立面符号，用“旋转”工具旋转某精确角度到需要的方向，最后调整视图的裁剪边界宽度和深度。

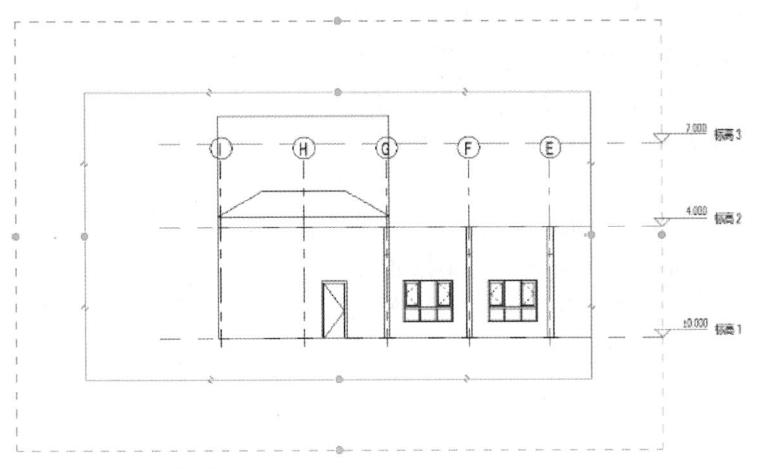


图 4-60　调整立面视图的裁剪范围

3. 创建室内立面视图

室内立面视图依然是用“立面”工具，其创建、裁剪范围设置、重命名、打开方法与前文所述完全一样，以下着重介绍其细节不同之处。

1）打开平面视图，缩放到北立面厨房位置。单击“立面”工具，移动光标至房间内，使黑色三角立面标记箭头指向所要设置立面的方向，单击放置立面符号。

2）单击选择黑色三角立面标记箭头，可以看到视图左右裁剪边界自动调整到了上下墙面上。可以拖拽调整视图深度裁剪边界，如图 4-61 所示。

① 单击选择立面标记的圆，勾选南侧的正方形复选框，可以自动创建第 2 个室内立面，如图 4-62 所示。

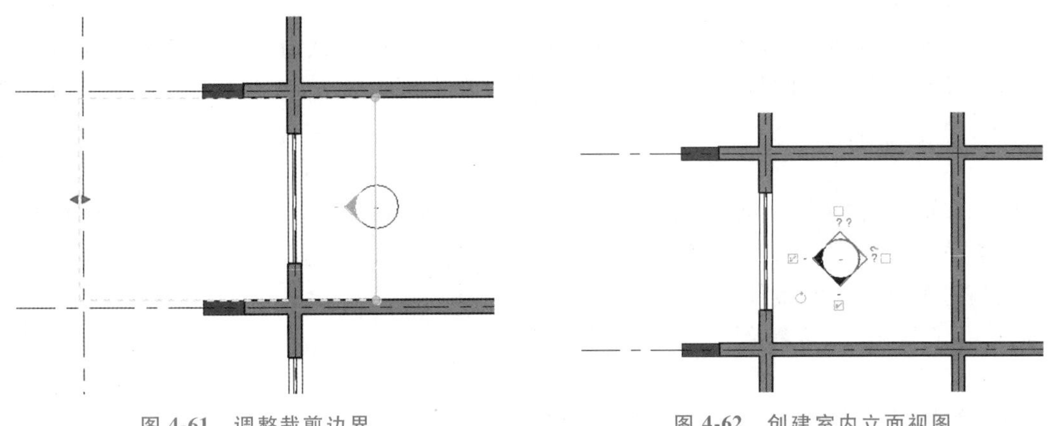

图 4-61　调整裁剪边界　　　　图 4-62　创建室内立面视图

② 完成后的室内立面视图如图 4-63 所示。

创建室内立面视图时，其左右裁剪边界自动定位到左右内墙面，下裁剪边界自动定位到楼板的下表面，上裁剪边界自动定位到上面楼板或天花板的下表面。可以选择立面视图裁剪边界，根据需要调整裁剪边界位置。

4. 远剪裁设置

立面视图的复制视图、视图比例、详细程度、视图可见性、过滤器设置、视觉样式、视图属性、视图裁剪等设置，和楼层平面视图的设置方法完全一样，详细操作方法请参见楼层平面视图章节内容。本节补充介绍平面视图设置没有的“远剪裁”功能。

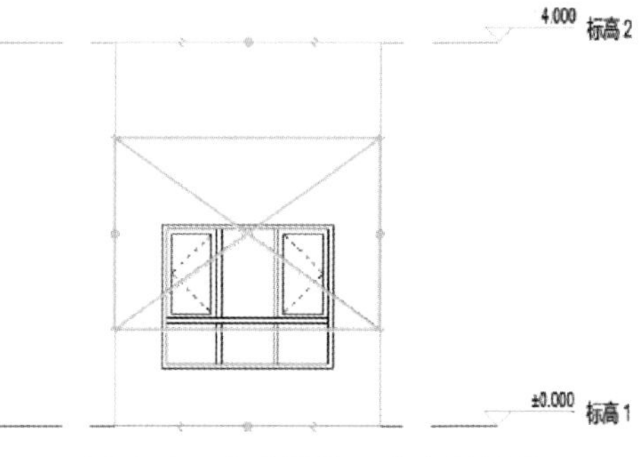


图 4-63　完成后的室内立面视图

在平面视图的视图“属性”中有一个“截剪裁”参数，在立面视图中与之对应的功能是“远剪裁”，其功能和设置方法完全一样，如图4-64所示。

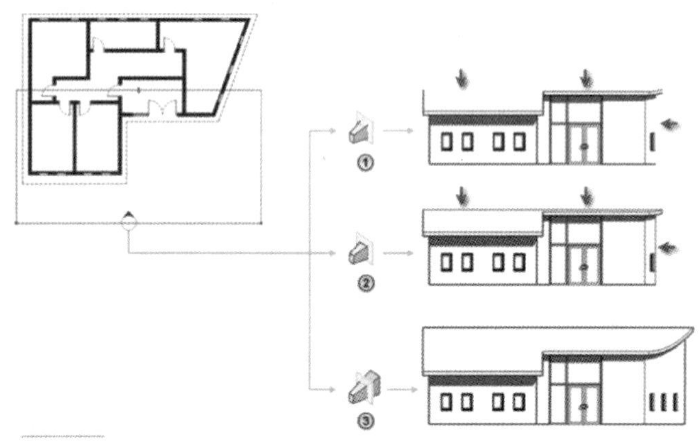

图 4-64　远剪裁

1）在立面视图的视图“属性”选项板中，参数“远剪裁偏移”即为在平面图中调整的立面符号视图深度距离。

2）单击“远剪裁”参数后面的按钮，可选择“剪裁时无截面线”或“剪裁时有截面线”或“不剪裁”，三种视图处理方式的视图显示结果不同。

### 4.4.3　剖面视图

Revit 2020 提供了建筑剖面视图和详图视图两类剖面视图样板。两类剖面视图的创建和编辑方法完全一样，但剖面标头显示和用途不同。建筑剖面用于建筑整体或局部的剖切，详图剖面用于墙身大样等剖切详图设计，如图4-65所示。

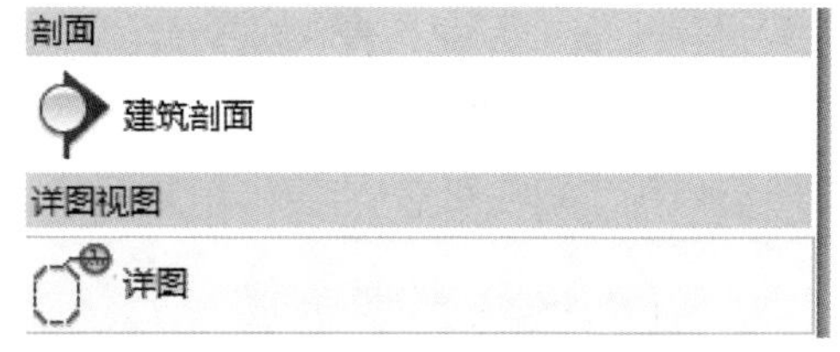


图 4-65　详图剖面

剖面视图的复制视图、视图比例、详细程度、视图可见性、过滤器、视觉样式、视图属性、视图裁剪等设置和楼层平面、立面视图的设置方法完全一样，详细操作方法请参见“楼层平面视图”和“建筑立面与室内立面视图”内容，以下仅介绍其不同之处。

1. 创建建筑剖面视图

1）在平面视图中，功能区单击“视图”选项卡“创建”面板的“剖面”工具，显示“修改｜剖面”子选项卡，从类型选择器中选择“建筑剖面”类型，如图 4-66 所示。

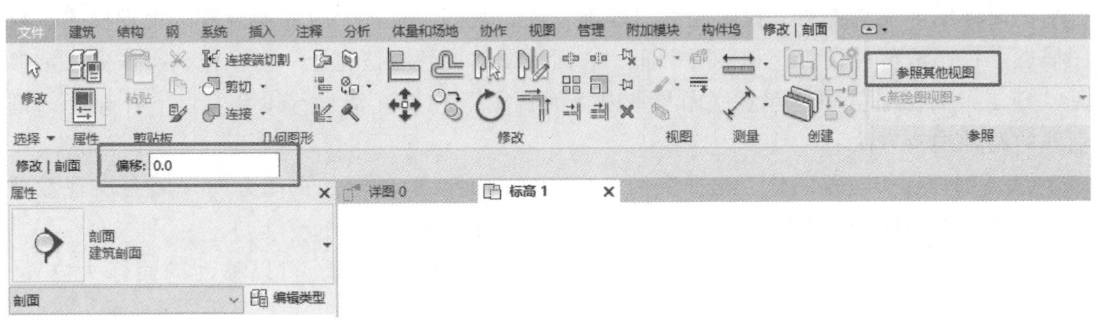


图 4-66　“修改｜剖面”子选项卡

2）选项栏设置：

①“参照其他视图”复选框用于创建参照剖面。

②“偏移”文本框可以设置偏移值，然后相对于两个捕捉点的连线偏移一个距离绘制剖面线。该参数主要用于精确捕捉绘制剖面线。本例设置为 0。

3）移动光标到指定位置参照平面上，单击捕捉一点作为剖面线起点，垂直或水平移动光标到另一位置，再次单击捕捉一点作为剖面线终点，即可绘制一条剖面线，如图 4-67 所示。

4）如图 4-67 所示，拖拽上下左侧的蓝色双三角箭头调整剖面视图的裁剪宽度和深度到合适位置。观察在项目浏览器中“剖面（建筑剖面）”节点，先创建了“剖面 1”视图。

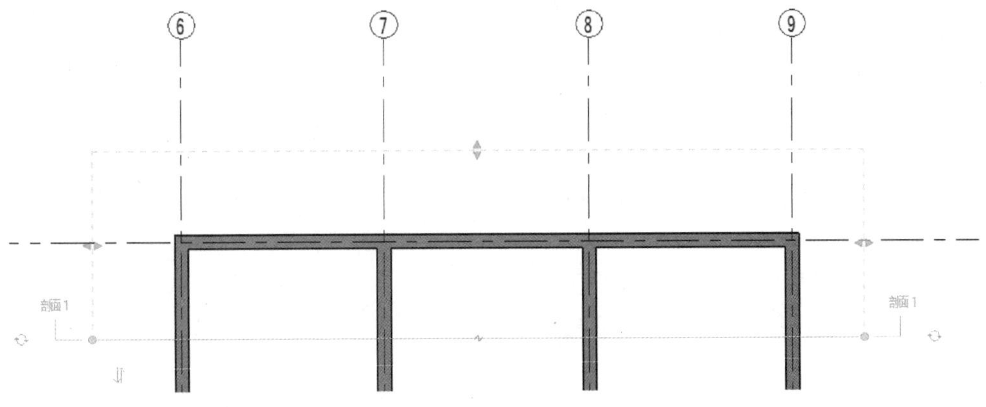


图 4-67　绘制剖面线

5）选择剖面视图名称，从右键菜单中选择“重命名”，输入名称，单击“确定”按钮。

6）打开剖面视图：可用以下四种方法之一打开刚创建的剖面视图。

① 双击剖面线起点的蓝色剖面标头。

② 单击选择剖面线，从右键菜单中选择“转到视图”命令。

③ 在项目浏览器中双击视图名称。

④ 在项目浏览器中单击选择视图名称，从右键菜单中选择“打开”命令。

7）在剖面视图中，选择视图裁剪边界，可直观地调整剖面视图的裁剪范围。拖拽其左右边界等同于在平面图中拖拽左右视图裁剪边线的蓝色实心三角控制柄。

2. 编辑建筑剖面视图

剖面视图的复制视图、视图比例、详细程度、视图可见性、过滤器设置、视觉样式、视图属性、视图裁剪等设置，和楼层平面、立面视图的设置方法完全一样，详细操作方法请参见“楼层平面视图”和“建筑立面与室内立面视图”内容，请自行体会。以下补充介绍剖面线的两种编辑方法。

（1）剖面标头位置调整　选择剖面线后，在剖面线的两端和视图方向一侧会出现裁剪边界、端点控制柄等。视图裁剪前面已做介绍，下面补充四点：

① 标头位置。拖拽剖面线两个端点的蓝色实心圆点控制柄，可以移动剖面标头位置，但不会改变视图裁剪边界位置。

② 单击双箭头“翻转剖面”符号可以翻转剖面方向，注意剖面视图自动更新（也可以选择剖面线后从右键菜单中选择“翻转剖面”命令）。

③ 循环剖面标头。当翻转剖面方向后，两侧的剖面标记并不会自动跟随调整方向。可以单击剖面线两头的循环箭头符号，即可使剖面标记在对面、中间和现有位置间循环切换。

④ 单击剖面线中间的“线段间隙”折断符号，可以将剖面线截断，拖拽中间的两个蓝色实心圆点控制柄到两端标头位置，即可和我国制图标准的剖面标头显示样式保持一致。

（2）折线剖面视图　Revit 2020 可以将一段剖面线拆分为几段，从而创建折线剖面视图，方法如下：

① 在平面视图中用“剖面”工具，在指定位置或轴线间，从右向左绘制一条水平剖面线，并重命名（其他方向剖面线同理）。

② 单击选择剖面线，功能区单击“修改｜视图”子选项卡的“拆分线段”工具，移动光标在水平剖面线上一点单击，将剖面线截断。同时上下移动光标，被截断位置剖面线随光标动态移动，如图 4-68 所示。

图 4-68 “拆分线段”工具

③ 移动光标到指定位置，单击放置剖面线，即可创建折线剖面视图，可连续拆分剖面线。

④ 回到平面视图中，单击选择折线剖面线，拖拽每段剖面线上的蓝色双三角箭头可调整剖切位置和折线位置。

### 4.4.4 三维视图

Revit 2020 的三维视图有透视三维视图和正交三维视图两种。项目浏览器的“三维视图”节点下的（3D）就是默认的正交三维视图。

三维视图的复制视图、视图比例、详细程度、视图可见性、过滤器设置、视觉样式、视图属性、视图裁剪等设置，和楼层平面、立面视图的设置方法完全一样。

1. 透视三维视图

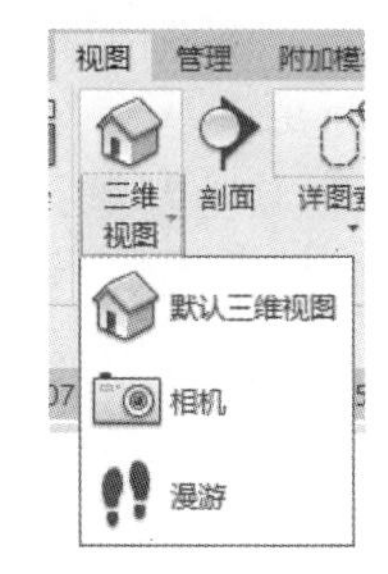


图 4-69　“相机”命令

Revit 2020 可以在平面、立剖面视图中创建透视三维视图，但为了精确定位相机位置，建议在平面图中创建。

（1）创建透视三维视图

1）功能区单击“视图”选项卡“创建”面板的“三维视图”工具的下拉三角箭头，选择“相机”命令（图 4-69）。移动光标，出现相机预览图形。

2）选项栏设置：

①“透视图”：勾选该选项，将创建透视三维视图。取消勾选，将创建正交三维视图。

② 相机位置设置：设置“偏移量”参数，“自”参数为标高“某一层”。这两个参数决定了放置相机的高度位置，如图 4-70 所示。

图 4-70　相机位置设置

3）在指定位置单击放置相机，并指向视觉方向，即可在项目浏览器中“三维视图”节点下，自动创建透视三维视图“三维视图 1”，并自动打开显示，如图 4-71 所示。

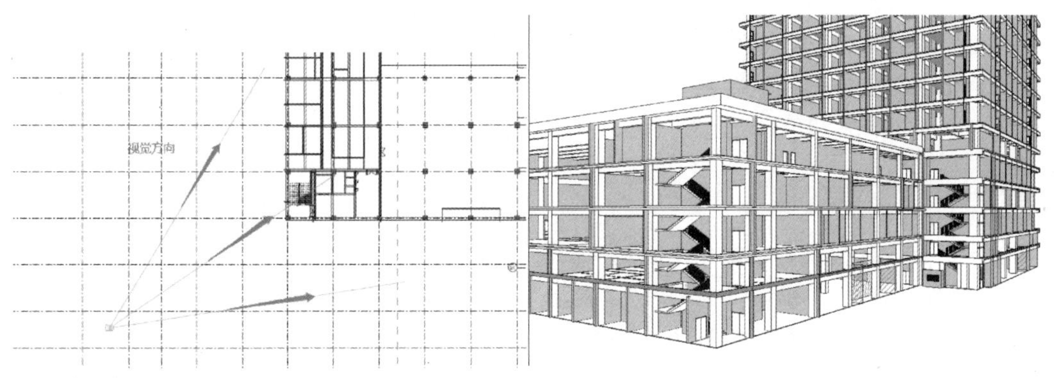


图 4-71　创建透视三维视图

4）在项目浏览器中单击选择“三维视图 1”，在右键菜单选择“重命名”命令，输入新名称“三维视图 2”，单击“确定”按钮。

（2）编辑透视三维视图　刚创建的透视三维视图需要精确设置相机的高度和位置、相机目标点的高度和位置、相机远裁剪、视图裁剪框等，才能得到预期的透视图效果，设置方法如下：

1）“属性”选项板。在透视三维视图中，在左侧的透视图“属性”选项板通过以下参数来设置相机和视图，如图 4-72 所示：

①“视觉样式”：选择“带边框着色”选项。

②“远裁剪激活”：取消勾选该选项，则可以看到相机目标点处远裁剪平面之外的所有图元（默认勾选该选项，只能看到远裁剪平面之内的图元）。

③“视点高度”：此值为创建相机时的相机高度“偏移量”参数值。

④“目标高度”：更改此参数，视图将根据新的目标点高度进行更新。

⑤ 其他参数：选择默认。

2）在平面、立面视图中显示相机并编辑。除了可以在透视图“属性”选项板设置相机的“视点高度”“目标高度”等高度位置，还可以在立面视图中拖拽相机视点和目标的高度位置，在平面视图中拖拽调整相机平面位置。

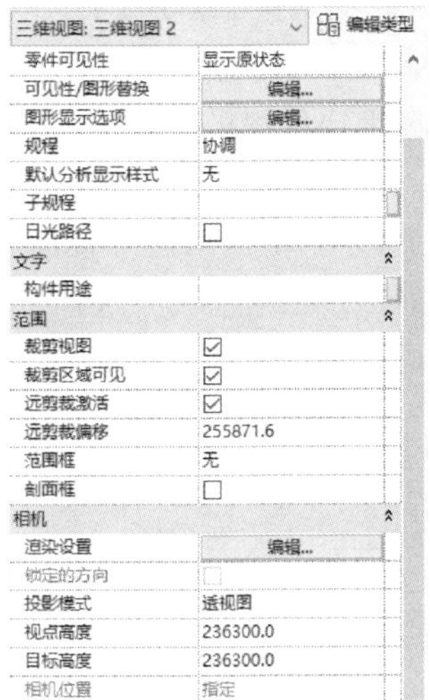


图 4-72　透视三维视图“属性”选项板

① 打开楼层平面视图，观察视图中没有显示相机。在项目浏览器中单击选择透视三维视图，在右键菜单选择“显示相机”命令，则可以在平面视图中显示相机。单击并拖拽相机符号即可调整相机视点水平位置。单击并拖拽相机目标符号即可调整目标水平位置。

② 打开“立面”楼层平面视图，在项目浏览器中单击选择透视三维视图，单击鼠标右键选择“显示相机”命令，则在立面视图中显示相机。单击并拖拽相机符号即可调整相机“视点高度”参数和水平位置。单击并拖拽相机目标符号即可调整目标水平位置；单击并拖拽相机目标符号下方的蓝色实心圆点，即可调整相机目标的“目标高度”参数。

3）裁剪视图。打开“西南鸟瞰”透视三维视图，单击选择视图裁剪框，用以下方法调整裁剪范围：单击并拖拽视图裁剪框四边的蓝色实心圆点，即可调整透视图裁剪范围；单击功能区“尺寸裁剪”工具，设置“宽度”“高度”参数，单击“确定”按钮，即可完成对视图剪裁框的更改。

2. 正交三维视图

创建正交三维视图有相机和复制定向两种方法。

1）功能区单击“视图”选项卡“创建”面板的“三维视图”工具的下拉三角箭头，选择“相机”命令。

2）选项栏取消勾选“透视图”选项，设置“偏移量”“自”参数。

3）单击放置相机目标，自动创建并打开正交三维视图“三维视图 1”，并进行重命名操作。

4）在“属性”选项板中设置“视觉样式”“远裁剪激活”“目标高度”“阶段过滤器”。拖拽视图裁剪框裁剪视图，完成正交三维视图的创建。

3. 剖面框与背景设置

除上述各种视图编辑方法和工具外，三维视图还有两个非常重要的编辑工具：剖面框和背景设置。

（1）剖面框　剖面框功能可以在建筑外围打开一个立方体线框，拖拽立方体六个面的控制柄，可以在三维视图中水平剖切模型查看建筑各层内部布局，或垂直剖切模型查看建筑纵向结构。

1）在三维视图中，在“属性”选项板中勾选参数“剖面框”，建筑外围显示立方体剖面框。单击选择剖面框，立方体六个面上显示六个蓝色双三角控制柄和一个旋转控制柄，如

图 4-73 所示。

2）向下拖拽顶面的蓝色双三角控制柄到指定楼层标高上方位置，即可水平剖切模型看到二层内部布局，如图 4-74 所示。

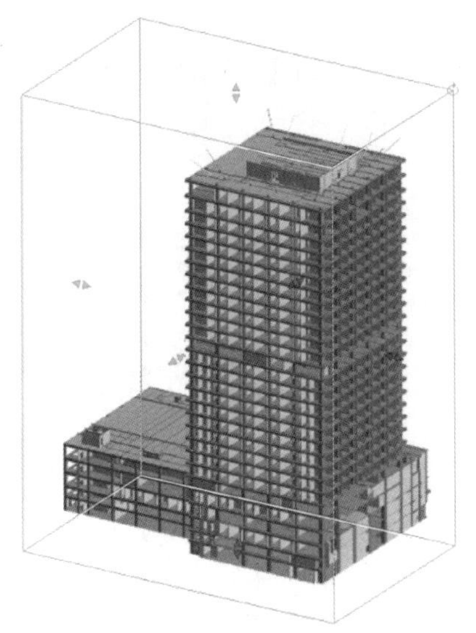

图 4-73 立方体剖面框

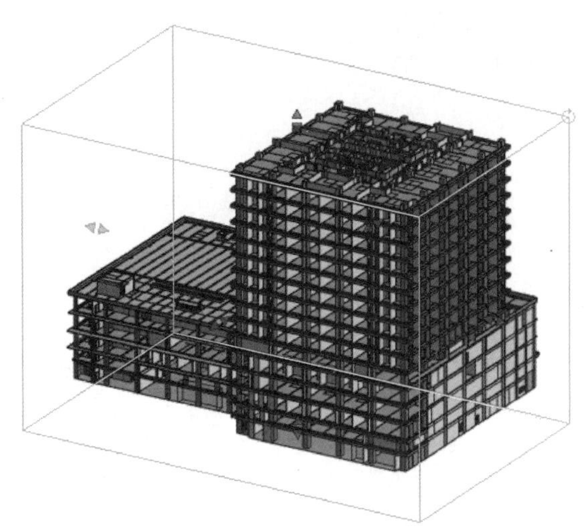

图 4-74 水平剖切模型

3）向右拖拽立面的蓝色双三角控制柄到弧墙中间位置，即可垂直剖切模型看到建筑纵向空间结构，如图 4-75 所示。

4）拖拽旋转控制柄先旋转剖面框一个角度，在拖拽侧面的蓝色双三角控制柄即可垂直斜切模型看到建筑纵向空间结构，如图 4-76 所示。

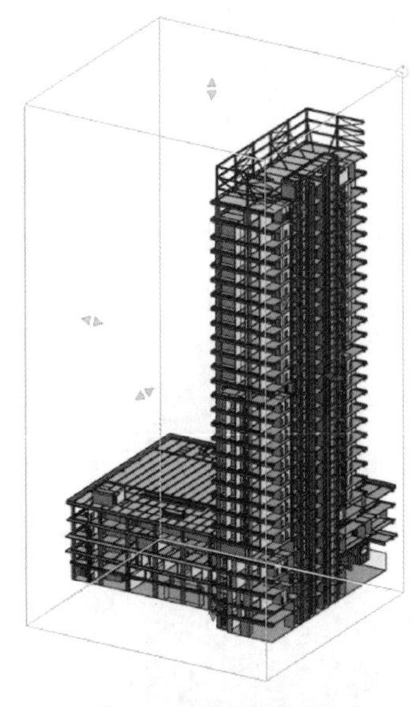

图 4-75 垂直剖切模型

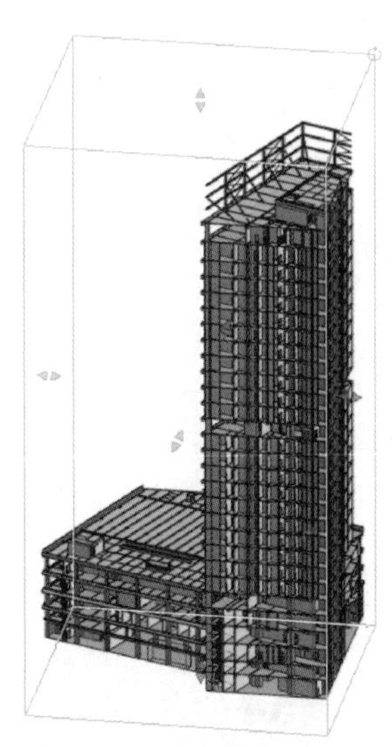

图 4-76 垂直斜切模型

5）剖切模型后，如取消勾选“剖面框”参数，则模型自动复原。因此如果需要保留剖切视图，请先复制视图再打开剖面框剖切视图。出图时可以在“可见性/图形”|“注释类

别”中取消勾选“剖面框”，即可隐藏其显示。

（2）三维视图背景设置　在三维视图中，可以指定图形背景，使用不同的颜色呈现天空、地平线和地面。在正交三维视图中，渐变是地平线颜色与天空颜色或地面颜色之间的双色渐变融合。

1）功能区单击“视图”选项卡“图形”面板右侧的箭头，打开“图形显示选项”对话框，如图 4-77 所示。

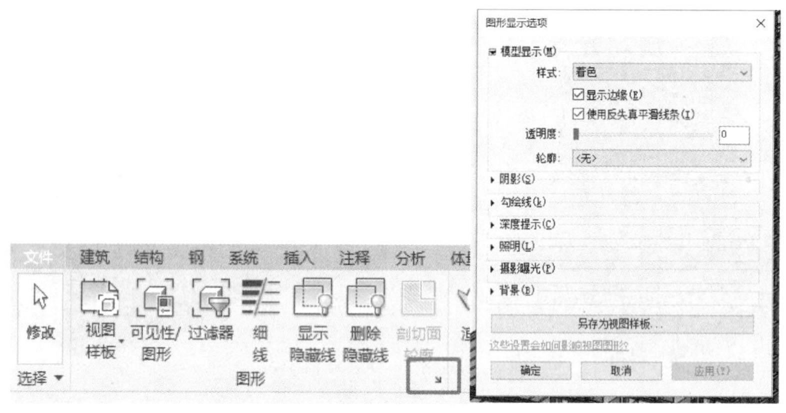


图 4-77 “图形显示选项”对话框

2）如图 4-78 所示，背景默认为“无”，可以选择不同的显示背景，如“天空”“渐变”“图像”，单击“确定”按钮。

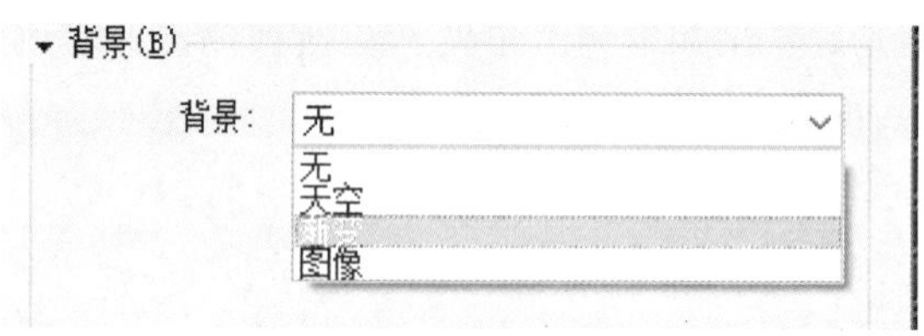


图 4-78 显示背景的选择

3）如背景设为“渐变”，需设置地平线颜色与地面颜色、地平线颜色与天空颜色之间的双色渐变，如图 4-79 所示。

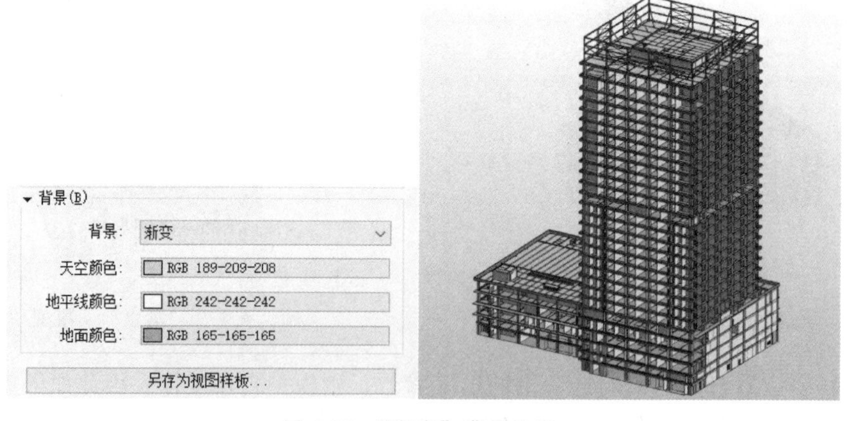


图 4-79 “渐变”背景设置

### 4.4.5 明细表视图

Revit 2020 可以自动提取各种建筑构件、房间和面积构件、材质、注释、修订、视图、图纸等图元的属性参数，并以表格的形式显示图元信息，从而自动创建门窗等构件统计表、材质明细表等各种表格。可以在设计过程中的任何时候创建明细表，明细表将自动更新以反映对项目的修改。

功能区单击“视图”选项卡“明细表”工具，下拉菜单中有六个明细表工具，如图 4-80 所示。

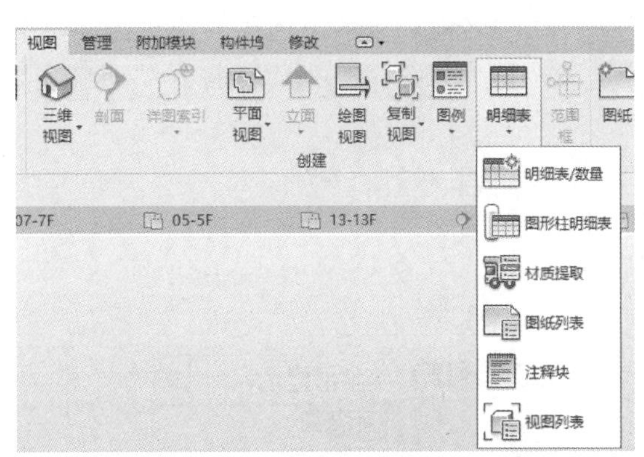


图 4-80 “明细表”工具

1）明细表/数量：用于统计各种建筑、结构、设备外设备、场地、房间和面积等构件明细表，如门窗表、梁柱构件表、卫浴装置统计表、房间统计表，以及规划建设用地面积统计表、土方量明细表、体量楼层明细表等。

2）图形柱明细表：可以查看不在轴网上的柱，过滤要查看的特定柱，将相似的柱位置分组；可以将明细表应用到图纸。

3）材质提取：用于统计各种建筑、结构、室内外设备、场地等构件的材质用量明细表，如墙、结构柱等的混凝土用量统计表。

4）图纸列表：用于统计当前项目文件中所有施工图的图纸清单。

5）注释块：用于统计使用“符号”工具添加的全部注释实例。

6）视图列表：用于统计当前项目文件中的项目浏览器中所有楼层及天花板的平面、立面、剖面、三维、详图等各种视图的明细表。

与门窗等图元有实例属性和类型属性一样，明细表也分为实例明细表和类型明细表两种。实例明细表是按个数逐行统计每一个图元实例的明细表，如每一个 M0921 的单开门都占一行、每一个房间的名称和面积等参数都占一行。类型明细表是按类型逐行统计某一类图元总数的明细表，如 M0921 类型的单开门及其总数占一行。

1. 创建构件明细表

(1) 新建明细表

1）单击功能区“视图”选项卡“明细表”工具，在下拉菜单中选择“明细表/数量”命令，弹出图 4-81 所示对话框。

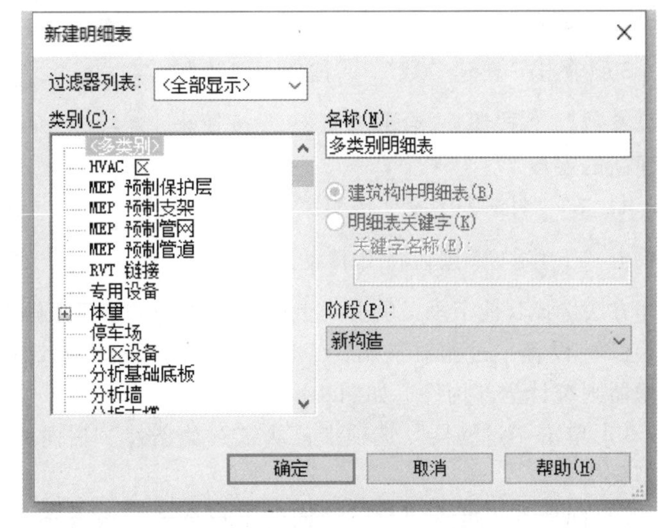


图 4-81 “新建明细表”对话框

2）在“新建明细表”对话框左上角“过滤器列表”中勾选来快速筛选，如图 4-82 所示。

3）在“新建明细表”对话框左侧的“类别”列表中选择要创建的类别。

4）在“名称”下单击选择“建筑构件明细表”，“阶段”选择默认的“新构造”。单击“确定”按钮，如图 4-83 所示，打开“明细表属性”对话框。

图 4-82　过滤器列表

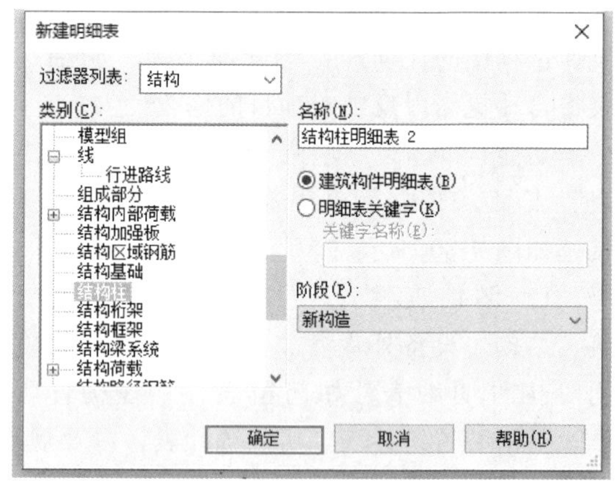


图 4-83　“名称”“阶段”参数设置

（2）设置“字段”属性　选择要统计的构件参数并设置其顺序，如图 4-84 所示。

1）在“明细表属性”对话框左侧的“可用字段”列表框中单击选择想要添加构件的参数，然后单击中间的“添加”按钮将其加入到右侧“明细表字段（按顺序排列）”列表框中。

2）从右侧“明细表字段（按顺序排列）”列表框中选择多余的字段，单击“删除”按钮可将其复原到左侧“可用字段”栏中。

3）单击“新建参数”按钮、“添加计算参数”按钮、“合并参数”按钮来创建新的字段。

4）在“明细表字段（按顺序排列）”栏中单击“下移”按钮将其移动到最下方。同样方法选择其他字段，单击“上移”按钮调整字段顺序。

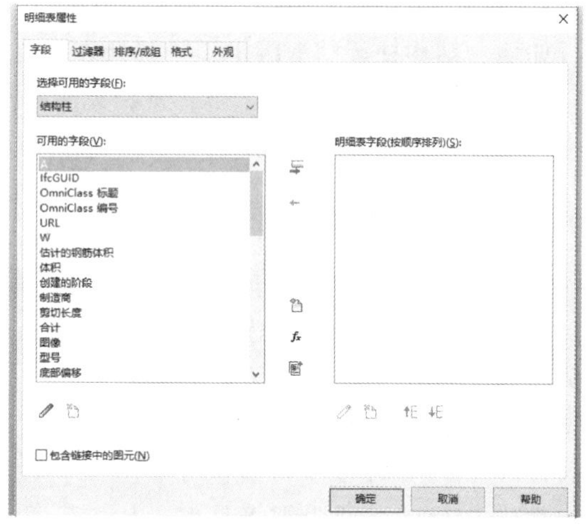


图 4-84　设置“字段”属性

（3）设置“过滤器”属性　通过设计过滤器可统计符合过滤条件的部分构件，不设置过滤器则统计全部构件，如图 4-85 所示。

1）单击“过滤器”选项卡，从“过滤条件”后面的下拉列表中选择条件，以此条件统计相关信息。

2）同样方法可从“与”后面的下拉列表中设置第 2、第 3、第 4 层过滤条件，统计同时满足所有条件的构件。

（4）设置“排序/成组”属性　设置表格列的排序方式及总计，如图 4-86 所示。

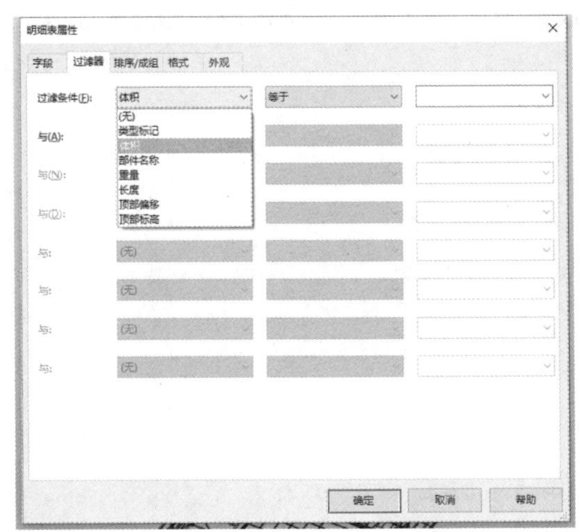

图 4-85　设置“过滤器”属性

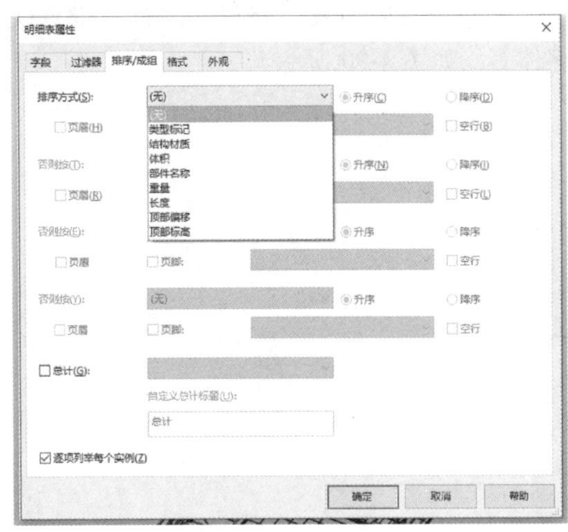

图 4-86　设置“排序/成组”属性

1）单击“排序/成组”选项卡，从“排序方式”下拉列表中选择相关信息，并单击选择“升序”，设置了第一排序规则。

2）从“否则按”下拉列表中选择“类型”，并单击选择相关信息，设置了第二排序规则。可根据需要设置 4 层排序方式。

3）勾选“总计”，并选择相关信息，将在表格最后总计总数量等，如图 4-87 所示。

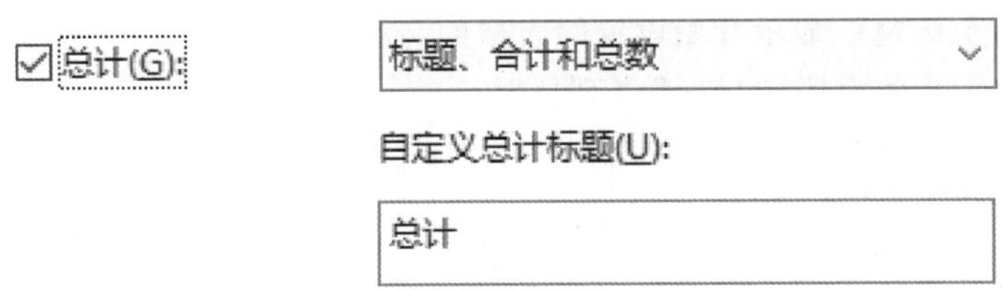


图 4-87　总计

（5）设置“格式”属性　设置构件属性参数字段在表格中的列标题、单元格对齐方式等，如图 4-88 所示。

1）单击“格式”选项卡，单击选择左侧“字段”栏中的参数信息，设置其右侧的“标题”“标题方向”“对齐”等参数。

2）单击选择“合计”字段，设置“对齐”方式，系统给出了“左”“中心线”“右”三种选项，如图 4-89 所示。

3）勾选“在图纸上显示条件格式”，系统给出了“无计算”“计算总数”“计算最小值”“计算最大值”“计算最小值和最大值”五种格式，根据具体需求进行选择，

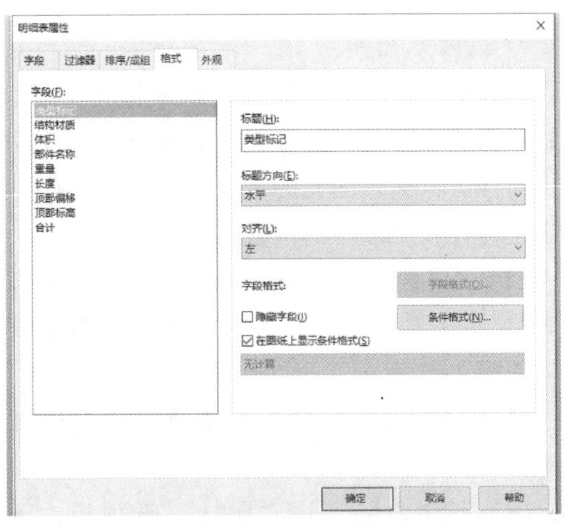

图 4-88　设置“格式”属性

默认为“无计算”。

（6）设置明细表“外观”属性　设置表格放到图纸上以后，表格边线、标题和正文的字体等，如图 4-90 所示。

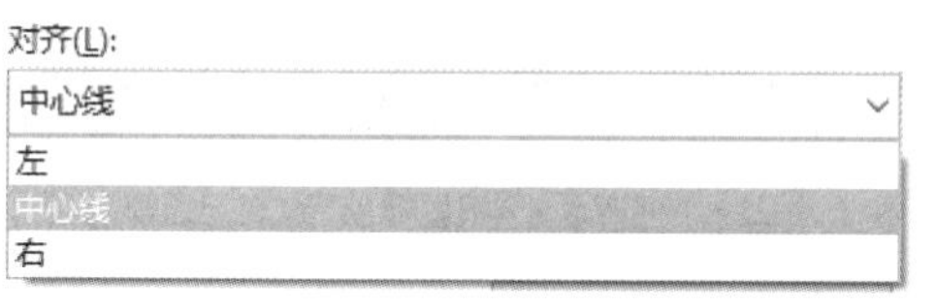


图 4-89　设置“对齐”方式

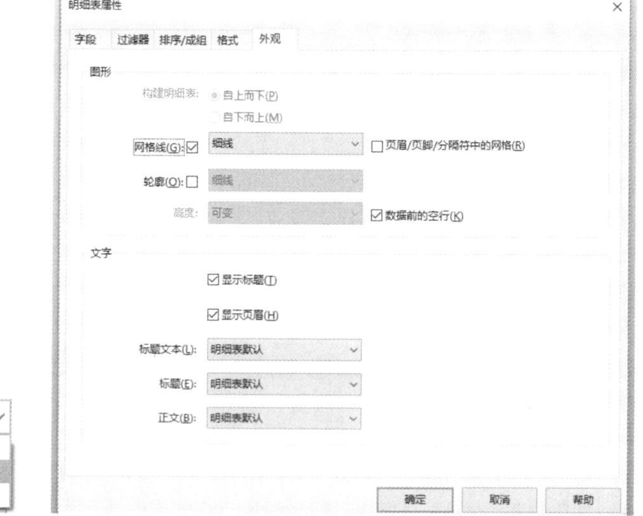


图 4-90　设置明细表“外观”属性

1）单击“外观”选项卡，勾选“网格线”，设置表格的内部表格线样式；勾选“轮廓”，设置表格的外轮廓线样式。

2）勾选“显示标题”显示开始设置的表格的名称（大标题），勾选“显示页眉”显示“格式”选项卡中设置的字段“标题”（列标题）。

3）“标题文字”“标题”“正文”都是系统默认设置，可根据需求进行设置。

此处的“外观”属性设置在明细表视图中不会直观地显示，必须将明细表放到图纸上以后，表格线宽、标题和正文文字的字体和大小等样式才能被显示并打印出来。

设置完成后，单击“确定”按钮即可在项目浏览器“明细表/数量”节点下创建“明细表”视图。

2. 编辑明细表

创建好的表格可以随时重新编辑其字段、过滤器、排序方式、格式和外观，或编辑表格样式等。另外，在明细表视图中同样可以编辑图元的族、类型、宽度等尺寸，也可以自动定位构件在图形中的位置等。

（1）“属性”选项板　从项目浏览器中双击打开“窗明细表”，可以看到此表为实例明细表，明细表的“属性”选项板如图 4-91 所示。出图时的窗明细表应该为类型明细表，下面通过编辑属性参数的方法重新设置明细表，如图 4-91 所示。

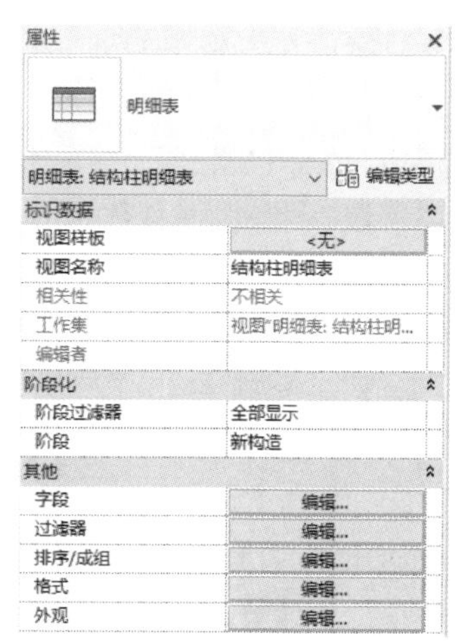


图 4-91　明细表“属性”选项板

（2）编辑表格　除“属性”选项板，还有以下专用的明细表视图编辑工具，可编辑表格样式或自动定位构件在图

形中的位置。在明细表视图中功能区的“修改明细表/数量”子选项卡如图 4-92 所示。

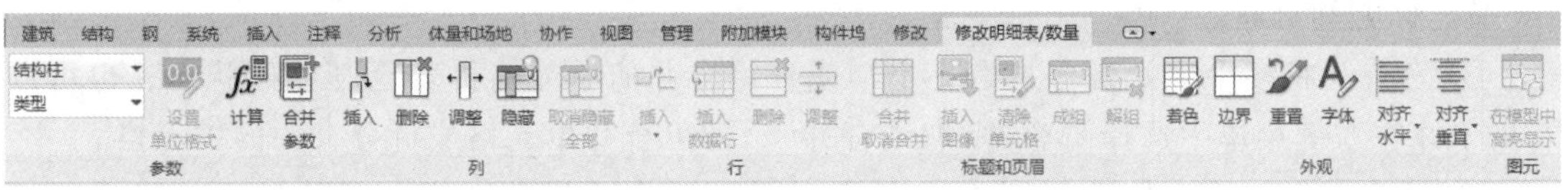


图 4-92 “修改明细表/数量”子选项卡

1）参数。

① 设置单位格式：用于指定度量单位的显示格式。选择相应的单位、舍入参数、单位符号和任何数值的组成规则（如消除后续零、消除零英尺等），如图 4-93 所示。

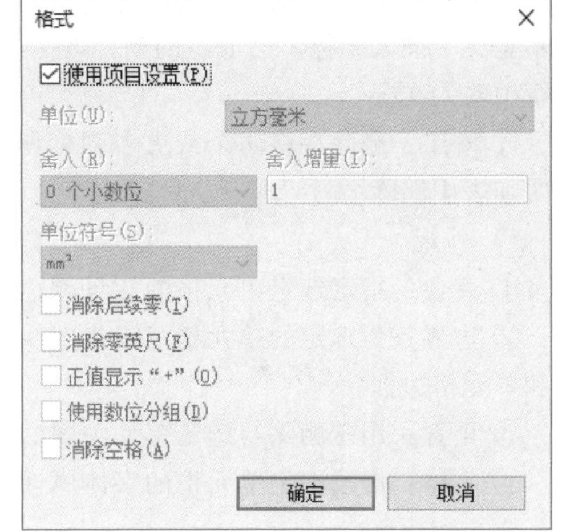


图 4-93 设置单位格式

② 计算：将计算公式添加到明细表单元格中。计算值不会指定给某个类别，因此不能重用。如果要将计算值移入其他单元格中，就必须重新输入。

③ 合并参数：创建合并参数，或允许在明细表当前选定列中编辑合并参数。合并参数在明细表的单个单元格中显示两个或更多参数的值。参数值将以斜线或指定的其他字符分隔。合并参数值在明细表中为只读。

2）列。

① 插入：用于打开“选择字段”对话框以添加列到明细表中。指定新列的参数和位置，默认情况下，该列会创建到当前选定单个的右侧。或者，也可以在选定列或单元格中右击，然后在右键菜单中选择“在右侧插入列”或“在左侧插入列”。

② 删除：删除当前选定列；也可以在选定列或单元格中右击，然后在右键菜单中选择“删除列”。

③ 调整：指定当前选定列的宽度。在“调整列宽”对话框中输入列的宽度；也可以单击并拖拽水平列边界，手动调整列宽。

④ 隐藏：隐藏明细表中的列。将光标放置在要隐藏的列上，然后单击“隐藏列”。隐藏的列不会显示在明细表视图或图纸中，但可以用于过滤、排序和明细表数据分组。

⑤ 取消隐藏全部：显示明细表中所有隐藏的列。无需将光标放置到特定位置，明细表打开时，单击“取消隐藏全部”即可。

3）行。

① 插入：在当前选定单元格或行的正上方或正下方插入一行；也可以在选定行或单元格中右击，然后选择行插入位置。

② 插入数据行：用于在明细表中插入行，以便可以添加新的值或图元。该工具只能用于某些明细表，如关键字明细表。

③ 删除：与“列”的删除一致。

④ 调整：指定当前选定行的高度。在“调整行高”对话框中输入行的高度；也可以单

击并拖拽垂直行边界，手动调整行高。

4）标题和页眉。

① 合并：将多个单元格合并为一个，或者将合并的单元格拆分至其原始状态；也可以右击，并在右键菜单中选择“合并/取消合并”，即可合并单元格或拆分合并的单元格。

② 插入图像：从文件插入图像。定位到所需图像并将其选定，有效的文件格式包括bmp、jpg、png、tif格式。

③ 清除单元格：删除选定也没单元的文字和参数关联。图形格式在清除单元格时将保持。

④ 组成：用于为明细表中的选定列创建标题。要选择列标题，需确保光标显示为箭头，而不是文字插入光标。已成组的列标题上方将显示一个新标题行。然后，可以在这个新的标题行中输入文字。

⑤ 解组：删除在将两个或更多列标题组成一个组时添加的列标题。成组列的列标题将从明细表中删除。

5）外观。

① 着色：指定选定单元格的背景颜色。在“颜色”对话框中选择背景颜色。

② 边界：为选定的单元格范围指定线样式和边框。在“编辑边框”对话框中，选择线宽和单元格边框。

③ 重置：用于删除与选定单元关联的所有格式。单元的条件格式将保持不变。

④ 字体：修改选定单元格的字体属性。在“编辑字体”对话框中，可以选择字型、字号、样式和颜色。

6）图元。“在模型中高亮显示”用于在一个或多个项目视图中显示选定的图元。如果需要，显示选定图元的视图将自动打开。

3. 导出明细表

Revit 2020中所有明细表都可以导出为外部的带分割符的txt格式文件，可以用Microsoft Excel或记事本打开编辑。

1）在明细表视图中，单击左上角的“文件”选项卡，从应用程序菜单中选择“导出”|“报告”|“明细表”命令。系统默认设置导出文件名为“＊＊＊明细表.txt”，如图4-94所示。

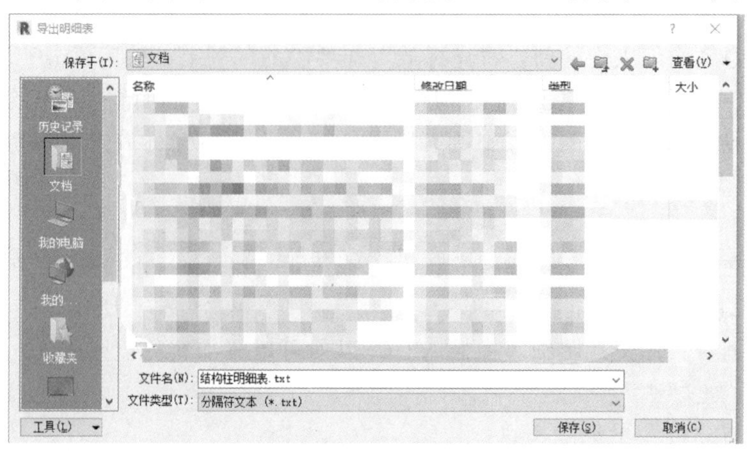


图4-94 导出明细表

2）单击“保存”按钮打开“导出明细表”对话框，如图 4-95 所示。

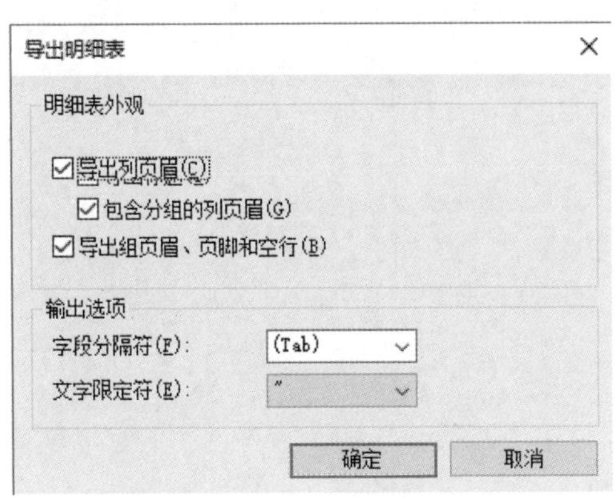


图 4-95　“导出明细表”对话框

3）根据需要设置导出明细表外观和“字段分割符”等输出选项，单击“确定”按钮即可导出明细表。

## ■ 4.5　施工图设计

### 4.5.1　尺寸标注与限制条件

#### 4.5.1.1　临时尺寸标注

1. 图元查询与定位

临时尺寸标注的图元查询与定位功能主要体现在以下几个方面：

1）当用“墙”“门”“窗”“模型线”“结构柱”等工具创建图元时，会出现左右相邻图元的蓝色临时尺寸，可以预捕捉某尺寸位置单击创建图元。绘制墙和线等，捕捉第 2 点时，还会出现蓝色临时尺寸，直接输入长度值即可创建图元。

2）选择一个图元：如图 4-96 所示，单击选择轴线左侧的结构柱，会出现相邻图元的蓝色临时尺寸，单击编辑尺寸，输入新的尺寸值或输入一个公式自动计算尺寸值后按<Enter>键，即可移动到新的位置。

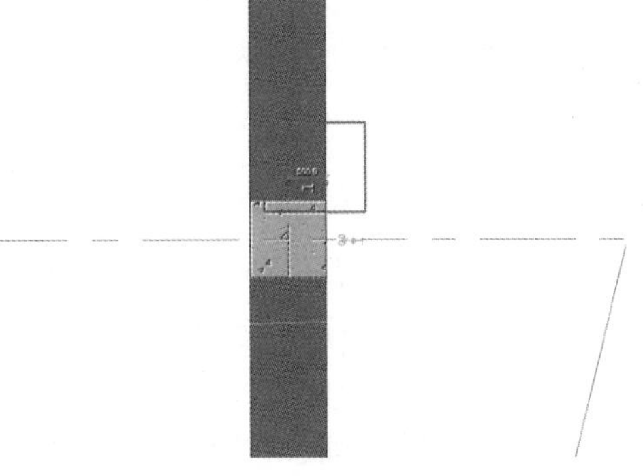

图 4-96　选择图元

3）选择多个图元：在平面视图中，按住<Ctrl>键单击选择结构柱和墙，单击功能区“激活尺寸标注”按钮，如图 4-97 所示，即可出现蓝色临时尺寸。单击编辑尺寸，输入新的尺寸值或输入一个公式自动计算尺寸值后按<Enter>键，即可移动图元到新的位置。

4）临时尺寸参考墙时，循环单击尺寸界线上的蓝色实心正方形控制柄，可以在内外墙面和墙中心线之间切换临时尺寸界线参考位置，也可以在实心正方形控制柄上按住左键不放，并拖拽光标到轴线等其他位置上松开，捕捉到新的尺寸界线参考位置。

图 4-97　激活尺寸标注

2. 转换为永久尺寸标注

1）单击临时尺寸标注下面的尺寸标注符号，即可将临时尺寸标注转换为永久尺寸标注。

2）单击选择转换后的永久尺寸标注，即可编辑其尺寸界线位置、文字替换等。

提示：由临时尺寸标注转换来的永久尺寸标注都是单个尺寸标注，后期编辑效率较低。虽然可以编辑其尺寸界线位置创建连续尺寸标注，但在某些情况下标注效率不高。因此建议使用永久尺寸标注来标注图元。

#### 4.5.1.2　永久尺寸标注创建与编辑

1. 创建永久尺寸标注

在 Revit 功能区“注释”选项卡中共有以下 9 个永久尺寸标注工具。如图 4-98 所示。

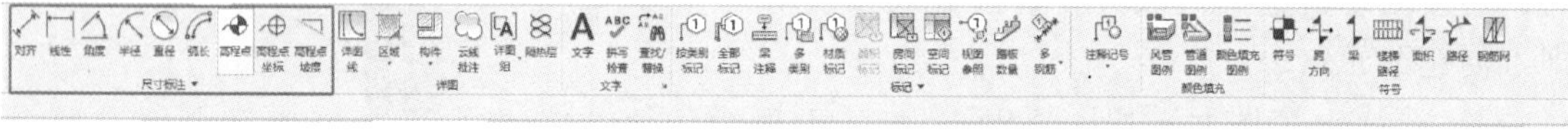


图 4-98　尺寸标注选项卡

（1）对齐尺寸标注　“对齐”尺寸标注工具可以标注两个或两个平行图元之间的距离，或者标注两个或两个以上点之间的距离尺寸。建筑设计中尺寸线、墙厚、图元位置等大部分尺寸标注都可以使用该工具快速完成。“对齐”尺寸标注有两种捕捉标注图元的方式：单个参照点和整个墙。下面以单个参照点捕捉标注为例进行说明。

单个参照点捕捉标注是逐点捕捉标注。在平面视图中，单击功能区“注释”选项卡的“对齐”工具，“放置尺寸标注”子选项卡如图 4-99 所示。选项栏默认选择“拾取”方式为“单个参照点”。

1）第一道总尺寸：从“拾取”前面的下拉列表中选择“参照墙面”，移动光标到轴线外墙面上单击捕捉墙面，再移动光标到另一侧轴线外墙面上单击捕捉墙面，向上移动光标出现总尺寸标注预览图形，在顶部轴网标头下方附近位置单击放置总尺寸标注。

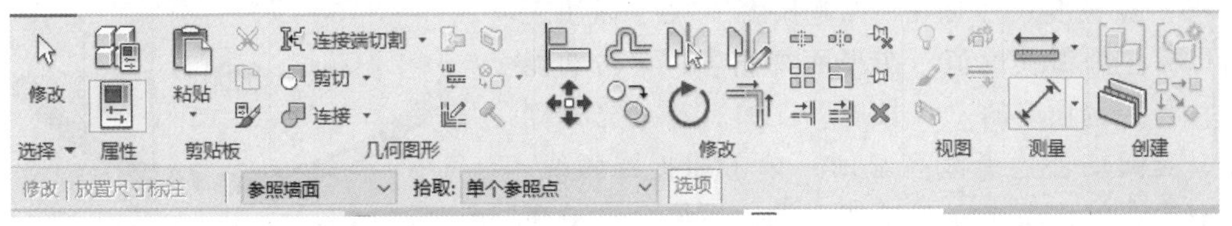


图 4-99　“放置尺寸标注”子选项卡

2）第二道开间尺寸：移动光标在顶部轴网标头下方依次单击捕捉所有轴线，然后移动光标到总尺寸下方附近位置时，系统自动捕捉到两道尺寸间距位置，单击放置第二道开间尺寸即可。

注意：用“单个参照点”捕捉标注时，一定要充分应用<Tab>键来快速切换捕捉位置，以提高标注捕捉效率。例如标注墙厚度时，如选项栏设置“拾取”墙位置为“参照墙中心线”，则当移动光标到墙面上时，系统可以自动捕捉到墙中心线，但捕捉不到墙面，此时按<Tab>键切换到墙面亮显时单击即可捕捉墙面，同理捕捉另一侧墙面及其他构造层面等，完成后单击放置尺寸标注即可。

提示：当放置尺寸标注后，每个尺寸值下方都会出现一把打开的锁形标记符号，单击可锁定尺寸不变，此为限制条件。

（2）线性尺寸标注　“线性”尺寸标注工具可以标注两个点之间（如墙或线的角点或端点）的水平或垂直距离尺寸。标注方法简要说明如下：移动光标到墙的左上角点上，按<Tab>键亮显该点时单击捕捉第二点，单击即可放置尺寸标注，如图 4-100 所示。

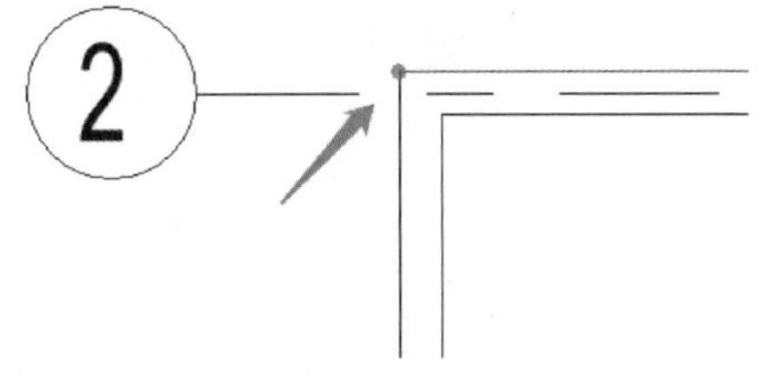


图 4-100　捕捉墙角点

（3）角度尺寸标注　“角度”尺寸标注工具可以标注两个或多个图元之间的角度值。单击功能区“注释”选项卡的“角度”工具，移动光标到拐角墙左侧墙中线位置，当墙中线亮显时，单击捕捉第一点；移动光标到另一侧位置，单击即可放置角度尺寸标注，如图 4-101 所示。

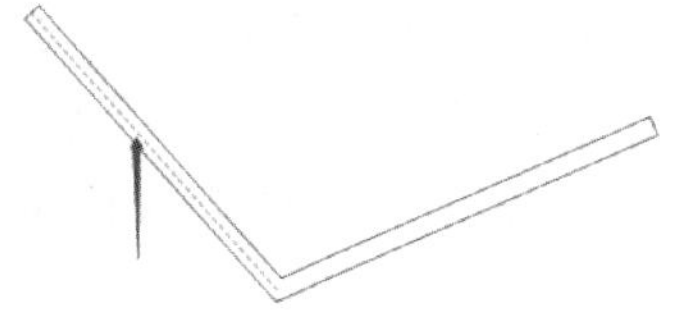

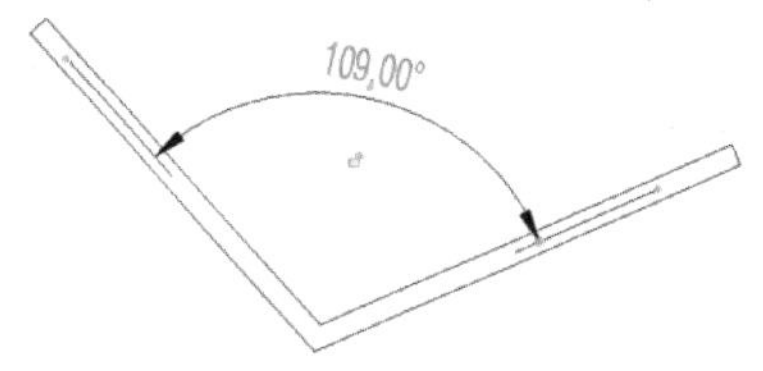


图 4-101　角度尺寸标注

（4）半径尺寸标注　“半径”尺寸标注工具可以标注圆或圆弧的半径值。在平面视图中，建立弧形墙体。单击功能区“注释”选项卡的“径向”工具，移动光标到圆弧线亮显时，单击捕捉圆弧线；移动光标出现半径尺寸标注预览图形，单击即可放置半径尺寸标注，如图 4-102 所示。

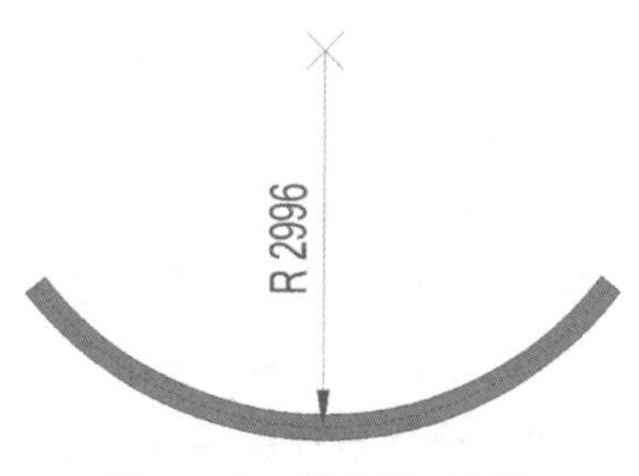


图 4-102　半径尺寸标注

（5）直径尺寸标注　“直径”尺寸标注工具可以标注圆或圆弧的直径尺寸。标注方法同半径标注。

（6）弧长度尺寸标注　“弧长度”尺寸标注工具可以标注圆弧长度值。在平面视图中，单击功能区“注释”选项卡的“弧长度”工具，移动光标到弧墙，当弧墙外边弧线亮显时，单击捕捉圆弧线；弧线捕捉完成移动光标至弧墙一端，系统会自动亮显边界，单击拾取；移动光标至另一侧，单击拾取边界；再次单击即可放置弧长度尺寸标注，如图 4-103 所示。

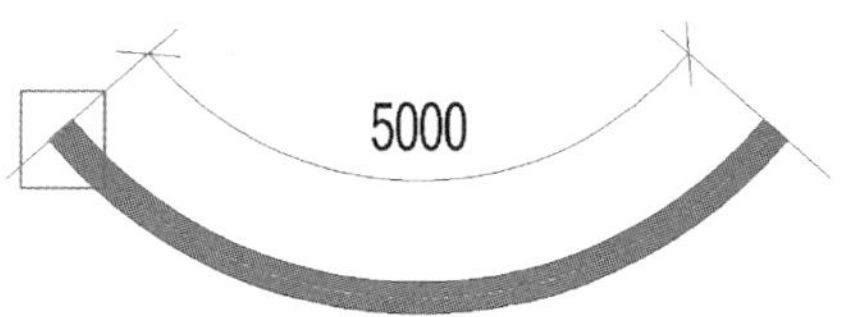


图 4-103　弧长度尺寸标注

（7）高程点标注　“高程点”尺寸标注工具可以标注选定点的实际高程值。高程点通常用于获取坡道，公路、地形表面、楼梯平台、屋脊，室内楼板、室外地坪等的高程值。打开立面视图，下面以墙为例标注高程点。单击功能区“注释”选项卡的“高程点”工具，从类型选择器中选择三角形（项目）高程点类型，选项栏取消勾选“引线”和“水平段”选项（勾选该选项在标注时将先创建引线和水平段，然后才放置标注）；移动光标到墙顶部，单击捕捉墙顶，即可放置尺寸标注。如图 4-104 所示。

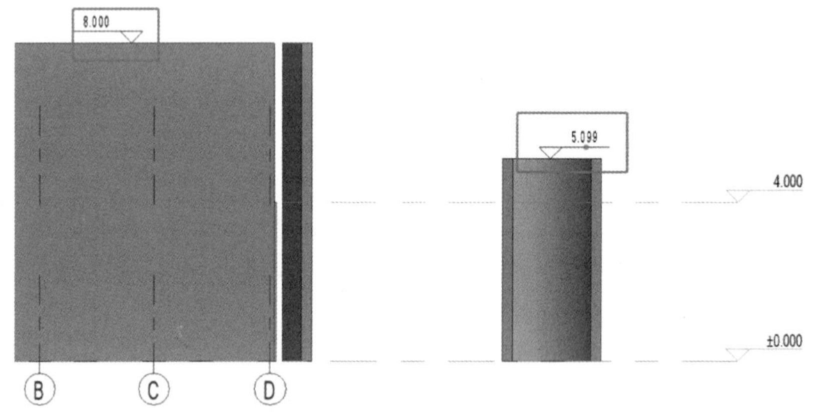


图 4-104　尺寸标注

（8）高程点坐标标注　“高程点坐标”尺寸标注工具可以标注选定点相对于“项目基点”的相对 X、Y 坐标值（可包含高程值）。高程点坐标通常用于获取建筑施工放线时关键点相对于项目基点的相对坐标。打开平面视图，单击“视图”选项卡“可见性/图形”工具，在“模型类别”中的“场地”节点下勾选“项目基点”，单击选择该符号，显示项目基点坐标，如图 4-105 所示。

开始项目设计前要事先设定项目基点的位置，如选择①号和Ⓐ号轴线交点和此基点位置重合。取消勾选“项目基点”关闭项目基点。

1）单击功能区“注释”选项卡的“高程点坐标”工具，选项栏勾选“引线”和“水平段”选项。

2）移动光标到右上角外墙面交点处，显示该点的坐标预览图形后单击捕捉交点，向右上方移动光标出现引线时单击捕捉引线折点，再向右水平移动光标到合适位置，单击放置高程点坐标，如图 4-106 所示。

（9）高程点坡度标注　“高程点坡度”尺寸标注工具可以标注模型图元的面或边上的特定点处的坡度。高程点坡度标注有箭头百分比和三角形两种显示方式。

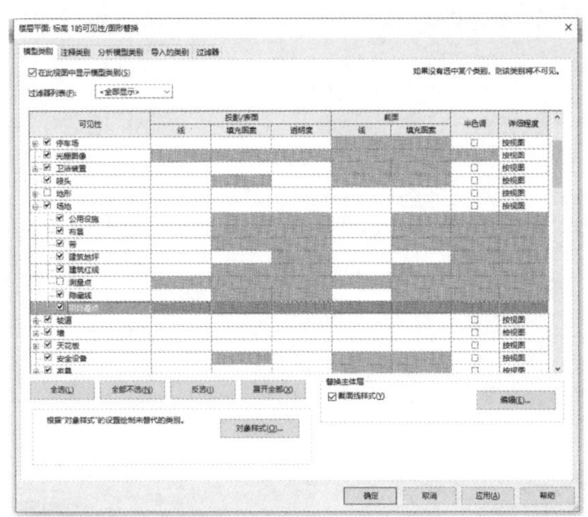

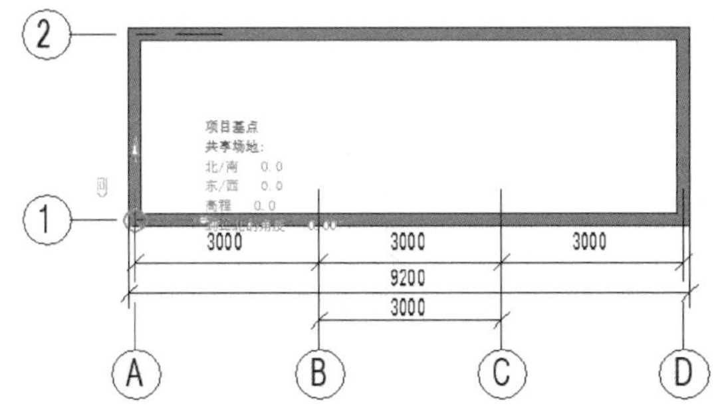


图 4-105 项目基点坐标

图 4-106 高程点坐标

1）箭头百分比：打开立面视图，缩放到右侧散水位置。单击功能区“注释”选项卡的“高程点坡度”工具。选择“箭头百分比”高程点坡度类型，选项栏设置“相对参照的偏移”为 1.5mm。移动光标至坡道即可预览标注，单击放置即可，如图 4-107 所示。

2）三角形：打开南立面视图，单击功能区“注释”选项卡的“高程点坡度”工具。选择“三角形”高程点坡度类型选项栏，设置“坡度表示”为“三角形”，“相对参照的偏移”为 1.5mm。移动光标至坡道即可预览标注，单击放置即可，如图 4-108 所示。

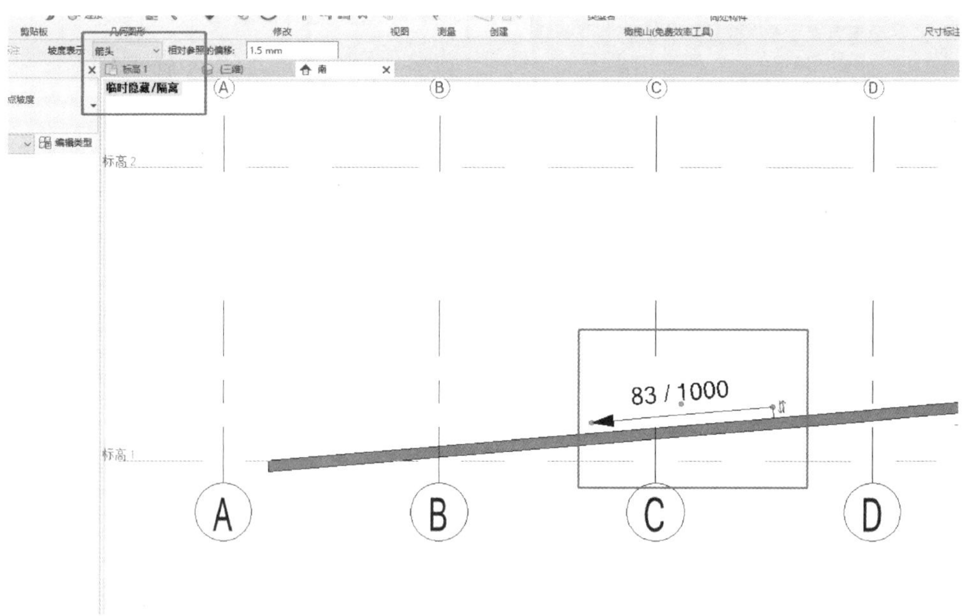


图 4-107　箭头百分比

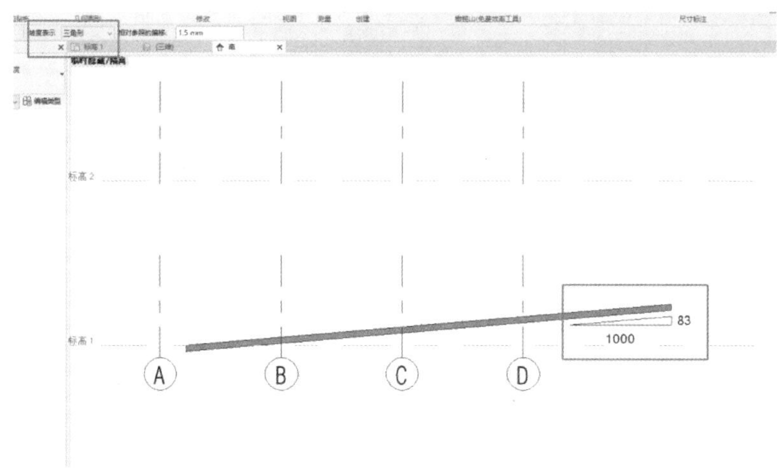


图 4-108　“三角形”高程点

2. 编辑永久尺寸标注

尺寸标注的编辑方法有编辑尺寸界线、鼠标控制、图元与尺寸关联更新、编辑尺寸标注文字、“类型属性”参数编辑（尺寸标注样式）。

（1）编辑尺寸界线　该编辑方法仅适用于“对齐”和“线性”尺寸标注类型。

单击尺寸标注，在功能区右上方会出现编辑尺寸界线 ，单击功能区“编辑尺寸界线”工具，会自动出现标注线跟随光标，如图 4-109 所示，可对尺寸标注进行增加或删减。单击未标注处，可进行增加标注，单击已标注边界可以删减尺寸标注。

（2）鼠标控制　单击选择尺寸标注，尺寸标注显示如图 4-110 所示。观察尺寸标注的每条尺寸界线、每个文字下方都有蓝色实心矩形控制柄可以拖拽调整尺寸界线调整：

1）单击并拖拽尺寸界线端点的控制柄，可以调整尺寸界线长度到合适位置。

2）单击并拖拽尺寸界线中点的控制柄，移动光标捕捉到其他图元参照位置后松开鼠标，即可将尺寸界线移动到新的位置。

（3）尺寸标注文字位置调整　单击标注文字下方实心圆点，可对文字位置进行调整。

提示：拖拽时尽量不要将文字拖拽出其左右两条尺寸界线范围，以达到图纸美观的要求。如空间不够必须拖拽到外侧，则系统会自动添加一条弧形引线，可根据需要在选项栏取消已勾选的“引线”选项。

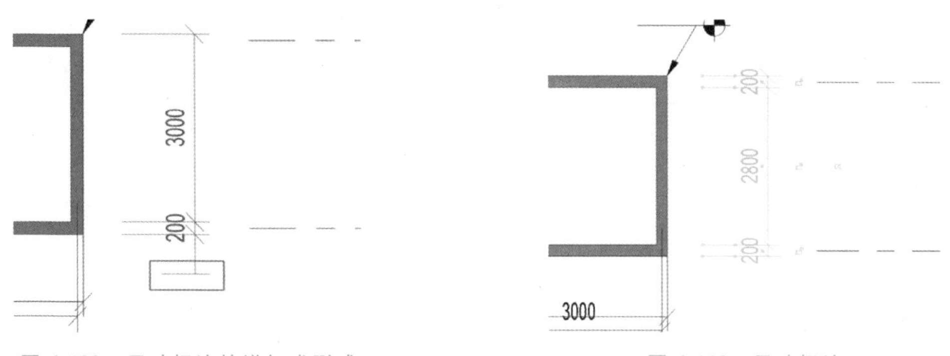


图 4-109　尺寸标注的增加或删减　　图 4-110　尺寸标注

（4）编辑尺寸标注文字　Revit 的尺寸值是自动提取的实际值，单独选择尺寸标注，其文字不能直接编辑。但有些时候在尺寸值前后上下需要增加辅助文字或其他前缀后缀等，或需用文本替换尺寸值。

1）单击尺寸标注文字，弹出对话框。使用实际值，可在实际值增加前缀或后缀，也可以在文字上方、下方增加字段，如图 4-111 所示。

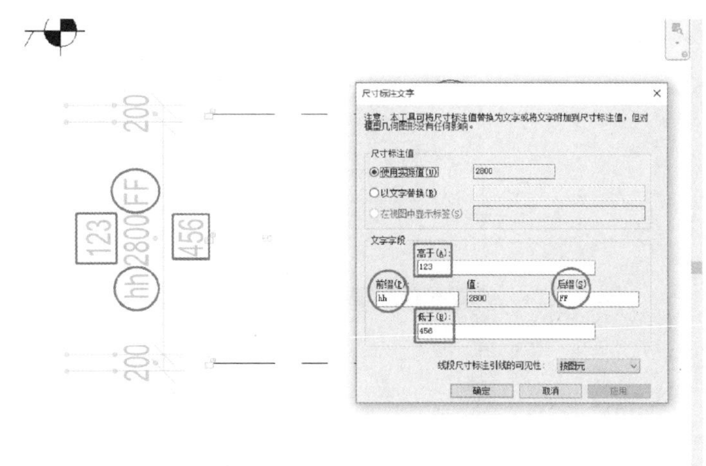


图 4-111　尺寸标注文字增加

2）选择以文字替换，可对尺寸标注进行替换，如图 4-112 所示。

（5）图元与尺寸关联更新　与临时尺寸一样，Revit 的永久尺寸标注和其标注的图元之间始终保持关联更新，可通过“先选择图元，然后编辑尺寸值”的方式精确定图元。下面举例说明。打开平面视图，在墙体上放置门构件并进行标注，单击门构件，尺寸标注会变小，单击数值，可对数值进行更改，门构件同时跟随移动，如图 4-113 所示。

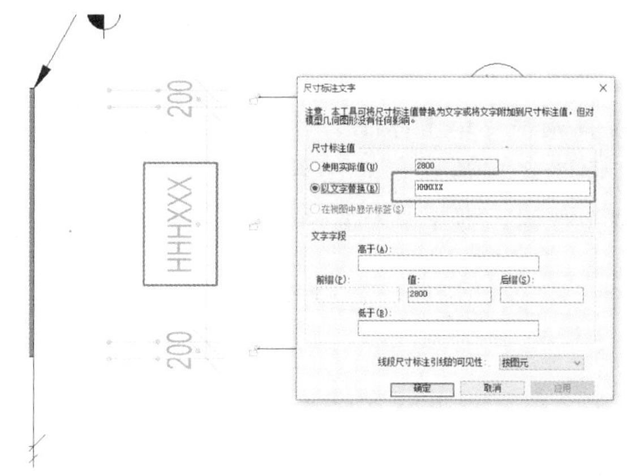


图 4-112　尺寸标注文字用文本替换

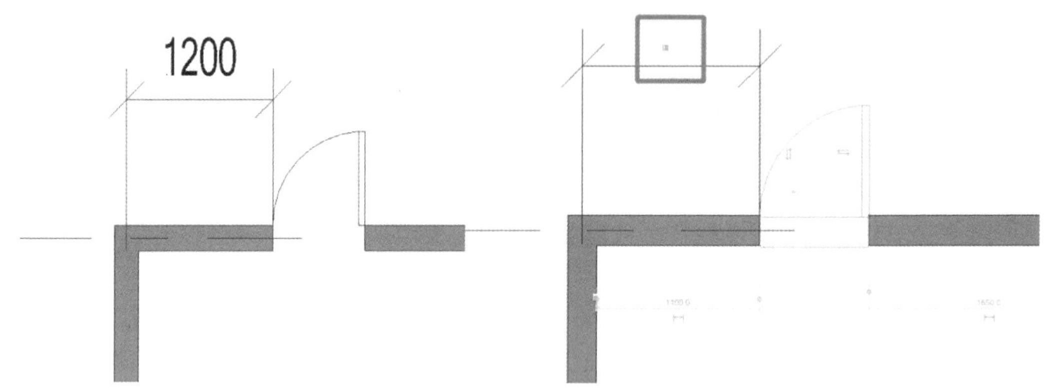


a) 初始状态选中门构件状态

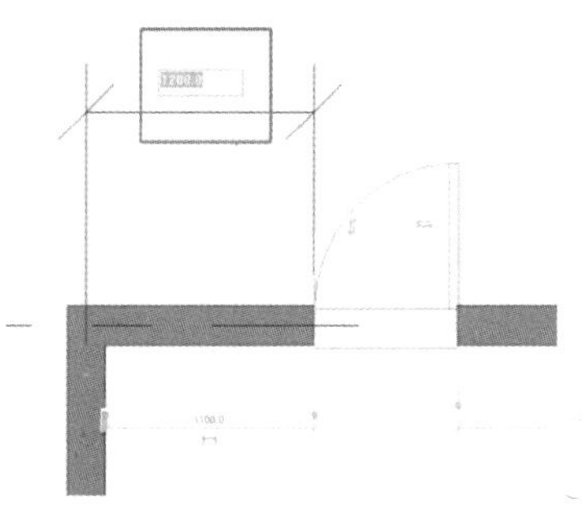

b) 尺寸数值修改

图 4-113　图元与尺寸关联更新

#### 4.5.1.3　尺寸标注样式

在采用上述方法创建尺寸标注时，所有尺寸标注的文字字体、字体大小、高宽比、文字背景、尺寸记号、尺寸界线样式、尺寸界线长度、尺寸界线延伸长度、尺寸线延伸长度、中心线符号及样式、尺寸标注颜色等尺寸标注的细节设置，可以在各种尺寸标注样式对话框中

事先设置或随时设置，设置完成后，所有的尺寸标注将自动更新。

和尺寸标注工具相对应，Revit 的尺寸标注样式有七种，如图 4-114 所示，其设置方法完全一样，下面以线性尺寸标注样式为例演示线性尺寸标注样式。

在功能区单击“注释”选项卡“尺寸标注”面板的下拉三角箭头，选择“线性尺寸标注类型”命令，打开线性尺寸标注类型的“类型属性”对话框，如图 4-115 所示。

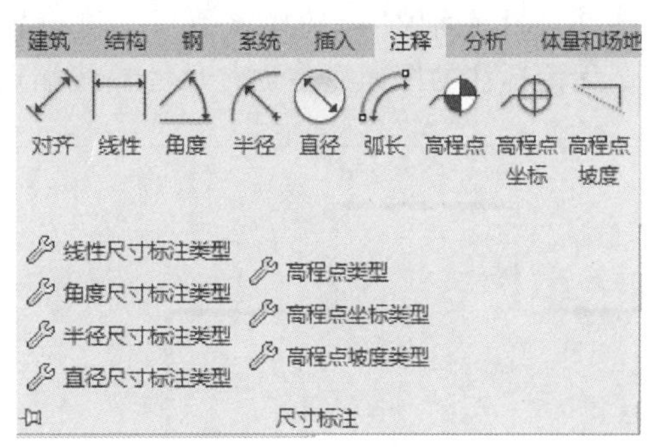


图 4-114 尺寸标注样式

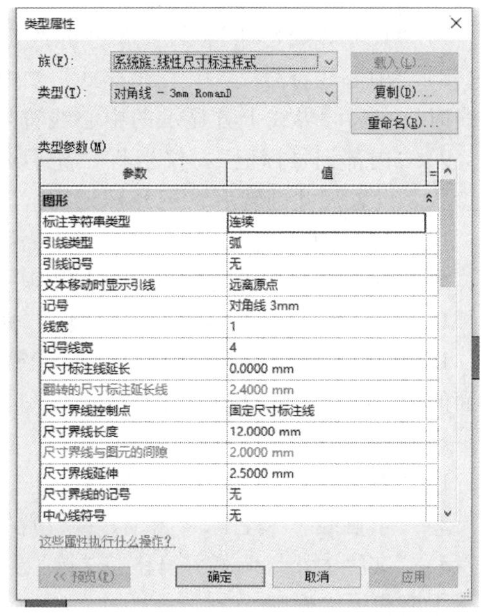


图 4-115 “类型属性”对话框

1. 图形类参数设置

1）“标注字符串类型”：可从下拉列表中选择其下的三种方式之一，其中“连续”选项是建筑设计默认的标注样式，剩余两种不适用于建筑设计（本书样板文件也采用该默认样式）。如前面的第二道开间尺寸线，连续捕捉多个图元参照点后，单击放置多个端点到端点的连续尺寸标注，如图 4-116 所示。

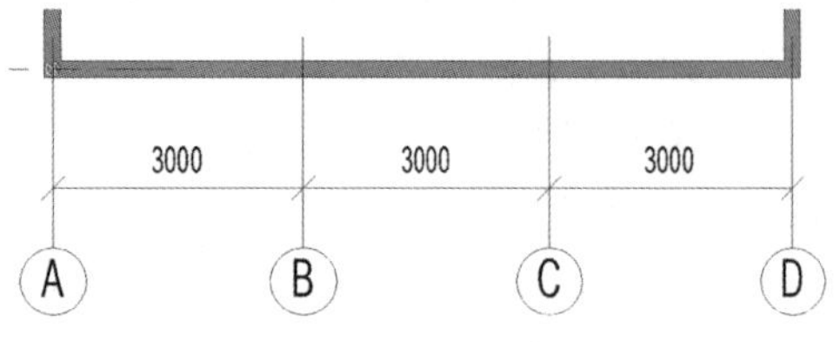


图 4-116 连续标注字符串

2）“记号”：选择尺寸标注两端尺寸界线和尺寸线交点位置的记号样式，默认选择常用的“建筑 2mm”标记样式（加粗显示 2mm 长的斜线记号），图 4-115 中设置为“对角线 3mm”。

3）“线宽”“记号线宽”：设置尺寸标注线的线宽为 1 号线、记号标记的线宽为 4 号线。

4）“尺寸标注延长线”：设置尺寸标注两端尺寸线延伸超出尺寸界线的长度。建筑设计默认为 0mm。

5）“翻转的尺寸标注延长线”：仅当将“记号标记”类型参数设置为“箭头”类型时，才启用此参数。当标注空间不够，需要将箭头翻出尺寸界线之外时，用到此类型，如图 4-117 所示。

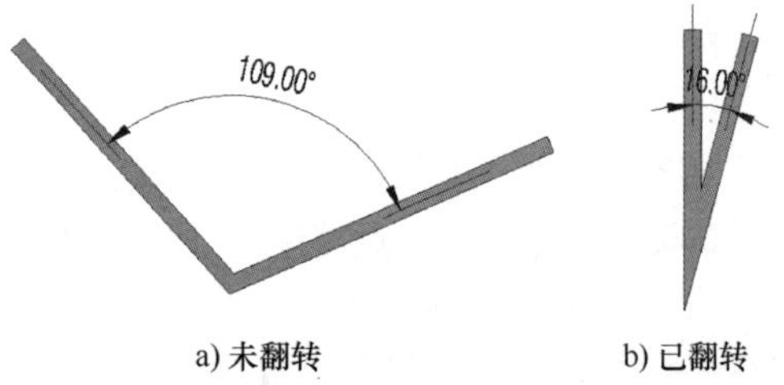


a) 未翻转 b) 已翻转

图 4-117 翻转的尺寸标注延长线

6）“尺寸界线控制点”：可从下拉列表中选择以下两种尺寸界线样式之一。

①“固定尺寸标注线”：选择该值后，可设置下面的“尺寸界线长度”参数为固定值，如图 4-118 所示。这是建筑设计默认的标注样式。

②“图元间隙”：选择该值后，可设置下面的“尺寸界线与图元的间隙”参数为固定值，无论标注的图元有多远，尺寸界线端点到图元之间的距离不变，如图 4-119 所示。

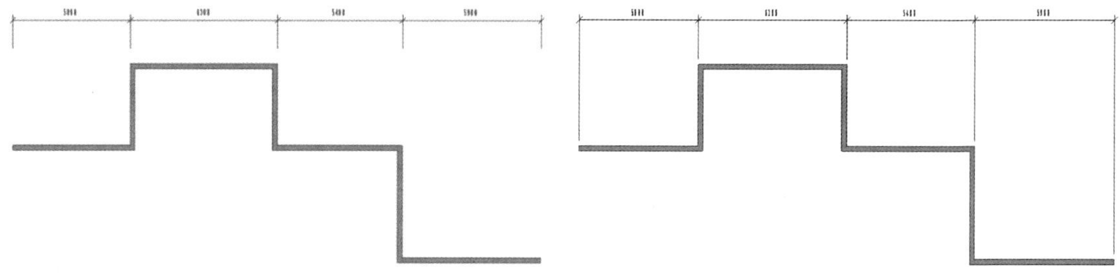

图 4-118　固定尺寸标注线　　图 4-119　尺寸界线端点与图元的间隙设为固定值

7）“尺寸界线延伸”：设置尺寸界线延伸超出尺寸线的长度，默认为 2mm。

8）“中心线符号”“中心线样式”“中心线记号”：设置尺寸界线参照族实例和墙的中心线时，在尺寸界线上方显示的中心线符号的图案、线型图案和末端记号。

9）“内部记号标记”：仅当将“记号标记”类型参数设置为“箭头”类型时，才启用此参数。设置尺寸翻转后，记号标记样式。

10）“同基准尺寸设置”：当“标注字符串类型”参数设置为“纵坐标”时，该参数可用，单击后面的“编辑”按钮，可设置其文字、原点、尺寸线等样式。

11）“颜色”：设置尺寸标注的颜色，默认为黑色。

12）“尺寸标注线捕捉距离”：设置等间距堆叠线性尺寸标注之间的自动捕捉距离，如前面的尺寸线之间的自动捕捉距离。

2. 文字类参数设置

1）“宽度系数”：设置文字的高宽比。

2）“下画线”“斜体”“粗体”：设置字体样式。

3）“文字大小”“文字偏移”“读取规则”：设置标注文字的大小、文字相对尺寸线的偏移距离和读取规则。

4）“文字字体”“文字背景”“单位格式”：设置标注文字的字体、背景是否透明（是否能遮盖文字下方的线等图元）和单位格式（默认选择项目设置单位格式）。

5）其他标识数据类参数。

采用默认值即可。设置完成后单击“确定”按钮，则已有的同类型尺寸标注自动更新，后面新建的尺寸标注按新的样式显示。

3. 创建新的尺寸标注类型

在“类型属性”对话框（图 4-115）中单击“复制”按钮，输入新的类型“名称”后单击“确定”按钮。设置图形类和文字类的各项参数，单击“确定”按钮后即可创建新的尺寸标注类型。

4. 其他尺寸标注样式

对齐、线性、弧长标注工具都使用的“线性尺寸标注样式”。角度、半径、直径、高程点、高程点坐标、高程点坡度尺寸标注样式的设置方法完全一样，不同仅存在于个别参数中。

提示：除特殊项目特殊要求外，常规的尺寸标注样式建议在样板文件中事先设置上述尺寸标注样式参数，以便在所有项目中共享使用。本书提供的样板文件中已经设置好了所有的尺寸标注样式，可以直接打开该文件根据需要重新设置并保存后使用。

#### 4.5.1.4 限制条件的应用

如前所述，在创建尺寸标注时，每个尺寸值下都会出现一个锁形符号和“不相等”符号EQ，此为限制条件。

1. 应用尺寸标注的限制条件

在放置永久性尺寸标注后，单击尺寸的锁形符号锁定尺寸标注，即可创建限制条件。

提示：在视图中用“可见性/图形”工具，在“注释类别”中取消已勾选的“限制条件”选项，单击“确定”按钮后可以隐藏限制条件（蓝色虚线和锁形符号）的显示。

2. 相等限制条件

相等限制条件可用于快速等间距定位图元，如定位参照平面、门窗间距、内墙间距等。

1）单击选择图4-120中图形上方的尺寸标注，然后单击尺寸标注上方的“不相等”符号EQ，则中间的两面垂直墙自动调整位置，使其左右间距相等。所有相等的尺寸值变为文字“EQ”。

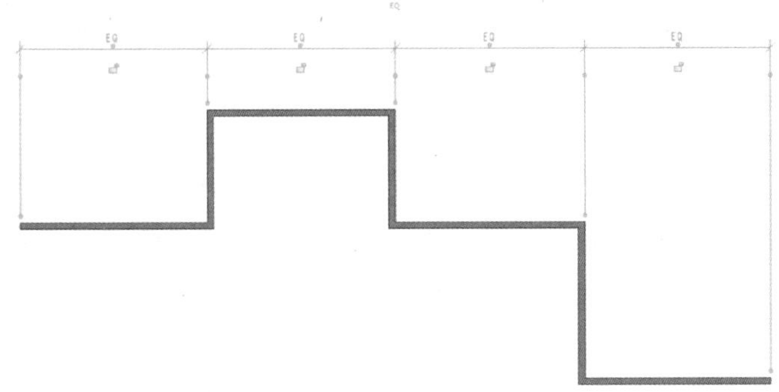


图4-120 “不相等”符号

2）在“属性”选项板中设置“等分显示”参数为“值”，则所有相等的尺寸值变为相同的数字，如图4-121所示。

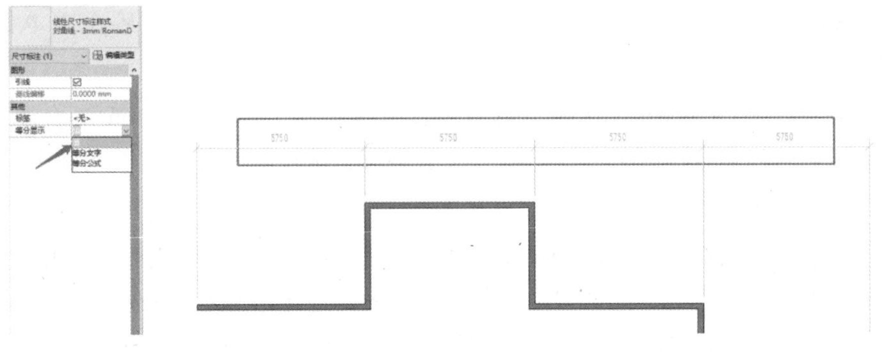


图4-121 在“属性”选项板中“等分显示”

3. 删除限制条件

可使用以下三种方法取消、删除限制条件：

1）单击锁形符号解除锁定。

2）单击EQ符号按钮变为“不相等”，单击符号EQ按钮，解除相等限制条件。

3）当删除应用了限制条件的尺寸标注时，会弹出提示框，在提示框中按以下方法执行：

① 单击“确定”按钮：只删除尺寸标注，保留了限制条件。限制条件可以独立于尺寸标注存在和编辑，删除尺寸标注后，选择约束的图元即可显示限制条件。

② 单击“取消约束”按钮：同时删除尺寸标注和限制条件。

## 4.5.2 文字注释

Revit 的文字注释类图元大致可分为文字、标记、符号、注释记号四大类。

### 4.5.2.1 文字与文字样式

1. 创建文字

Revit 的文字和 AutoCAD 一样，也分多行文字和单行文字，但命令只有一个，且可以互相转换。打开平面视图，在功能区单击“注释”选项卡“文字”面板的“A”工具，“修改放置文字”子选项卡如图 4-122 所示。从类型选择器中选择“3.5mm 仿宋”字体类型。根据文字是否带引线和引线类型，Revit 有一个创建文字工具，在功能区“格式”面板中的有 4 个带字母 A 的工具，其操作方式略有不同。

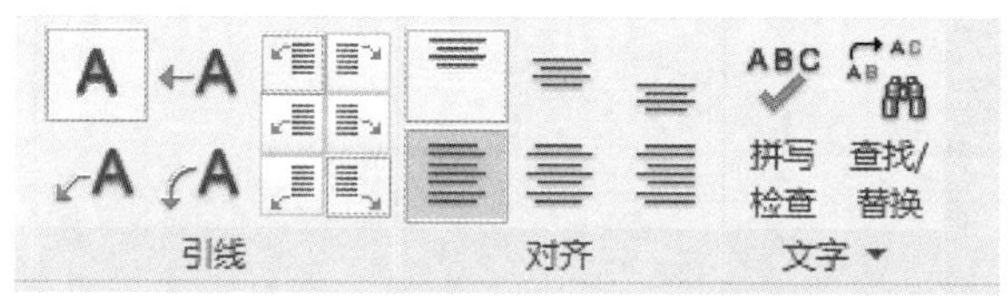


图 4-122 “修改放置文字”子选项卡

1）无引线多行文字 A：在图中单击并拖拽出矩形文本框后松开鼠标，在框中输入文字，完成后在文本框外单击即可。

2）一段引线多行文字 ←A：在图中单击放置引线起点，移动光标至终点位置单击并按住鼠标，拖拽成矩形文本框后松开鼠标，在框中输入文字，完成后在文本框外单击即可。

3）两段引线多行文字 ↙A：在图中单击放置引线起点，移动光标再次单击放置引线折点，移动光标到引线终点位置按住左键并拖拽出矩形文本框后松开鼠标，在框中输入文字，完成后在文本框外单击即可。

4）曲引线多行文字 ↶A：在图中单击放置曲引线起点，移动光标到曲引线终点位置单击并拖拽出矩形文本框后松开鼠标，在框中输入文字，完成后在文本框外单击即可。

5）单行文字和多行文字的创建和编辑方法完全一样，唯一的区别在于创建时只需要在位置起点或在引线终点位置单击，然后输入文字即可。文本框的长度会随输入文字的长度而变化，文字不换行。

2. 编辑文字

单击选择刚创建的文字，“修改｜文字注释”子选项卡如图 4-123 所示。

1）添加引线。选择文字后，单击功能区引线面板中的添加左直线引线 A⁺ 按钮，即可

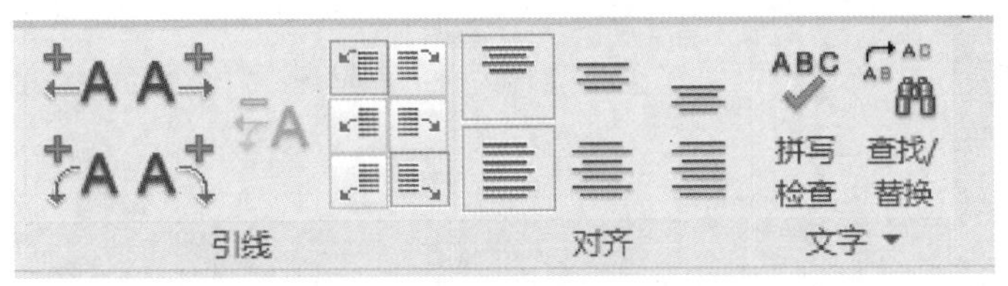


图 4-123 “修改 | 文字注释”子选项卡

增加左引线。有四种方式可选择。

2）删除引线：选择文字，在功能区单击“删除最后一条引线”按钮。

3）引线位置设置：此功能仅对有多行的文字才能有效。选择文字，单击功能区的“左上引线”“左中引线”“左下引线”“右上引线”“右中引线”“右下引线”按钮，可以设置引线终点在文字的附着点。

3. 文字格式与内容编辑

1）对齐方式设置：选择文字，单击功能区的“左对齐”“居中齐”“右对齐”即可。

2）文字内容编辑：选择文字再单击文本框内的文字，即可编辑修改文字内容，完成后在文本框外单击完成编辑。

3）粗体、斜体、下画线：在文本框内选择需要的文字，单击功能区的粗体、斜体、下画线工具即可。

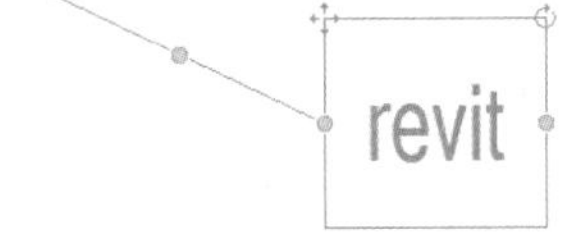


图 4-124 文本框和引线控制柄

4）鼠标控制：选择文字，显示文本框和引线控制柄，如图 4-124 所示。鼠标拖拽控制柄实现以下编辑功能：

① 移动文本框。单击并拖拽左上角的移动符号，可移动文本框，引线自动调整。

② 旋转文本框。单击并拖拽右上角的旋转符号，可旋转文本框。

③ 文本框宽度调整。单击并拖拽文本柜内侧的实心圆控制柄即可，文字自动换行。

④ 引线调整。单击并拖拽引线的起点、折点、终点控制柄，可调整引线三个点的位置。

4. 拼写检查与查找/替换

1）“拼写检查”：通过该工具可检查已选定内容中或者当前视图或图纸中的文字注释的拼写。

2）“查找/替换”：通过该工具可查找需要的文字，并将其替换为新的文字。

5. “属性”选项板与文字样式

（1）类型选择器　选择文字，从“属性”选项板的类型选择器中选择“5mm 仿宋”等类型；可以快速创建其他字体。

（2）实例属性参数　选择文字，在“属性”选项板可设置文字的引线附着和对齐方式等。

（3）类型属性参数（文字样式）

1）选择文字，在“属性”选项板中单击“编辑类型”按钮，打开文字的“类型属性”对话框；或单击“注释”选项卡“文字”面板右侧的箭头，打开的文字的“类型属性”对话框，如图 4-125 所示。

2）在对话框中可设置文字的“颜色”“文字字体”“文字大小”“宽度系数”“引线箭

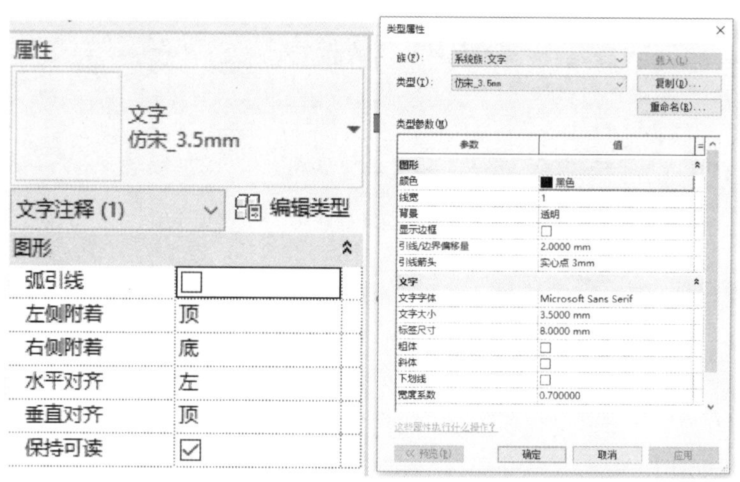


a)“属性”选项板　　b)“类型属性”对话框

图 4-125　文字样式设置

头”“显示边框”等参数。单击“确定”按钮后所有同类型的文字自动更新。

3）新建文字样式：在对话框中单击“复制”按钮，输入新的类型名称，设置上述参数，单击“确定”按钮后只改变选择的文字类型。

提示：和尺寸标注样式一样，建议在样板文件中事先设置好常用的文字样式，以便大家共享使用。

#### 4.5.2.2　标记创建与编辑

标记是在图纸中识别图元的专用注释，在平面视图设计需要创建门窗标记、房间标记和面积标记等。除此之外，墙、楼板、楼梯，结构构件等各种构件图元都可以根据需要创建自己的标记。

1. 创建标记

标记的创建方法有自动标记和手动标记两大类：

(1) 自动标记　在使用门窗、房间、面积、梁等工具时，其对应的“修改 | 放置门”等选项卡中，在“标记”面板中都默认选择了“在放置时进行标记”，因此在创建这些图元时即可自动标记。

(2) 手动标记　对墙、楼棚、楼板、材质等一般情况下不需要标记的图元，则需要用“按类别标记”“全部标记”“多类别”和“材质标记”等标记工具进行手动标记。

(3) 按类别标记（逐一标记）“按类别标记”工具用于逐一单击拾取图元创建图元特有的标记注释，如门窗标记和房间标记等专有标记。在平面视图中，单击功能区“注释”选项卡“标记”面板的“按类别标记”工具，“修改标记”子选项卡如图 4-126 所示。

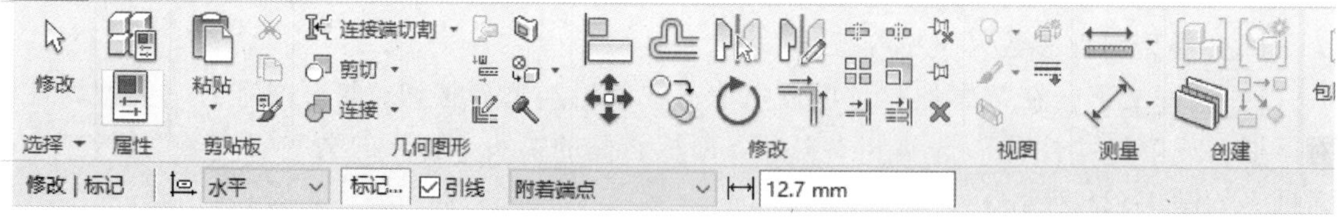


图 4-126　“修改标记”子选项卡

（4）选项栏设置

1）引线设置：可以需要勾选或取消勾选“引线”。

2）标记：单击“标记”按钮，打开“标记”对话框，可以为各种构件类别选择或载入需要的标记族，单击“确定”按钮后系统将按选定的标记族样式标记图元。

2. 全部标记（批量标记）

“全部标记”工具用于自动批量给某一类或某几类图元创建图元特有的标记注释，如门窗标记、房间标记、梁标记等专有标记。

1）在平面视图中。单击功能区“注释”选项卡“标记”面板的“全部标记”工具，打开“标记所有未标记的对象”对话框，如图4-127所示。

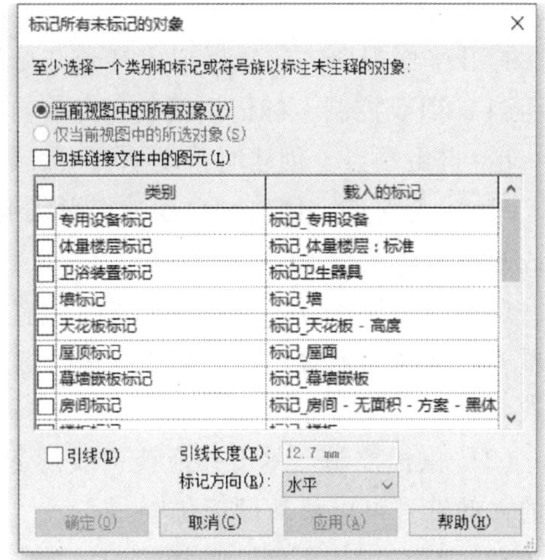


图4-127 “标记所有未标记的对象”对话框

2）标记设置。

①“当前视图中的所有对象”：系统默认选择，默认在当前视图中的所有对象中标记选择的图元标记族。

②“仅当前视图中的所选对象”：如果事先选择了一些图元，则系统默认选择该选项，将在当前视图中所选择的对象将被标记所选择的图元标记族。可以切换选择“当前视图中的所有对象”。

③“包括链接文件中的图元”：勾选该选项，将同时标记链接的Revit文件中的图元。

④ 引线设置：勾选“创建”即可设置引线长度和方向。

3）按住<Ctrl>键单击选择“门标记”和“窗标记”类别，单击“确定”按钮即可自动标记所有没有标记的门和窗。

3. 多类别标记（共性标记）

如果需要标记构件的共享属性，如给楼板、墙、屋顶、楼梯等构件标记其类型名称，则可以使用“多类别”标记工具来快速创建，而不需要单独为不同的构件分别创建一个类型名称标记族。

1）打开视图，单击功能区“注释”选项卡“标记”面板的“多类别”工具，类型选择器中选择了默认的标记类型。

2）选项栏勾选“引线”，从后面的下拉列表中选择“自由端点”（如选择“附着端点”则需要先放置标记再调整引线）。

3）移动光标在顶部的女儿墙截面内单击放置引线起点，向左上方移动光标单击放置引线折点，再向左水平移动光标单击放置标记“女儿墙”。采用同样的方法可标记平屋顶、墙、楼板和散水。

4. 材质标记

“材质标记”工具可以自动标记各种图元及其构造面层的材质名称，此功能对于详图中的大量材质做法标记十分有用。

1）打开视图，单击功能区“注释”选项卡“标记”面板的“材质标记”工具，类型选择器中选择了默认的标记类型。

2）选项栏勾选“引线”，默认选择“自由端点”（不可设置）。

3）移动光标至墙结构层内单击放置引线起点，竖直向上移动光标单击放置引线折点，选择位置再次单击放置材质标记“混凝土-现场浇注混凝土”。

5. 编辑标记

打开平面视图，选择标记，打开“修改标记”子选项卡（图 4-126）：

（1）引线控制　标记引线的端点有自由断点与附着端点两种形式，各自功能特点如下：

1）自由端点。创建时手动捕捉引线起点、折点、终点位置，完成后自由拖拽其位置。

2）附着端点。创建时自动捕捉引线起点，放置标记后只能拖拽标记折点和标记位置，引线起点不能调整。

选择标记后，可以在选项栏在两种端点类型之间切换，切换后需要拖拽调整引线和标记位置等。选择标记后，在选项栏取消勾选或勾选“引线”即可删除/添加引线，完成后需要拖拽调整标记位置等。

（2）鼠标控制　单击并拖拽引线的起点、折点可以调整引线形状，单击并拖拽标记下方的移动符号可以移动标记位置。

（3）标记主体更新　选择标记，单击“拾取新主体”工具，再单击视图新的标记图元，则标记内容自动更新。对引线自由端点标记需要拖拽调整引线起点。“协调主体”工具用于链接模型的标记注释图元的更新或删除。当外部链接模型文件发生变更时，以其为主体的标记图元可能需要更新或删除已经无用的孤立标记，则可以使用该工具删除无用的标记或拾取新主体更新标记。

（4）“属性”选项板　选择标记，从“属性”选项板的“类型选择器”中可选择其他标记类型，快速创建其他样式的图元标记。选择标记，在“属性”选项板中可设置标记的引线和方向。

6. 类型属性参数（标记样式）：

1）选择标记，在“属性”选项板中单击“编辑类型”按钮。打开标记的“类型属性”对话框，可设置标记“引线箭头”样式为圆点或其他样式。

2）新建标记样式。在对话框中单击“复制”按钮，输入新的类型名称，设置“引线箭头”参数，确定后只改变选择的标记类型。

7. 载入标记

设计中遇到梁等没有载入的标记时，可以用以下方式载入使用：

1）提示并载入。标记图元时，如果选择了没有标记族的图元，系统会自动弹出提示框询问是否为载入标记，单击“是”按钮打开“载入族”对话框，定位到“注释”目录汇总查找对应的标记族后，单击“打开”按钮载入即可使用。

2）“标记”对话框载入。在“按类到标记”|“多类别”|“材质标记”工具的选项栏中单击“标记”按钮，在“标记”对话框中单击“载入”按钮。

3）“载入的标记”载入。单击“注释”选项卡“标记”面板的下拉三角箭头，选择“载入的标记”命令，在“标记”对话框中单击“载入”按钮。

4）“载入族”载入。单击“插入”选项栏中的“载入族”工具载入。

#### 4.5.2.3 图例视图与图例构件

施工图设计中还有一个非常重要的内容：门窗等构件图例视图。Revit 提供了专用的“图例”和“图例构件”工具可以自动快速创建需要的构件图例视图。下面以门窗样式图例为例介绍“图例”和“图例构件”工具的使用方法。

1. 图例视图

1）单击功能区“视图”选项卡“创建”面板的“图例”工具，从下拉菜单中选择“图例”命令，打开“新图例视图”对话框。

2）输入视图“名称”为“门窗图例”，“比例”为“1∶50”，单击“确定”按钮即可在项目浏览器中创建新的节点“图例”和空白的“门窗图例”视图。

提示：图例视图是专用视图类型。在项目浏览器中它和明细表视图、图纸、视图、族、组等属于同一级别。因此尽管从外观看和上一章的绘图视图相似，但却有根本区别：绘图视图属于详图范围，可以作为参照详图使用，而图例视图不能作为参照详图使用，图例构件只能在图例视图中创建。

2. 图例构件

有了图例视图，即可自动创建图例构件，并标注图例尺寸，标记类型名称，添加文字注释等后即可完成构件图例设计。

（1）创建图例构件

1）单击功能区“注释”选项卡“详图”面板的“构件”工具下拉三角箭头，从下拉菜单中选择“图例构件”命令，选项栏如图 4-128 所示。

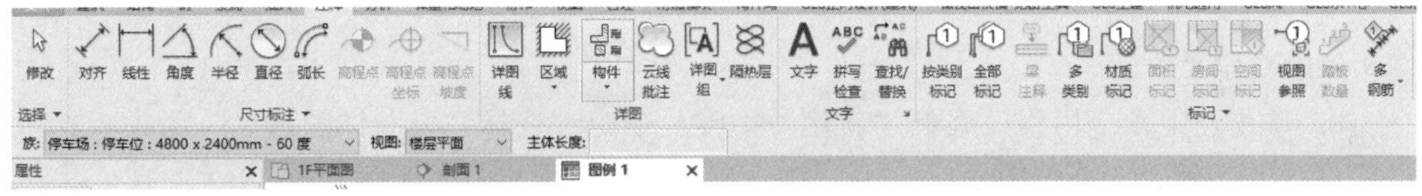


图 4-128 “图例构件”命令

2）从“族”下拉列表中选择需要的类型，如图 4-129 所示。

3）选择类型，单击即可在视图中放置图例构件。

（2）编辑图例构件

1）选项栏编辑。单击选择图例构件，同创建图例构件时一样，从选项栏中选择图例“族”和“视图”方向，图例自动更新。

2）“属性”选项板。单击选择图例构件，在“属性”选项板中可以设置“视图方向”“主体长度”“详细长度”“构件类型”（族类型）参数，图例自动更新。

3）尺寸与文字等。用尺寸标注和文字工具，标注图例尺寸和门窗类型名称（图例的门窗标记不能自动创建）。

4）详图图元。使用详图线、区域、构件、详图组、隔热层等详图工具在图例视图中补充图例构件的设计细节内容。

3. 自定义详图构件

“详图构件”库自带了大量的详图构件图库，可以载入使用。为提高设计效率，可以使用过去积累的 DWG 详图图库中的详图资源，保存为 Revit 的详图构件族。下面简要说明详

图 4-129　族类型选择

图构件的自定义方法。

1）单击左上角应用程序菜单“新建”|“族”命令，选择“公制详图构件”为模板，单击“打开”按钮进入族编辑器。

2）以参照平面交点为中心，使用功能区“常用”选项卡的“直线”“填充区域”“文字”等命令绘制二维详图线、填充图案、文字等图元。

3）可以使用“详图构件”|“符号”工具从外部载入其他详图构件族、符号族等，插入到图中创建嵌套族。

4）和三维构件族一样，可以在“族类型”对话框中新建长度、宽度等参数，以控制详图的尺寸大小。

## 4.5.3　布图与打印

有了前述各种平面、立剖面、详图等视图，以及明细表、图例等各种设计成果，即可创建图纸，将上述成果布置并打印展示给各方，同时自动创建图纸清单，保存全套的项目设计资料。

### 4.5.3.1　创建图纸与布图

在打印出图前，首先要创建图纸，然后布置视图到图纸上，并设置各视图的视图标题等。

1. 创建图纸

1）单击功能区“视图”选项卡“图纸组合”面板的“图纸”工具，打开“新建图纸”

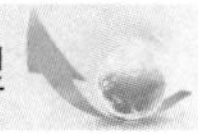

对话框，如图 4-130 所示。

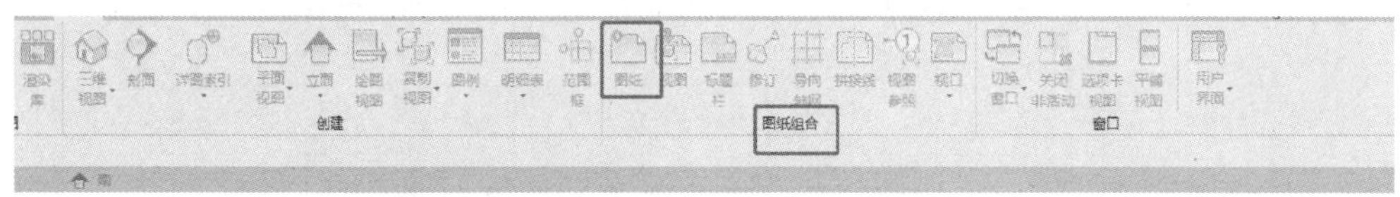

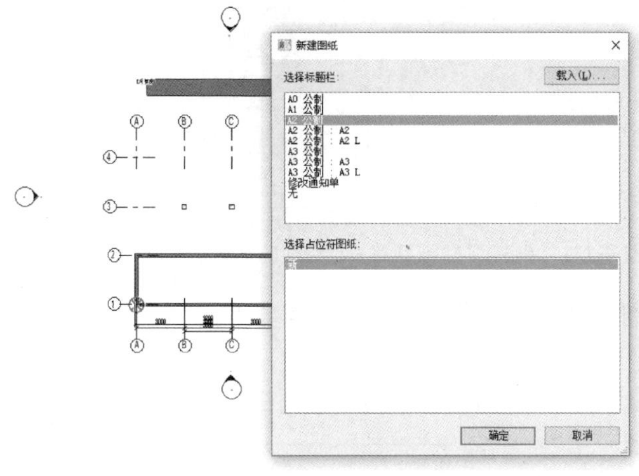


图 4-130 “新建图纸”对话框

2）从上面的“选择标题栏”列表中选择“A0 公制”标题栏，单击“确定”按钮即可创建一张 A0 图幅的空白图纸，在项目浏览器中“图纸（全部）”节点下显示为“J101-未命名”。

提示：单击“载入”按钮，可以定位到库中，选择其他图幅的标题栏。

3）图纸设置：使用以下方法可设置相关图纸和项目信息参数：

① 单击选择图框，再单击标题栏中的公用参数“项目名称”“客户姓名”“项目编号”，即可直接输入新的项目信息。

② 单击标题栏中的“未命名”输入“平面图”，项目浏览器中图纸名称变为“J101-平面图”，单击“绘图员”后的“作者”，单击“审图员”后的“审图员”，输入相应信息即可。

③ 在图纸视图的“属性”选项板中可以设置“设计者”“审核者”“图纸编号”“图纸名称”“绘图员”等参数。

提示：如果删除了标题栏，可以单击功能区的“标题栏”工具，从类型选择器中选择“A0 公制”或其他标题栏，移动光标在视图中单击即可重新放置标题栏。

2. 导向轴网

（1）导向轴网　在布置视图前，为了图面美观，可以先创建“导向轴网”显示视图定位网格，在布置视图后打印前关闭其显示即可。在“J101 平面图”图纸中，单击功能区“视图”选项卡“图纸组合”面板的“导向轴网”工具，打开“导向轴网名称”对话框。输入“名称”为“默认”，单击“确定”按钮即可显示视图定位网格，覆盖整个图纸标题栏，如图 4-131 所示。

（2）编辑导向轴网　单击选择导向轴网，在“属性”选项板可对导向间距及名称进行

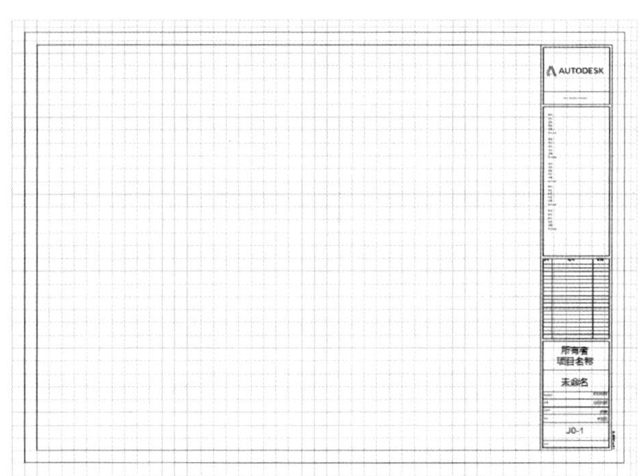


图 4-131　网格覆盖标题栏

修改。拖拽导向轴网边界的四个控制柄可以调整导向轴网的范围大小。

3. 布置视图

在图纸中布置视图有“视图”工具和项目浏览器拖拽两种方法，适用于所有的视图。

（1）布置平面、立面、剖面视图

1）在 A0 平面图图纸中，单击功能区“视图”选项卡“图纸组合”面板的“视图”工具，“视图”对话框列出了当前项目中所有的平面、立面、剖面，三维、详图、明细表等各种视图，如图 4-132 所示。

图 4-132　“视图”对话框

2）在“视图”对话框中选择“楼屋平面”视图。单击“在图中添加视图”按钮，移动光标出现一个视图预览边界框，单击即可在图纸中放置“楼层平面”视图。

3）单击选择“楼层平面”视图，单击功能区“移动”工具，选择视图中Ⓐ和①号轴线交点为参考点，再捕捉一个导向轴网网格交点为目标点，从而定位视图位置。

4）取消选择视图，移动光标到视图标题上，当标题亮显时单击选择视图标题（不是选择视图），用“移动”工具或拖拽视图标题到视图下方中间位置后松开鼠标即可。

5）单击“可见性/图形”工具，在“注释类别”中取消勾选“导向轴网”类别，单“确定”按钮后完成“A101 平面图”图纸布置。

（2）布置详图视图　详图视图的布置和设置方法同平面、立剖面等视图一样，不同之处在于，当把详图视图布置到图纸上以后，所有的详图索引标头都可以自动记录图纸编号和视图编号，方便视图的管理。

（3）布置明细表视图　明细表视图的布置方法同前述视图，布置后可以根据布图需要调整表格的列宽、拆分或合并表格等。

#### 4.5.3.2 编辑图纸中的视图

在图纸中布置好的各种视图，与项目浏览器中原始视图之间依然保持双向关联修改关系，可以使用以下方法编辑各种模型和详图图元。

（1）关联修改 从项目浏览器中打开原始视图，在视图中做的任何修改都将自动更新图纸中的视图。如重新设置了视图“属性”中的比例参数，则图纸中的视图裁剪框大小将自动调整，而且所有的尺寸标注、文字注释等的文字大小都将自动调整为标准打印大小，但视图标题的位置可能需要重新调整。

（2）在图纸中编辑图元

1）单击选择图纸中的视图，在“修改视口”子选项卡单击“激活视图”按钮或从右键菜单中选择“激活视图”命令，则其他视图全部灰色显示，当前视图激活，可选择视图中的图元编辑修改（等同于在原始视图中编辑）。编辑完成后，从右键菜单中选择“取消激活视图”命令即可恢复图纸的视图状态。

2）单击选择图纸中的视图，在“属性”选项板中可以设置该视图的“视图比例”“详细程度”“视图名称”“在图纸上的标题”等参数，等同于在原始视图中设置视图“属性”参数。

（3）图纸清单 “图纸列表”工具（“视图”选项卡“明细表”下），可以自动统计所有的图纸清单，如图4-133所示。

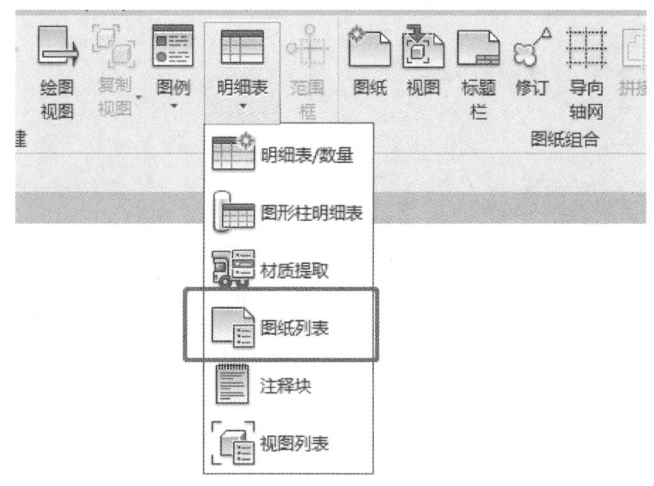


图 4-133 “图纸列表”工具

#### 4.5.3.3 打印

打开“A101平面图”图纸，单击左上角应用程序按钮1“打印”菜单命令，出现“打印”“打印预览”“打印设置”三个子菜单命令，如图4-134所示。

单击“打印”命令，弹出“打印”对话框，设置以下选项：

（1）打印机 从顶部的打印机“名称”下拉列表中选择需要的打印机，自动提取打印机的“状态”“类型”“位置”等信息。

（2）“打印到文件” 如勾选该选项，则下面的“文件”栏中的“名称”栏将激活，单击“浏览”打开“浏览文件夹”对话框，可设置保存打印文件的路径和名称，以及打印文件类型，可选择“打印文件（＊.plt）”或“打印机文件（＊.prn）”。确定后将把图纸打印到文件中再另行批量打印。

（3）“打印范围” 默认选择“当前窗口”，打印当前窗口中所有的图元；选择“当前窗口可见部分”，则仅打印当前窗口中能看到的图元，缩放到窗口外的图元不打印；选择“所选视图/图纸”，然后单击下面的“选择”按钮，打开“视图/图纸集”对话框，批量勾选要打印的图纸或视图（此功能可用于批量出图），如图 4-135 所示。

（4）“打印设置” 单击“设置”按钮，打开“打印设置”对话框，如图 4-136 所示，设置以下打印选项：

1）“打印机”：打印机“名称”为“默认”，提取前面的设置。

2）“纸张”：从“尺寸”下拉列表中选择需要的纸张尺寸，纸张“来源”为“默认纸盒”即可。

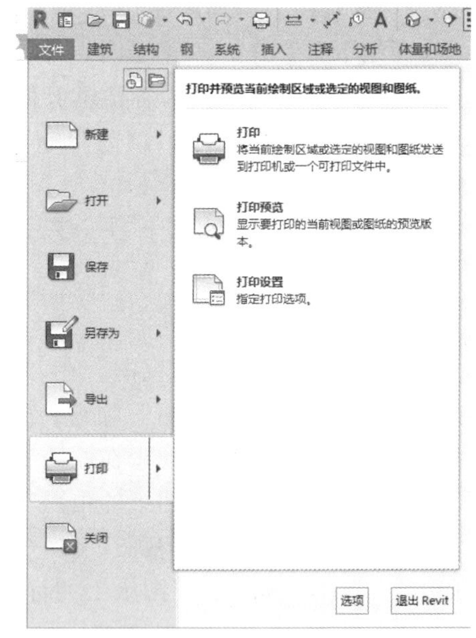


图 4-134 “打印”的三个子菜单命令

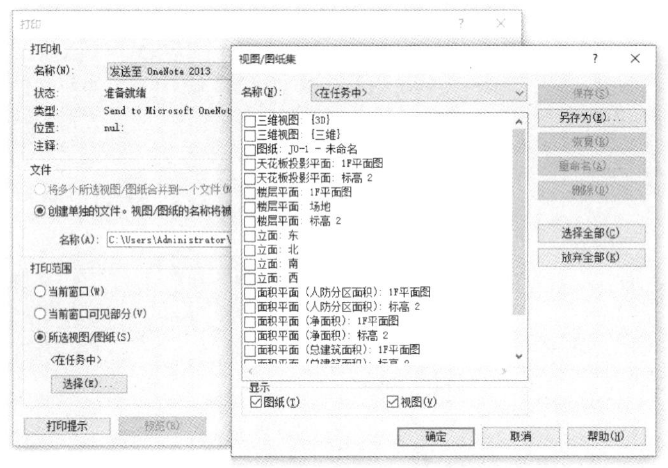


图 4-135 “视图/图纸集”对话框

3）“页面位置”：选择“中心”将居中打印或选择“从角部偏移”，设置其值为“用户定义”，然后设置下面的“=x”“=y”的打印偏移值。

4）“缩放”：选择“匹配页面”则可以根据纸张大小自动缩放图形打印；选择“缩放”则可以设置后面的缩放比例。

5）“方向”：根据需要选择打印方向为“纵向”或“横向”。

6）“隐藏线视图”：设置“删除线的方式”为“矢量处理”或“光栅处理”。该选项可以设置在立面、剖面和三维视图中隐藏线视图的打印性能。

7）“外观”：设置光栅图像的打印“质量”（高、中等、低、演示）和“颜色”（彩色、

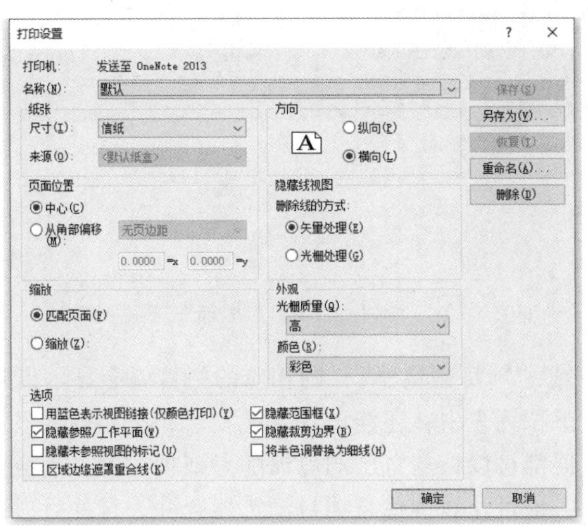

图 4-136　“打印设置”对话框

灰度、黑白线条）。

8）“选项”：默认用黑色打印链接视图，勾选“用蓝色表示视图链接”可以用蓝色打印；勾选“隐藏参照/工作平面”“隐藏范围框”“隐藏裁剪边界”将不打印参照平面、工作平面、范围框、视图裁剪边界图元，即使这些图元在视图中可见；如果视图没有放到图纸上，则在视图中剖面、立面和详图索引的标记符号将为空，打印时可勾选“隐藏未参照视图的标记”，则不会打印这些没有参照视图的标记；对视图中以“半色调”显示的图元，可勾选“将半色调图形替换为细线”选项用细线打印半色调图元。

单击“保存”按钮，可保存当前打印设置；单击“另存为”按钮，可把设置保存为新的名称，以备后续打印选择使用；单击“恢复”按钮，将设置恢复到其最初保存的状态；单击“重命名”和“删除”按钮，可重命名或删除打印设置。设置完成后单击“确定”按钮，返回“打印”对话框。

提示：可以用左上角 R 图标下方的应用程序菜单“打印”|“打印设置”命令，在“打印设置”对话框中事先设置常用的打印选项名称，并设置上述参数，保存在样板文件中直接选择使用。

单击“预览”按钮，可预览打印后的结果，如有问题重新设置上述选项。

单击“确定”即可发送数据到打印机打印或打印到指定格式的文件中。

提示：除在图纸中打印外，也可在任意视图中设置打印的范围和比例后打印局部或全部视图。上述设置方法和其他设计软件的打印设置大同小异，详细操作请自行体会。

## 4.6　疑难解析

1. 常用的属性栏或是项目浏览器看不到了，怎样打开？

在 Revit 界面，除了功能区的图标，一般默认都会在界面的左方排列有属性栏和项目浏览器，用于显示族的属性和项目的视图列表，但有时会看不到这两个栏目，或是误操作关闭了，这时可以选择功能区“视图”|“用户界面”的下拉列表，如图 4-137 所示。

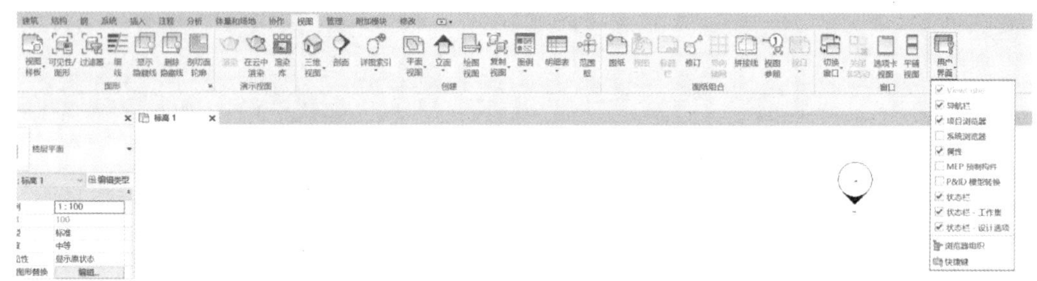

图 4-137 “视图”|“用户界面”下拉列表

单击勾选“属性”或“项目浏览器”，则相应的栏目就会显示出来。小方框里打勾就表示该栏目已打开。在该下拉列表中，还能设置导航栏、状态栏等的显示。

属性栏和项目浏览器都可以根据自己的习惯随意拖拽放置，当拖拽在软件的边界时，会被吸附到界面的边界上，也可让属性栏与项目浏览器合并，合并后通过拖拽也可使其分开。

2. 选中的图形对象颜色可以自定义吗?

在 Revit 中，选中图形对象的颜色默认为蓝色（RGB 000-059-189），若要自定义，可以选择“R 开始”|“选项”|“图形”，如图 4-138 所示，在“颜色”选项组中设置修改选中的图形对象颜色。如果勾选“半透明”选项，则选择的图形对象将呈现出半透明的视觉效果。“预先选择”设置的是光标放在图形上，没有单击选择前，该图形边框的显示颜色。“警告”设置的是当图形存在报错时显示的颜色。

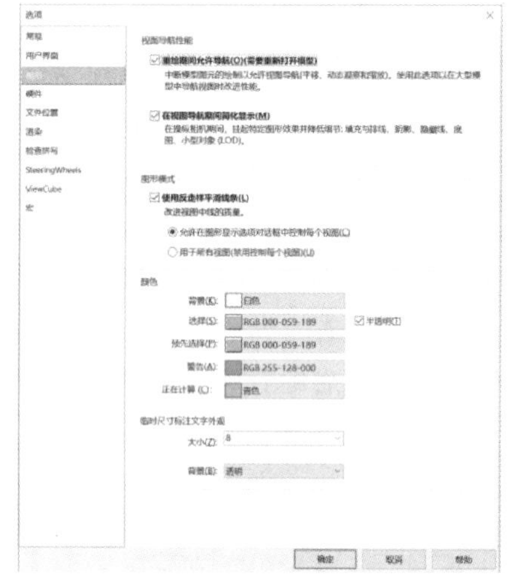

图 4-138 图形颜色设置

“背景”选项默认绘图区域背景为白色，在此处选择“反转背景色”可将绘图区域的背景调整为黑色。

3. 临时尺寸标注的文字大小可以修改吗?

当选择任意一个模型对象时，Revit 会出现该模型对象的临时尺寸标注，如图 4-139 所示。该临时尺寸标注字体大小是像素单位，所以实际的观感与显示器屏幕的分辨率（每英尺显示的像素）有关，显示器屏幕的分辨率越高，临时尺寸的标注字体就相对越小。对于高分辨率显示器，可以调整临时尺寸标注字体的大小。

打开 Revit 的“选项”窗口，在“图形”页，修改“临时尺寸标注字体外观”的尺寸，如图 4-140 所示。

4. 如何修改背景颜色?

Revit 的绘图窗口是可以修改背景颜色的，具体方法为“选项”|“图形”|“颜色”|“背景”。在为模型创立相机的时候图像的背景也可以设置为天空、渐变或自定义图像，方法为：“视觉样式”|“图形显示选项”|“背景”，如图 4-141 所示。

5. Revit 自带多个项目样板，该如何选择?

项目样板主要用于为新项目提供预设的工作环境，包括已载入的族构件，以及为项目和专业定义的各项设置，如单位、填充样式、线样式、线宽、视图比例和视图样板等。

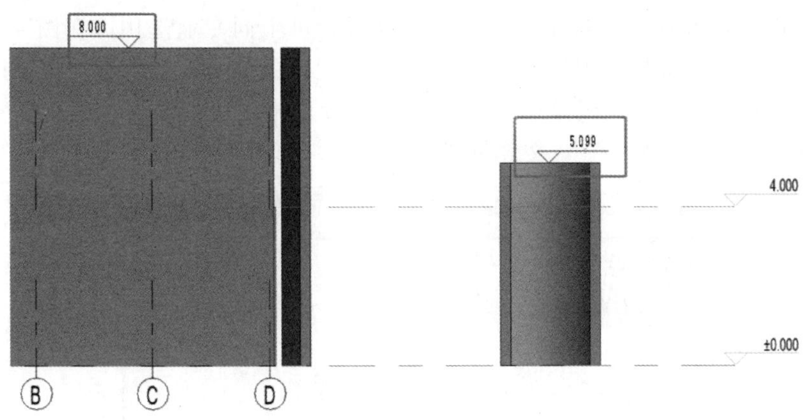


图 4-139　临时尺寸标注

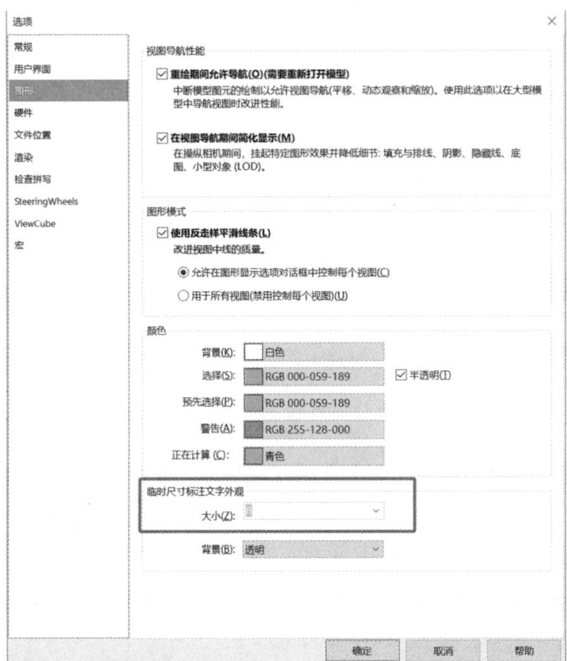


图 4-140　临时尺寸标注字体外观设置

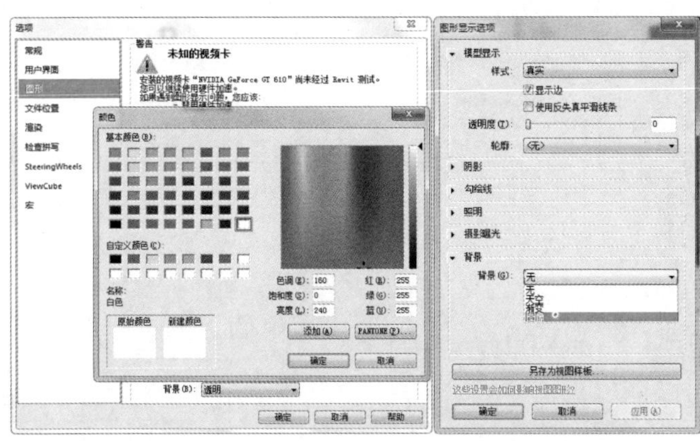


图 4-141　图形显示选项

软件安装后，Revit提供了自带的七个项目样板，供不同专业选用。在图4-142的“新建项目”对话框中可以选择想要的样板文件，除了默认的“构造样板”，在下拉框中还有“建筑样板”“结构样板”“机械样板”等，这是Revit提供的指向样板文件的快捷方式，具体对应的样板文件可在“选项”|“文件位置”中设置，如图4-143所示。

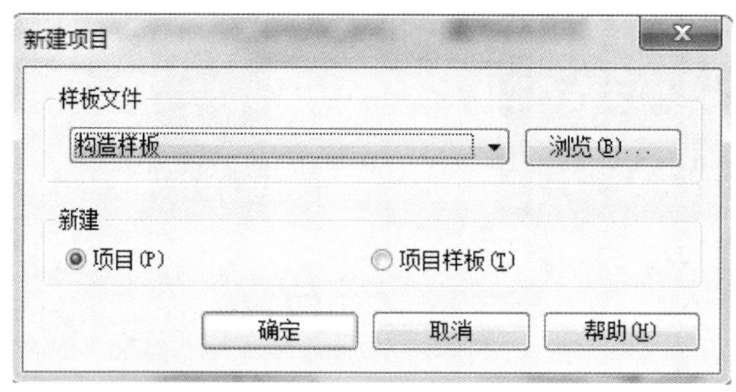


图4-142 “新建项目”对话框

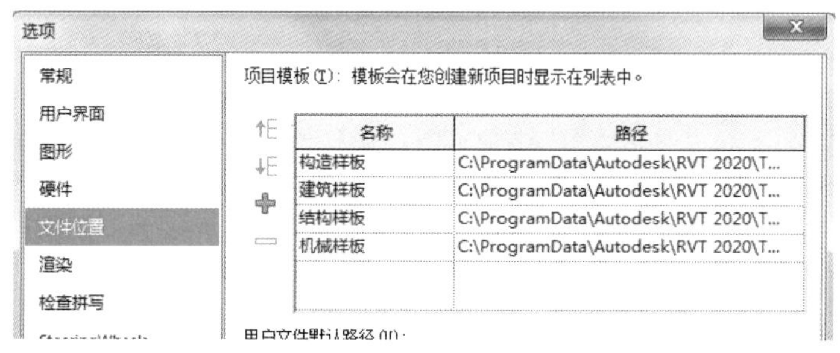


图4-143 样板文件位置设置

Revit默认的“构造样板”包括的是通用项目的设置，“建筑样板”是针对建筑专业，“结构样板”是针对结构专业，“机械样板”是针对机电全专业（包括水、暖、电专业）。如果需要机电某个单专业的样板，可以单击“新建样板”对话框中的“浏览”按钮，在图4-144中选择Electrical-DefaultCHSCHS（电气）、Mechanical-DefaultCHSCHS（暖通）或Plumbing-DefaultCHSCHS（给水排水）专业样板。

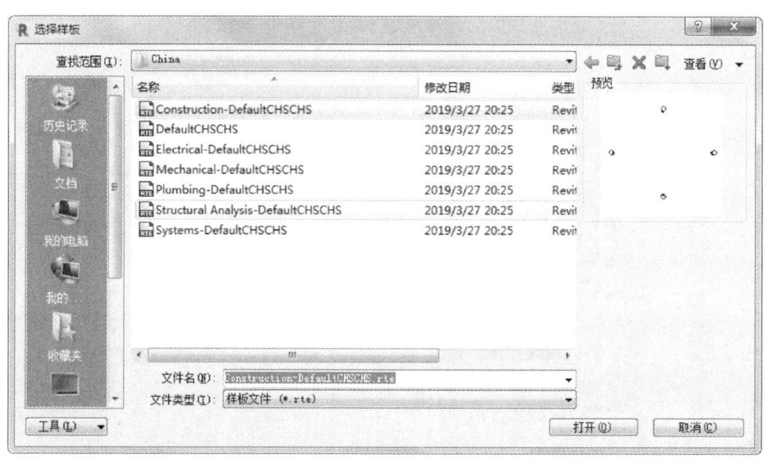


图4-144 样板选择

6. 图纸部分不可见，如何显示？

现在的多数图纸在用 CAD 打开后可能出现部分不可见的现象，不可见的部分是用天正绘制的，可以将图纸用天正打开后另存为 t3 格式再导入到 Revit，就能够显示出之前不可见的部分。如果显示的图形有错误，执行 RE 命令然后按空格重生成图形，并刷新当前视口就可以了。

7. 双击误触如何解决？

在使用 Revit 建模过程中，常会由于双击模型中构件进入到族编辑视图中，有时不需要进行族的编辑工作，为了避免由于双击导致的不确定性后果，可以在“选项”|“用户界面”中将族的双击操作设置为无反应。

8. Revit 中如何输入特殊符号？如需要输入“$m^2$”等符号。

三种方式：一是通过 Windows 系统提供的<Alt>键+数字小键盘实现（按住<Alt>键不放，然后在小键盘中输入一串数字），常用的有：<Alt>+0178=“$^2$”，<Alt>+0179=“$^3$”，<Alt>+0176=“°”等；二是使用输入法实现，如平方=“$^2$”，立方=“$^3$”，度=“°”等；三是通过复制粘贴实现。

9. 文件损坏出错，如何去修复？

打开文件，出现图 4-145 所示对话框，勾选“核查”选项。若数据仍存在问题，可以使用项目的备份文件，如“×××项目 .0001. rvt”。

图 4-145 文件修复

10. 三维视图中如何以某个模型对象为中心旋转察看？

在三维视图中，旋转观看的快捷方式是按住<Shift>键和鼠标中键进行，这时旋转会以整个项目为中心旋转，如果想要以某个模型对象为中心旋转察看，可以先选择该对象，再按<Shift>键和鼠标中键进行。

# 第5章 建筑专业BIM制图实践

## 5.1 建筑专业制图概述

当 Revit 模型构建全部创建完成且信息确认无误后，可进行 Revit 施工图阶段。在施工图出图阶段，将设计深化的同时，还要规范视图样板以达到基本出图标准。设计深化工作包括模型连接、添加二维注释；视图样板则根据对视图不同的要求，通过调整可见性、线型、线宽、填充图案、过滤器等操作将各种视图进行统一管理，如平面视图样板、立面视图样板、剖面视图样板。

本章以某地公租房为例进行讲解。读者可根据自身项目需要进行练习。

## 5.2 平面图

建筑平面图包括建筑各楼层平面图、建筑各天花板平面图、总建筑平面图等，根据使用功能细化分为房间平面图、防火分区平面图等。

### 5.2.1 构件处理

1. 复制确定出图的视图

以首层为例，鼠标右击，在右键菜单选择“复制视图”|“复制”（图 5-1），即复制完成。

2. 处理视图可见性

关闭可见性中不需要在图纸中出现的构件和视图注释，如模型类别中的楼板、栏杆扶手等；注释类别中的剖面、参照平面、立面等。选择“可见性/图形替换”，取消勾选相关构件及注释（图 5-2、图 5-3），可见性即处理完成。

3. 隐藏图元

可见性隐藏只是针对同一类别构件的可见性，当视图出现此类构件可见，但出现少数不需要的构件时，需要进行单独隐藏，如图 5-4 所示。

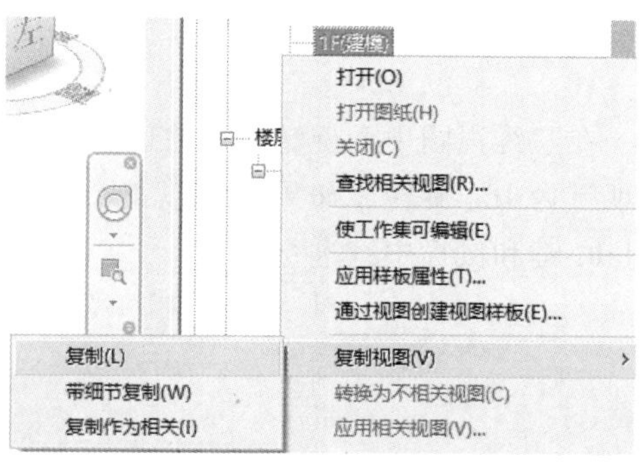

图 5-1 复制视图

图 5-2　视图可见性模型类别设置

图 5-3　视图可见性注释类别设置

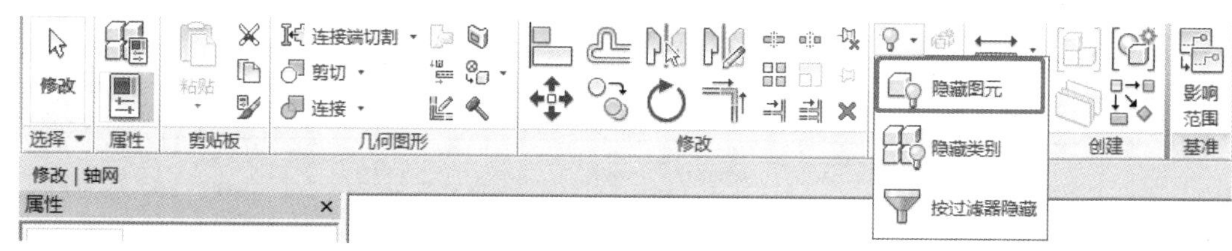


图 5-4 隐藏图元

## 5.2.2 二维表达处理

### 1. 调整截面线样式

截面线样式可调整线条粗细，先将每个墙构件的材质进行功能分类，如面层、结构层、保温层等。选择“可见性/图形替换”，勾选并编辑截面线样式，结构层部分选择较宽线型（图 5-5、图 5-6），截面线样式即设置完成。调整后效果如图 5-7 所示。

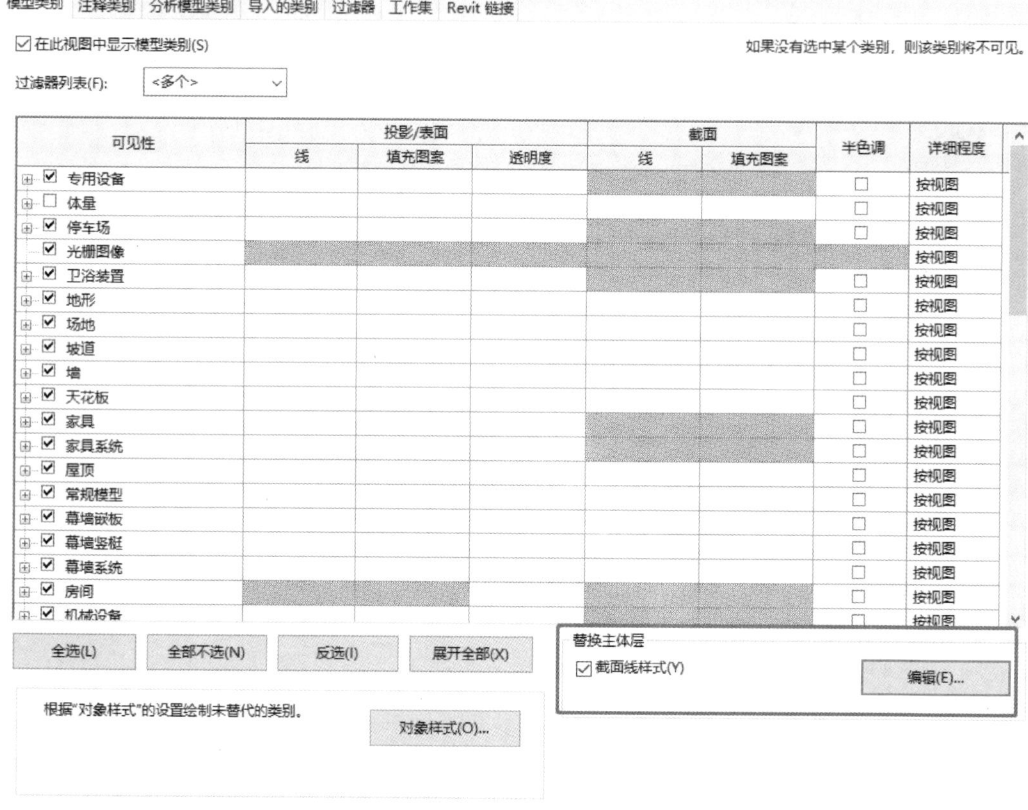


图 5-5 截面线样式

### 2. 添加尺寸标注

1）外墙细部标注：主要为外墙处洞口、外立面造型与轴网间的关系，如图 5-8 所示。

2）轴网间隔标注，如图 5-9 所示。

3）建筑总长或宽标注，三道标注都完成后效果如图 5-10 所示。

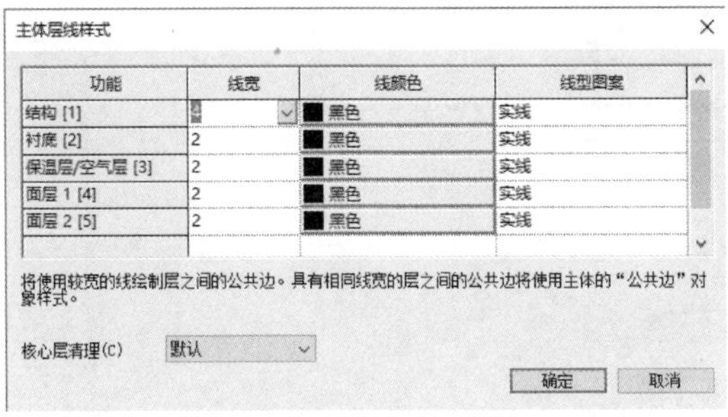

图 5-6　线宽设置

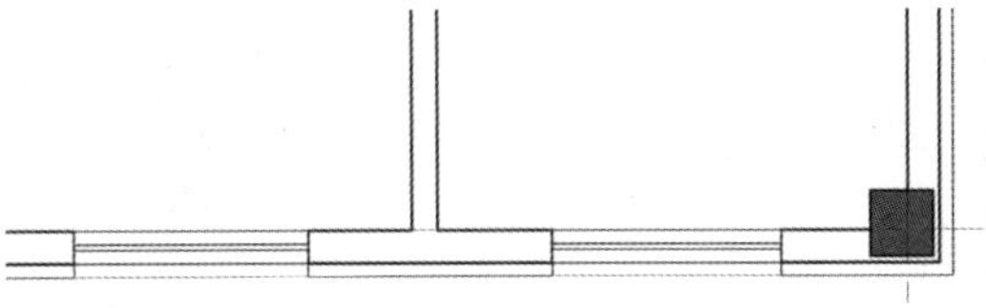

图 5-7　调整后效果

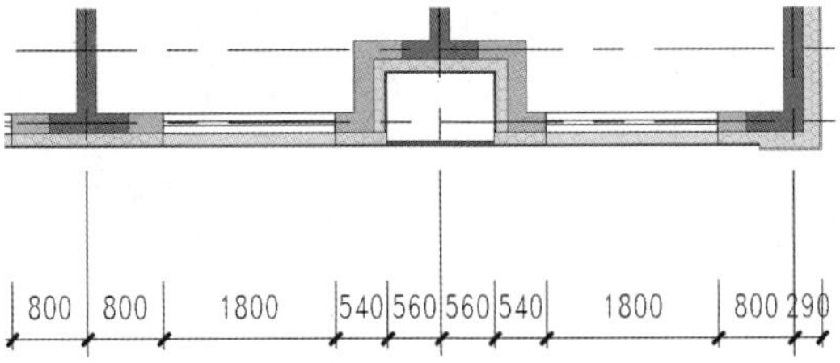

图 5-8　外墙细部标注

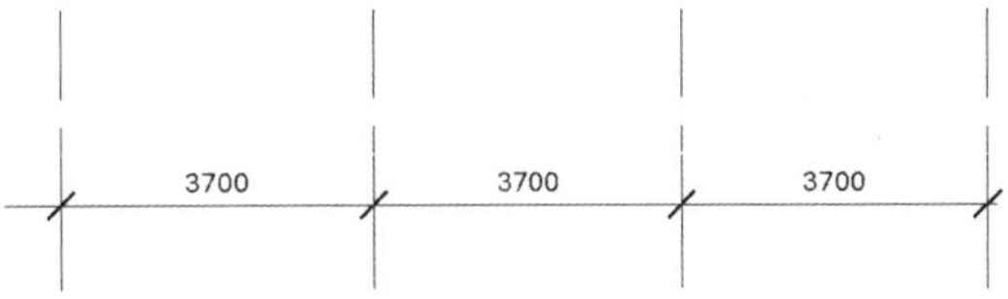

图 5-9　轴网间隔标注

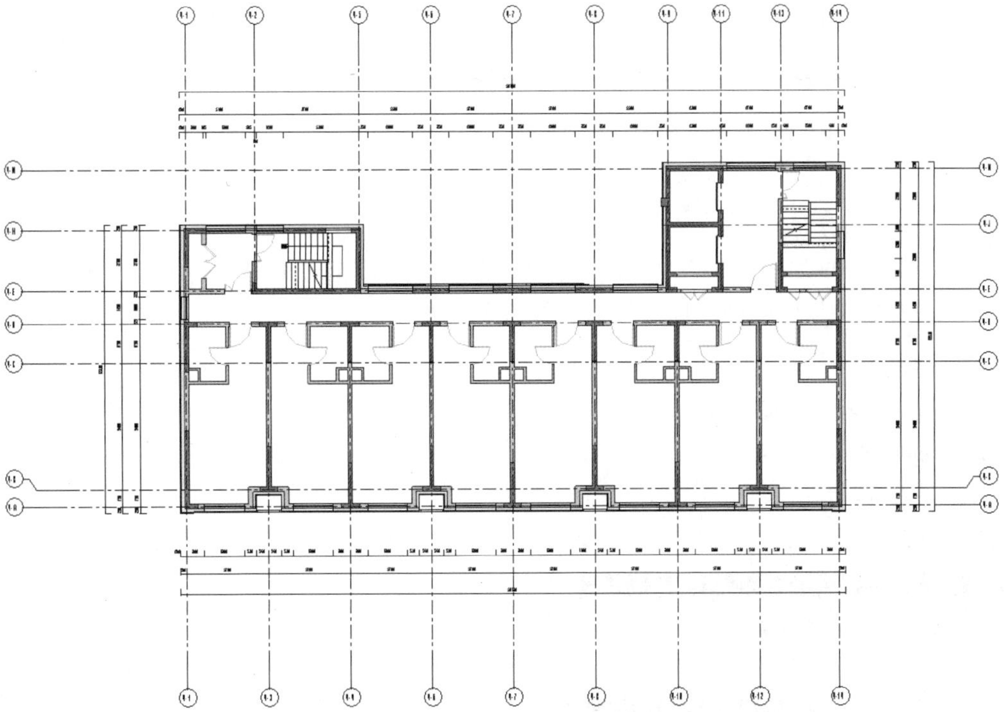

图 5-10　建筑总长或宽标注

3. 调整轴网图幅

根据图纸大小需调整视图图幅保证美观，在“属性”选项卡中勾选“裁剪视图”及“裁剪区域可见”，拖拽裁剪框至轴网内侧（图 5-11、图 5-12）。当选择框置于轴网内侧时，轴网变为 2D，此时拖拽轴网对其他楼层及视图均无影响。

图 5-11 裁剪视图

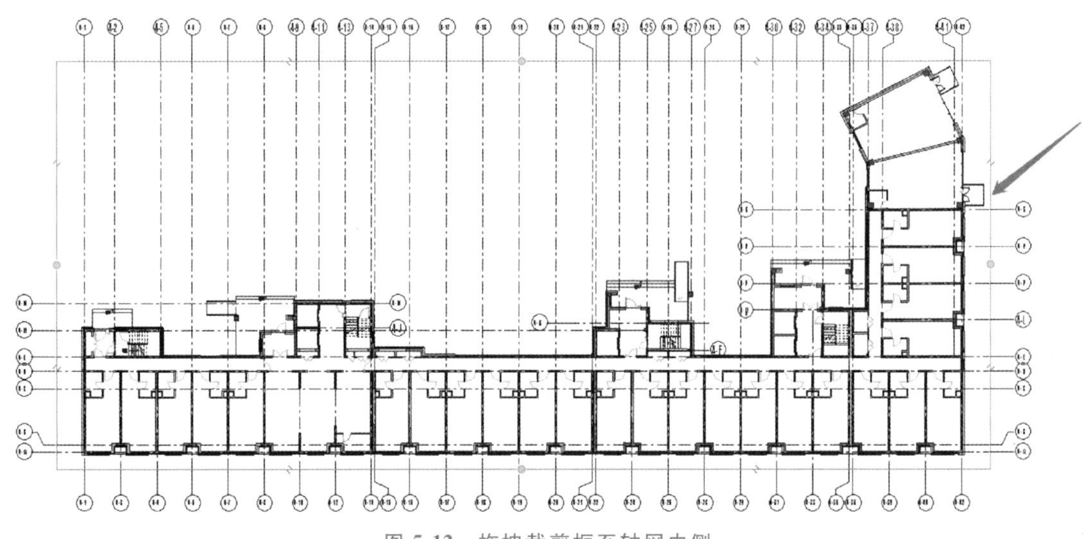

图 5-12 拖拽裁剪框至轴网内侧

4. 添加门窗标记

在“注释”选项卡中选择“全部标记”，多选“门标记”和“窗标记”，如图 5-13 所示，标记完后需根据图幅调整标记位置，如图 5-14 所示。

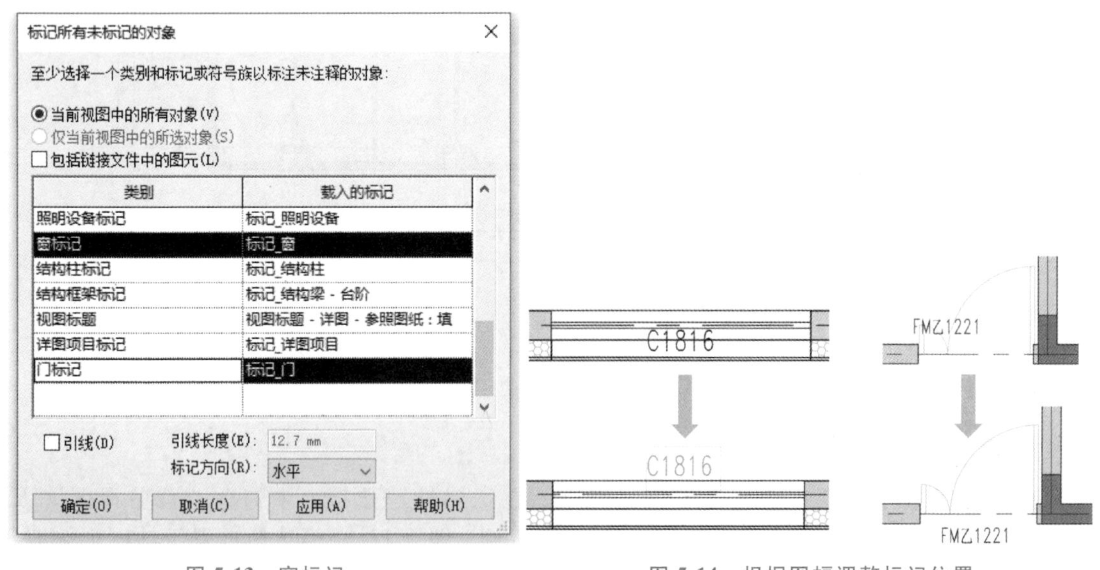


图 5-13 窗标记

图 5-14 根据图幅调整标记位置

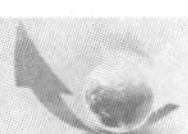

5. 添加房间标记

先放置房间，再添加房间标记。在“建筑”选项卡中选择“房间”，如图 5-15 所示。重复门窗标记操作，勾选添加房间标记，添加完成后单击“房间”，在“属性”选项卡添加相应房间名称，如图 5-16 所示。

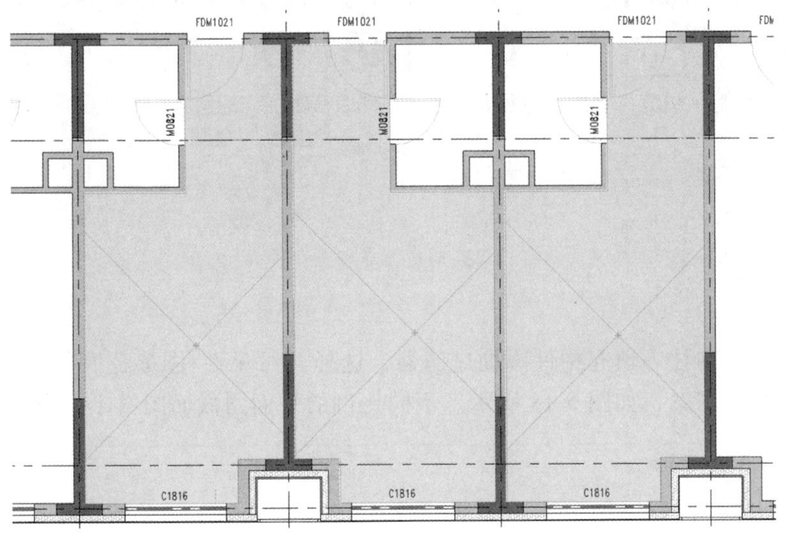


图 5-15　选择房间

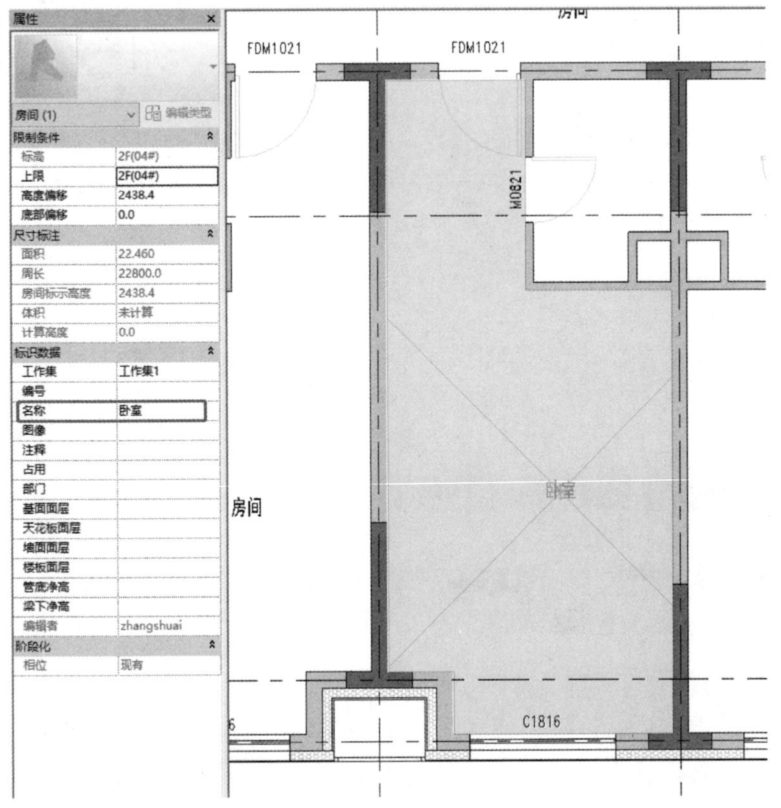


图 5-16　添加相应房间名称

6. 添加本层建筑标高

在“注释”选项卡中选择“高程点”，如图 5-17 所示。首层除标注室内标高，还需标注室外地坪标高；屋面除标注屋面板结构标高，还需标注女儿墙、管道井顶板标高。

建筑
结构
系统
插入
注释
分析
体量和场地
协作
视图
管理
附加模块
修改
对齐
线性
角度
径向
直径
弧长
高程点
高程点坐标
高程点坡度
详图线
区域
构件
云线批注
选择
尺寸标注
详图

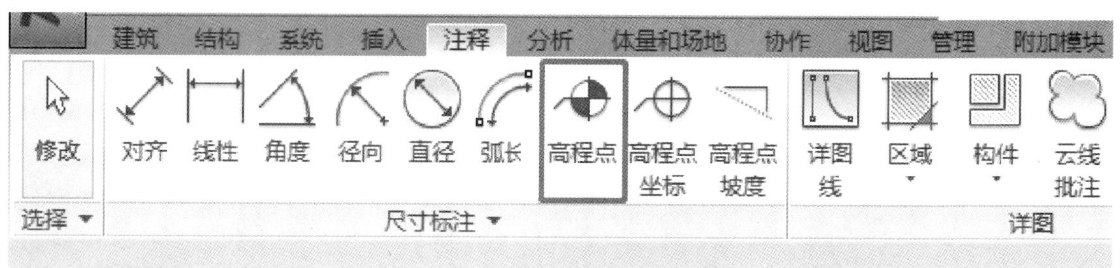

图 5-17　高程点

7. 对构件进行填充

将结构墙、结构柱等填充构件添加过滤器，选择“可见性/图形替换”，单击“过滤器”选项卡，添加截面图案，如图 5-18 所示。不同比例的平面图截面图案不一致。

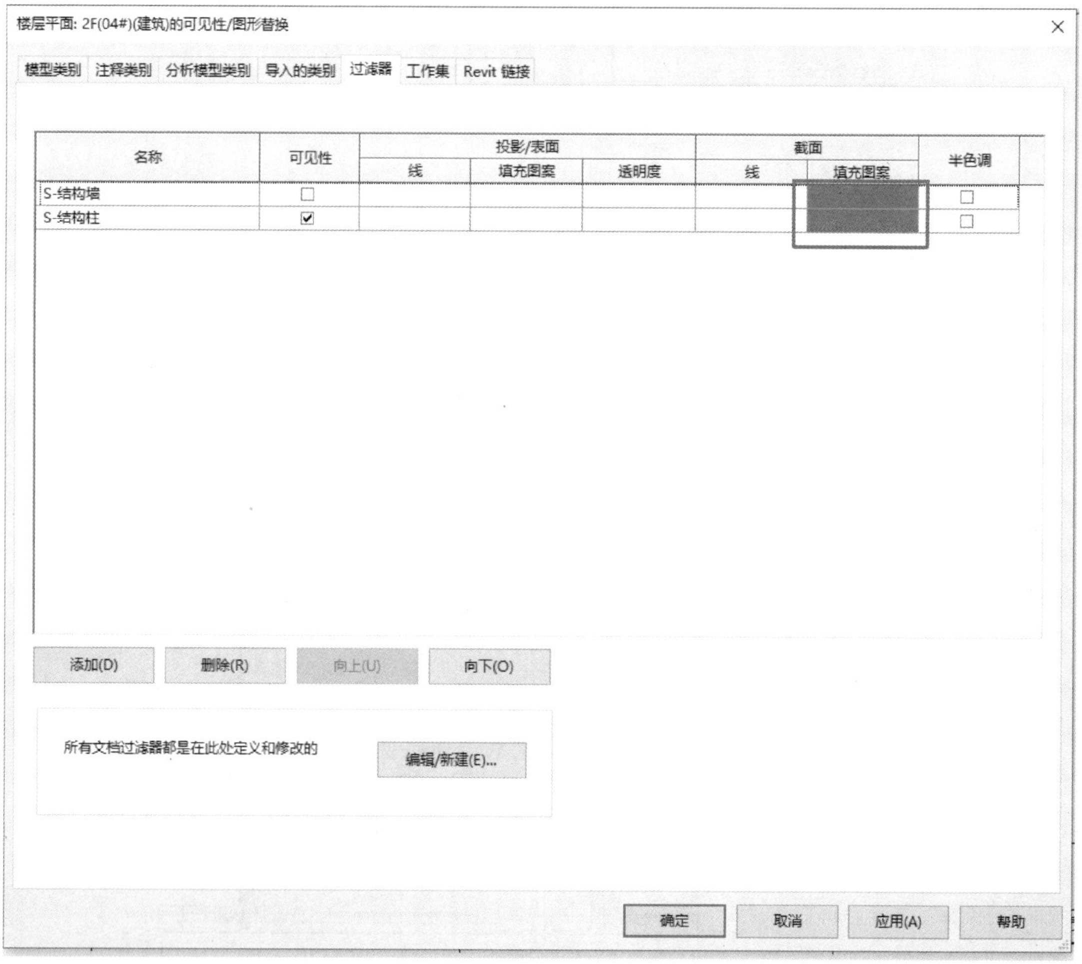

楼层平面: 2F(04#)(建筑)的可见性/图形替换
模型类别
注释类别
分析模型类别
导入的类别
过滤器
工作集
Revit 链接
名称
可见性
投影/表面
线
填充图案
透明度
截面
线
填充图案
半色调
S-结构墙
S-结构柱
添加(D)
删除(R)
向上(U)
向下(O)
所有文档过滤器都是在此处定义和修改的
编辑/新建(E)...
确定
取消
应用(A)
帮助

图 5-18　添加截面图案

## ■ 5.3 立面图

立面图处理的方式前期与平面图的构件处理基本一致，只是二维表达不同。

1）隐藏多余轴网及结构标高，保持图幅整洁，如图 5-19 所示。

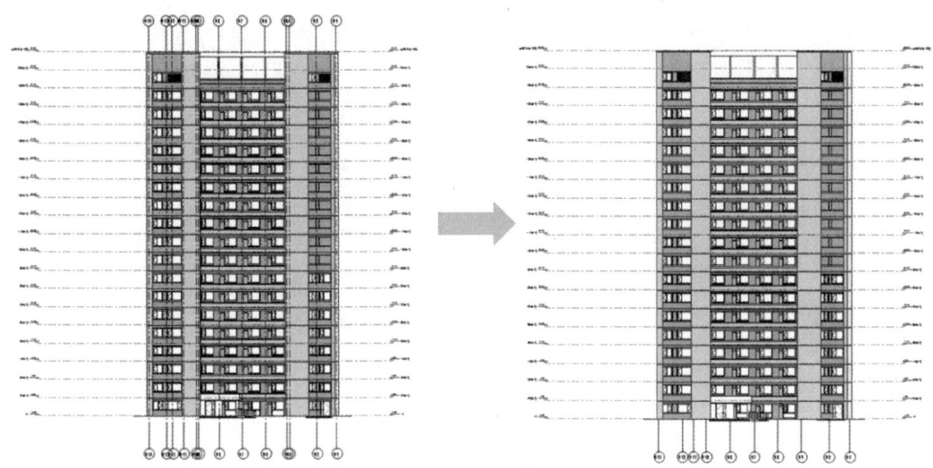

图 5-19 隐藏多余轴网及结构标高

2）添加尺寸标注。立面图标注主要为建筑层高及轴网，平面图已经表达洞口宽度，所以立面图再次注明时只需表达洞口高度，调整完如图 5-20 所示。

图 5-20 添加洞口高度标注

## ■ 5.4 剖面图

1）创建视图。在平面视图中，在“视图”选项卡中选择“剖面”创建剖面线（图 5-21），拖拽至合适位置，选中剖面线，在右键菜单中选择“转到视图”（图 5-22）。

图 5-21　创建剖面

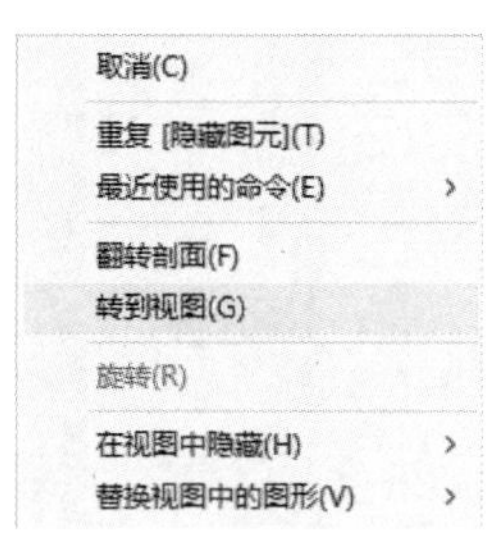


图 5-22　转到视图

2）按照立面图第一步骤和第二步骤处理轴网及标注。

3）处理视图可见性。关闭可见性中不需要在图纸中出现的构件和视图注释，如模型类别中的场地，注释类别中的剖面、参照平面等。

4）对构件进行填充。选择“可见性/图形替换”，单击“过滤器”选项卡添加截面图案，根据不同比例添加截面图案或相应的填充颜色。

5）模型处理。模型中要保持同一材质的结构连贯性，梁与结构楼板、墙与结构楼板等构件重叠部分需通过“连接”命令完善，如图 5-23 所示。

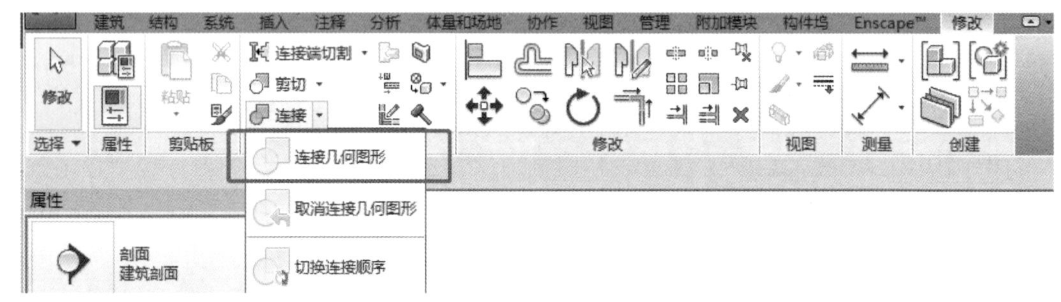


图 5-23　重叠部分连接处理

模型处理后，效果如图 5-24 所示。

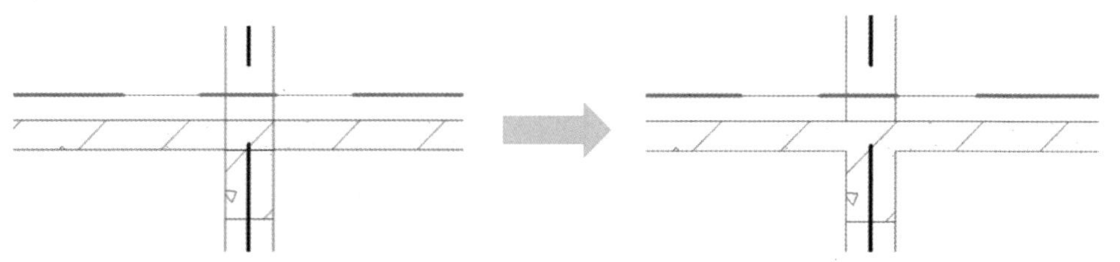

图 5-24　模型处理后效果

6）线型处理。被剖切构件的线型和投影要体现粗细，基于此类原则在“过滤器”选项卡中调整相应构件的投影线型、截面线型，如图 5-25 所示。

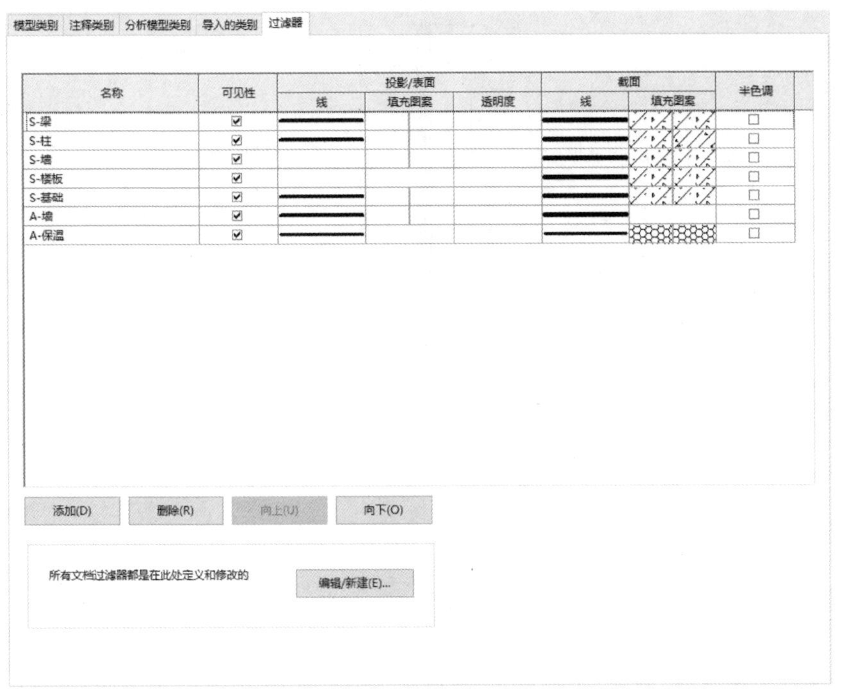


图 5-25　线型处理

## 5.5　详图

详图可以理解为图纸的局部放大图，其结构关系展示更为细致，如墙身详图、楼梯详图、卫生间详图及节点详图等。

### 5.5.1　墙身详图

1）创建墙身详图。在首层平面图中绘制剖面，在“属性”面板中选择“墙身详图”，如图 5-26 所示。

2）视图可见性处理。进入详图视图后，关闭可见性中的“导入类别”选项及其他需要关闭的构件和注释。

3）标高轴网处理。处理方式与立面图相似，保留建筑标高和一个轴网即可，如图 5-27 所示。

4）线型及过滤器设置。详图比例一般为 1∶20 或 1∶50，墙身的详图主要以精细结构关系为主，所以体现材质的一致性尤为重要，可在“过滤器”选项卡中

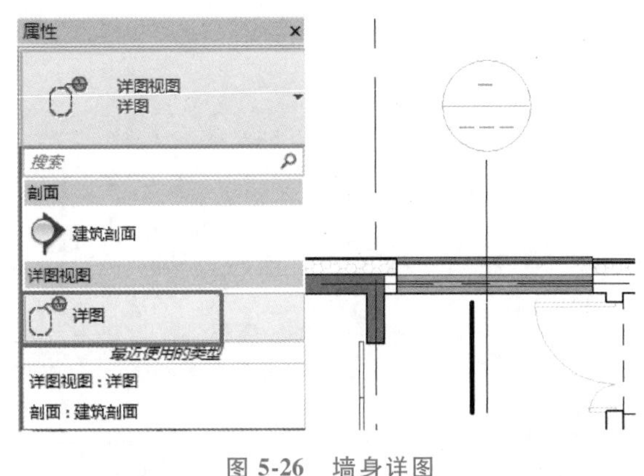


图 5-26　墙身详图

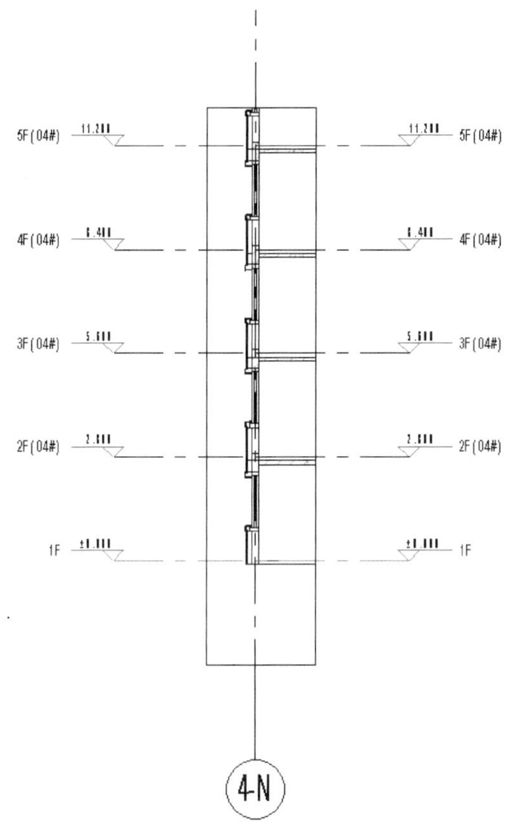

图 5-27　墙体标高轴网处理

设置不同构件的截面显示，详图的截面填充图案为材质填充而不是颜色填充。

5）构件处理。与剖面图构件处理方法一样。

6）二维表达处理。

① 在“注释”选项卡中选择“重复详图构件”，“属性”选项选择“素土”，如图 5-28 所示。绘制在相应位置后，效果如图 5-29 所示。

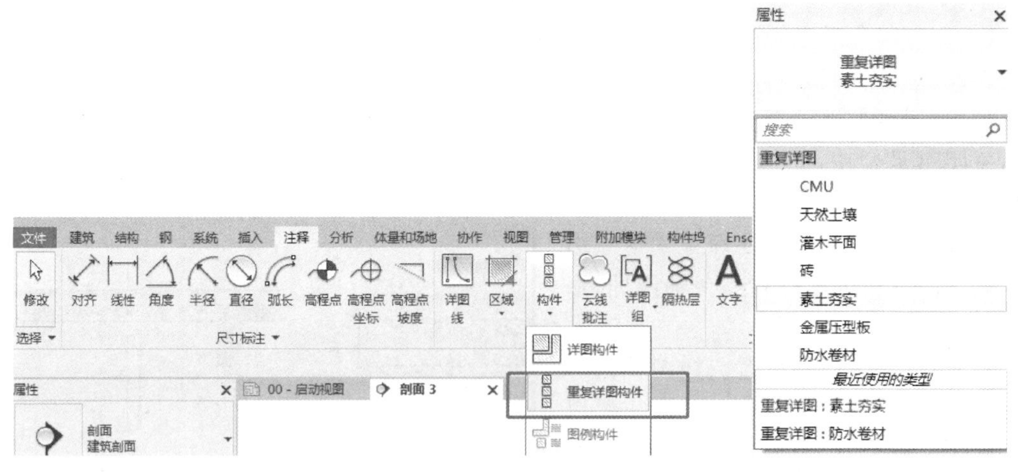

图 5-28　重复详图构件

② 在“注释”选项卡中选择“详图构件”，在“属性”选项选择“折断线”，如图 5-30 所示。绘制在相应位置后，效果如图 5-31 所示。

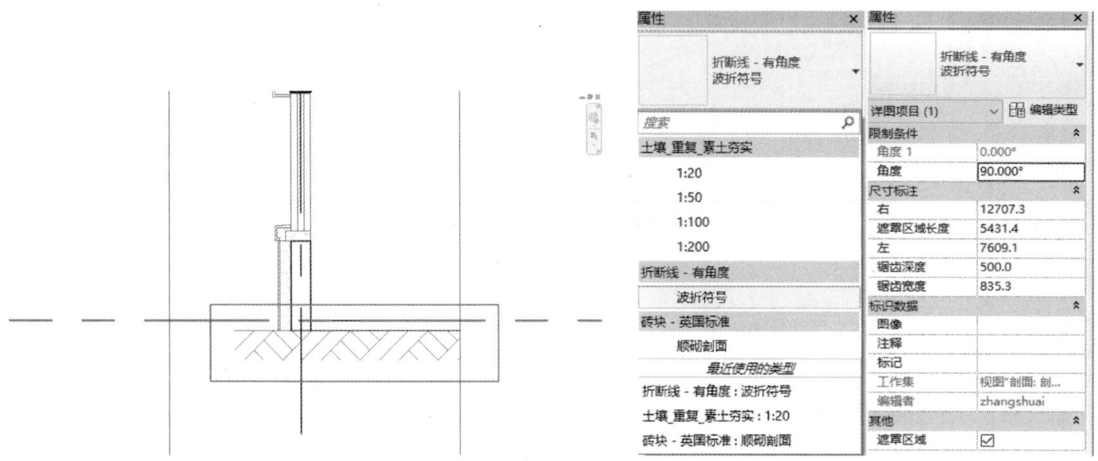


图 5-29　素土绘制后效果　　　　图 5-30　折断线设置

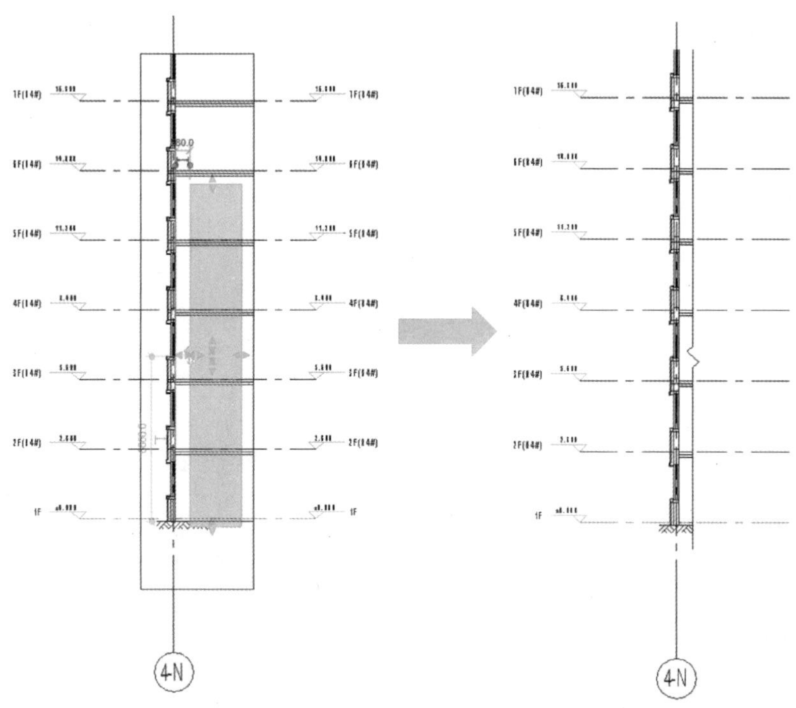


图 5-31　折断线绘制效果

③ 二维线补充。在模型及基本的二维表达处理完毕后，需绘制局部面层或涂抹层，如墙体涂料，效果如图 5-32 所示。

④ 线处理。详图出现不需要的线段时，需进行不可见线的线处理操作。在“修改”选项卡中选择“视图”面板中的线处理，如图 5-33 所示。

⑤ 遮罩区域。同一材质但不同构件相连接时，构件之间会出现分界线，除了可以使用线处理的方法，还可以使用遮罩区域方法，效果如图 5-34 所示。

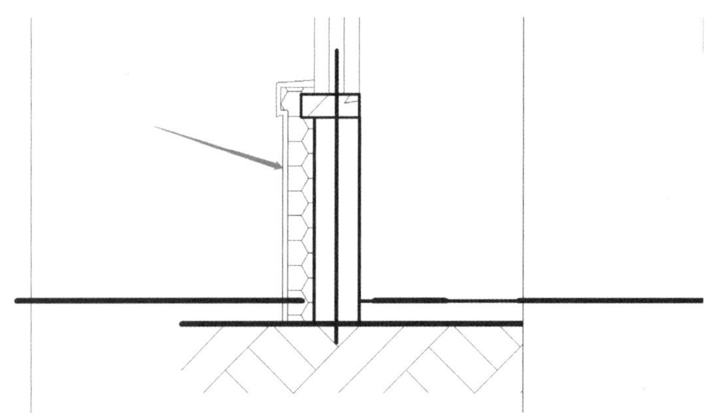

图 5-32　绘制墙体涂料效果

图 5-33　不可见线处理

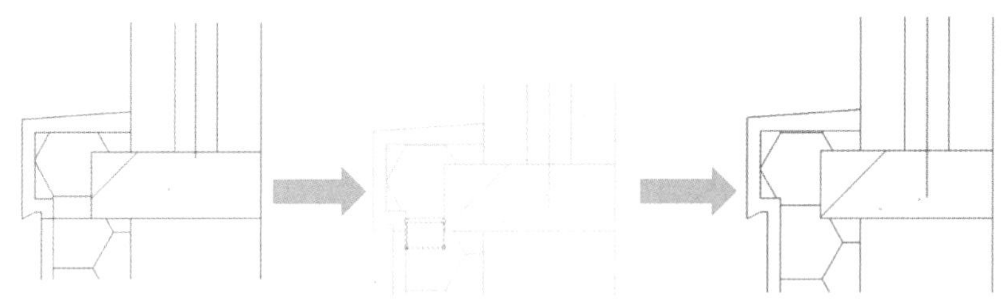

图 5-34　遮罩区域处理

⑥ 屋顶详图处理。屋顶需添加防水处理及滴水详图补充，此步骤结合实际情况，运用前四条进行处理，同时载入多重材料标记族进行材质标记，效果如图 5-35 所示。

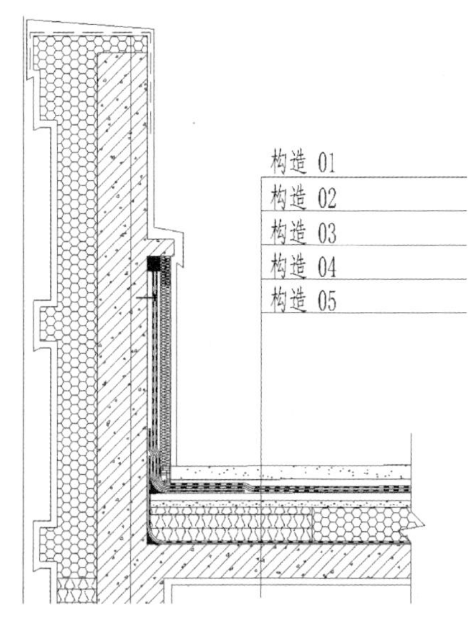


图 5-35　屋顶详图处理

## 5.5.2　楼梯详图、卫生间详图

楼梯详图与卫生间详图均为平面图详图，常见比例为 1 : 50。

楼梯详图主要体现在踏步和踢面的尺寸标注、梯段高度和宽度尺寸标注及标高标注，标记标注前要处理好结构与建筑关系，具体步骤及操作请参考墙身详图部分，楼梯平面详图如图 5-36 所示，楼梯剖面详图如图 5-37 所示。

卫生间详图主要体现在卫生器具、洞口及墙地砖标注，净高标注及卫生器具的二维表达。标记前除了处理好结构关系，还需绘制卫生器具平剖详图。卫生间地砖及卫生器具平面详图分别如图 5-38、图 5-39 所示，卫生间墙面详图如图 5-40 所示。

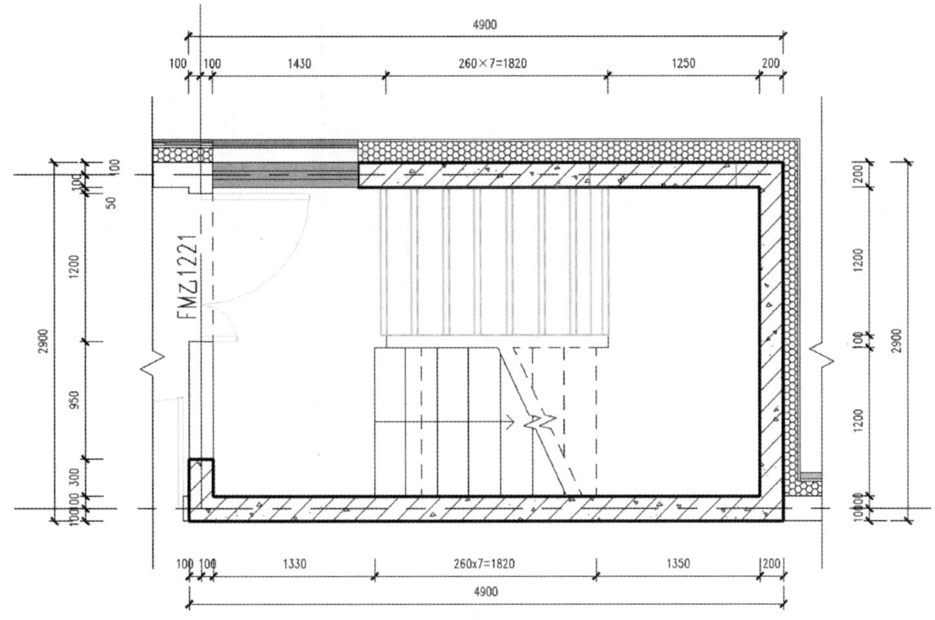


图 5-36　楼梯平面详图

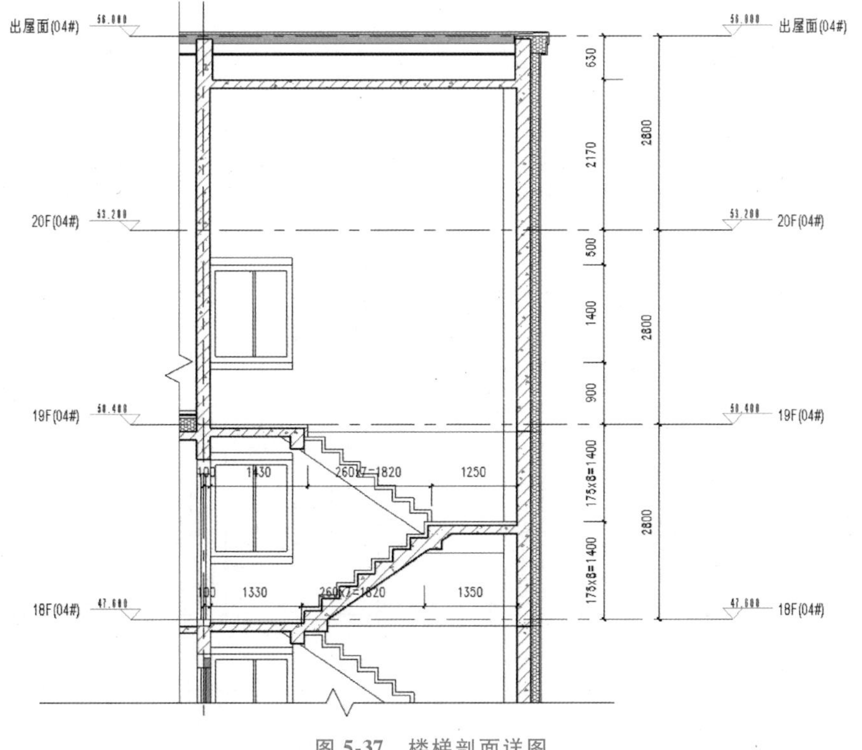


图 5-37　楼梯剖面详图

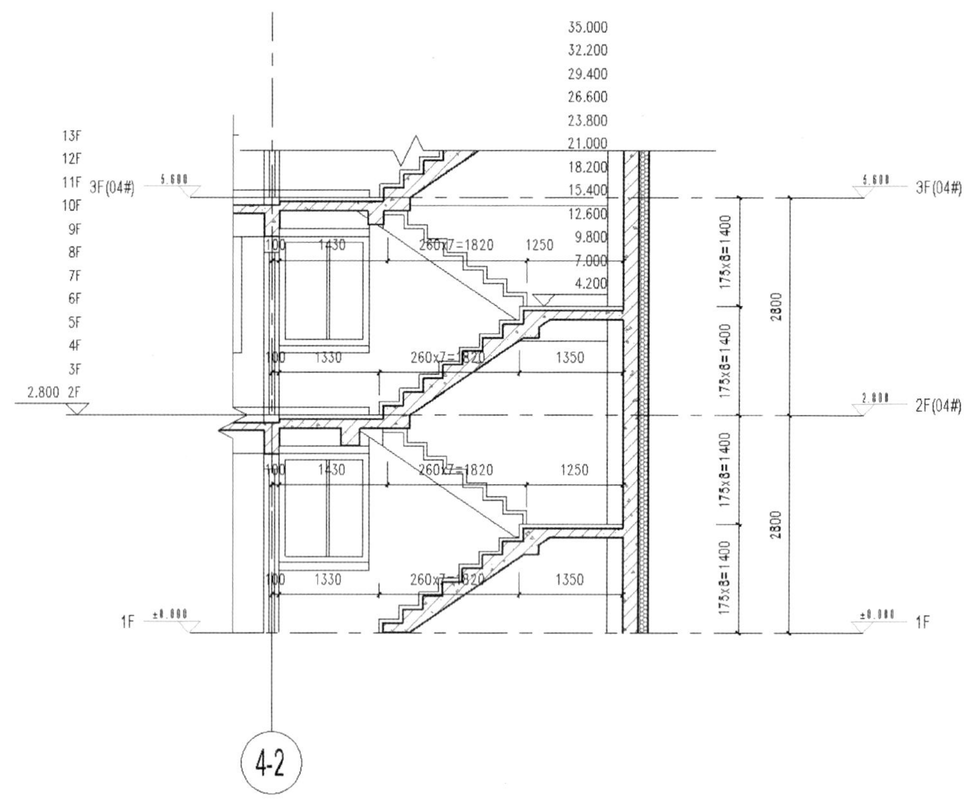


图 5-37 楼梯剖面详图（续）

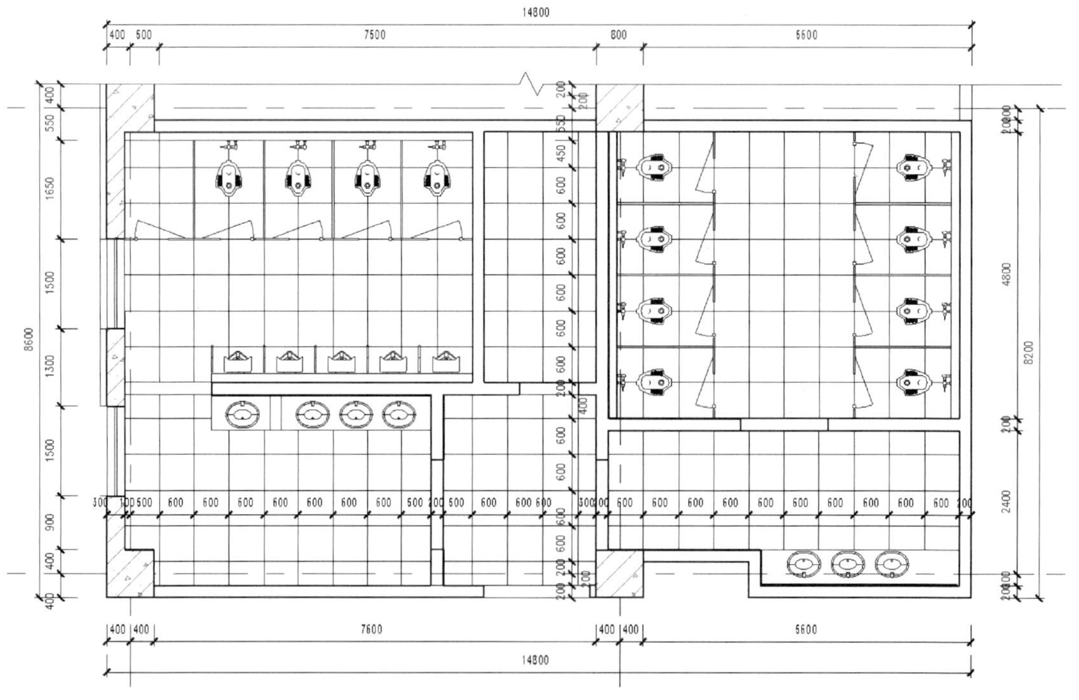


图 5-38 卫生间地砖平面详图

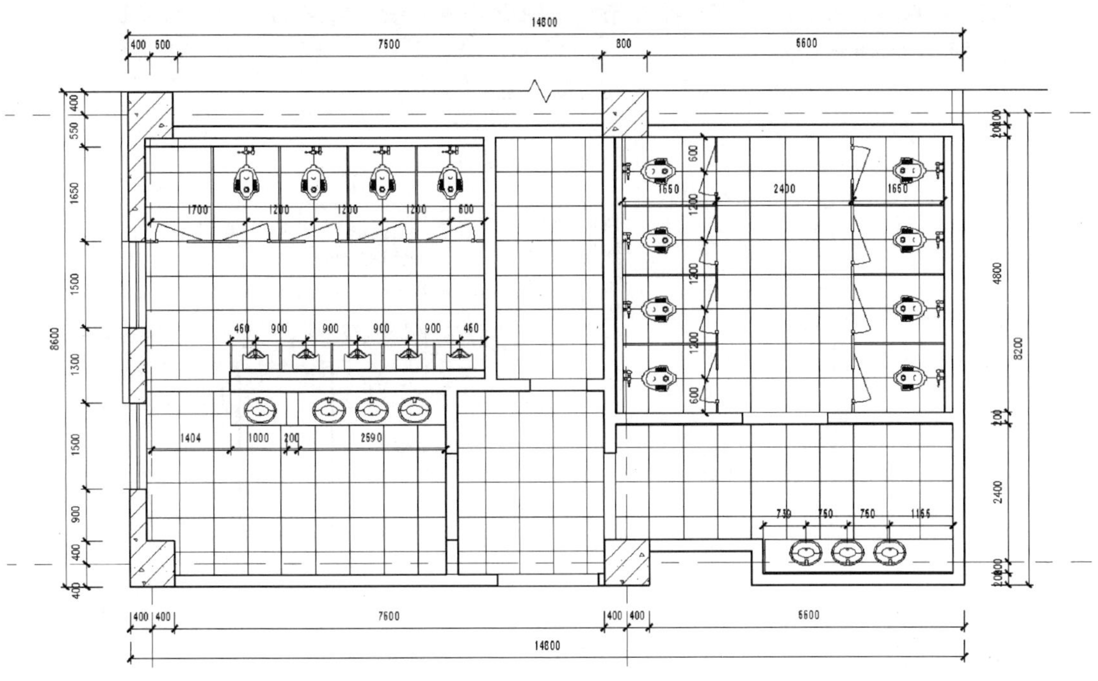

图 5-39　卫生器具平面详图

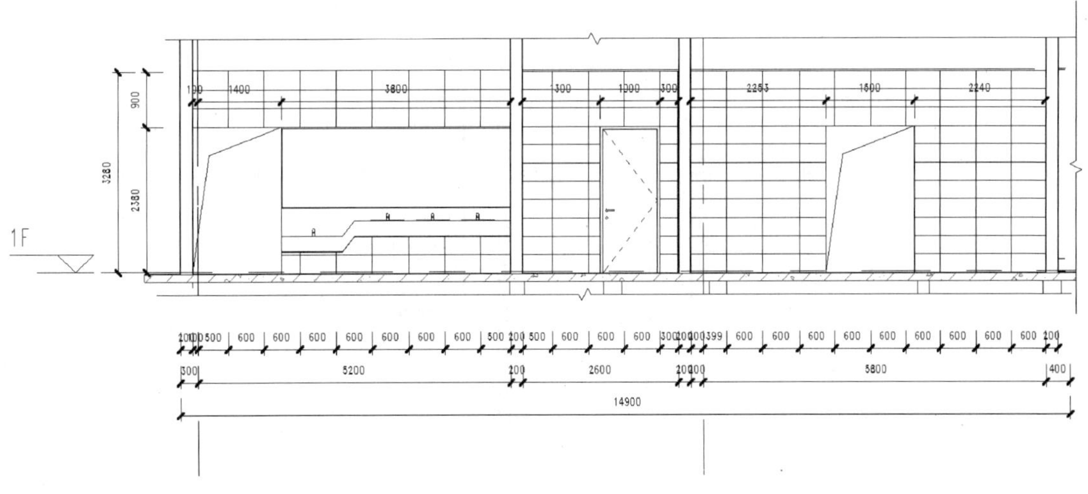

图 5-40　卫生间墙面详图

## 5.5.3　节点详图

节点详图可以是剖面图节点也可以是平面图节点，常见比例为 1∶20。节点详图位置一般在墙体之间的交界处、墙体与窗或门连接处、幕墙连接处等。绘制节点详图前，需在相应视图添加详图索引，如图 5-41、图 5-42 所示。

墙体与窗详图如图 5-43 所示，风井节点详图如图 5-44 所示。

图 5-41 详图索引

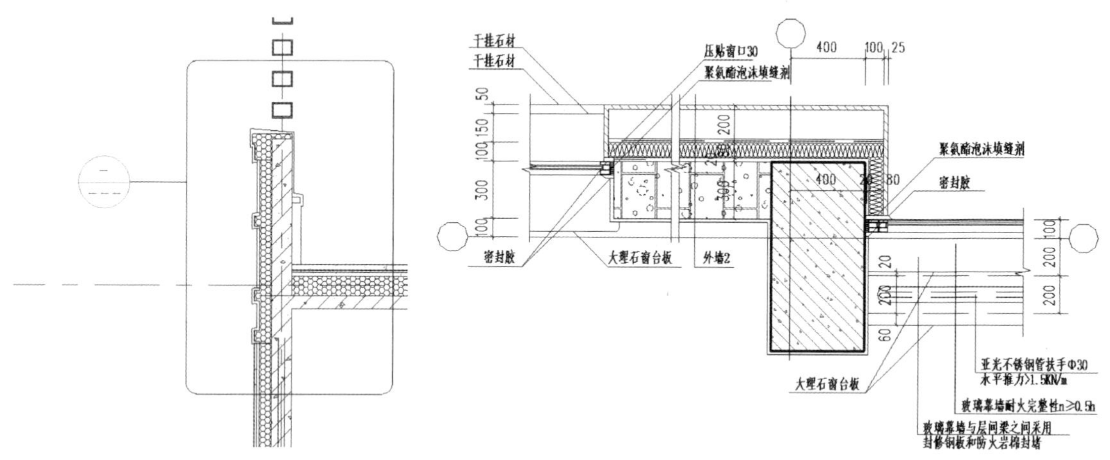


图 5-42 添加详图索引

图 5-43 墙体与窗详图

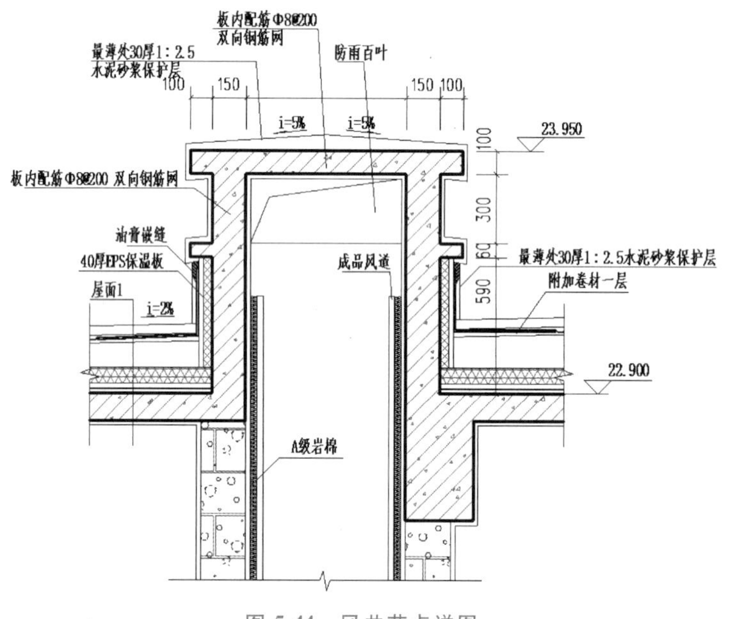


图 5-44 风井节点详图

## 5.6 门窗表

门窗表分为图例及门窗表格个数统计。

1. 创建图例视图

在“视图”选项卡中选择“图例”，确定门窗图例比例，如图 5-45、图 5-46 所示。

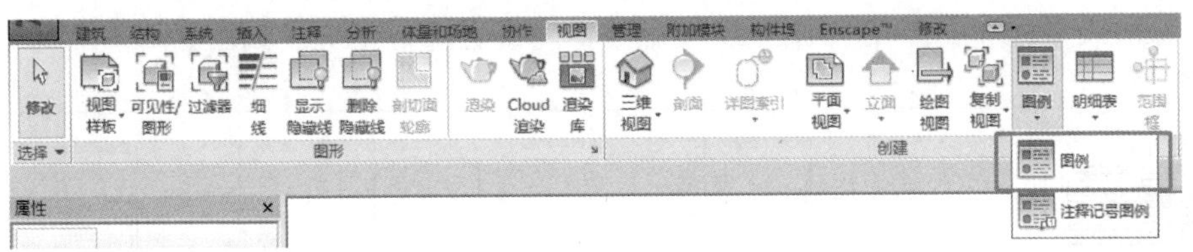


图 5-45 选择图例

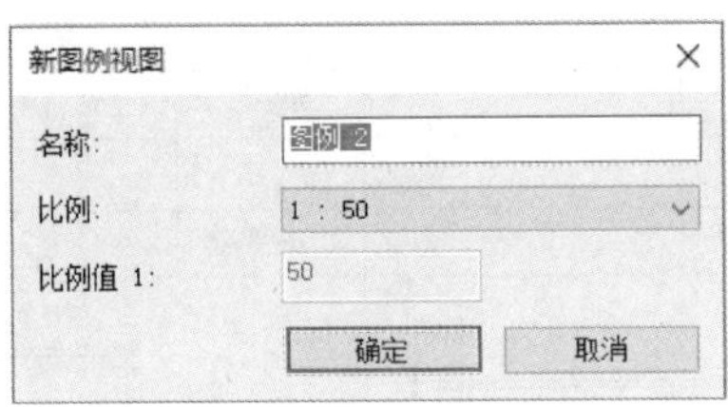


图 5-46 门窗图例比例

2. 生成门窗图例并进行门窗表整理

1）在“注释”选项卡中选择“构件”|“图例构件”，如图 5-47 所示。

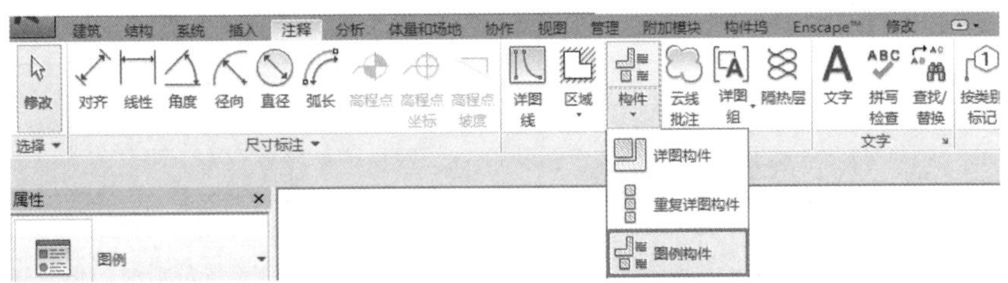


图 5-47 图例构件

2）选择相应的门窗型号，在选项栏中“视图”选择“立面：前”，如图 5-48 所示。

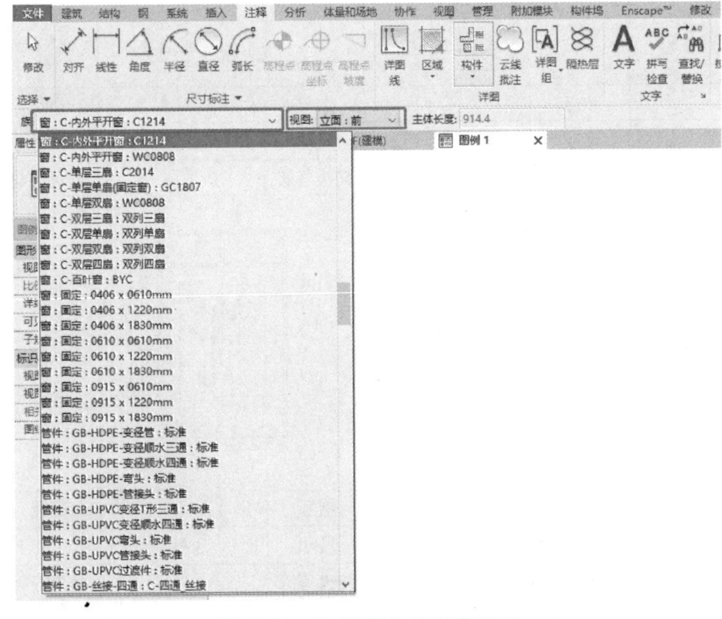


图 5-48 选择相应的门窗型号

3）添加尺寸标注，并用“详图线”命令将门窗表进行整理，如图 5-49 所示。

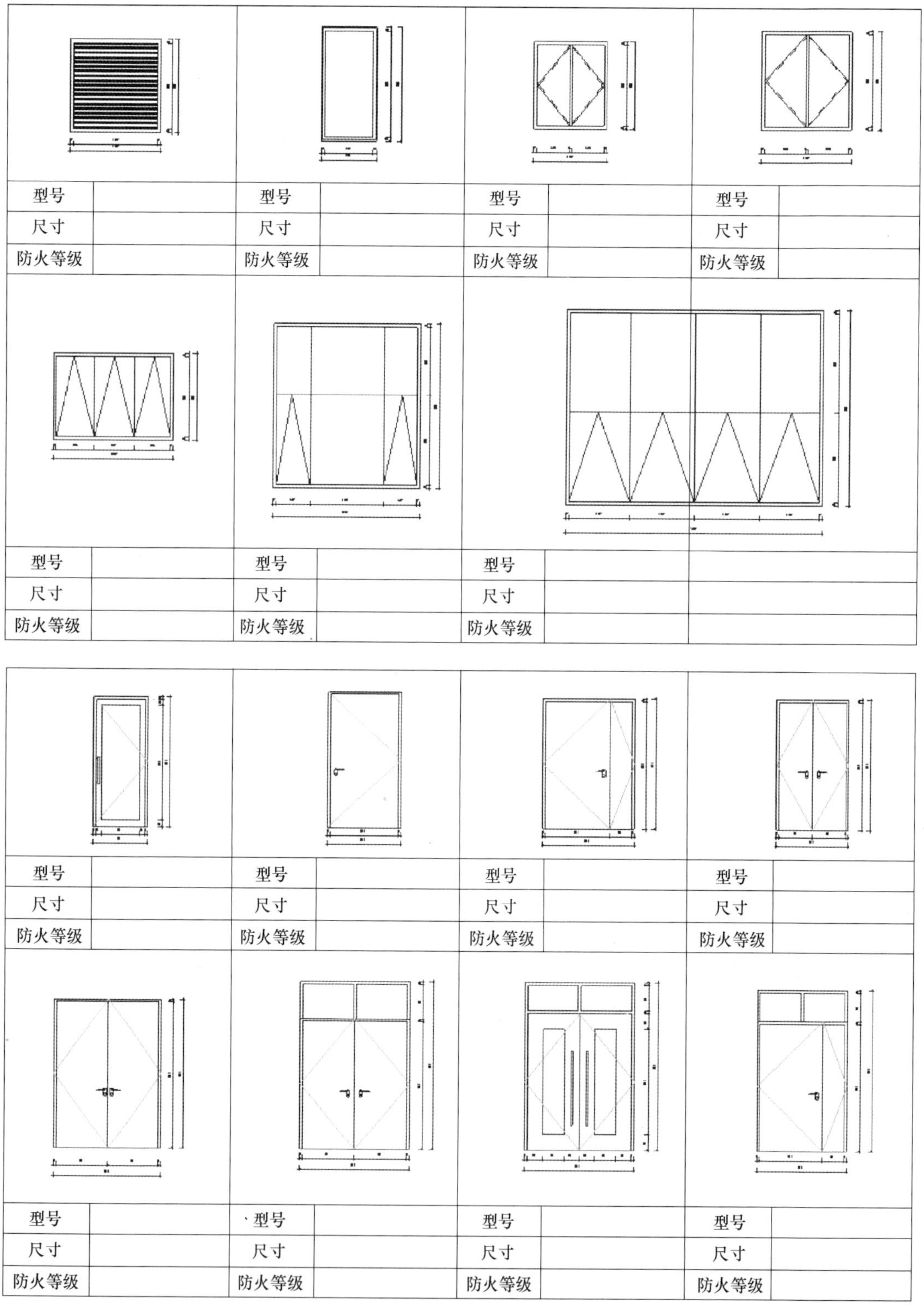

| | | | | | | | |
|---|---|---|---|---|---|---|---|
| 型号 | | 型号 | | 型号 | | 型号 | |
| 尺寸 | | 尺寸 | | 尺寸 | | 尺寸 | |
| 防火等级 | | 防火等级 | | 防火等级 | | 防火等级 | |
| 型号 | | 型号 | | 型号 | | | |
| 尺寸 | | 尺寸 | | 尺寸 | | | |
| 防火等级 | | 防火等级 | | 防火等级 | | | |

| | | | | | | | |
|---|---|---|---|---|---|---|---|
| 型号 | | 型号 | | 型号 | | 型号 | |
| 尺寸 | | 尺寸 | | 尺寸 | | 尺寸 | |
| 防火等级 | | 防火等级 | | 防火等级 | | 防火等级 | |
| 型号 | | 型号 | | 型号 | | 型号 | |
| 尺寸 | | 尺寸 | | 尺寸 | | 尺寸 | |
| 防火等级 | | 防火等级 | | 防火等级 | | 防火等级 | |

图 5-49　门窗表整理

3. 生成门窗明细表

1）在“视图”选项卡中选择“明细表”，选择相应构件，如图 5-50、图 5-51 所示。

图 5-50 明细表

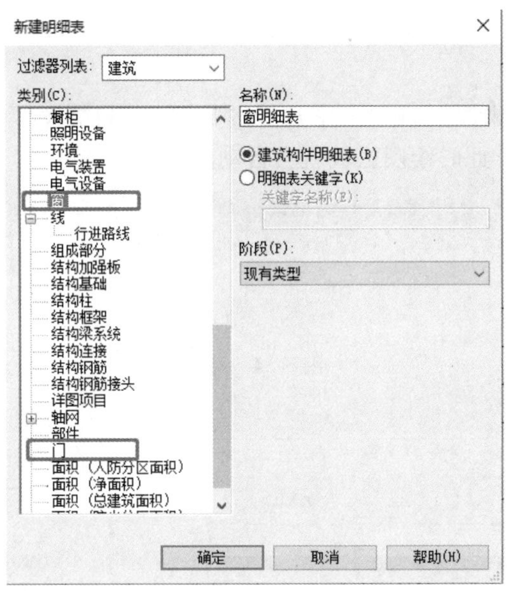


图 5-51 选择相应构件

2）选择相应参数字段，如图 5-52 所示。

图 5-52 选择相应参数字段

3）调整明细表字段及参数，同时可调整明细表字体及单元格，如图 5-53 所示。

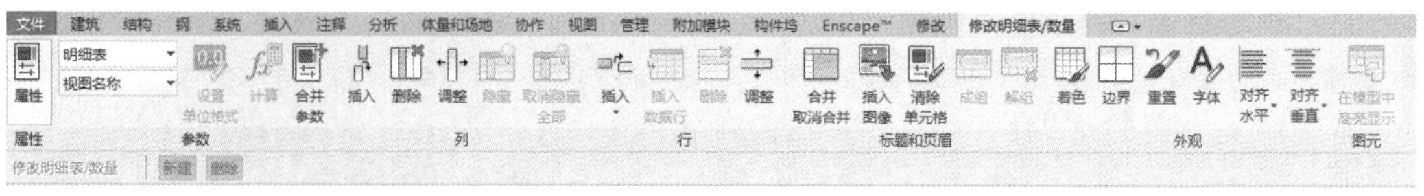


图 5-53　调整明细表

## 5.7　图纸创建

1）新建图纸。在“视图”选项卡中选择“图纸”，根据图幅选择标题栏中的图纸框，如图 5-54、图 5-55 所示。此时绘图区域就会自动生成图纸。

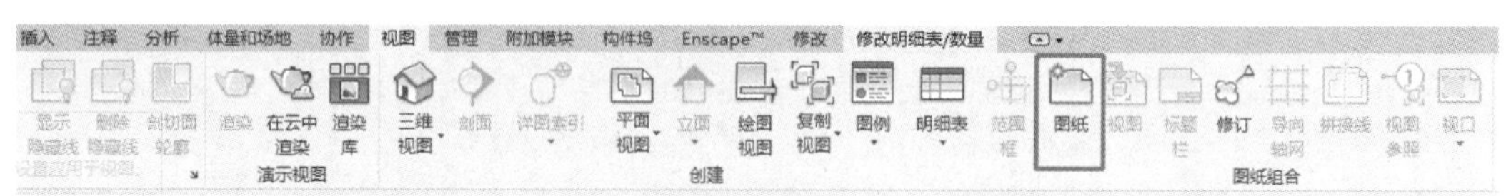


图 5-54　图纸

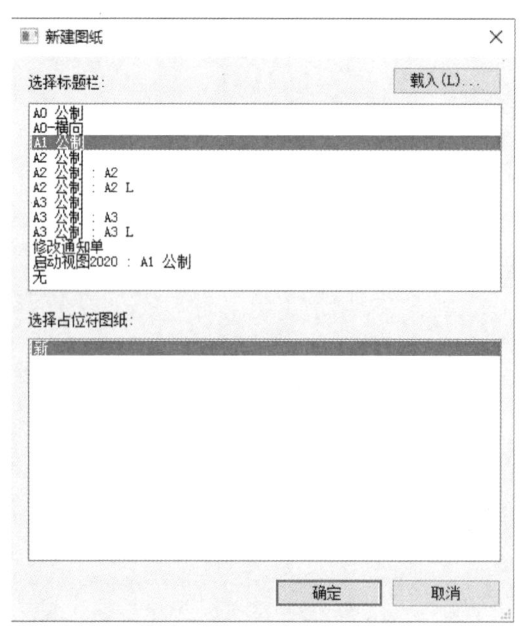


图 5-55　新建图纸

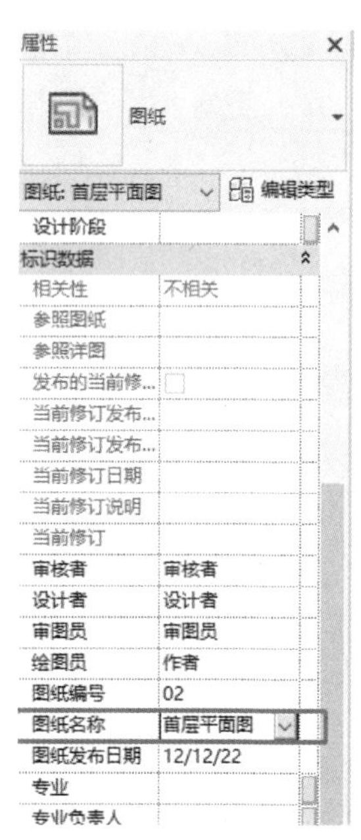


图 5-56　图纸名称

2）添加图纸名称（图 5-56）。

3）放置视图。在项目浏览器选择首层平面图并拖拽进入图纸。

4）添加视图名称并调整视口样式。

① 视图拖拽到图纸中时会自动生成“有线条的标题”视口。

② 视口的样式可通过注释族进行更改。选择“项目浏览器”|“族”|“注释符号”|“视图标题”，右击进入族“类型属性”对话框，根据需要进行相应更改并载入项目，如图 5-57 所示。

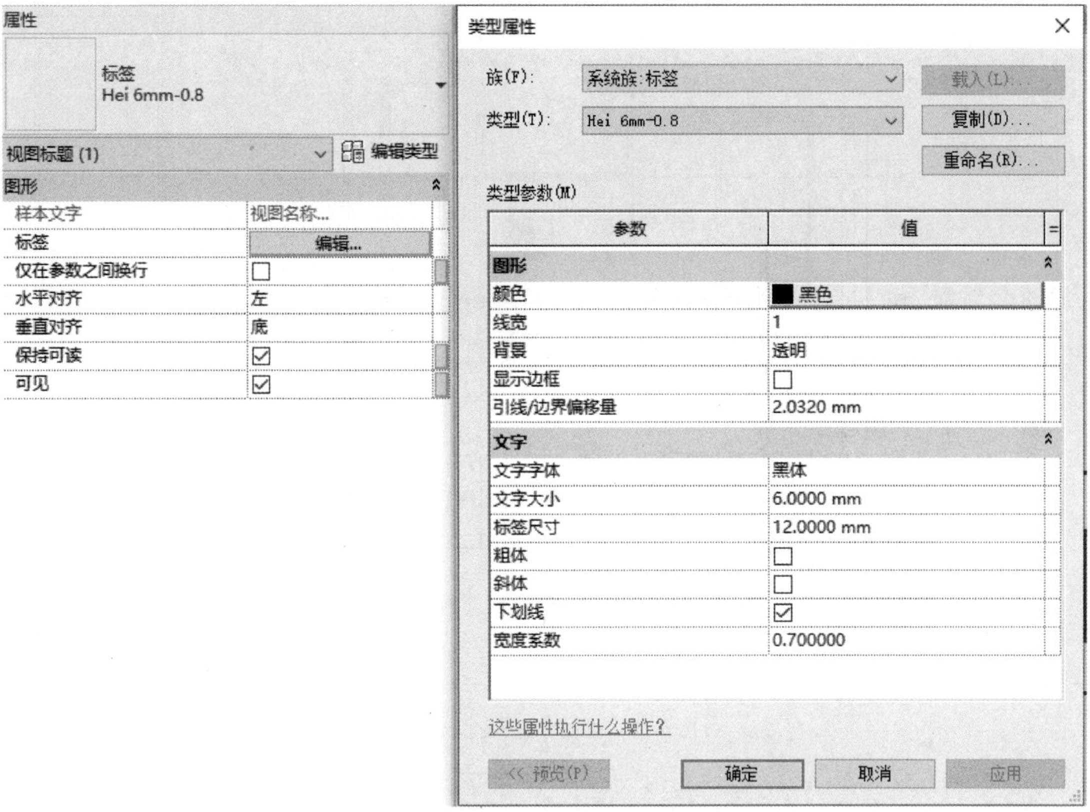

属性

标签
Hei 6mm-0.8

视图标题 (1)　　编辑类型

| 图形 | |
|---|---|
| 样本文字 | 视图名称... |
| 标签 | 编辑... |
| 仅在参数之间换行 | ☐ |
| 水平对齐 | 左 |
| 垂直对齐 | 底 |
| 保持可读 | ☑ |
| 可见 | ☑ |

类型属性

族(F)：系统族：标签　　载入(L)...

类型(T)：Hei 6mm-0.8　　复制(D)...

重命名(R)...

类型参数(M)

| 参数 | 值 |
|---|---|
| **图形** | |
| 颜色 | 黑色 |
| 线宽 | 1 |
| 背景 | 透明 |
| 显示边框 | ☐ |
| 引线/边界偏移量 | 2.0320 mm |
| **文字** | |
| 文字字体 | 黑体 |
| 文字大小 | 6.0000 mm |
| 标签尺寸 | 12.0000 mm |
| 粗体 | ☐ |
| 斜体 | ☐ |
| 下划线 | ☑ |
| 宽度系数 | 0.700000 |

这些属性执行什么操作?

<< 预览(P)　确定　取消　应用

图 5-57　视口的样式更改

③ 载入后覆盖现有版本及参数，并将视口标题移动到合适的位置，如图 5-58 所示。最终效果如图 5-59 所示。

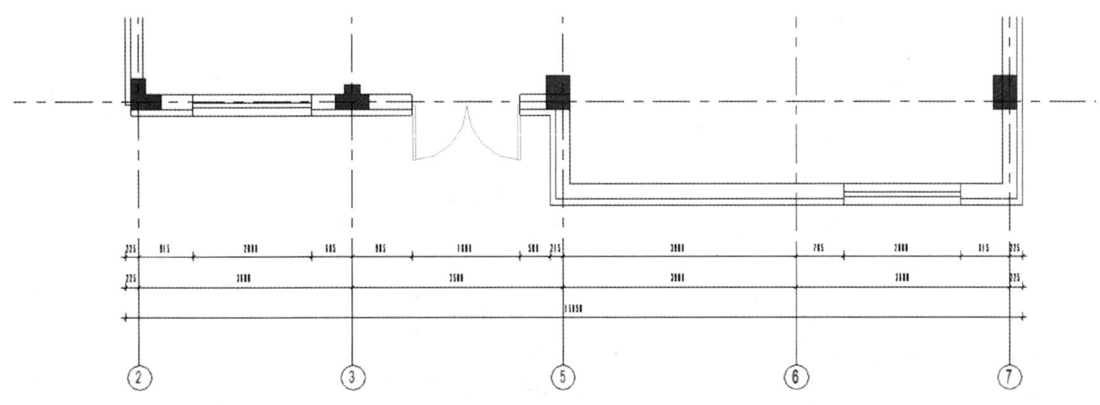


图 5-58　视口标题修改

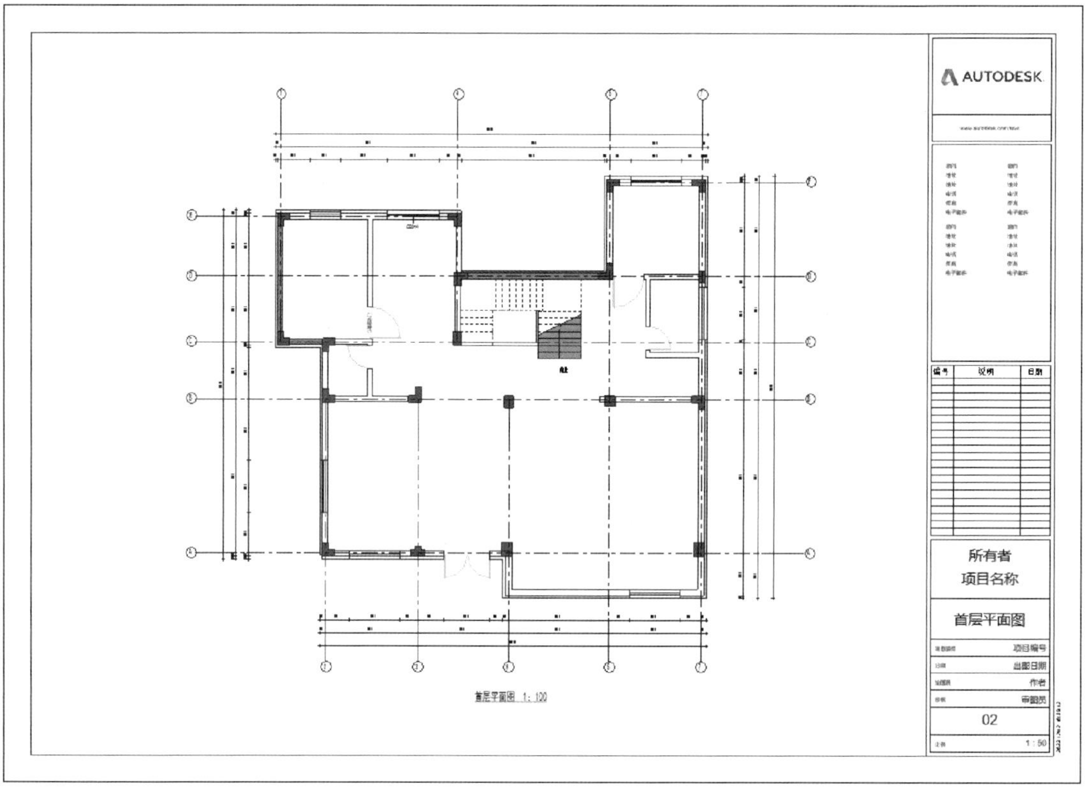

图 5-59　视口标题修改后效果

## 5.8　疑难解析

1. 如何获取坐标值?

在处理带地形的项目时，往往要进行坐标的获取和标注，方法是选择功能区“注释”|“高程点坐标”命令，然后选择要标注的对象。需要注意的是，Revit 的项目单位如果使用中国样板，默认是“毫米”，如果坐标标注需要以米为单位，可修改“高程点坐标”的类型，方法是选择已标注的“高程点坐标”对象，单击其“属性”窗口的“编辑类型”按钮（图 5-60），弹出图 5-61 所示对话框。单击“单位格式”右侧的按钮，弹出“格式”对话框（图 5-62）。不勾选“使用项目设置”，“单位”改为“米”，调整“舍入”小数位，单击“确定”按钮，完成修改。

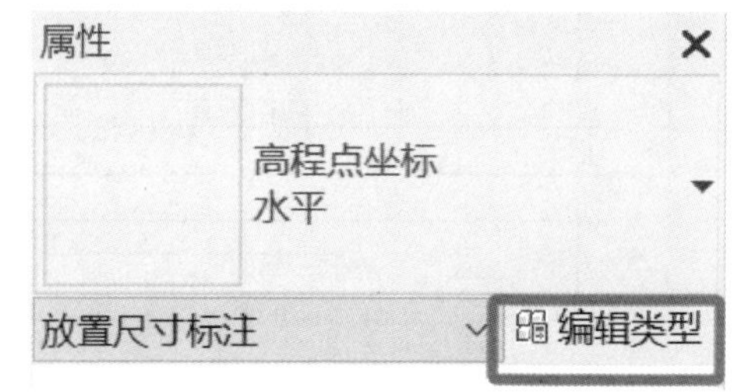


图 5-60　高程点标注属性

2. Revit 的图纸功能有哪些优势?

Revit 的图纸功能提供了一个自动化图纸管理器，可自动管理视图与图纸之间的相互关系，并能自动生成图纸目录，同时图纸目录与每张图纸的图纸编号、图纸名称等信息关联，一旦图纸编

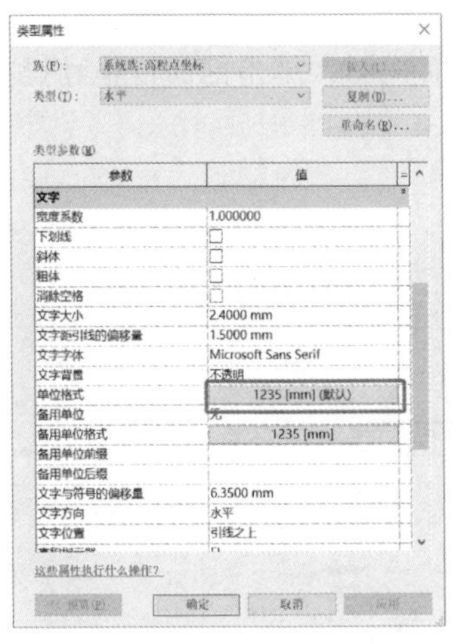

图 5-61　高程点标注类型属性

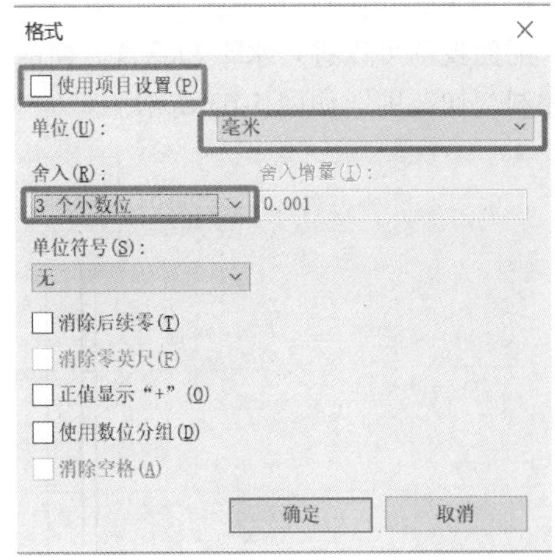


图 5-62　格式修改

号或图纸名称发生变化，图纸目录也自动更新。所以使用 Revit 的图纸功能可保证图纸编号、图纸名称与图纸目录的一致性，既大大地提高了图纸管理的效率，还能从根本上避免手工操作导致的人为错误。

3. 各专业协同工作时，选择“链接”还是“工作集”模式？

Revit 提供了“链接”和“工作集”两种工作模式进行多专业协同工作，这两种方式各有特点。

链接模式也称为外部参照（与 AutoCAD 的外部参照相似），可以根据需要随时加载模型文件，各专业之间的调整相对独立，尤其是对于大型模型，在协同工作时性能表现较好，特别是在软件的操作响应上。但由于被链接的模型不能直接进行修改，因此需要回到原始模型进行编辑。例如，某项目按“建筑主体”和“建筑核心筒”分别组成完整项目模型，“建筑主体”模型链接了“建筑核心筒”模型，现在发现需要修改“建筑核心筒”模型，就需要另外打开“建筑核心筒”模型进行编辑修改，所以协作的时效性不如“工作集”模式。

工作集模式也称为中心文件方式，根据各专业的参与人员及专业性质确定权限，划分工作范围，各自工作，将成果汇总至中心文件（中心文件通常存放在共享文件服务器上），同时在各成员处有一个中心文件的实时镜像，可查看同伴的工作进度。这种多专业共用模型的方式对模型进行集中储存，数据交换的及时性强，但对服务器配置要求较高。例如，某项目按“建筑主体”和“建筑核心筒”分别组成完整项目模型，但是以工作集方式进行，“建筑主体”和“建筑核心筒”分别由两位项目成员分工负责，如果负责“建筑主体”的成员发现“建筑核心筒”需要修改，这位成员只要具备相应权限就可直接修改“建筑核心筒”模型，及时性比“链接模式”强。

在实际项目中可以只采用其中一种方式，也可以两种方式同时使用，具体需要根据项目特点、项目成员的组成进行规划。通常情况下，专业之间的协同建议采用“链接模式”，如建筑、结构、水、暖、电等专业分别创建各自的模型，协同时通过链接方式进行模型整合来协调专业之间的问题。而专业内的协同建议采用“工作集模式”，如建筑专业可以把“建筑外墙”“内部房间”“核心筒”等由多位项目成员分别完成。采用“工作集模式”创建的文件也可以通过“链接模式”整合模型，再进行专业之间的协调。

4. 剖面视图如何编辑？

剖面视图可以进行水平和垂直方向的编辑：转到剖面视图，单击剖面框拖动操控夹点可以控制剖切范围，如图 5-63 所示。

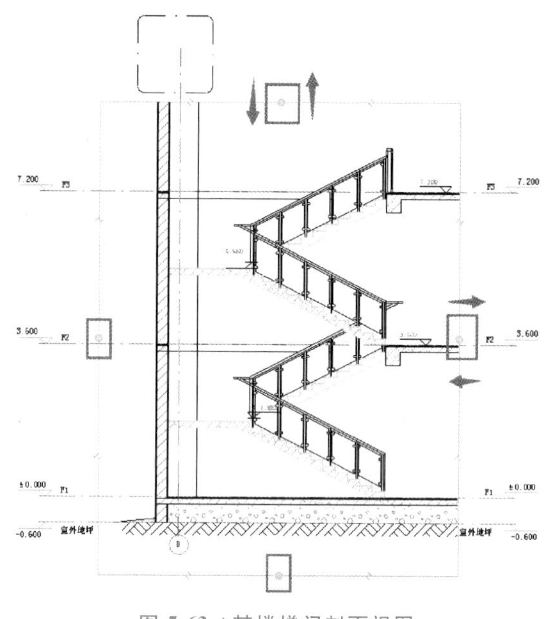


图 5-63　某楼梯间剖面视图

单击剖面范围框上的折线符号可水平和垂直方向拆分视图，再对视图范围进行修改，如图 5-64 所示。

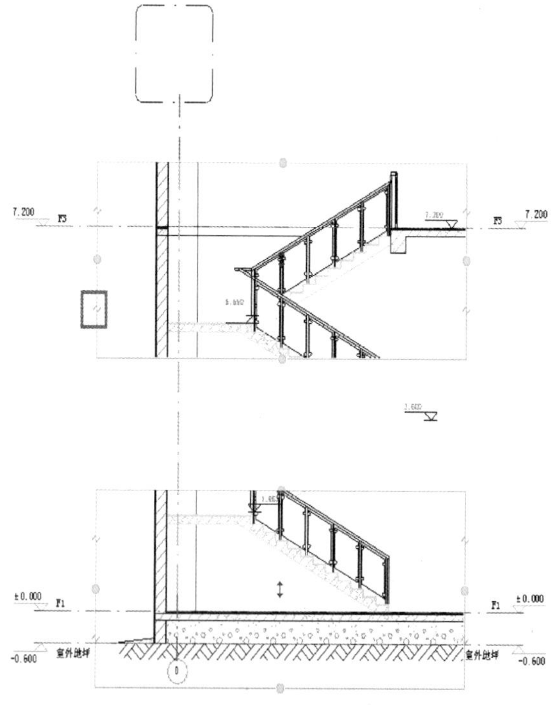


图 5-64　修改视图范围

5. 创建图元在楼层平面不可见如何解决？

导致创建的图元在视图中不显示的原因有很多，如图 5-65 所示，首先检查视图范围，检查创建的图元是否在当前视图范围内；第二检查视图控制栏中的显示隐藏图元选项，检查该图元是否能够显示；第三检查属性框内图形选项中的规程是否为协调；第四检查属性框内范围选项中的截剪裁是否打开了剪裁视图；第五通过快捷键 VV 进入可见性图形替换窗口，检查该图元是否勾选可见性以及是否有过滤器。

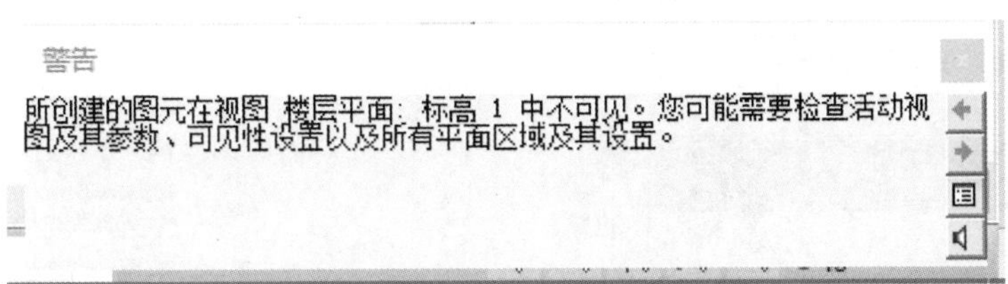


图 5-65 创建图元不可见警告对话框

6. 三维视图中如何标记？

在三维视图中要对某个部位或者构件进行注释或者标记时，软件会提示，如图 5-66 所示。

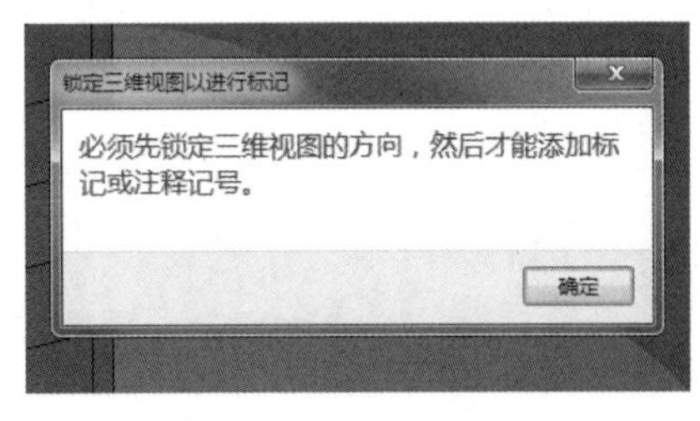


图 5-66 锁定三维视图以进行标记对话框

这时，可以单击软件下方快速工具栏的图标，然后选择保存方向并锁定视图，再对视图进行命名，这样就可以在三维视图中进行注释或者标记了。

7. 为什么有的标高不能生成楼层平面？怎样显示未生成的平面视图？

当用 Revit 的“标高”命令绘制标高时，每建立一个标高就对应生成一个楼层平面视图，但用复制方法创建标高时，不会自动生成平面视图。未生成平面视图的标高在 Revit 立面视图中，标头显示为黑色，生成了平面视图的标高标头为蓝色。

要显示未生成的平面视图，可单击“视图”选项卡中的“平面视图”按钮，选择“楼层平面”，在“新建楼层平面”对话框中会列出还未生成楼层平面的标高，单击选择需要创建的标高，按住<Shift>键或<Ctrl>键，可以同时选择多个，如图 5-67 所示，单击“确定”按钮后，相应的楼层平面就会显示在项目浏览器中的视图列表中。

如果有些标高只是用于标注，不需要产生对应的楼层平面视图，就可以直接用复制方式创建，若已生成了平面视图，也可以在项目浏览器中找到相应的楼层平面，在右键菜单中单击“删除”命令即可，如图 5-68 所示，删除楼层平面视图并不影响所绘制的标高。

8. Revit 没有类似 AutoCAD 的图层功能，该如何控制模型对象的可见性？

Revit 没有类似 AutoCAD 的图层功能，要控制模型对象的显示与否，可以通过调整视图的可见性来控制模型对象的显示状态。

在视图属性窗口，单击“可见性/图形替换”的“编辑”按钮，打开视图“可见性/图形替换”对话框，如图 5-69 所示。

选择要显示或不显示的模型类别及注释类别，虽然 Revit 没有类似 AutoCAD 的图层功能，但 Revit 使用模型类别和注释类别来控制模型的可见性，更贴近工程行业的习惯。

需要注意的是，每个视图的可见性都是独立控制的，在当前视图设置好的可见性，在其他的视图中是不起作用的，如果希望当前设置好的可见性用于其他的视图，可以把当前视图创建成一个样板，然后把该视图样板应用到其他视图中，以避免重复的视图设置工作。

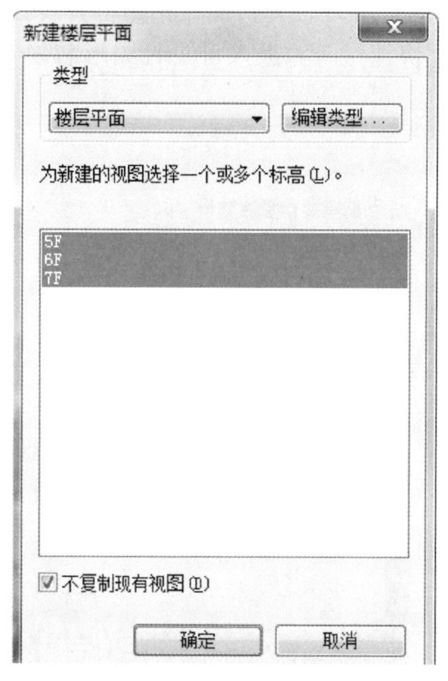


图 5-67　新建楼层平面

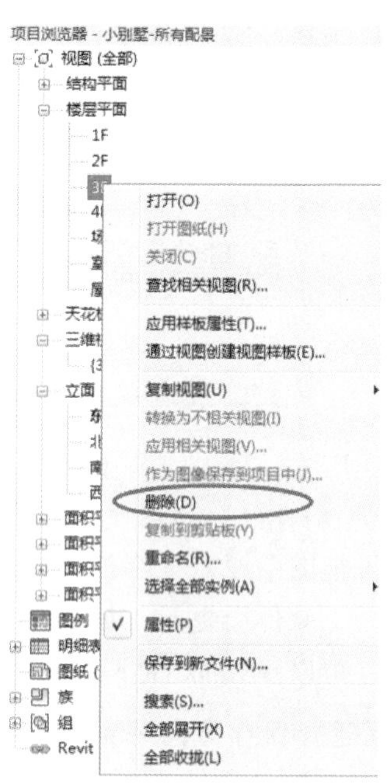


图 5-68　删除楼层平面

图 5-69　视图“可见性/图形替换”对话框

9. 使用“组”有什么好处？

对于相同的、可重复布置的组合实体，如标准层、户型单元、组合家具等，可以进行成“组”操作，成“组”后就如同一个对象，方便进行移动、复制、阵列、旋转镜像等操作。目前有些 Revit 对象，特别是“内建模型”，成“组”后进行移动、复制、阵列、旋转、镜像等操作能正常进行，而不成“组”直接进行上述的编辑有时会出错，所以建议对包含大量组合实体的整体，特别是包含“内建模型”进行移动、复制、阵列、旋转、镜像等操作，先进行成“组”操作。

另外，对于重复布置使用的组合实体，还有一个好处是一旦“组”内的对象做了修改，则所有复制的“组”都相应更改，在标准层、户型单元等中非常有用。

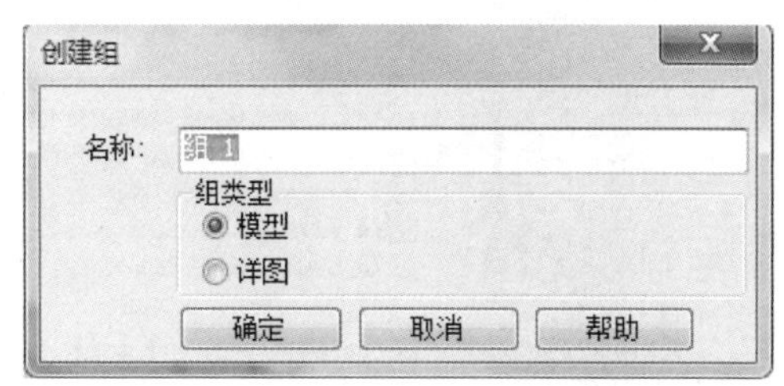


图 5-70　创建组

成“组”的操作步骤如下：

1）选择功能区“修改”|“创建组”命令。

2）输入“组”名称和选择成组的对象类型，如图 5-70 所示，其中模型组包含模型对象，详图组包含二维的详图注释对象（如文本、填充图案等）。

3）在“组编辑器”面板上，单击图标，将对象添加到组，或者单击图标，从组中删除对象。

4）选择要添加到“组”的对象或者要从组删除的对象。

5）完成后，单击✔符号，完成成组。

需要注意的是，“组”不能同时包含模型对象和详图专有对象，如果希望在模型对象中包含详图对象，则可先把详图专有对象成组，然后作为模型组的附着详图组依附到模型组里。

10. 如何控制 Revit 保存时自动产生的备份数量?

Revit 自带了一个简单的模型文件版本管理功能。当你保存文件时，Revit 会自动把上次保存在硬盘上的文件名后增加“nnnn”4 位数的保存次数数字，例如，第 1 次保存的项目文件名为：“项目 1. rvt”，当你再次保存文件，上次保存的文件名就改为“项目 1. 0001. rvt”，再保存就会再增加一个“项目 1. 0002. rvt”，如此递增直至达到设定的最多备份数，一旦达到最多备份数，Revit 将删除最早的备份文件。由于备份文件也占用硬盘空间资源，所以也不宜设置太多，可根据实际情况和经验调整。具体方法如下：

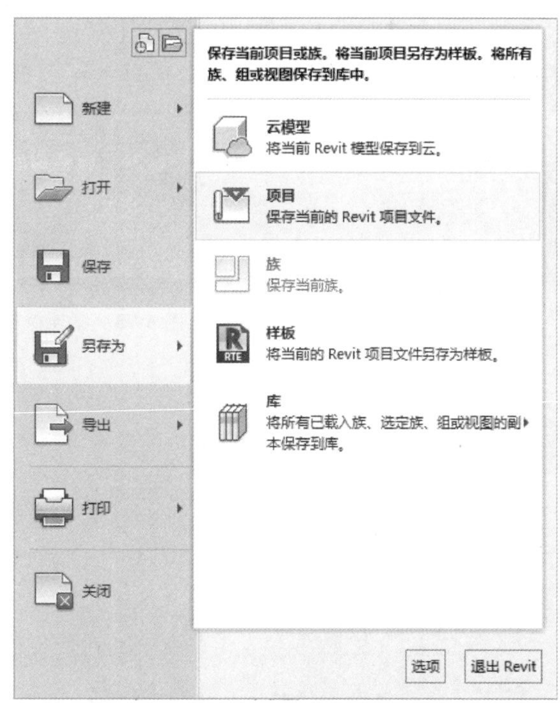


图 5-71　文件另保存菜单

1）选择“开始”|“另存为”|“项目”命令，如图 5-71 所示。

2）在“另存为”对话框中，单击“选项”按钮，如图 5-72 所示。

3）在“文件保存选项”对话框，设

置“最大备份数”的数字，就可以控制保存时自动产生备份文件的数量，如图 5-73 所示。

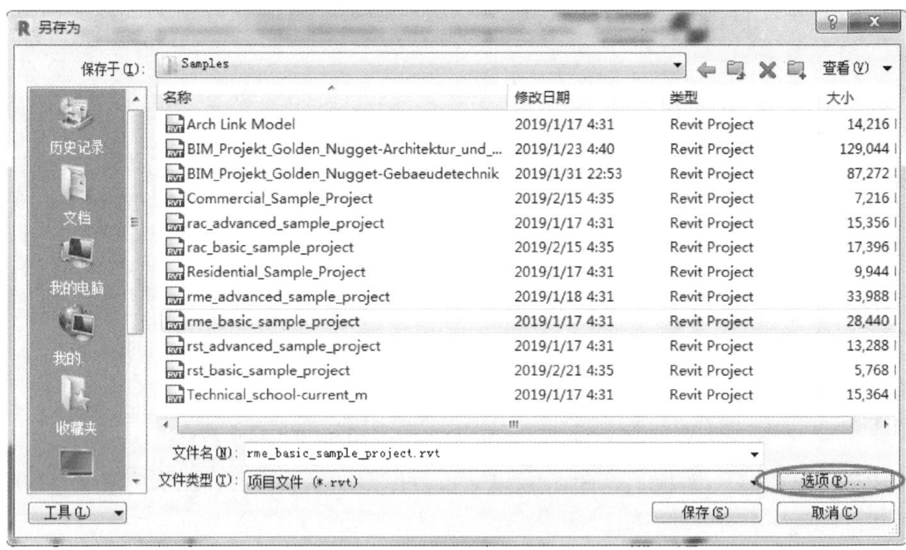

图 5-72　文件“另存为”窗口

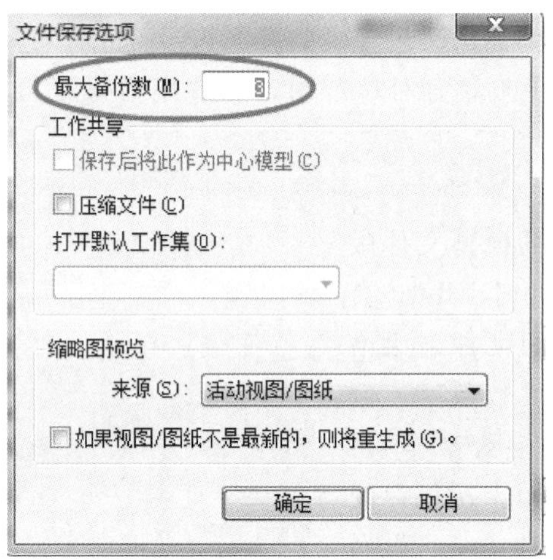

图 5-73　文件保存选项窗口

# 第6章

# 结构专业BIM制图实践

## 6.1 结构专业制图概述

### 6.1.1 结构专业 BIM 应用

对于结构专业来说，Revit 的一个问题在于有形无实，其“无实”在于可以有结构分析模型，却没有结构分析功能，需要与第三方软件配合才能进行结构计算，而在现阶段各种软件平台的交互使用仍然存在大量的问题，实现流畅的双向交互还有很长的路要走；另一个问题在于“反映真实”的特质，与抽象概括性表达的平法制图不同，Revit 软件平台中模型构件与注释内容需要一一对应，如对于位于桩基上部间距 100mm 的纵筋 10 条，Revit 就无法自动将其概括性地表达为 T10@ 100。同时由于数据承载力的问题，为了模型运行的流畅，通常也不会建立完整的钢筋模型。这种缺乏分析功能的建模，甚至可以说是平法时代的倒退。基于这些限制，现行的工作流程有两种：

1）在 Revit 中建立无配筋模型，用于参与协同工作，并结合共享参数定制模型构件的注释信息，按传统平法完成制图工作。交付内容以图纸为主。

2）借助第三方结构设计软件计算并导出钢筋数据完整的结构模型，然后导入 Revit 中后进行制图工作。由于 Revit 难以进行抽象性表达，仍然需要共享参数辅助进行注释。但由于模型数据完整，可以考虑以模型为交付内容。毕竟施工图的目的是帮助施工人员了解设计意图及结构关系，三维模型在信息完整的情况下无疑具有更大的优势。

前一种工作流程适合初期推广，但这样纯粹为了表达而表达，不仅没有利用到 BIM 软件平台的优势，在实践中也会因为重复性工作造成效率低下。后一种工作流程则可以说是结构专业使用新软件平台的最终目的。传统结构设计分为方案设计、结构计算、施工图绘制和碰撞检查，相应地产生四套模型数据，即模板图、计算模型、施工图和用于碰撞检查的模型，而这四套数据在整个设计过程中的独立存在正是造成设计效率低下的最终原因。

近年来随着 BIM 软件平台的日益流行，很多软件都开始开发相应的接口以实现信息共享，如对应 Revit 的 PKPM-Revit、YJK-Revit、SAP2000-Revit 等。同时，有些 BIM 软件平台，如 Revit 因为有 Autodesk 等大公司的技术支持与后续研发，也在不断更新进步中，辅以速博插件（Rex）、Autodesk Robot Structure TM，在国外结构设计领域得到了广泛使用。可见，建立一个兼容的结构设计制图碰撞检测平台并不是遥遥无期。

本章主要从制图角度出发，阐述 Revit 结构设计模块如何通过发挥现有功能实现符合平法标准的图纸交付工作，并且通过共享参数与批量标注等功能提高工作效率。

### 6.1.2 BIM 结构设计工具

Revit 2020 结构设计工具在“结构”选项卡中，如图 6-1 所示。结构设计工具主要用于钢筋混凝土结构设计和钢结构设计。本章着重介绍钢筋混凝土结构设计。

图 6-1　Revit 2020 结构设计工具

Revit 2020 结构设计工具中的梁、墙、柱及楼板的创建方法与前面章节中介绍的建筑梁、墙、柱及楼板的创建方法是完全相同的，建筑与结构的区别是建筑中不含钢筋，而结构中的每一个构件都含钢筋。

## 6.2 结构基础

在 Revit 2020 版软件中，根据使用的用途及形状提供了多种结构基础的创建方法，如独立基础、条形基础、基础底板。

### 6.2.1 独立基础的创建

1. 独立基础的创建

在 Revit 2020 版软件中，首先进入基础所在的平面视图，单击“结构”选项卡功能区的“独立”基础命令进行创建，如图 6-2 所示。

由于使用软件默认建筑样板文件中没有独立基础族，软件自动弹出提示框“项目中未载入结构基础族。是否要现在载入?”，如图 6-3 所示。

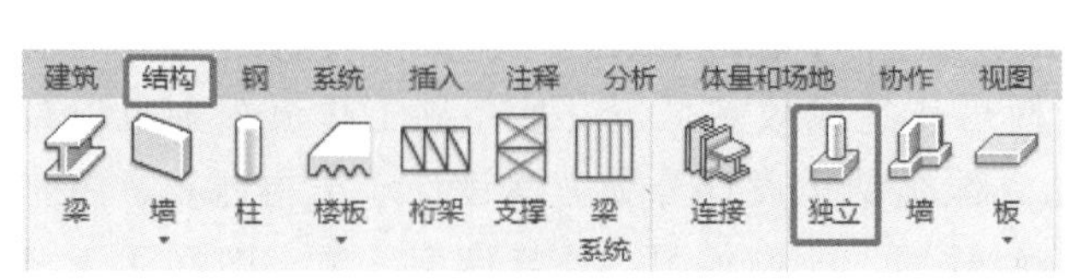


图 6-2　“独立”基础命令

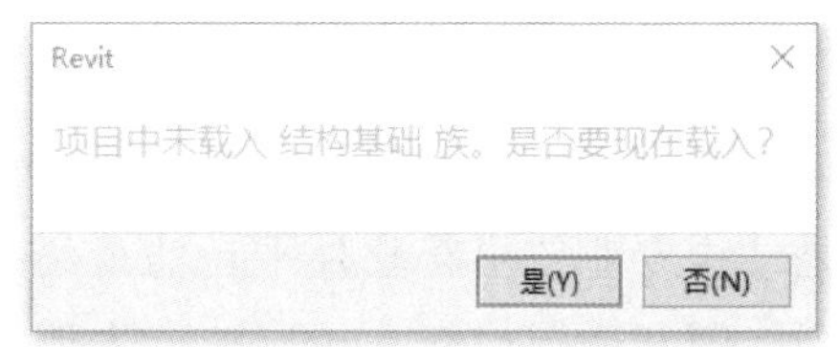


图 6-3　“项目中未载入结构基础族。是否要现在载入?”提示框

单击“是”按钮，软件自动定位到“RVT/Libraries/China”目录中，如图 6-4 所示。

单击“结构”|“基础”文件夹，选择所要载入的基础族类型，如“独立基础-坡形截面”，单击“打开”按钮，如图 6-5 所示。

图 6-4　载入独立基础族

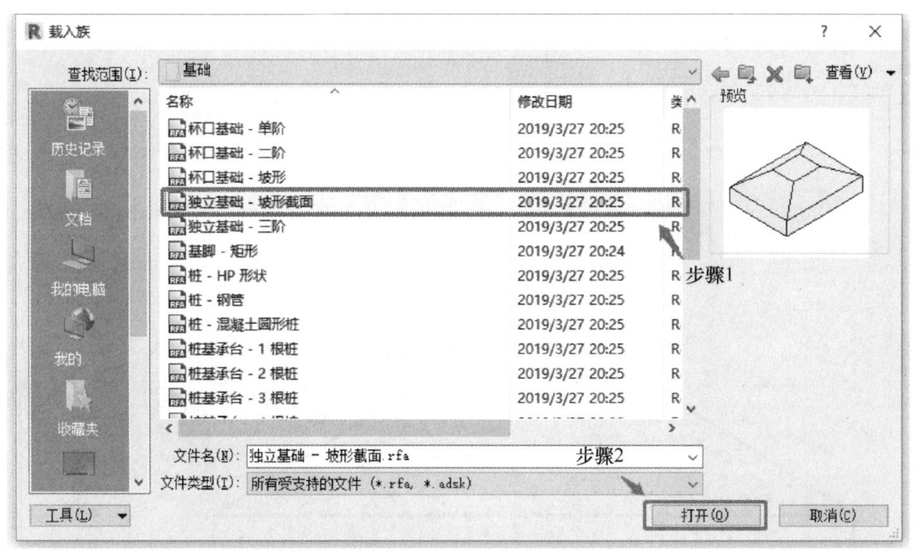


图 6-5　载入基础族类型

2. 独立基础的编辑

以“独立基础-坡形截面”为例，尺寸设置及修改可以通过单击“属性”面板的“编辑类型”修改相关参数，在属性面板里默认添加为“独立基础-坡形截面 2000×1500×650”，如图 6-6 所示。

通过复制命令新建一个基础名称，按照 CAD 图中的基础几何尺寸更改尺寸标注。如 h1、h2 为基础高度及坡高，基础厚度为 h1+h2，如图 6-7 所示，Hc、Bc 为坡形截面基础顶部长、宽，如图 6-8 所示。

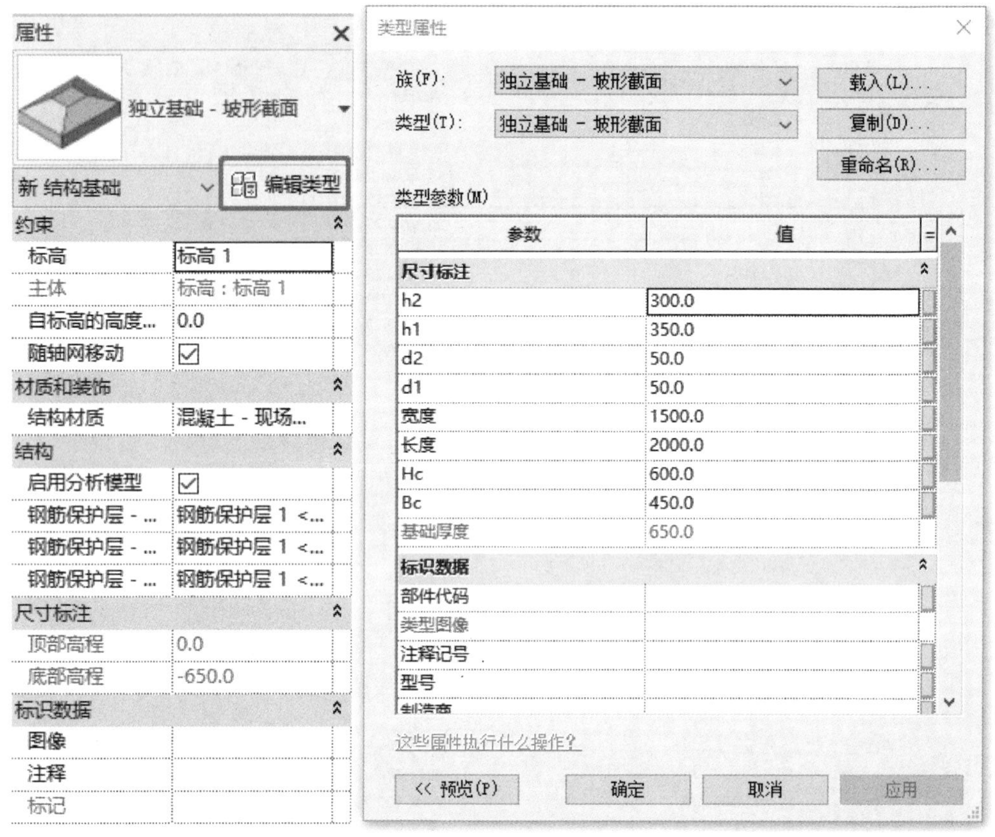


图 6-6 编辑独立基础属性

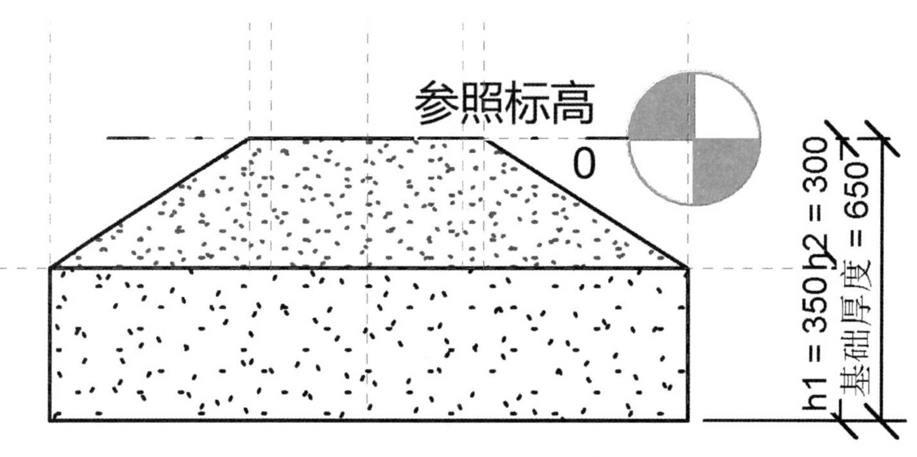


图 6-7 更改尺寸标注（一）

当现有族库中的基础族构件不满足项目所需时，可选择相关的族直接进行编辑。首先选中所要修改的“基础族”，在“修改|结构基础”选项卡中单击“编辑族”选项，进入族编辑界面进行修改，如图 6-9 所示。

阶形基础及桩基础的创建与编辑的方法同坡型基础，此处不再赘述。

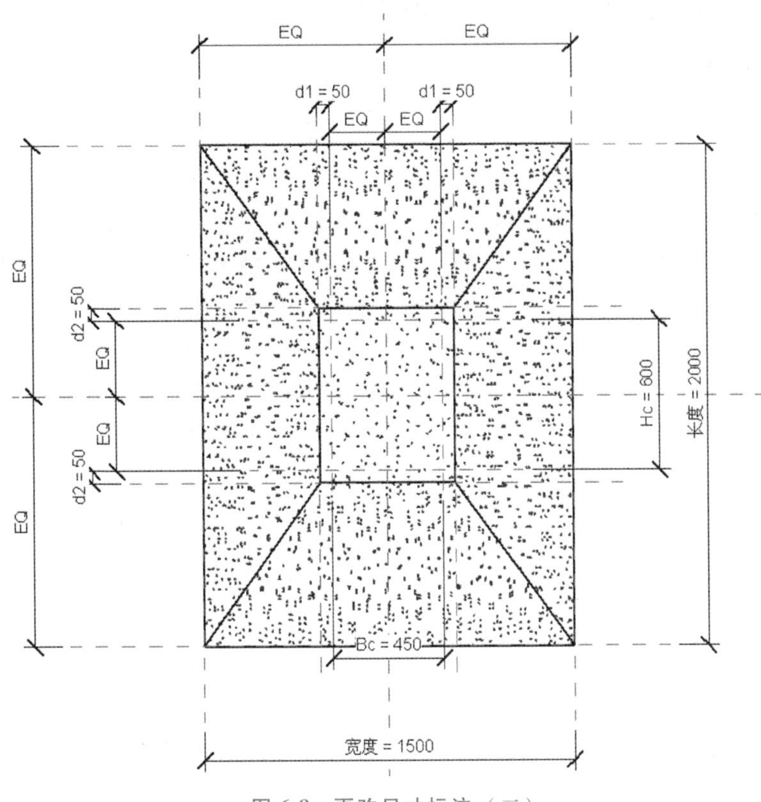


图 6-8　更改尺寸标注（二）

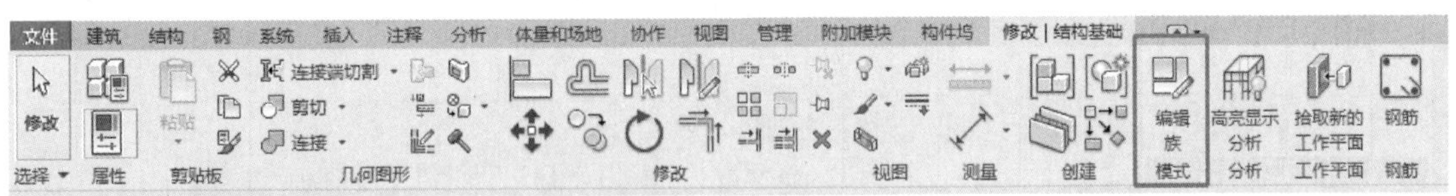


图 6-9　编辑族

3. 独立基础的放置

Revit 2020 版软件给出了三种独立基础的放置形式，分别是单击放置、在轴网处放置、在柱处放置，如图 6-10 所示。

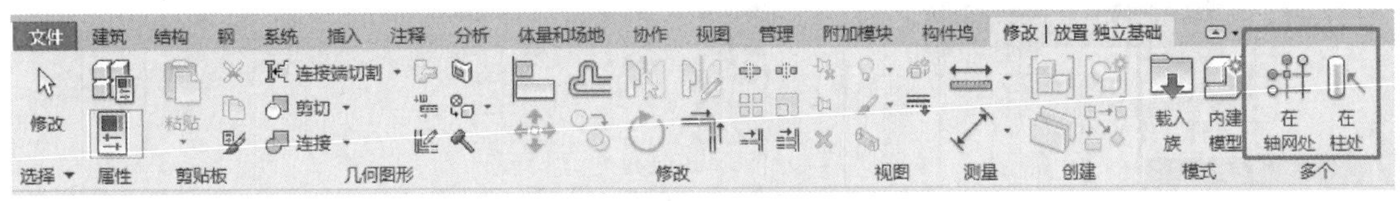


图 6-10　独立基础的放置

1）单击放置。在平面视图中单击捕捉插入点即可放置独立基础。

2）“在轴网处”放置。单击该命令，用于在选定轴线的交点处创建。按住<Ctrl>键，一次选择一条轴网线；或者框选所要放置独立基础处的轴网，在轴网交点位置出现独立基础的预览图形，单击“完成”按钮即可在所选轴网交点处放置独立基础。

3）“在柱处”放置。单击该命令，用于在选定结构柱的底部进行创建。按住<Ctrl>键，一次选择一根柱；或者框选所要放置独立基础处的结构柱，单击“完成”按钮即可在所选结构柱底部放置独立基础。

### 6.2.2 条形基础

条形基础是基础长度远大于宽度及厚度的一种基础形式，与创建“独立基础”不同的是，“条形基础”特指“墙下条形基础”，只能在墙下布置，如墙体删除，墙下“条形基础”也同步删除。在实际搭建模型过程中有两种条形基础的创建方法，一种是基于系统样板默认“条形基础”的创建，另一种是基于“族”的方式创建。

1. 条形基础的创建

在 Revit 2020 版软件中，系统默认的“条形基础”的创建：单击“结构”选项卡功能区的“墙”命令，如图 6-11 所示。建筑样板中默认“条形基础-连续基础”。

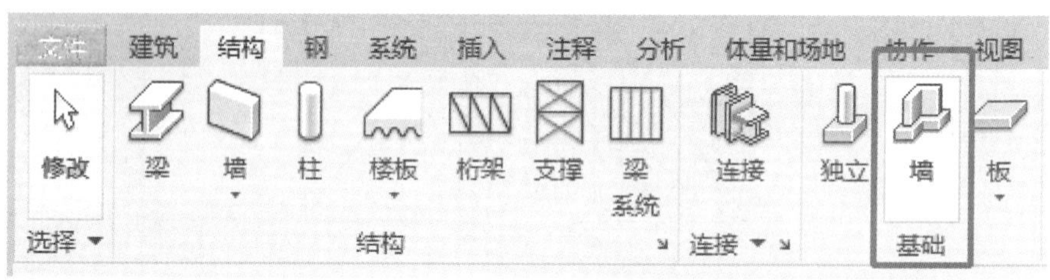


图 6-11 条形基础的创建

2. 条形基础的编辑

尺寸设置及修改可以通过单击“属性”面板的“编辑类型”进行相关参数的修改及编辑，如图 6-12 所示。

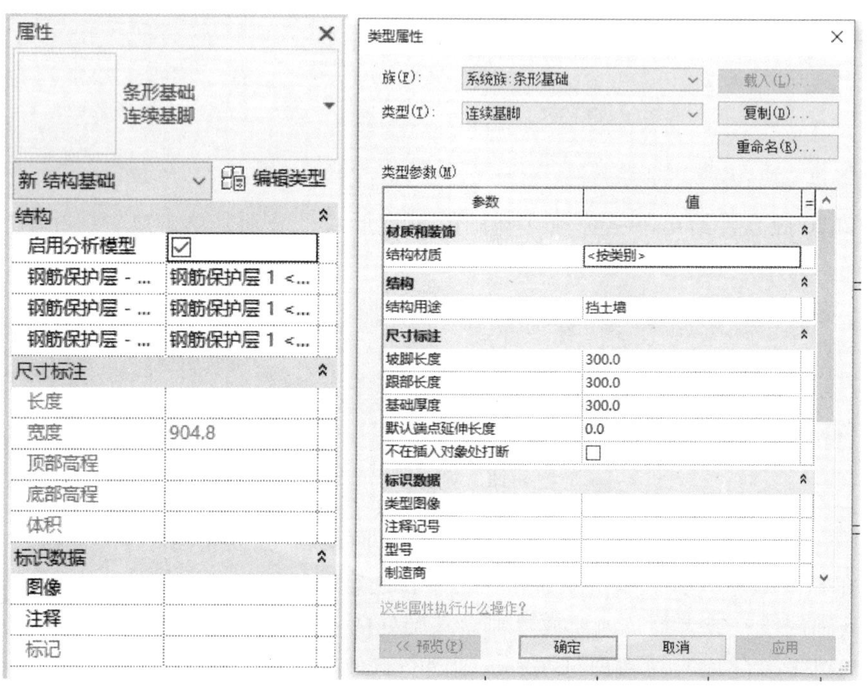


图 6-12 条形基础的编辑

1）“结构材质”。单击图 6-13 方框处“…”，进入材质浏览器，选择需要的材质填充，单击“确认”按钮完成材质的添加。

2）“结构用途”。根据项目实际用途，有“挡土墙”“承重”两种选择类型，系统默认为“挡土墙”。

3）“尺寸标注”。根据项目需要，更改“坡脚长度”“跟部长度”及“基础宽度”数值。

4）“默认端点延伸长度”。设置在开放条形基础端头位置，条形基础延伸出墙端点的长度，如图 6-14 所示。

图 6-13　结构材质的更改

5）“不在插入对象处打断”。勾选该选项，则在结构墙门窗洞口位置条形基础保持连续，取消勾选则条形基础自动打断，如图 6-15 所示。

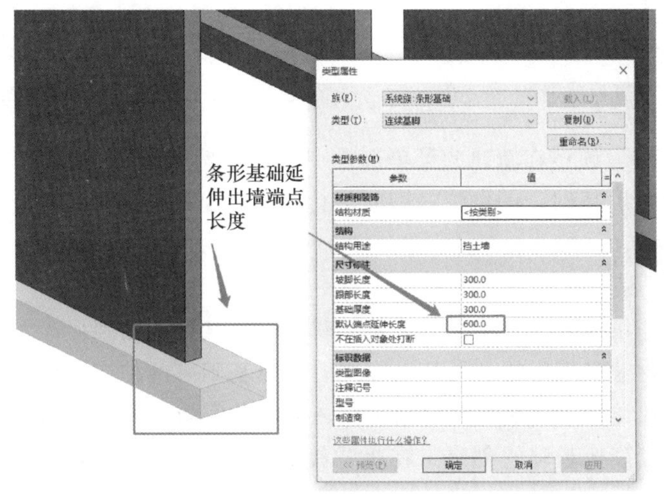


图 6-14　设置“默认端点延伸长度”

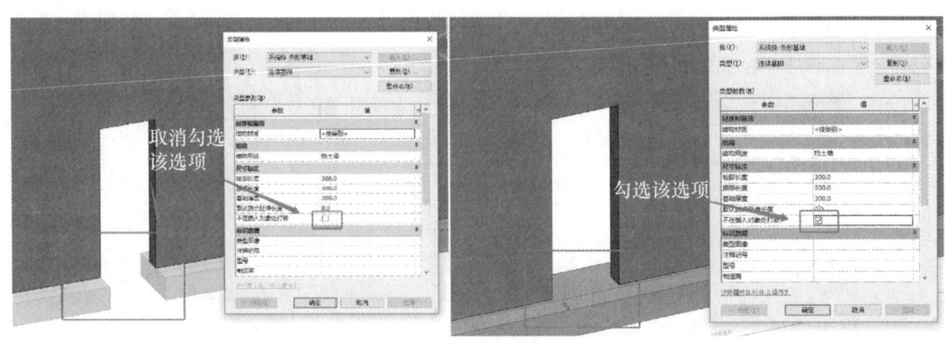


图 6-15　“不在插入对象处打断”两种设置效果

3. 条形基础的放置

1）单击放置。移动光标单击拾取结构墙，单击“完成”按钮即可在所选墙底部创建条形基础。

2）批量放置。单击“选择多个”（图 6-16），框选要放置“条形基础”的结构墙，单击“完成”按钮即可批量放置条形基础。需要注意的是，当同一轴线上有墙也有柱的时候，先生成墙下条形基础，然后将其拉伸通过柱子，柱下“条形基础”也创建完成。

由于样板默认“条形基础”为一阶，并且无法编辑和修改，为满足工程需求，也可自行创建“条形基础”族。“条形基础”族的创建与梁族创建过程相似，可使用“公制结构框架”模板进行“条形基础”的创建，创建流程如下：

编辑“梁”族创建“条形基础”：在新建族菜单中选择“公制结构框架-梁和支撑”，在“族类别和族参数”对话框中选择“结构基础”，载入梁族样板，可对此梁进行拉伸轮廓编辑，完成“条形基础”的创建，如图 6-17 所示。

图 6-16　批量放置

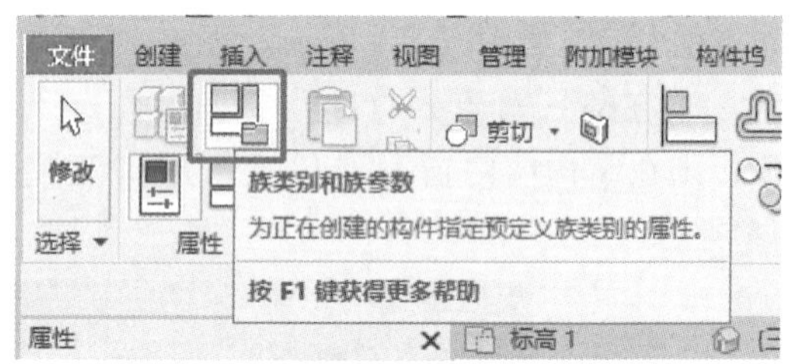


图 6-17　族类别和族参数设置

新建“条形基础”族：在新建族菜单选择“公制结构基础”，通过“拉伸”或“放样”功能实现多形式“条形基础”的创建，同时进行材质类型的设定。

### 6.2.3　筏板基础

筏板基础是上部建筑物荷载较大，地基承载力小，其他的基础形式无法满足建筑物的整体刚度和地基变形要求时采用的一种基础形式。筏板基础有两种构造样式，分别是板式和梁板式。板式筏板基础类似于一块很厚的结构板，创建及编辑的方式与结构板一致，但是它们的归属不同。梁板式筏板基础的创建是在板式筏板基础之上，选择“结构梁”命令来创建“基础梁”部分。

1. 板式筏板基础的创建

创建和编辑方法同楼板、结构楼板，单击选项卡“结构”|“板”|“结构基础：楼板”（图 6-18），进入筏板基础创建界面，绘制封闭的楼板边界轮廓线。

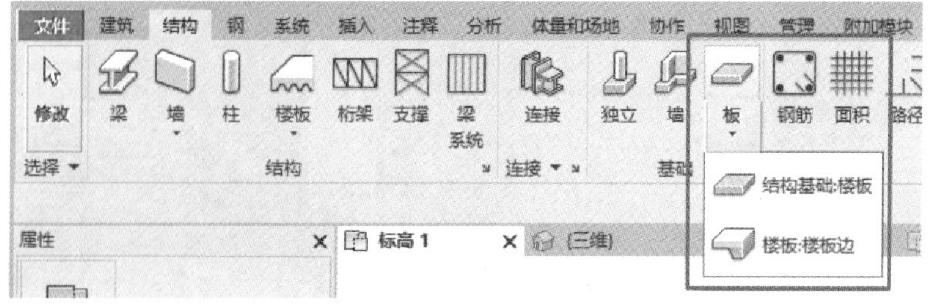


图 6-18　板式筏板基础的创建

2. 筏板基础的编辑

如图 6-19 所示，单击“编辑类型”，进入“类型属性”对话框，调整标高、板厚及构造样式，完成筏板基础的创建，如图 6-19 所示。

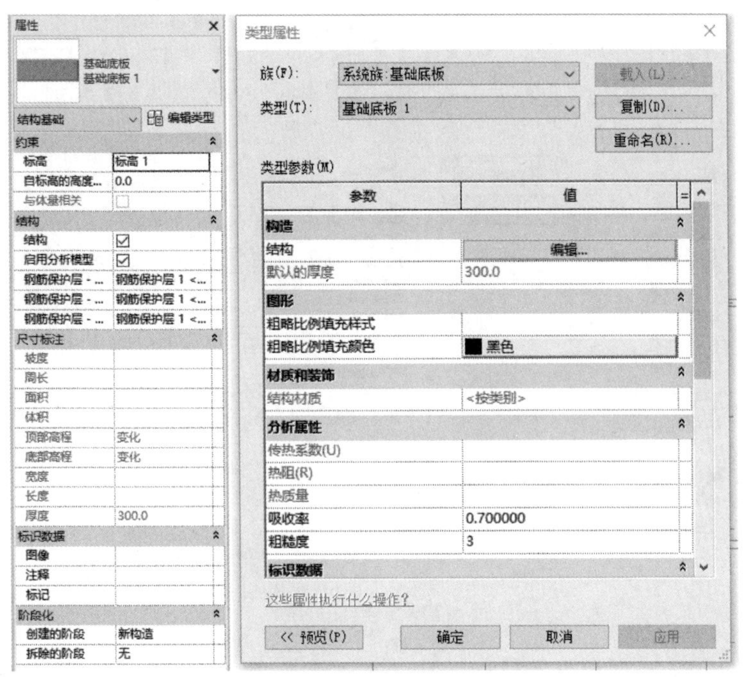

图 6-19 筏板基础的编辑

## 6.3 结构柱

承载梁和板等构件的承重构件，平面视图中结构柱截面与墙截面各自独立，并且结构柱与墙体不会融合，如要让结构柱与墙体连接，则墙体被结构柱剪切，结构柱保持原有形状和材质不变；平面布置结构时，结构柱默认按深度绘制。

### 6.3.1 结构柱的创建

结构柱创建有两种途径：一是单击功能区“结构”选项卡，选择“柱”选项进行创建，如图 6-20 所示。二是单击功能区“建筑”选项卡，选择“柱”选项，然后在下拉菜单单击“结构柱”进行创建，如图 6-21 所示。

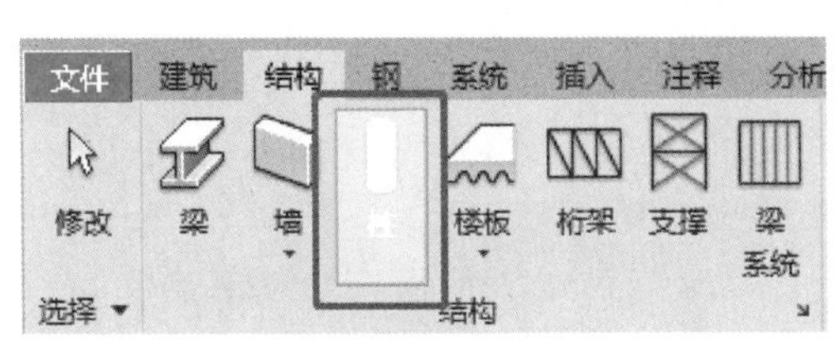


图 6-20 结构柱的创建方式（一）

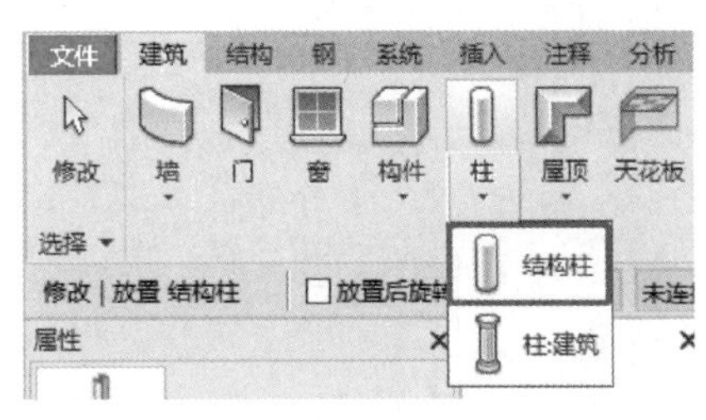


图 6-21 结构柱的创建方式（二）

### 6.3.2　结构柱的编辑

如图6-22所示，单击“属性”|“编辑类型”，进入“类型属性”对话框进行结构柱的编辑。

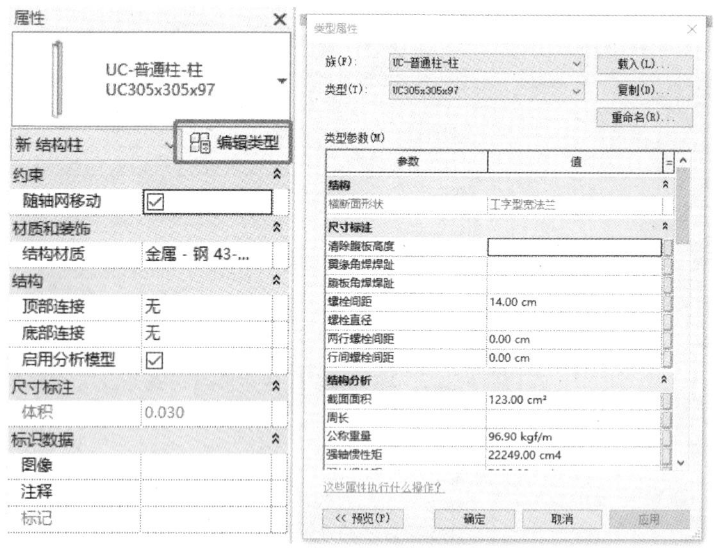


图6-22　结构柱的编辑

由于使用的是Revit系统自带样板，默认的柱族是型钢，需要手动载入项目相应材质的柱族进行创建。单击“载入”命令，进入族库“RVT2020/Libraries/China/结构/柱”，在“柱”文件夹中，有多种材质柱的子文件夹，如钢、混凝土、木质、轻型钢及预制混凝土，根据项目需要，双击进入相应的材质子文件夹，选择所需要的柱子类型，如选取“混凝土-矩形-柱”，单击“打开”按钮，完成“柱”族载入，如图6-23所示。

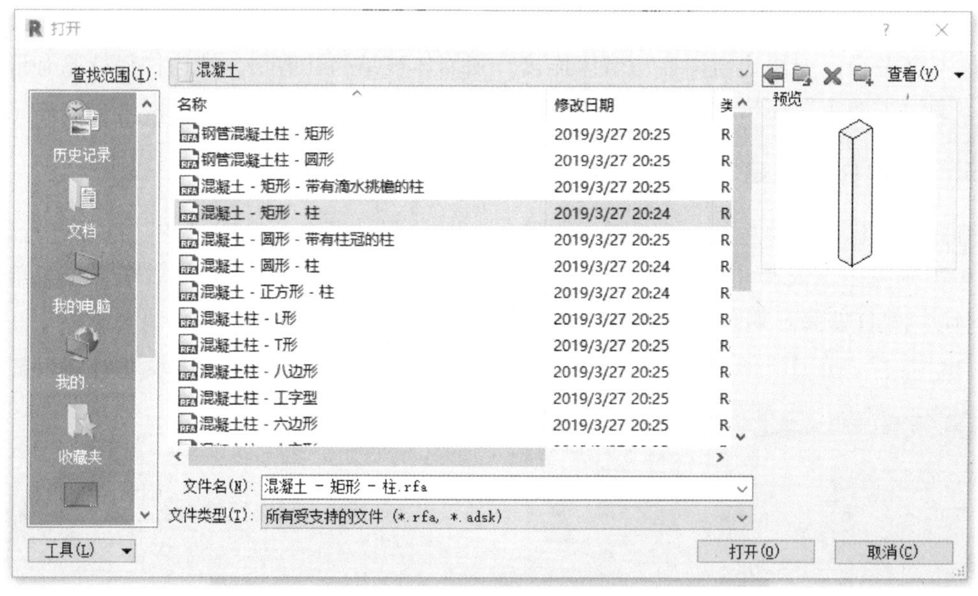


图6-23　选择柱子类型

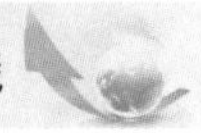

根据项目要求，需要编辑多种类型的混凝土“结构柱”，在“类型属性”对话框中，单击“复制”按钮，在弹出的“名称”对话框中输入“柱名称或尺寸”，单击“确定”按钮。分别设置其宽度 b、深度 h 的值，单击“确定”按钮，如图 6-24 所示。

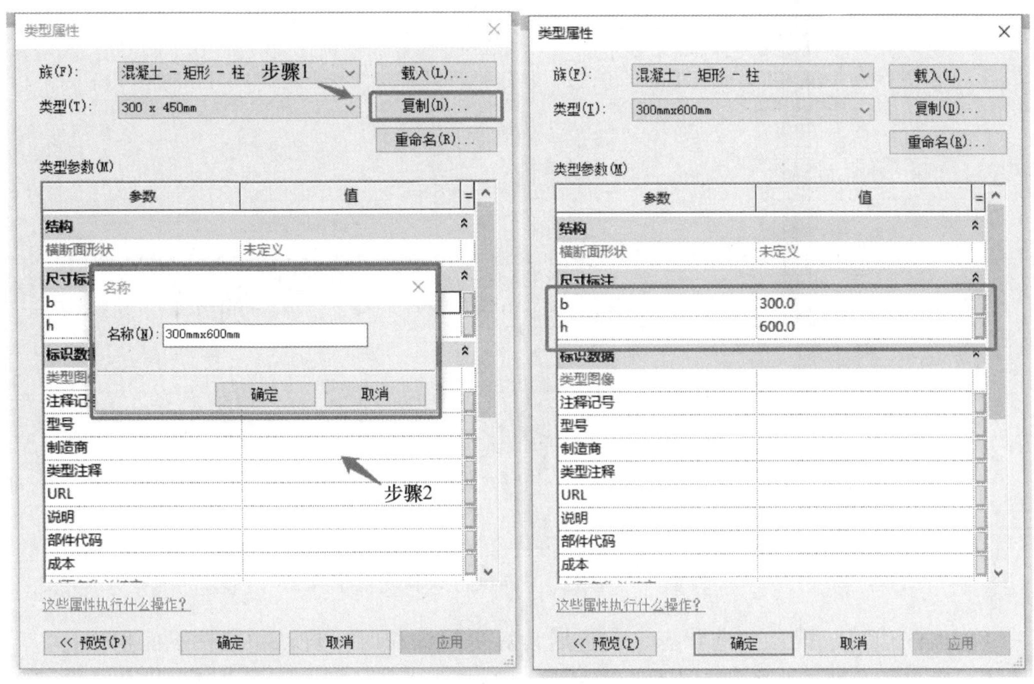


图 6-24 编辑“结构柱”属性

## 6.3.3 结构柱的放置

在完成对“结构柱”的编辑之后，需要对“结构柱”进行放置，单击“修改|放置结构柱”选项卡，其上的相关操作命令如图 6-25 所示。

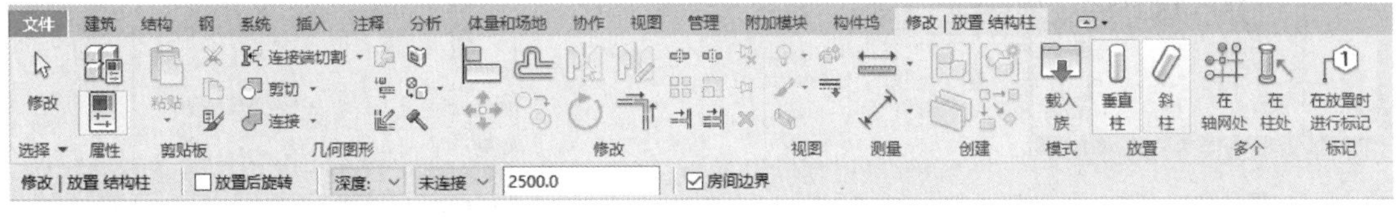


图 6-25 “修改|放置结构柱”选项卡

### 1. 选项卡的设置

（1）放置后旋转　勾选“放置后旋转”选项，可以在放置柱后立即将其旋转。

（2）深度/高度　单击“深度”下拉菜单，出现“深度/高度”选项。“深度”选项默认柱顶为本层标高，柱子向下进行绘制，而“高度”选项默认柱底为本层标高，柱子向上进行绘制，如图 6-26 所示。

（3）未连接/各层标高　单击“未连接”下拉菜单，出现“未连接/各层标高”选项。选择“未连接”需要在数据框内指定柱子的高度；选择“各层标高”则指定某一层标高为柱顶标高，数据框内呈灰色时无法输入。

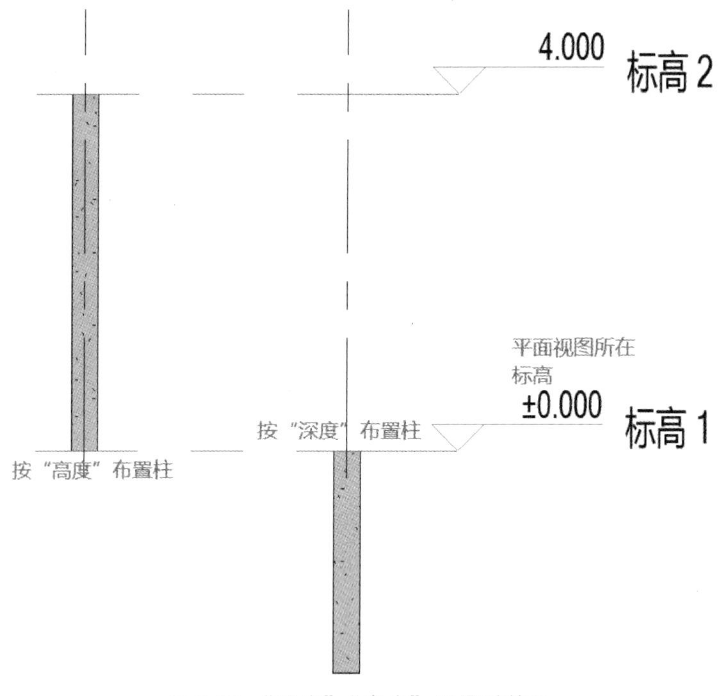


图 6-26 "深度""高度"设置后效果

（4）房间边界 默认勾选状态，勾选后计算房间面积时，自动扣减柱子面积。

（5）垂直柱 默认选择"垂直柱"样式（图 6-27）进行放置，可在平面视图或三维视图中添加垂直柱，可以选择放置每根柱，也可以使用"在轴网处"工具将柱添加到选定轴网交点处，结构柱可以连接到结构图元，如梁、支撑和独立基础。垂直柱立面显示效果如图 6-28 所示。

（6）随轴网移动 默认勾选该选项，移动轴网的同时，柱子跟随轴网一起移动，如图 6-29 所示。

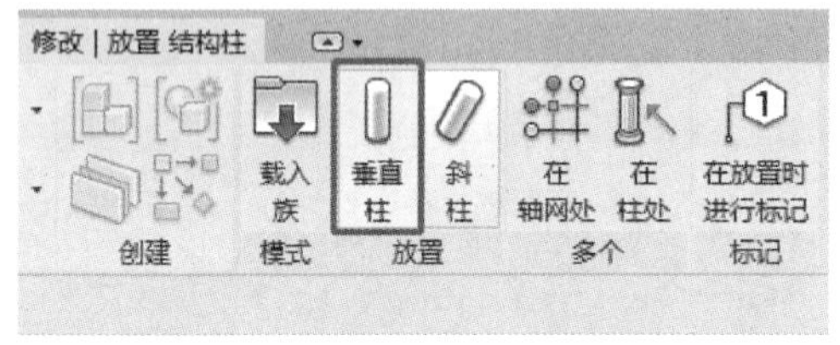


图 6-27 默认为"垂直柱"样式

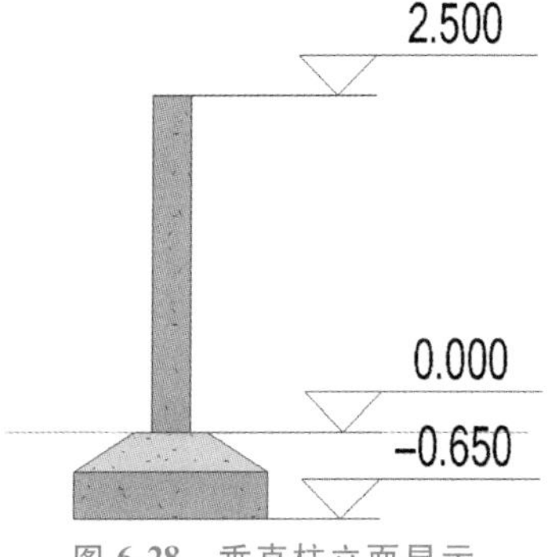


图 6-28 垂直柱立面显示

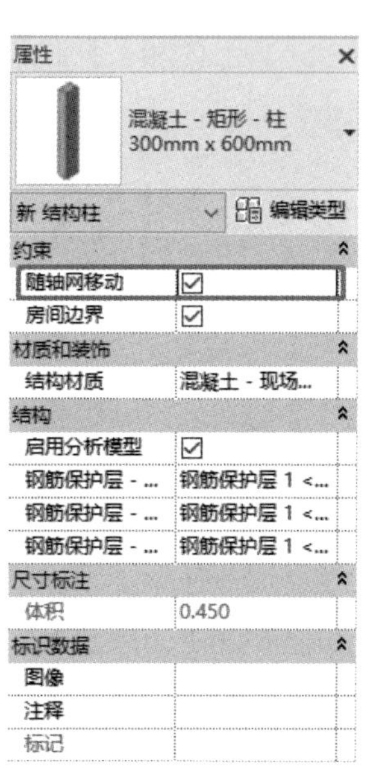


图 6-29 "随轴网移动"选项

（7）斜柱　在平面、立面、剖面及三维视图中添加斜柱，放置柱时，较高高程处的端点被标记为顶点，较低高程处的端点被标记为基点。根据柱样式，当梁重新定位时，柱将进行调整以保持与梁的连接关系，角度控制的柱保持柱的角度，端点控制的柱保持其连接的端点位置，如图6-30、图6-31所示。

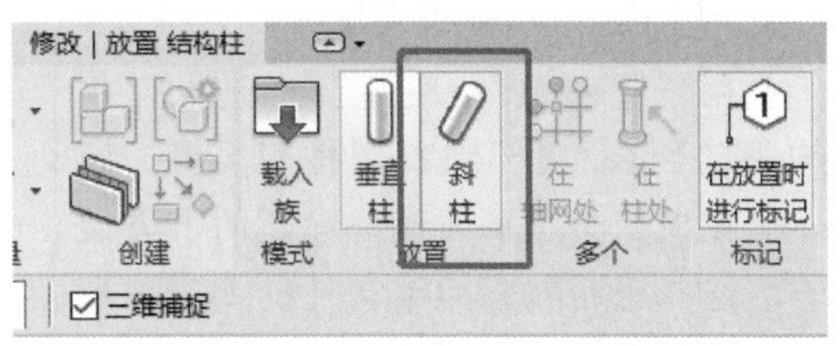


图6-30　“斜柱”样式

修改 | 放置 结构柱　第一次单击: 标高 1　-2500.0　第二次单击: 标高 1　0.0　三维捕捉

图6-31　斜柱放置方式

1）第一次单击：确定斜柱底标高位置，其后的数据框可以修改偏移距离。

2）第二次单击：确定斜柱顶标高位置，其后的数据框可以修改偏移距离。

## 2. 左侧“属性”面板参数的修改

在“属性”面板参数的构造部分，可以修改底部和顶部的截面样式，截面样式分为“垂直于轴线”“水平”“竖直”三种，如图6-32所示。

1）在轴网交点处：用于在选定轴线的交点处创建结构柱，根据选项栏上设置的属性，光标窗选轴线的每个交点处都会放置一根柱，单击“完成”按钮之后，才会实际创建柱。

2）在柱处：用于在选定的建筑柱内部创建结构柱，结构捕捉到建筑的中心。

3）在布置斜柱的同时，需要保证上下结构的完整对接，系统针对顶部/底部给出了“垂直于轴线”“水平”“竖直”三种对接方式，如图6-33所示。三种对接方式如图6-34所示。

| 构造 | |
|---|---|
| 底部截面样式 | 垂直于轴线 |
| 底部延伸 | 0.0 |
| 顶部截面样式 | 垂直于轴线 |
| 顶部延伸 | 0.0 |

| 构造 | |
|---|---|
| 底部截面样式 | 垂直于轴线 |
| 底部延伸 | 垂直于轴线 |
| 顶部截面样式 | 水平 |
| 顶部延伸 | 竖直 |

图6-32　修改底部和顶部的截面样式

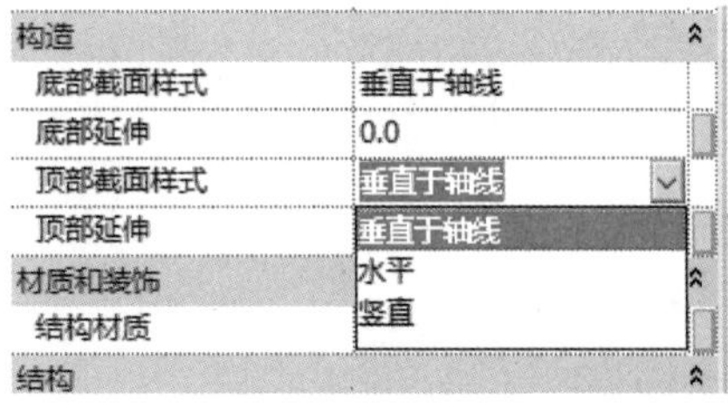


图6-33　上下结构对接方式

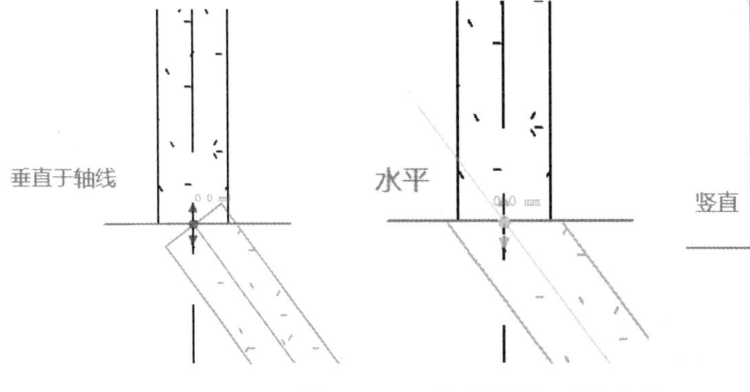


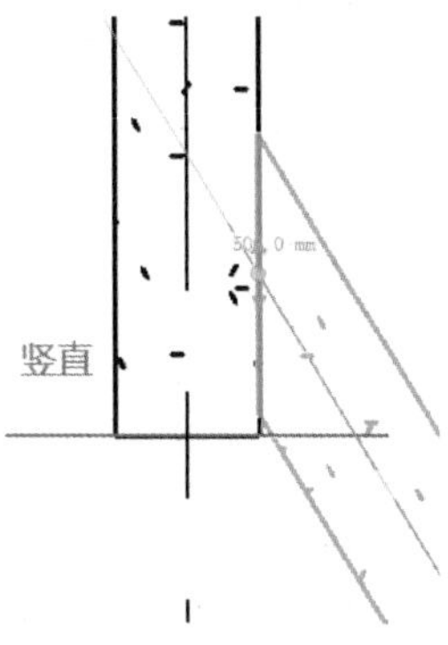


图6-34　三种“结构”对接方式

3. 结构柱的附着与分离

利用“附着顶部/底部”工具可以将结构柱的顶部/底部附着到楼板、梁、屋顶、天花板、参照平面或者标高的上方或下方。选择想要附着的结构柱，上方选项卡工具栏会显示“附着/分离”工具，如图 6-35 所示。

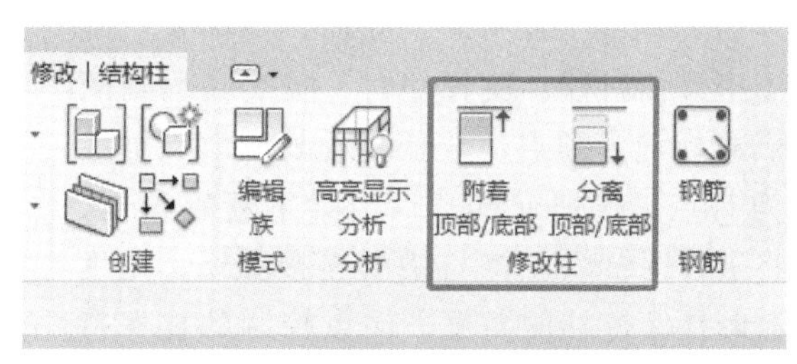


图 6-35　结构柱的附着与分离

选择“附着顶部/底部”工具，工具栏下方会给出编辑选项，如图 6-36 所示。

修改 | 结构柱　附着柱: ◉顶　○底　附着样式: 剪切柱　附着对正: 最小相交　从附着物偏移: 0.0

图 6-36　结构柱的“附着”编辑选项

1）附着柱：设置结构柱附着的部位“顶/底”。

2）附着样式：设置结构柱附着样式的剪切关系。系统给出“剪切柱”（目标剪切结构柱）、“剪切目标”（结构柱所剪切的目标）、“不剪切”三种样式。

3）附着对正：结构柱附着目标的对正方式，系统给出“最小相交”“相交柱中线”“最大相交”三种样式，具体相交方式如图 6-37 所示。

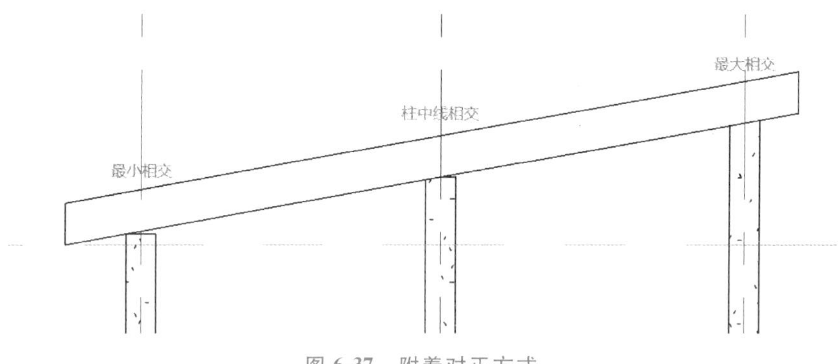


图 6-37　附着对正方式

4）从附着物偏移：在后面的数值栏中输入从附着点的上下偏移距离，可以使结构在附着位置超出或者缩回一定距离；

选择附着的结构柱，单击“分离顶部/底部”，然后单击拾取附着目标对象，即可将结构柱与附着目标分离。

## 6.4　结构梁

### 6.4.1　创建

Revit 2020 中提供了两种创建梁的方法：“绘制”和“在轴线上”创建。使用两种创建方法之前，都需要在完成对梁的属性信息设置之后，再进行梁模型的绘制。

单击“结构”选项卡|“梁”进入“修改|放置梁”，如图 6-38 所示。

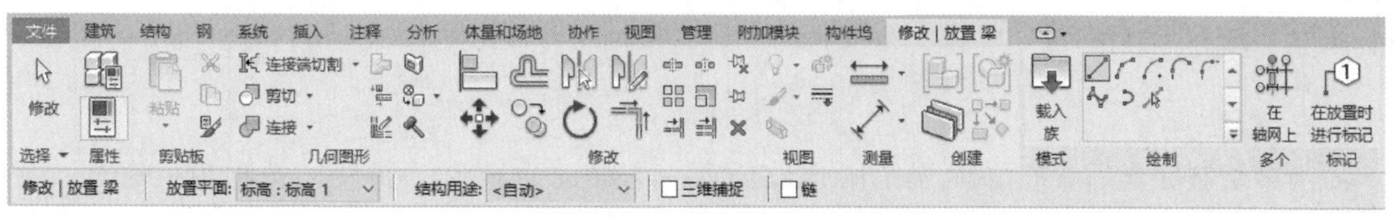

图 6-38　“修改|放置梁”选项卡

1）放置平面。系统会自动识别绘图区当前标高平面，单击“放置平面”下拉菜单，可以选择其他楼层平面标高进行放置，如图 6-39 所示。

2）结构用途。此参数用于设定绘制梁的结构用途，软件会默认“自动选项”，单击“结构用途”下拉菜单，包含“大梁”“水平支撑”“托梁”“其他”及“檩条”选项，可以选择其他用途类型以区分梁。“结构用途”参数会被记录在结构框架的明细表中，以便统计模型中各类型的结构框架数量，如图 6-40 所示。

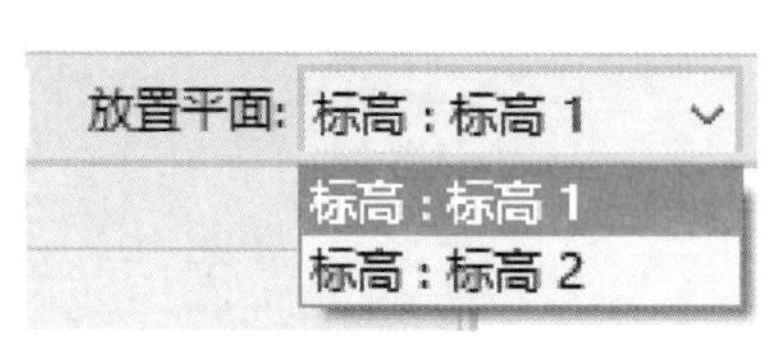


图 6-39　放置平面

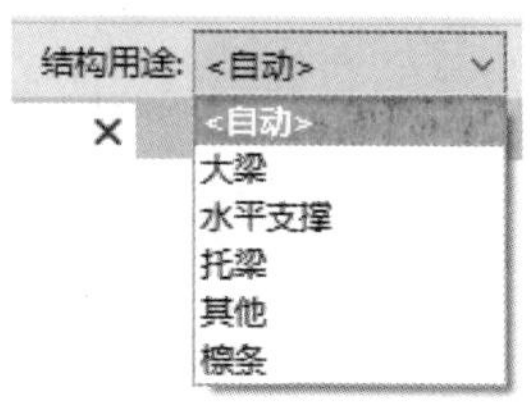


图 6-40　结构用途

3）三维捕捉。默认不勾选，勾选后可以在三维视图中捕捉到已有图元上的点，不勾选则捕捉不到点。

4）链。默认不勾选，勾选后可以连续绘制梁，不勾选则每次只能绘制一根梁，即每次都需要点选梁的起点和端点。

5）绘制。可以在绘制选项中，选择绘制方法来进行梁的绘制，如“线”“起点-终点-半径”等，也可使用“拾取线”绘制方法，单击该处生成梁，拾取线为该梁中线，还可在“属性”中进行调整，如图 6-41 所示。

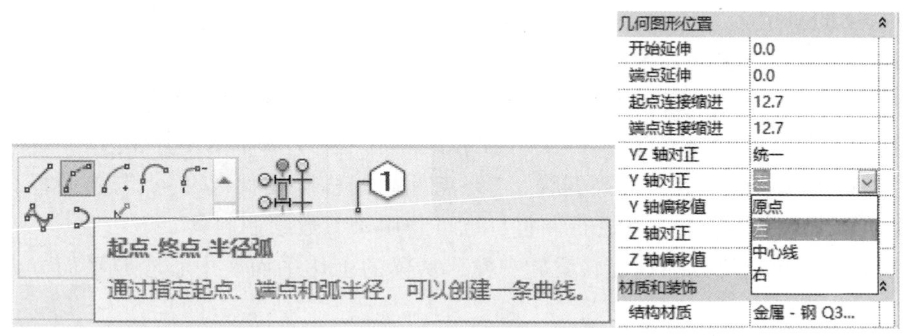


图 6-41　绘制方法

6）在轴网上。用光标窗选所要布置梁的轴网，以便将梁置于柱、结构墙和其他梁之间，在有结构柱的轴线方向出现梁的预览图形，图形复杂时可以按住<Ctrl>及<Shift>键增加或减少选择，单击“完成”按钮即可创建所有的梁。

### 6.4.2 梁的编辑

1. 类型属性

当梁绘制完成后，在平面视图中选取任意一个梁，会显示“属性”选项板，通过“属性”选项板来调整梁的参数，下拉菜单选择合适的梁类型替换当前选择的梁，也可通过“编辑类型”选项复制一个新的类型属性，将图纸中梁的截面信息在尺寸标注中进行修改，如图 6-42 所示。

图 6-42 梁的编辑

2. 编辑类型

单击“属性” |“编辑类型”选项，打开“类型属性”对话框，编辑相应参数，则改变同类型所有梁的显示。

1）结构：显示“横断面形状”未定义，呈灰色，不可改变。

2）尺寸标注：设置“b”“h”参数可改变梁截面的宽度和深度尺寸。

3）标识数据：可设置“部件代码”“注释记号”“型号”等相关参数。

4）实例属性参数：“起点标高偏移”“终点标高偏移”是梁起/终点与参照标高间的距离，可以对梁在参照标高上或下进行调整，也可利用该参数绘制斜梁。

5）横截面旋转：可以控制旋转梁和支撑，从梁的工作平面及中心参照平面方向测量旋转角度。

6）起/终点附着类型：主要确定梁的放置高度位置即高度方向。“端点高程”是梁放置位置与梁约束的高度位置一致，“距离”用于确定梁与柱搭接位置的高度。

### 6.4.3 梁系统

对于一系列平行放置的结构梁图元，可以使用“梁系统”工具快速创建。Revit 2020 可

以通过手动创建梁系统边界和自动创建梁系统两种方法进行创建和绘制。单击“结构”选项卡，选择“梁系统”，进入梁系统创建界面进行绘制，如图 6-43 所示。

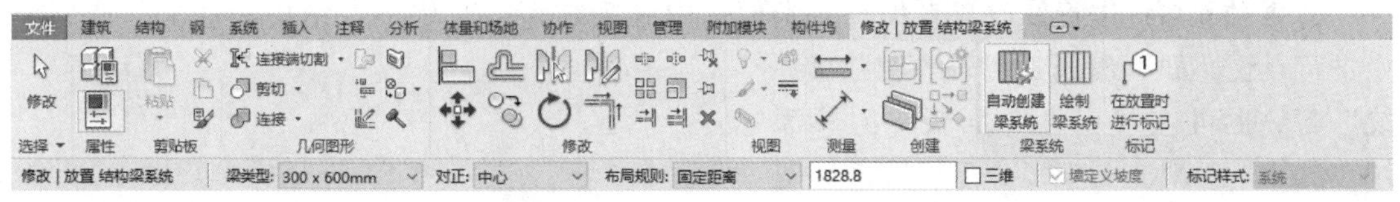


图 6-43　“梁系统”创建界面

1. 自动创建梁系统

“修改 | 放置结构梁系统”子选项卡中，系统默认为“自动创建梁系统”；在“梁类型”下拉菜单中选择需要放置的结构梁；在“对正”下拉菜单中选择“起点”“中心”“终点”及“方向线”，系统默认为“中心”；在“布局规则”选项中下拉菜单中可选择“净距离”“固定距离”“固定数量”及“最大间距”，确定相应选项，再在其后参数栏中输入参数，系统自动排布；“三维”选项，系统默认不勾选，如勾选“三维”则可创建三维梁系统，且必须使用“拾取支座”命令才能创建三维梁系统。

1）“属性”面板中“标高中的高程”为可设置梁系统相对当前标高工作平面的偏移高度；“工作平面”自动拾取当前梁系统所在视图的工作平面。

2）设置好梁系统属性后便可绘制梁系统，将光标移动到垂直/水平主梁上，会出现直线预览图形，其为所绘制梁系统中各梁的中心线，单击光标自动生成梁系统。

2. 手动绘制梁系统

单击“绘制梁系统”进入手动绘制梁系统界面，可选择“绘制”面板中的绘制工具来确定边界线，边界线必须为闭合轮廓，如图 6-44 所示。

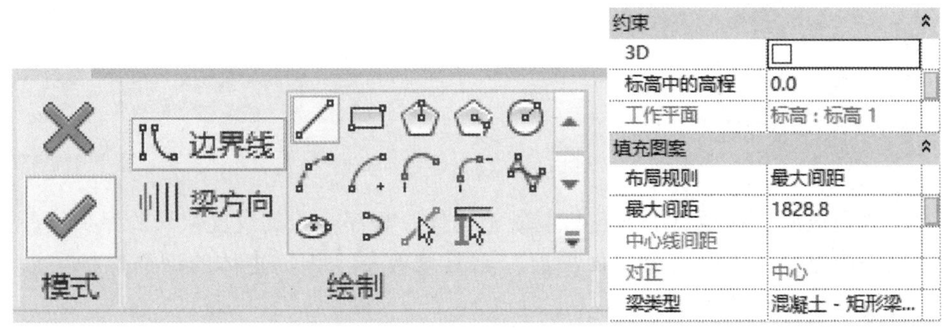


图 6-44　手动绘制梁系统

边界线的确定有三种常用方法：

1）使用绘制命令绘制出闭合的边界线。

2）通过“拾取线”命令拾取“梁”“结构墙”的方式确定闭合梁系统边界。

3）通过“拾取支座”命令来确定梁系统的边界。使用“梁方向”命令，单击所要设置梁方向的边界线，确定梁的方向。

梁系统边界确定之后，设置“属性”面板，主要设置参数有“布局规则”“最大间距”“梁类型”等。单击“√”按钮完成梁系统的创建。

### 6.4.4 编辑/修改梁系统

若要对梁系统进行修改或者编辑，光标选中梁系统，在“修改丨结构梁系统”选项卡中进行设置，如“编辑边界”“删除梁系统”等；也可在“属性”面板中对梁系统“约束”“填充图案”“标识数据”等进行更改，如图 6-45 所示。

图 6-45 梁系统的修改和编辑

1）编辑边界：单击该选项，进入编辑截面，修改“边界线”“梁方向”等设置。

2）删除梁系统：删除梁系统，使梁保留在原来的位置上。

## 6.5 结构钢筋模型创建

### 6.5.1 钢筋保护层的设置

单击“结构”选项卡，选择“钢筋”面板，单击下拉菜单中的“钢筋保护层设置”，弹出“钢筋保护层设置”对话框，可以对相关数据进行调整，也可以添加新的钢筋保护层。如图 6-46、图 6-47 所示。

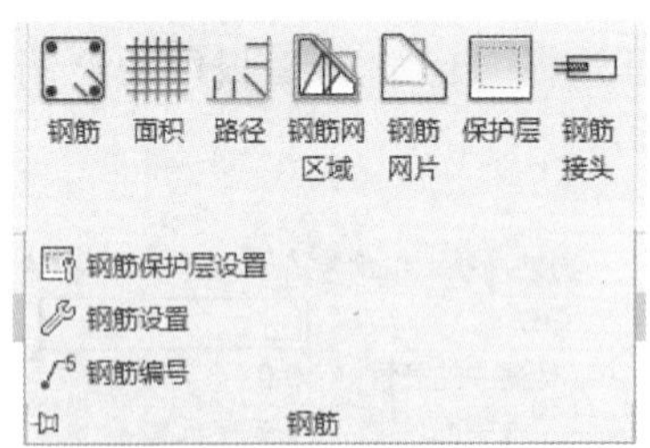

图 6-46 “钢筋”面板

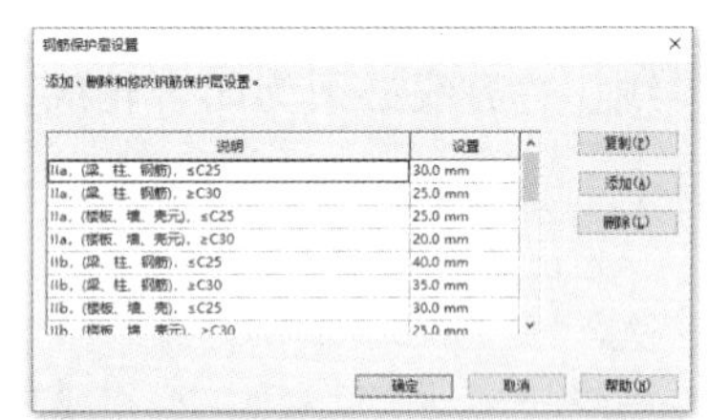

图 6-47 “钢筋保护层设置”对话框

以上设置完成后，在项目中创建的混凝土构件，程序会为其设置默认的保护层厚度。若需要修改保护层厚度，可以利用“保护层”工具修改整个钢筋主体的钢筋保护层设置。整个图元设置钢筋保护层的方法如下：

1）单击“结构”选项卡，选择“钢筋”面板中的“保护层”工具，在选项栏单击拾取图元。如图 6-48 所示。

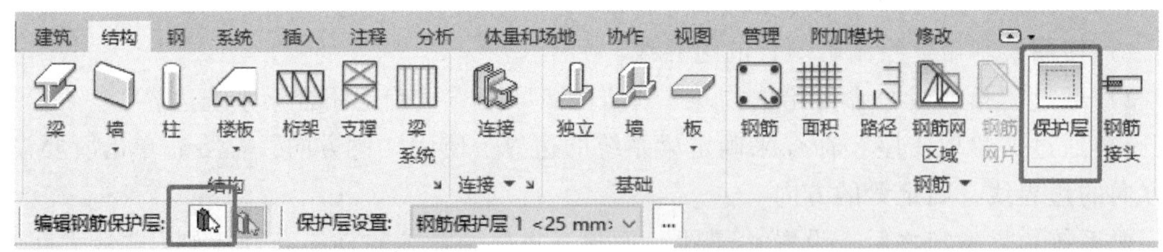

图 6-48 修改钢筋保护层路径

2）选择要修改的图元。在选项栏上，从“保护层设置”下拉列表中选择相应保护层设置，如图 6-49 所示；也可以通过“拾取面”修改当前图元一侧的保护层厚度，如图 6-50 所示。

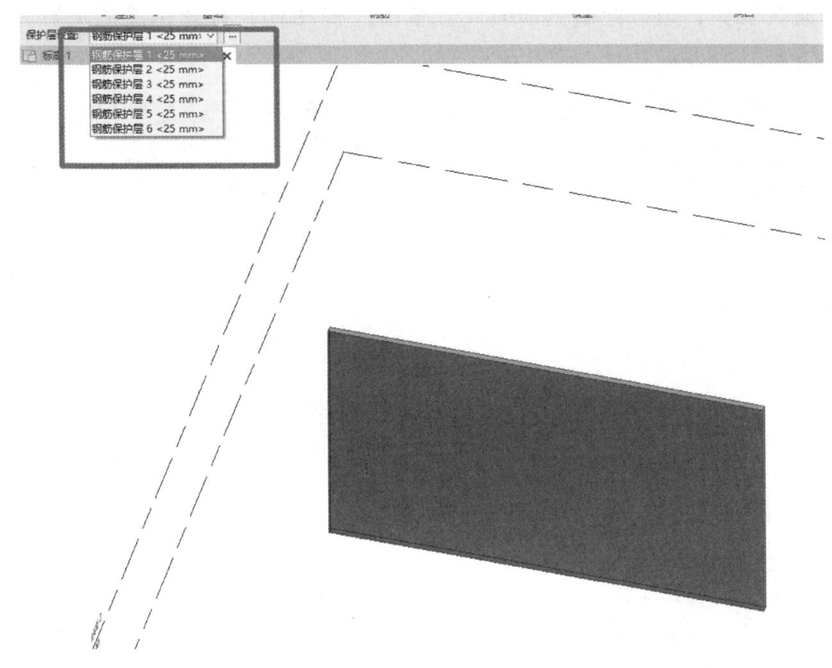


图 6-49 保护层选择

图 6-50 拾取面

### 6.5.2 钢筋的创建

1. 创建梁钢筋

用以下配筋方式进行建模练习。

配筋：梁箍筋为 HPB300 钢筋，直径为 8mm，加密区间距为 100mm，加密范围为 900mm，非加密区间距为 200mm；侧面腰筋为 HRB400 钢筋，每侧各 2 根。下排架立筋为

HRB400 钢筋，共 4 根，上排架立筋为 HRB400 钢筋，共 3 根。

（1）创建箍筋

1）创建配筋视图。进入到 F2 结构平面视图，首先创建梁构件。单击“结构”选项卡，选择“钢筋”工具，进入绘制钢筋模式。单击左侧图标，打开钢筋浏览器，可以浏览钢筋形状，如图 6-51 所示。

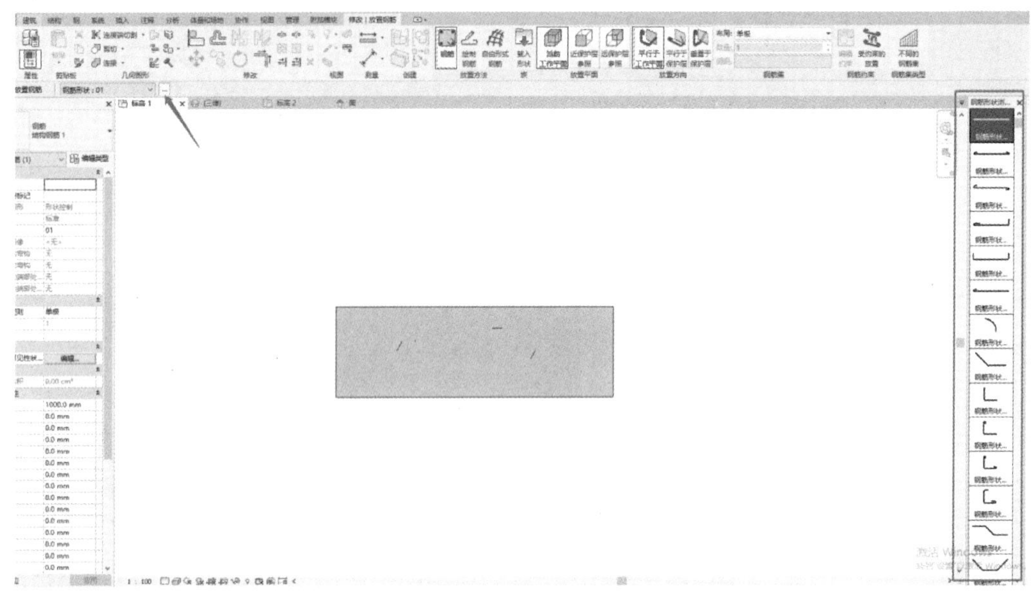

图 6-51　浏览钢筋形状

2）放置箍筋。拟创建的箍筋为双肢箍，加密区和非加密区均为 8mm 直径 HPB300 钢筋，加密区间距为 100mm，非加密区间距为 200mm，加密范围为 900mm。具体操作如下：

① 在钢筋形状浏览器中选择钢筋形状，钢筋属性栏默认“选择 HPB300”钢筋，钢筋布局改为“最大间距”100mm。

② 在放置平面工具栏处，选择放置近保护层或远保护层，如图 6-52 所示。

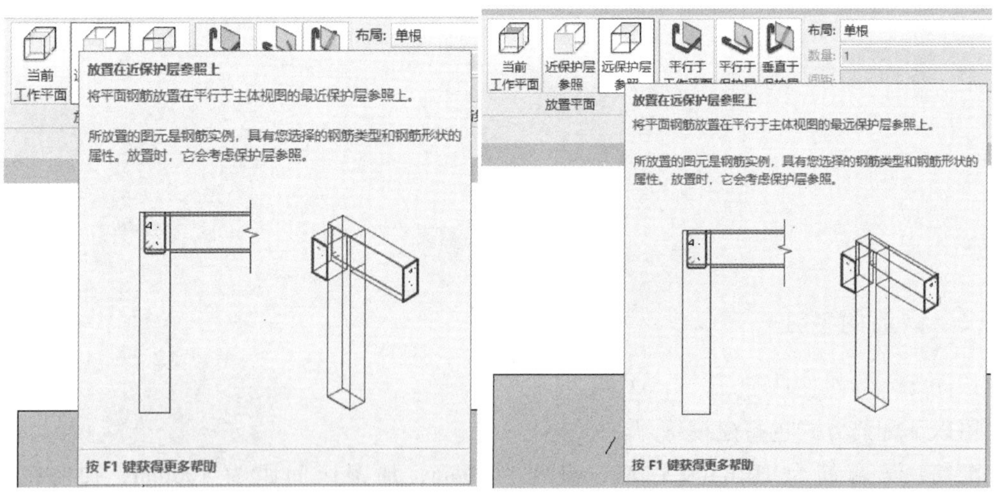


图 6-52　保护层参照

③ 放置平面选择近保护层参照，放置方向选择垂直于保护层放置箍筋，将光标移至梁构件，可以看到钢筋放置预览，左击进行放置。通过右上角“布局”下拉列表，可以选择单根固定数量及固定间距方式放置，如图 6-53 所示。

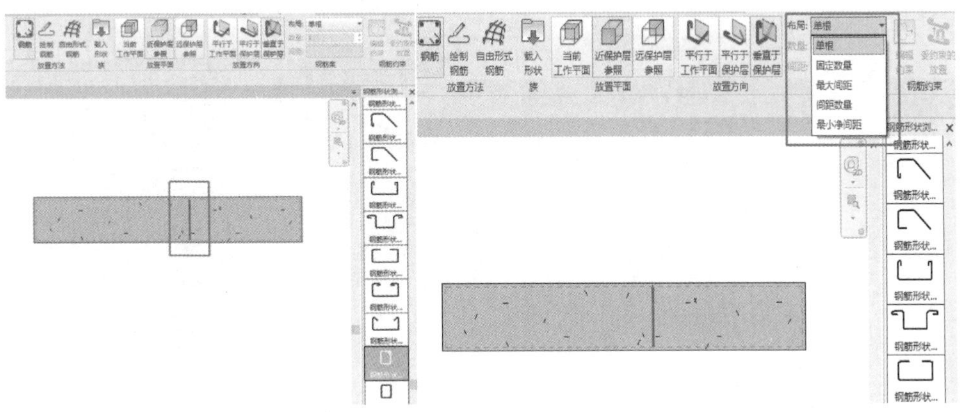


图 6-53　钢筋放置及钢筋布局设置

④ 因需建立箍筋加密区，所以这里以固定间距为例展示。首先布置固定间距 100mm 箍筋，通过调整箍筋范围，调整加密区范围。单击箍筋，两端会出现拉伸三角箭头，拉到指定位置（900mm）。重复两次，布置两端箍筋加密区。选择按固定间距 200mm 布置非加密区箍筋。完成效果如图 6-54 所示。

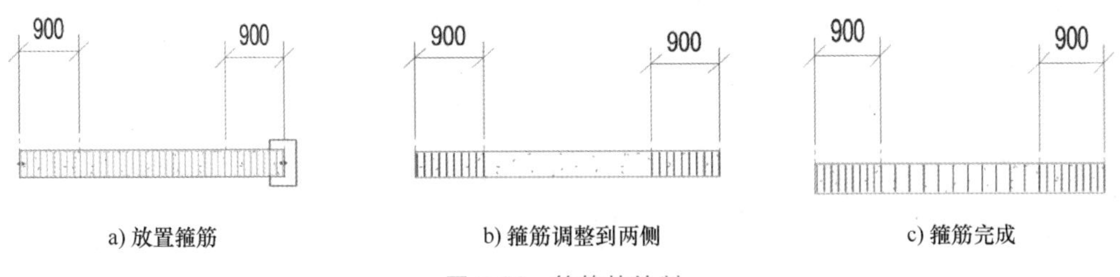


a) 放置箍筋　　b) 箍筋调整到两侧　　c) 箍筋完成

图 6-54　箍筋的绘制

⑤ 调整视图到三维模式，系统默认着色状态下无法看见钢筋。首先框选整个构件，通过浏览器选择钢筋构件，单击“属性”面板“视图可见性状态”后的“编辑”按钮，在弹出的对话框中勾选“三维视图”，调整到精细模式就可以看到钢筋模型（只有选择钢筋类型图元才会出现视图可见性设置），如图 6-55 所示。

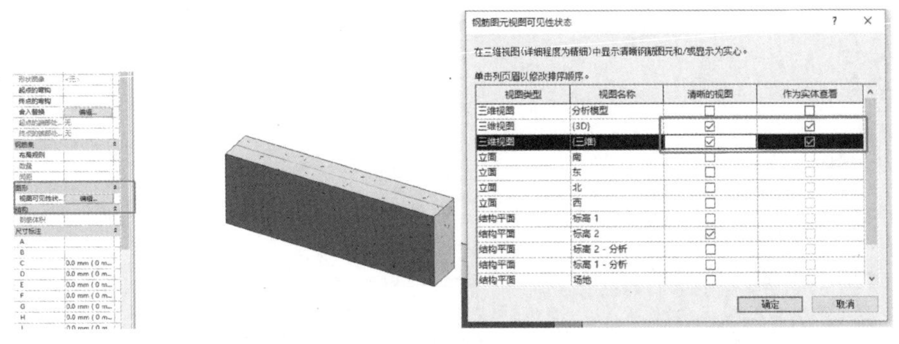

图 6-55　钢筋三维可见性状态

（2）架立筋和腰筋绘制　架立筋或腰筋建议在剖面视图中绘制，可以清楚地表达钢筋分布。创建剖面，进入剖视图。

1）采用同样的方法，首先打开钢筋浏览器，找到钢筋 01 样式，如图 6-56 所示。

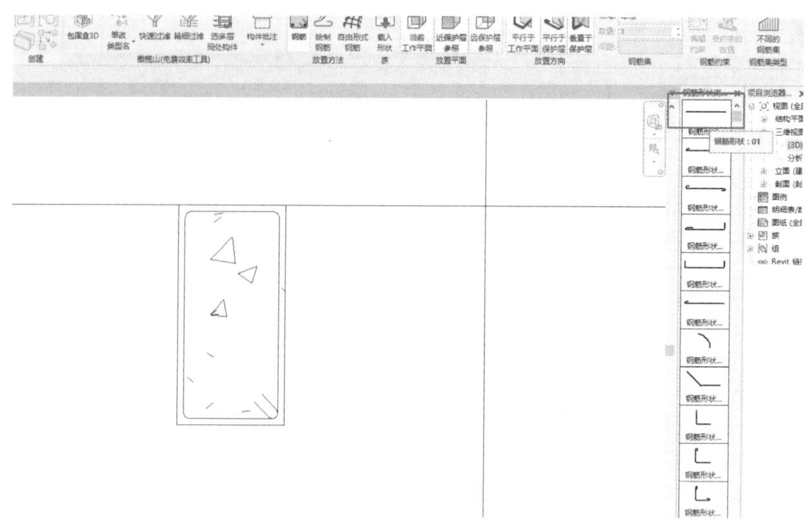

图 6-56　架立筋和腰筋绘制

2）工作平面选择当前工作平面，放置方向选择垂直于保护层，钢筋选择 01 样式。在左侧属性栏，钢筋类型选择 HRB400。鼠标移至梁剖面底部，系统会自动出现钢筋预览，如图 6-57 所示。单击放置即可。侧面腰筋与上部架立筋放置方式一致（选中钢筋可对钢筋位置进行移动）。完成效果如图 6-58 所示。

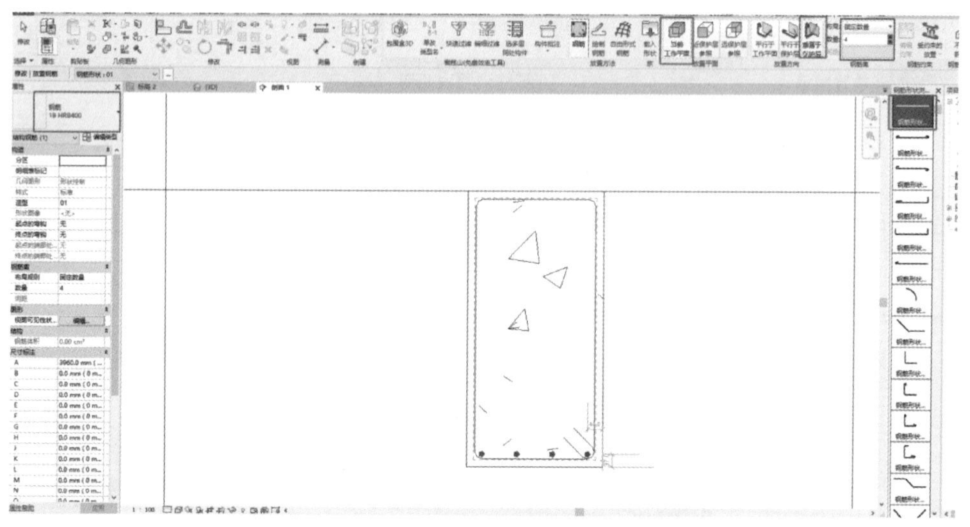

图 6-57　钢筋预览

墙、柱钢筋创建方法与梁基本一致，不再赘述。

2. 楼板钢筋绘制

单击“结构”|“楼板”，工具栏右上角会出现“钢筋网区域”命令，单击“钢筋网”命

令进入绘制模式，绘制钢筋区域。单击“√”按钮生成钢筋，如图 6-59 所示。

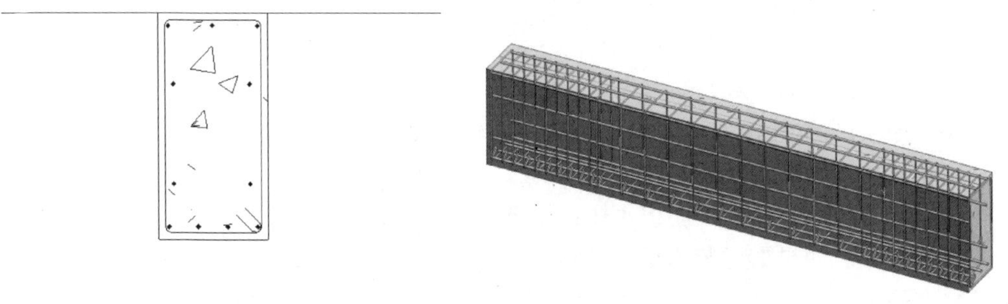

图 6-58　梁钢筋布置

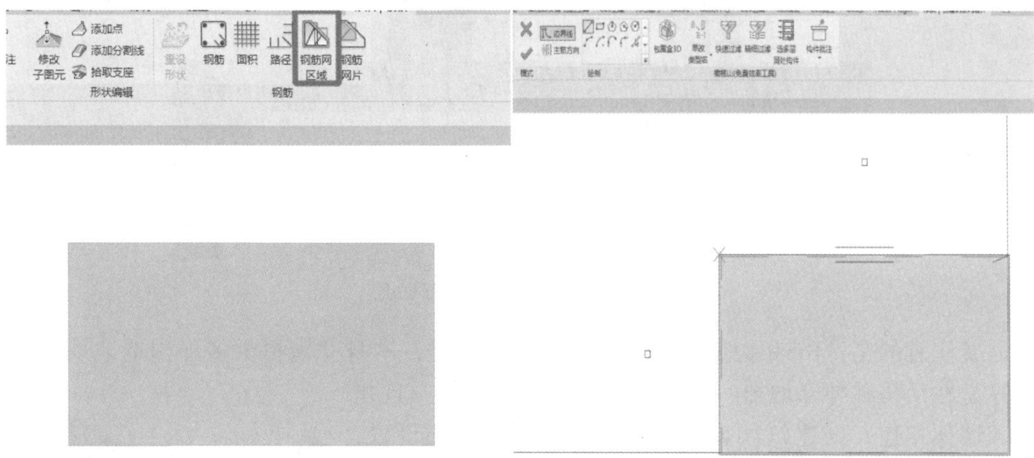


图 6-59　楼板钢筋绘制路径

对钢筋区域类型进行编辑，可以进行主筋及分布筋间距调整，如图 6-60 所示。

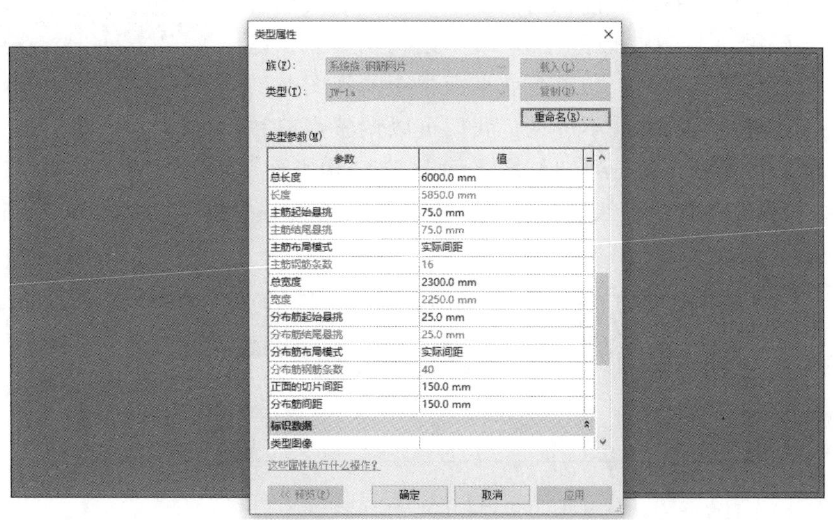


图 6-60　钢筋区域类型编辑路径

## 6.6 疑难解析

1. 结构柱没有构造层，该怎样处理？

Revit 提供的结构柱构件主要用于结构专业的柱建模，没有外部的构造层，这时，我们可以利用建筑柱来为结构柱添加构造层。

在功能区选择“建筑”|“柱”|“柱：建筑”命令，载入所需建筑柱族，根据需要确定所需的建筑柱尺寸。如果考虑装饰层，则建筑柱的外形尺寸就是柱子装饰完成面的尺寸。确定好尺寸，在平面图中与结构柱重叠放置，放置时，默认会出现在结构柱的中心位置，放置后，建筑柱会自动被结构柱剪切，呈现外部构造的效果，如图 6-61 所示。

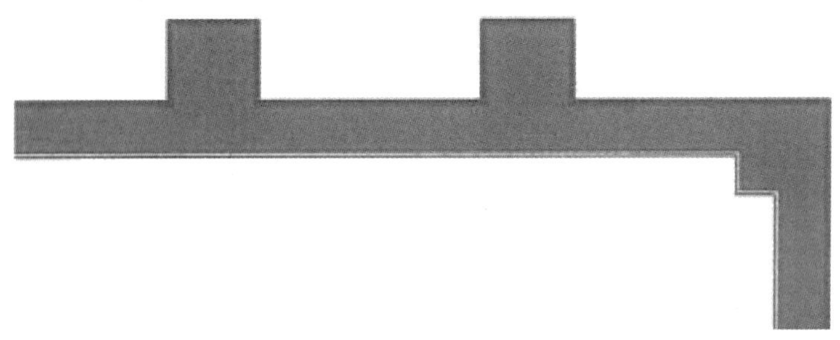

图 6-61 放置建筑柱平面效果

需要注意的是，Revit 提供的建筑柱和结构柱一样，本身并未提供多层构造，采用这种方式只是在结构柱外部增加一个构造轮廓而已。但是一旦建筑柱和墙体相连，则建筑柱会自动采用墙体的构造层设置，如图 6-62 所示。

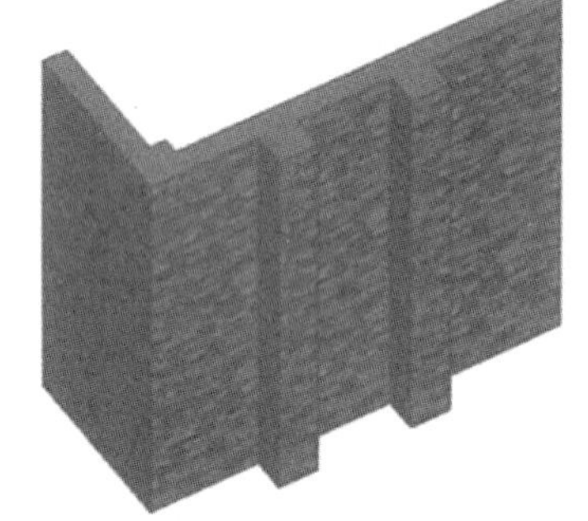

图 6-62 放置建筑柱三维效果

2. 新建的结构墙柱在当前层看不到？

在 Revit 中用“结构墙”或“结构柱”命令创建结构墙柱时，经常会发现所绘制的构件在当前层不可见，并跳出警告框，如图 6-63 所示。这是因为在 Revit 中结构构件默认是以当前层为基准向下绘制的。如果当前平面视图的视图范围不满足要求，这些结构构件就不可见。我们可以调整当前视图的视图范围，也可以直接创建“结构平面”。“结构平面”是 Revit 为结构专业设置的默认视图，可在“视图”工具条中的“平面视图”下拉菜单中选择“结构平面”添加。

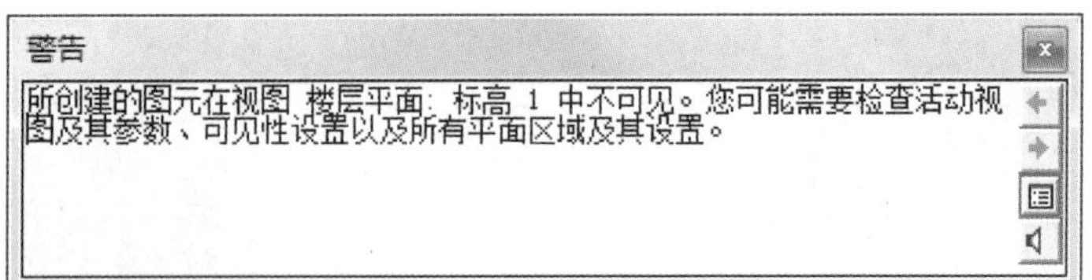


图 6-63 警告框

由于国内设计习惯，我们通常将标高在二层的结构墙柱图视为“二层墙柱平面图”，将

标高在二层的梁板图视为“一层顶梁板平面图”，所以结构墙柱还是习惯将属性设置成当前层。要确保结构墙柱放置在当前层上，需在放置结构墙柱前，将其“修改/放置”属性栏中选项“深度”改成“高度”，再在其后的选项中选择合适的高度即可。

若已经生成了当前层看不到的结构墙柱，就只能手动修改每个结构墙柱的属性，将其调整到合适的位置。

对于结构梁板，不需要修改其默认属性设置，可以直接创建一二层的“结构平面”，即可对应于传统设计图纸中的“一层顶梁板平面图”。

3. Revit 中为什么在已经打开的视图界面看不到体量？

打开了一个包含体量的视图，但看不到体量。“显示体量形状和楼层”功能未打开，或者视图过于放大导致距离体量太近，尝试下列方法：

1）单击“体量和场地”|“按视图设置显示体量”|“显示体量形状和楼层”，如图 6-64 所示。

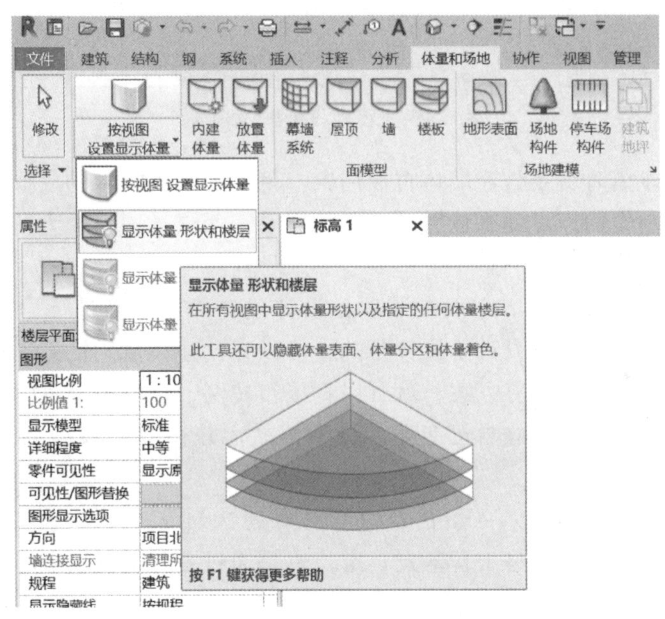


图 6-64 “显示体量 形状和楼层”设置

2）输入 ZF 以进行缩放匹配。

3）输入 VG（可见性/图形）。在“可见性/图形替换”对话框的“模型类别”选项卡上，展开“体量”。确认已选中“体量”和“体量楼层”。单击“确定”按钮，如图 6-65 所示。

4. 建模时有顺序要求吗？

创建 BIM 模型是一个从无到有的过程，而这个过程需要遵循的顺序是和项目的整体建造进程相关的。作为 BIM 软件，会将建筑构件本身的逻辑关系放到软件体系中，首先 BIM 软件会提供常用的构件工具，如“墙”“柱”“梁”“风管”等。每种构件都具备其相应的构件特性，如结构墙或结构柱是要承重的，而建筑墙或建筑柱只起围护作用。一个完整的 BIM 模型的构件系统实际就是整个项目的分支系统的表现，模型对象之间的关系遵循实际项目中构件之间的关系，如门窗只能够建立在墙体之上，如果删除墙，放置在其上的门窗也会

图 6-65 “模型类别”选项卡

被一块删除，所以建模时就要先建墙体再放门窗。例如，消火栓族的放置，如果该族为一个基于面或基于墙来制作的族，那么放置时就必须有一个面或一面墙作为基准才能放置，建模时也得按这个顺序来建。

因此，在创建 BIM 模型时，一般按照项目设计建造的顺序来进行。首先确定项目的标高、轴网。如果项目是从方案设计阶段开始的，可以先创建体量，推敲建筑形体，之后将体量细化得到建筑构件。如果已有方案，就可以直接布柱网，建墙体。建模顺序建议各专业人员按自己专业的流程进行，建立自己专业的模型体系，并在 BIM 模型综合协调的技术保障下与其他专业进行协同工作。

5. Revit 中测量点、工程基点、图形原点三者的区别是什么？

画图时，注意最多的可能是工程基点，定位也是通过工程基点来定的，那么测量点和图形原点的区别和作用是什么呢？

1）测量点是工程在世界坐标系中实际测量定位的参考坐标原点，需要和总图专业配合，从总图中获取坐标值。

2）工程基点是工程在用户坐标系中测量定位的相对参考坐标原点，需要根据工程特点确定此点的合理位置（工程的位置是会随着基点的位置变换而变化的，也可以关闭其关联状态，一般以左下角两根轴网的交点为工程基点的位置，所以链接的时候一定是原点到原点的链接）。

3）图形原点：默认情况下，在第一次新建工程文件时，测量点和工程基点位于同一个位置点，此点即图形原点，此点无明显显示标记。

注意：当工程基点、测量点和图形原点不在同一个位置时，用高程点坐标可以测出三个不同的值来，当然在高程点的类型属性里面要把测量点改一下，看是相对于哪一个。

6. 柱附着的方式

在创立柱后，可以把柱进行拉伸或者选择“附着顶部/底部”命令（图 6-66a），就会出

现连接不完全的情况，这时可以通过设置“属性”|“构造”|“顶部附着对正”来调整（图 6-66b），调整后可以达到图 6-66c 的效果。

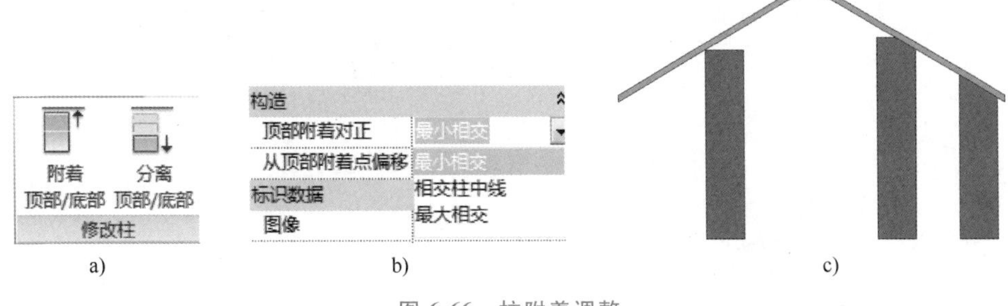


图 6-66 柱附着调整

7. 如何创立变径梁？

实际工程中常会遇到变径梁，如阳台梁，创立变径梁首先创立一个等径的梁，如图 6-67 所示。

图 6-67 创建等径梁

然后单击“建筑”选项卡“洞口”面板上的“按面”命令创立洞口边界（图 6-68a），单击完成后变径梁就创建好了（图 6-68b）。

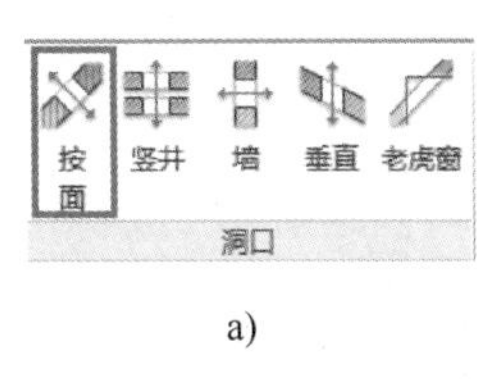


a)

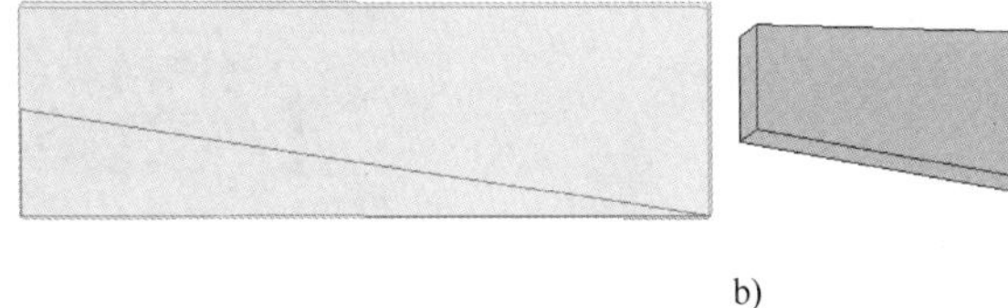

b)

图 6-68 创建变径梁

8. 梁如何连接？

在创建梁的时候会遇到梁连接不上的情况，如图 6-69 所示。

此时首先用“修剪/延伸为角”的工具（图 6-70a）尝试将两个梁进行连接，发现梁并没有按照理想的方式连接。

再用“梁/柱连接”工具（图 6-70b），发现梁的连接处有小箭头（图 6-71a），单击小箭头就可以把梁连接上了，如图 6-71b 所示。

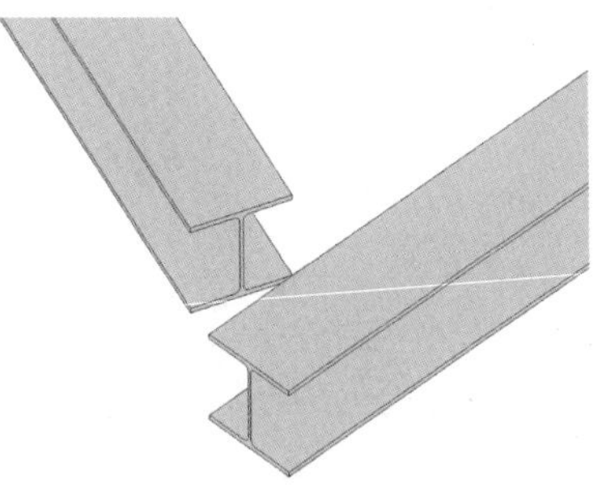

图 6-69 未连接的梁

9. 标高偏移与 Z 轴偏移的区别是什么？

在创建结构梁过程中，可以通过起点、终点的标高偏移和 Z 轴偏移两个参数来调整梁的高度。在结构梁并未旋转的情况下，这两种偏移的结果是相同的。但如果梁需要旋转一个角度，两种方式创建的梁就会产生区别。

因为标高的偏移无论是否有角度，都会将构件垂直升高或降低。而结构梁的 Z 轴偏移在设定的角度后，将会沿着旋转后的 Z 轴方向进行偏移。从而得到如图 6-72 所示的区别。

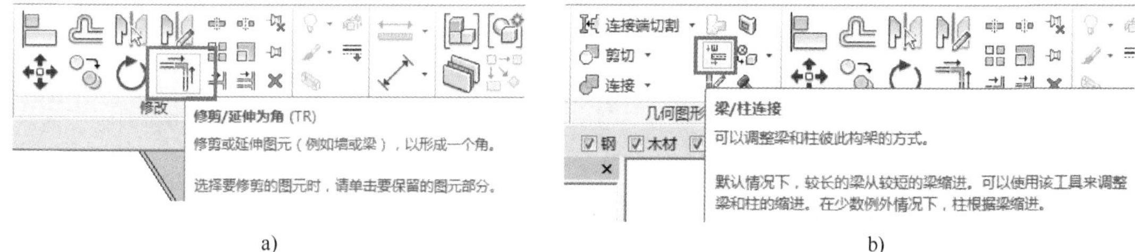


图 6-70 梁/柱连接操作流程

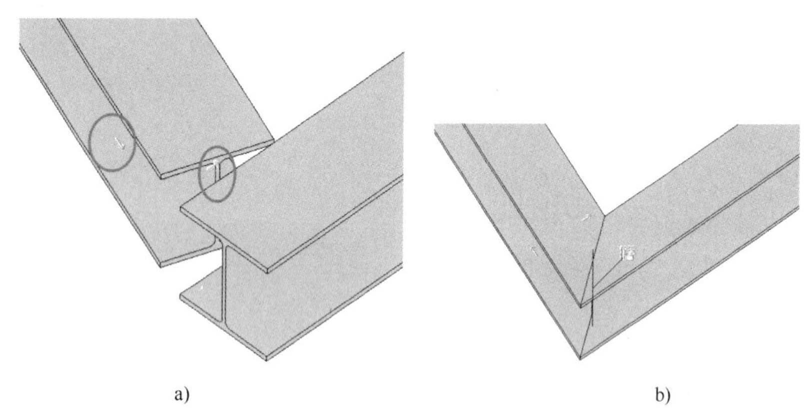


图 6-71 完成梁的连接

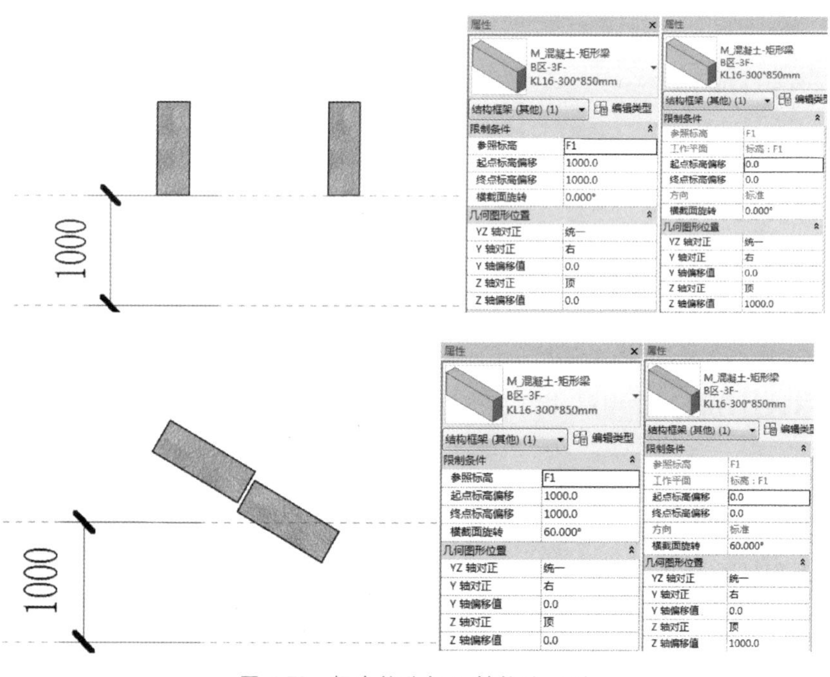


图 6-72 标高偏移与 Z 轴偏移区别

另外用起点终点偏移的方式可以创建斜梁。

10. 如何使用过滤器找到特定标高的结构柱?

通过快捷键 VV 进入图形替换窗口，选择过滤器，新建过滤器类型，如图 6-73 所示。给顶部偏移 1100 的结构柱也就是该项目中标高的结构柱设置填充图案，如图 6-74 所示。

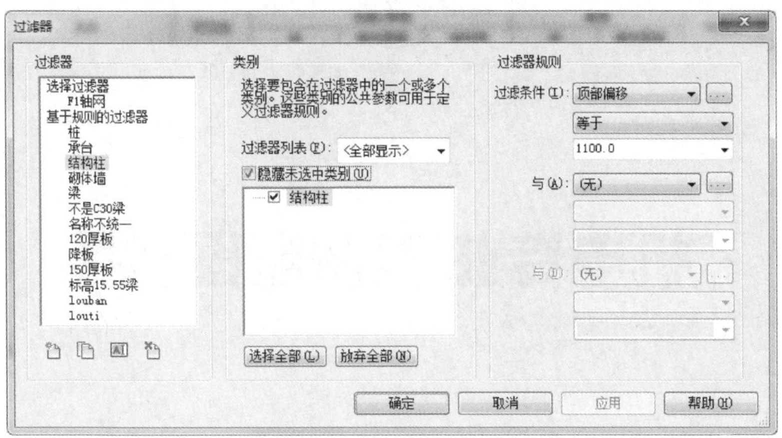


图 6-73　“过滤器”对话框

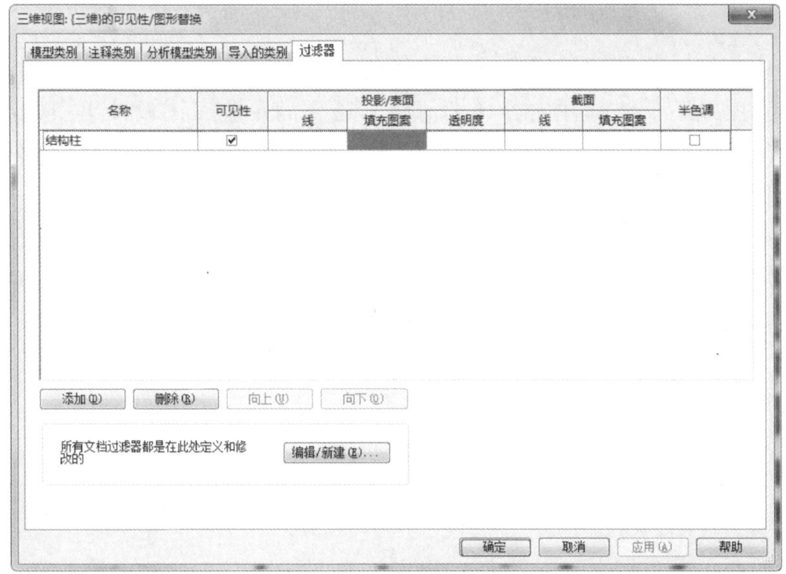


图 6-74　结构柱填充图案

完成后就可以很直观地在模型找到标高的四层结构柱，如图 6-75 所示。

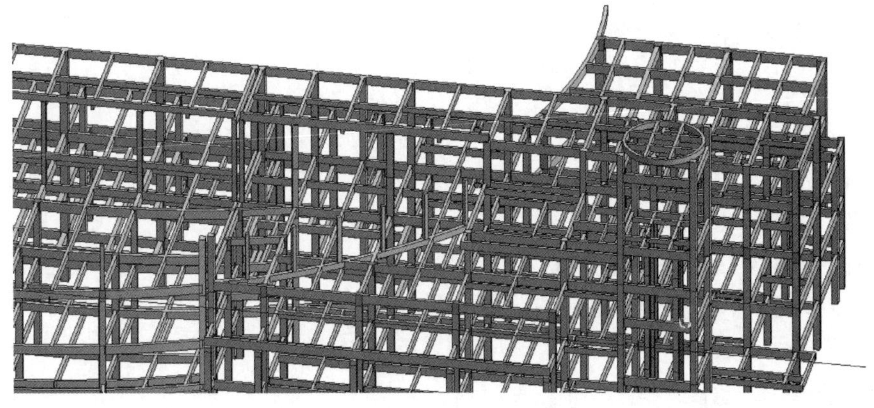

图 6-75　显示特定标高的结构柱

第7章

# 机电专业BIM制图实践

## 7.1 机电专业制图概述

机电模型创建好，并完成管线综合碰撞优化后，进行机电出图阶段。在施工图出图阶段，机电各专业图纸不仅要标注内容详细清晰，还要满足施工图设计出图标准。在此过程中，不但要规范视图样板设置、模型图元的二维图纸表达，还需要通过线型线宽、过滤器、填充图案等设置将机电各专业及管线综合图纸表达得更为详细。

下面本章节着重从平、立、剖、详图、轴测五个方面对 Revit 软件应用进行讲解，教大家如何使用并满足设计出图标准。目前电气专业通过 Revit 直接出图与 AutoCAD 出图无法完全一致，出图效率较低，并且没有正式版三维出图标准，如按二维图纸标准将大大加大电气专业三维出图工作量，因此在二维向三维过渡转换阶段，本章节主要讲解暖通与给排水专业制图，读者可根据自身项目的出图标准进行练习。

## 7.2 机电制图图纸标准化管理

对于机电专业来说，每个子专业都有很多系统，那么对于这些系统的管理显得尤为重要，在 Revit 出图时，为了控制各专业的构件可以满足图纸标准化表达，通过对项目浏览器与视图的设置来进行图纸标准化管理。

### 7.2.1 项目浏览器

1. 浏览器组织

在项目浏览器中，在“视图（规程）”处右击，在右键菜单中选择“项目浏览器组织”，弹出对话框，选择“新建”，输入新的项目浏览器名称（可以将原有方案删除），然后单击“确定”按钮，如图 7-1 所示。

在“浏览器组织属性”对话框中，单击“成组和排序”选项卡，对“成组条件”进行选择，如图 7-2 所示。选择的成组条件，根据绘图习惯进行设定，不做统一要求，成组条件选项出自视图属性参数。

2. 视图创建

视图分为平面视图、三维视图、立面视图、剖面图，其中平面图包括楼层平面图、天花

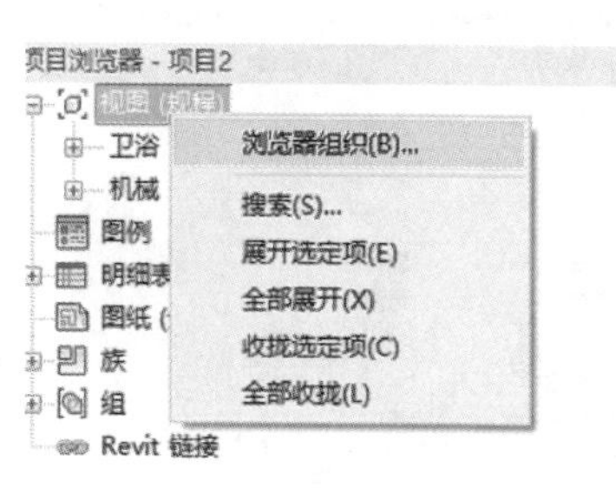


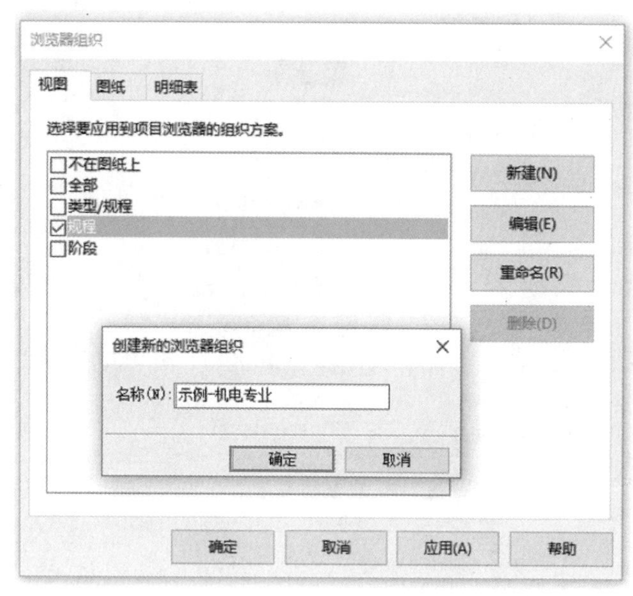


图 7-1　浏览器组织

板平面图，除照明平面图在天花板平面中绘制，其他专业和系统均在楼层平面中绘制。

视图平面通过复制视图来完成，如图 7-3 所示，单击需要复制的视图平面，在右键菜单选择“复制视图”，选择“复制”即可。

项目浏览器中的成组条件为族与类型和子规程，复制好的视图平面根据需要（图 7-4）设置即可。

## 7.2.2　视图管理

### 1. 模型视图可见性

机电单专业图纸中，平面显示专业内的模型构件是通过关闭可见性中其他子专业的构件来实现。如给排水专业中，需要关闭暖通与电气专业中的构件，选择“可见性/图形替换”，取消勾选相关构件（图 7-5），可见性即处理完成。

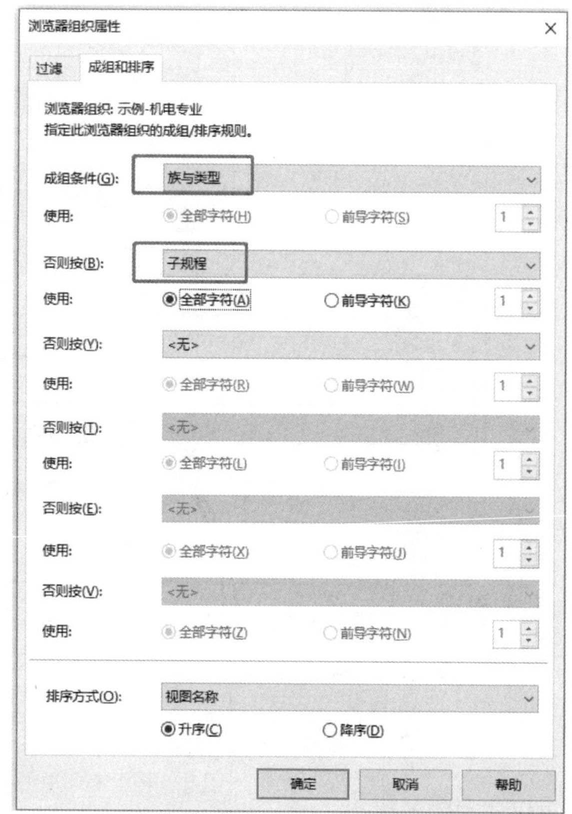


图 7-2　“浏览器组织属性”|“成组和排序”选项卡

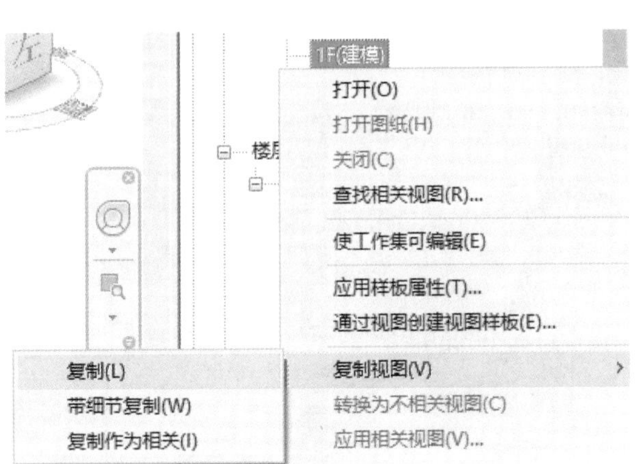


图 7-3　复制视图平面

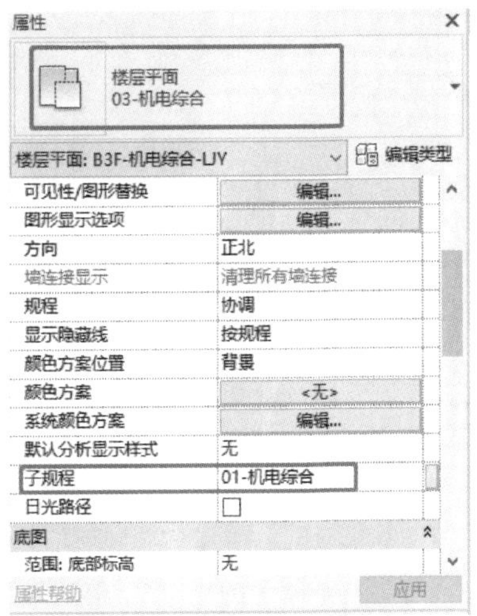


图 7-4　视图平面属性

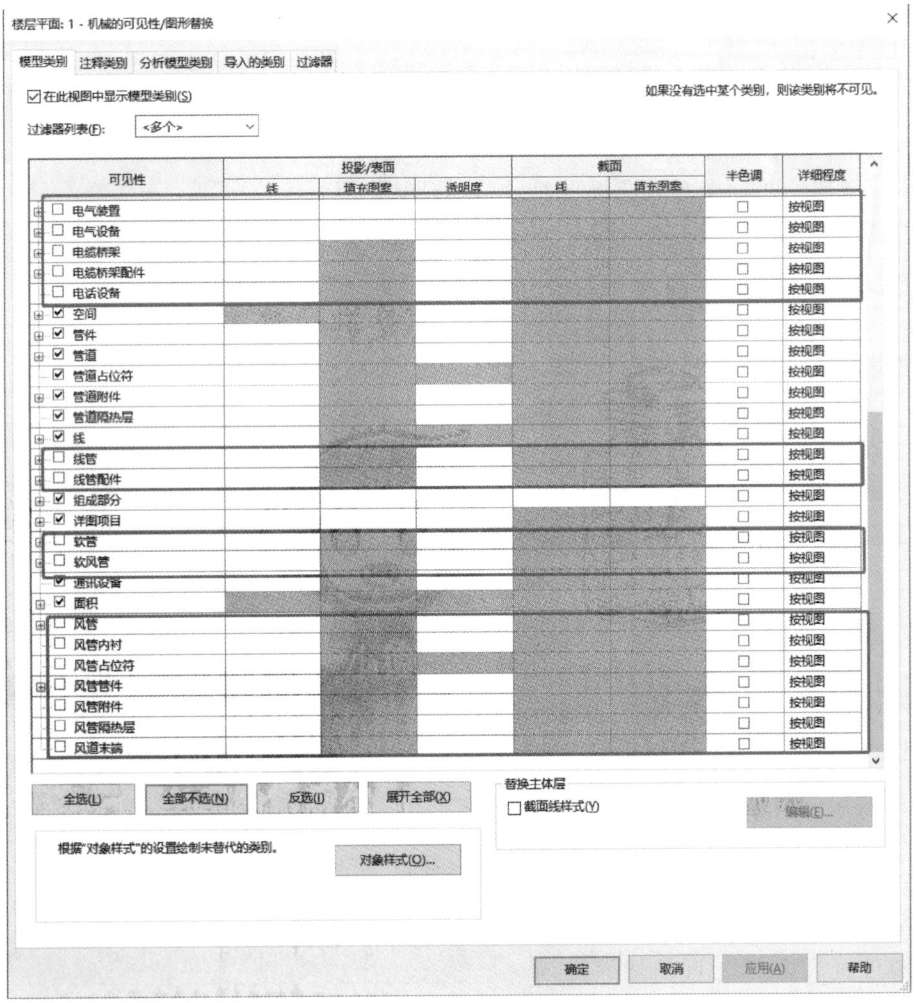

楼层平面: 1 - 机械的可见性/图形替换

模型类别　注释类别　分析模型类别　导入的类别　过滤器

☑在此视图中显示模型类别(S)　　如果没有选中某个类别，则该类别将不可见。

过滤器列表(F): <多个>

| 可见性 | 投影/表面 线 | 投影/表面 填充图案 | 投影/表面 透明度 | 截面 线 | 截面 填充图案 | 半色调 | 详细程度 |
|---|---|---|---|---|---|---|---|
| ☐ 电气装置 | | | | | | ☐ | 按视图 |
| ☐ 电气设备 | | | | | | ☐ | 按视图 |
| ☐ 电缆桥架 | | | | | | ☐ | 按视图 |
| ☐ 电缆桥架配件 | | | | | | ☐ | 按视图 |
| ☐ 电话设备 | | | | | | ☐ | 按视图 |
| ☑ 空间 | | | | | | ☐ | 按视图 |
| ☑ 管件 | | | | | | ☐ | 按视图 |
| ☑ 管道 | | | | | | ☐ | 按视图 |
| ☑ 管道占位符 | | | | | | ☐ | 按视图 |
| ☑ 管道附件 | | | | | | ☐ | 按视图 |
| ☑ 管道隔热层 | | | | | | ☐ | 按视图 |
| ☑ 线 | | | | | | ☐ | 按视图 |
| ☐ 线管 | | | | | | ☐ | 按视图 |
| ☐ 线管配件 | | | | | | ☐ | 按视图 |
| ☑ 组成部分 | | | | | | ☐ | 按视图 |
| ☑ 详图项目 | | | | | | ☐ | 按视图 |
| ☐ 软管 | | | | | | ☐ | 按视图 |
| ☐ 软风管 | | | | | | ☐ | 按视图 |
| ☑ 通讯设备 | | | | | | ☐ | 按视图 |
| ☑ 面积 | | | | | | ☐ | 按视图 |
| ☐ 风管 | | | | | | ☐ | 按视图 |
| ☐ 风管内衬 | | | | | | ☐ | 按视图 |
| ☐ 风管占位符 | | | | | | ☐ | 按视图 |
| ☐ 风管管件 | | | | | | ☐ | 按视图 |
| ☐ 风管附件 | | | | | | ☐ | 按视图 |
| ☐ 风管隔热层 | | | | | | ☐ | 按视图 |
| ☐ 风道末端 | | | | | | ☐ | 按视图 |

全选(L)　全部不选(N)　反选(I)　展开全部(X)

替换主体层
☐截面线样式(Y)　编辑(E)...

根据"对象样式"的设置绘制未替代的类别。　对象样式(O)...

确定　取消　应用(A)　帮助

图 7-5　可见性处理

2. 图元对象样式设置

在“可见性/图形替换”对话框中左下角单击对象样式（图 7-6），在“线宽”|“投影”栏中设定模型构件的线条宽度，“线颜色”栏中设定线条颜色，“线型图案”栏中设定线条样式（图 7-7）；根据自己所需制图标准，在对象样式中进行设定。

图 7-6　对象样式

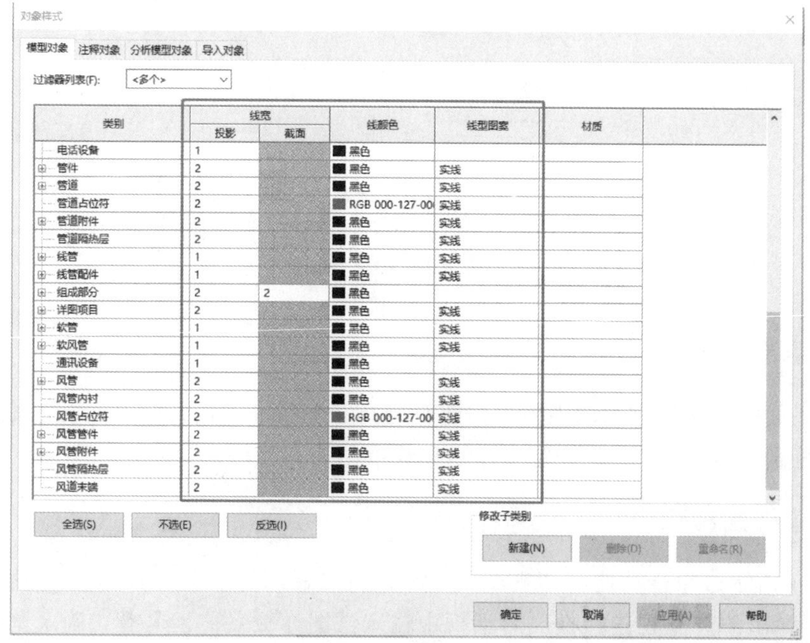

图 7-7　线条样式设定

3. 视图可见性中过滤器设置

暖通与给排水专业都需要绘制管道模型，通过视图可见性中的模型类别无法区分管道系统，此时需要通过在视图可见性中的过滤器来控制管道系统模型在平面中的显示，打开视图“可见性/图形替换”对话框，单击“过滤器”选项卡，在对话框下方单击“编辑/新建”按钮，在弹出的对话框中进行系统设置（图 7-8），设置系统名称，选中系统中包含的模型类别，设定过滤器规则，完成后如图 7-9 所示，控制系统的可见性，即各专业平面所需系统显示。

图 7-8　编辑/新建过滤器

## 7.2.3　视图范围设置

在楼层平面中，视图显示范围需根据建筑层高和管线高度进行设置，设置时保证模型在顶部与底部范围内（图 7-10），一定要注意选择模型所在楼层标高。

## 7.2.4　创建视图样板

如图 7-11 所示，单击功能区“视图”|“图形”|“视图样板”下拉箭头|“从当前视图创建样板”，在弹出的“新视图样板”对话框中输入试图样板名称，单击“确定”按钮，弹出“新视图样板”对话框。

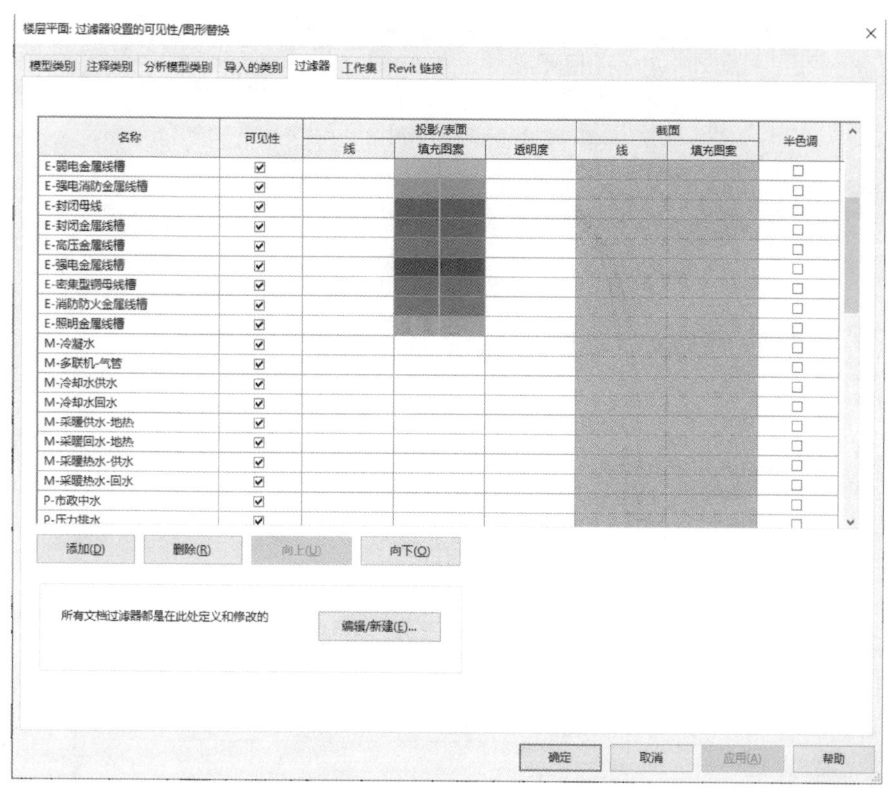


图 7-9 过滤器可见性设置结果

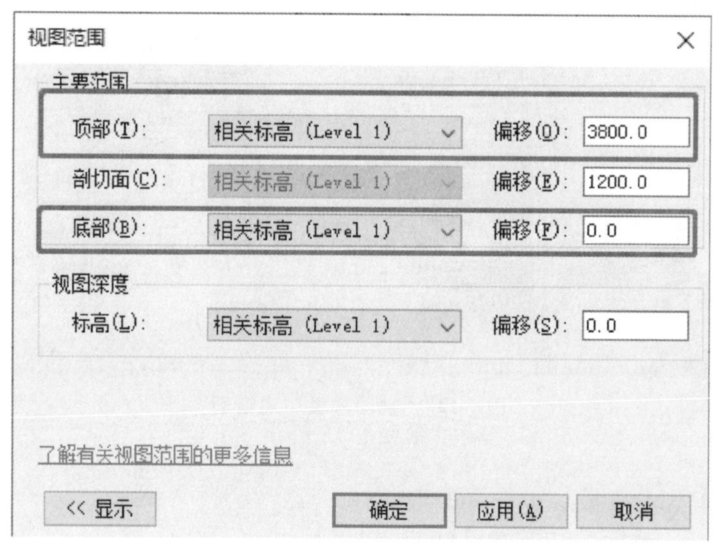


图 7-10 视图显示范围设置

如图 7-12 所示，在“视图属性”选项组中勾选所需的参数，在“视图样板”选项组中对“视图类型过滤器”进行设置，单击“确定”按钮即完成视图样板创建。

单击“视图样板”下拉箭头|“将样板属性应用于当前视图”，即可将视图样板应用于各专业视图平面中，将各专业视图进行标准化管理。

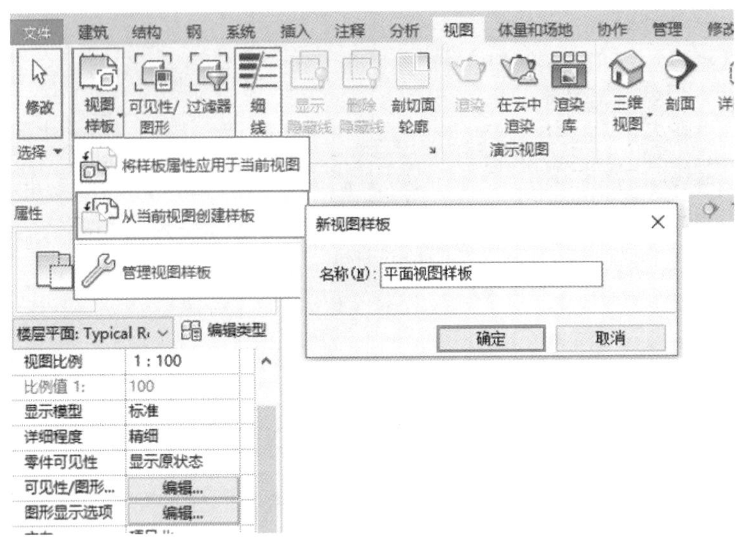


图 7-11 “新视图样板”对话框

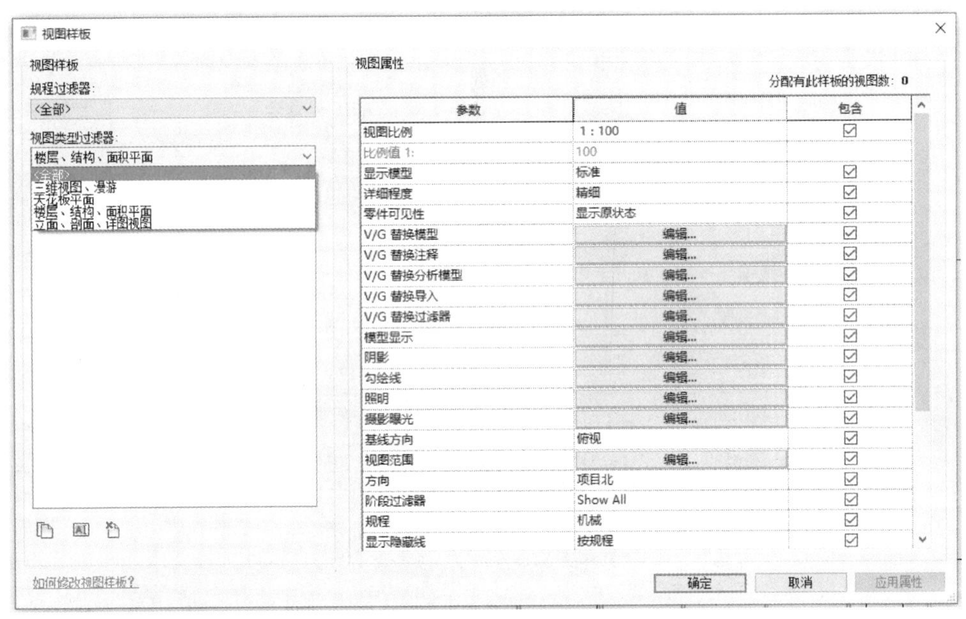


图 7-12 “视图样板”对话框

## 7.3 暖通及给排水平面图

### 7.3.1 风管平面显示设置

1）风管轮廓线型可在“视图”|“可见性/图形”|“对象样式”中统一设置（详见6.2章节相关内容），但在暖通专业中，部分不同的风管系统类型可用不同的线型宽度和颜色表示，可在系统的“类型属性”中进行设定，后者线型宽度和颜色显示优先于前者。

选择风管，在功能区单击“风管系统”选项卡，在“属性”面板中选择“编辑类型”，弹出“类型属性”对话框，单击“图形替换”编辑按钮，在“线图形”对话框中设定风管轮廓的线宽和颜色，同时可以设定此风管系统的填充图案，如图 7-13 所示。

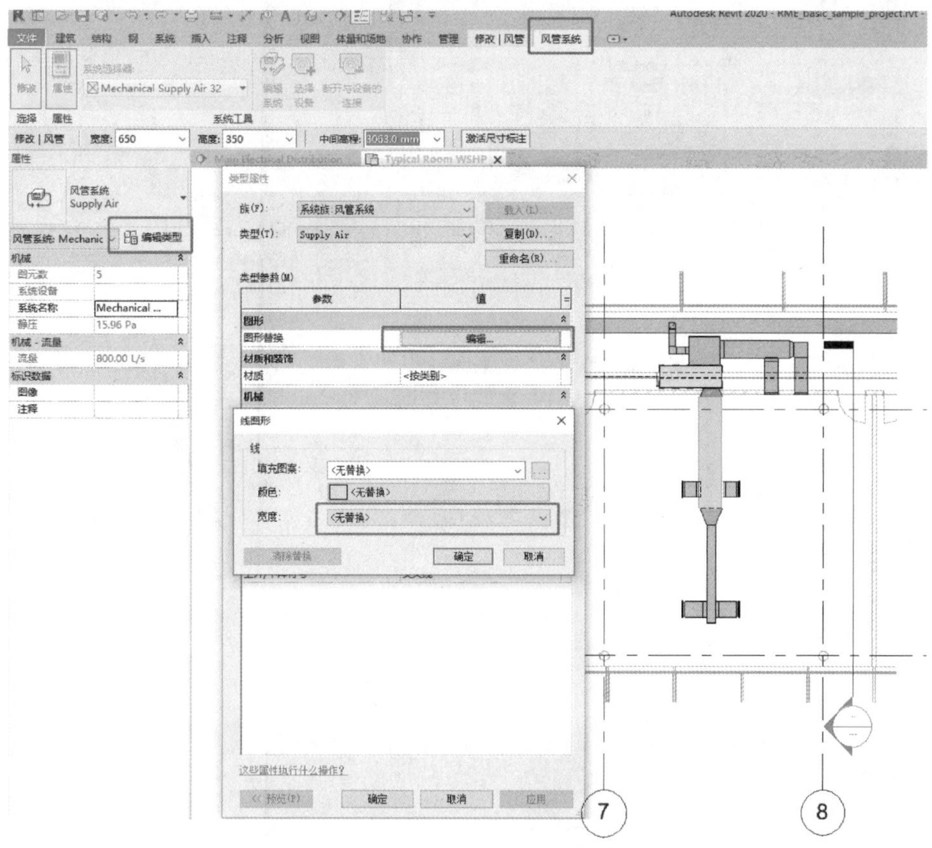


图 7-13 “风管系统”类型设置

2）风管上下翻弯处在平面中的显示设置：选择风管，在功能区单击“风管系统”选项卡，在“属性”面板中单击“编辑类型”，弹出“类型属性”对话框，单击“上升/下降符号”后一栏按钮，选择所需表示形式，如图 7-14 所示。

3）风管与管道横管重合处显示形式在 MEP 设置中设定：如图 7-15 所示，单击“HVAC”或“卫浴和管道”右下角斜拉箭头，在“机械设置”对话框“隐藏线”设置里设定。

管道与风管双线设置，如图 7-16 所示。

## 7.3.2 管道平面显示设置

1）水管管道的线型宽度和线条颜色，可根据所选管道的系统类型，设定不同的线型宽度和颜色。选择管道，在功能区单击“管道系统”选项卡，在“属性”面板中单击“编辑类型”，弹出“类型属性”对话框，单击“图形替换”的“编辑”按钮，在弹出的“线图形”对话框中设定管道轮廓的线宽和颜色，同时可以设定此管道系统的填充图案，如图 7-17 所示。

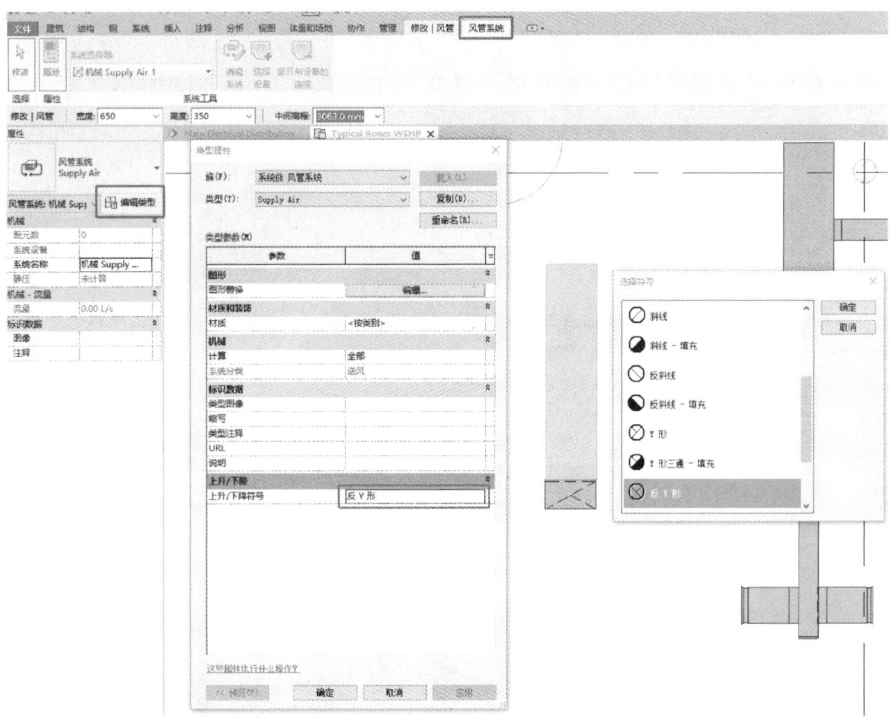


图 7-14 风管上下翻弯处在平面中的显示设置

图 7-15 风管与管道横管重合处显示设置

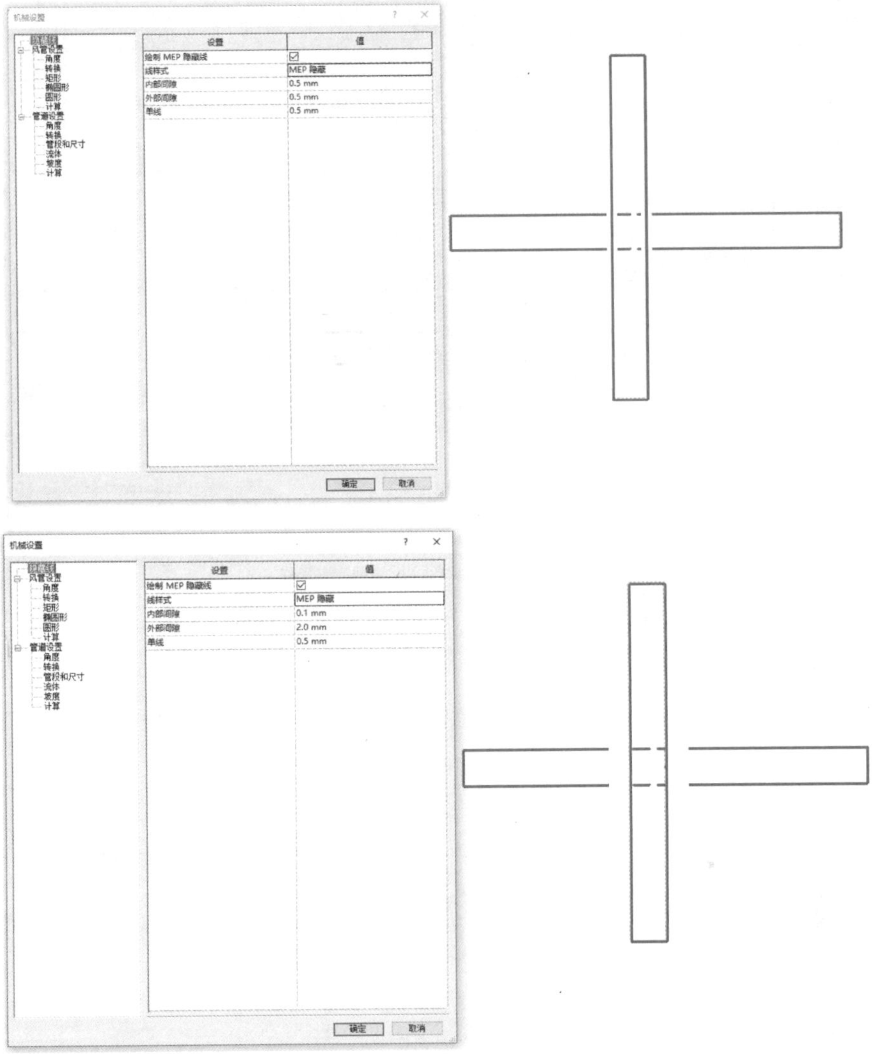

图 7-16　管道与风管双线设置

2）管道上下翻弯处在平面中的显示设置：选择管道，在功能区单击“管道系统”选项卡，在“属性”面板中选择“编辑类型”，弹出“类型属性”对话框，单击“上升/下降符号”后一栏按钮，选择所需表示形式，如图 7-18 所示。

## 7.3.3　可载入族二维表达处理

1）风管与管道在 Revit 中属于系统族，除了系统族，管件、附件、末端设备等属于可载入族（图 7-19），可载入族的二维图例需要在族编辑器中设置。

选择不符合出图图例样式的可载入族，单击功能区“修改|管道附件”选项卡中“编辑族”命令，进入到族编辑器中（图 7-20），在所需平面中用功能区“详图”命令绘制出二维图例，或可将图例单独创建，并以嵌套族的方式插入到此族中，完成可载入族的二维图例绘制（图 7-21）。

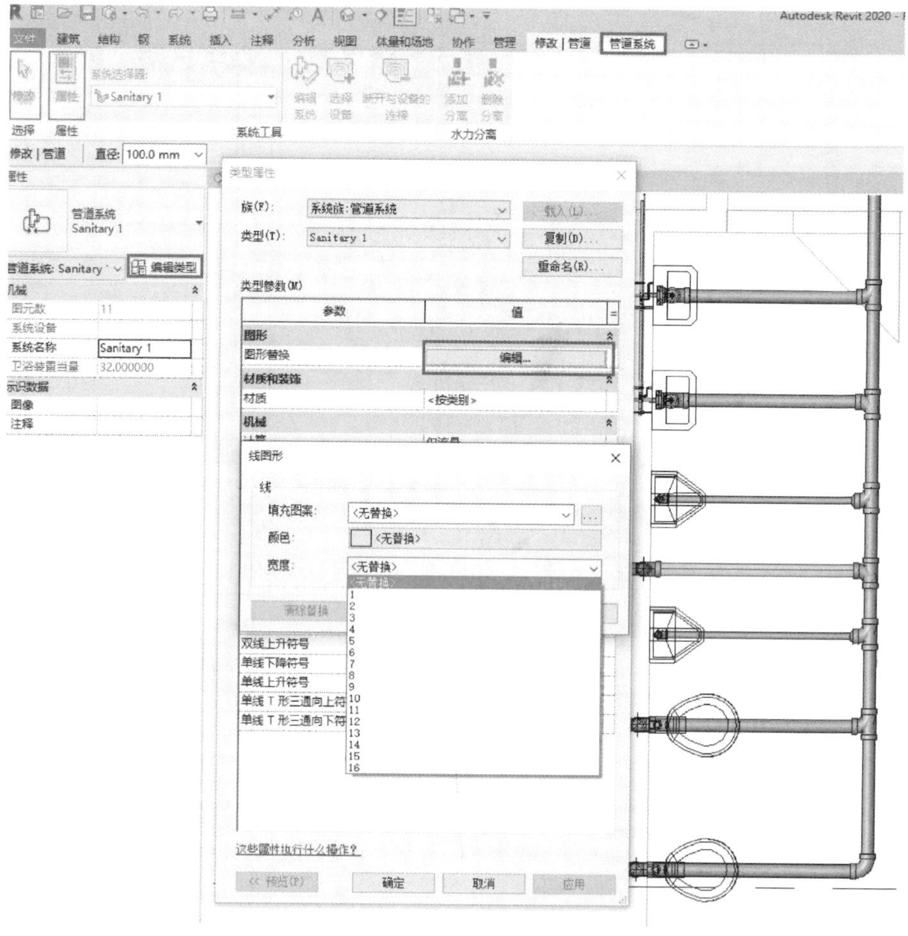

图 7-17　水管管道的线型宽度和线条颜色设置

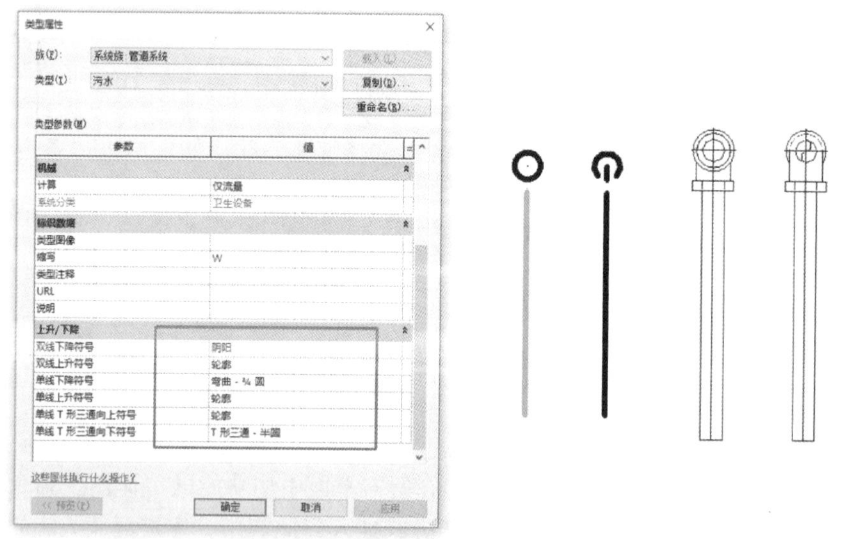

图 7-18　管道上下翻弯处在平面中的显示设置

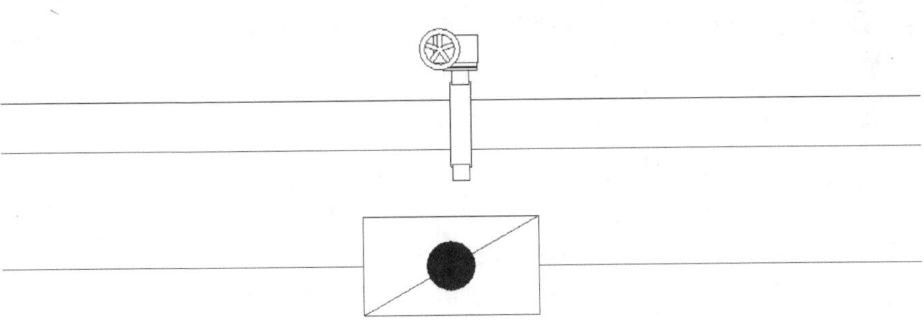

图 7-19　风管与管道的载入

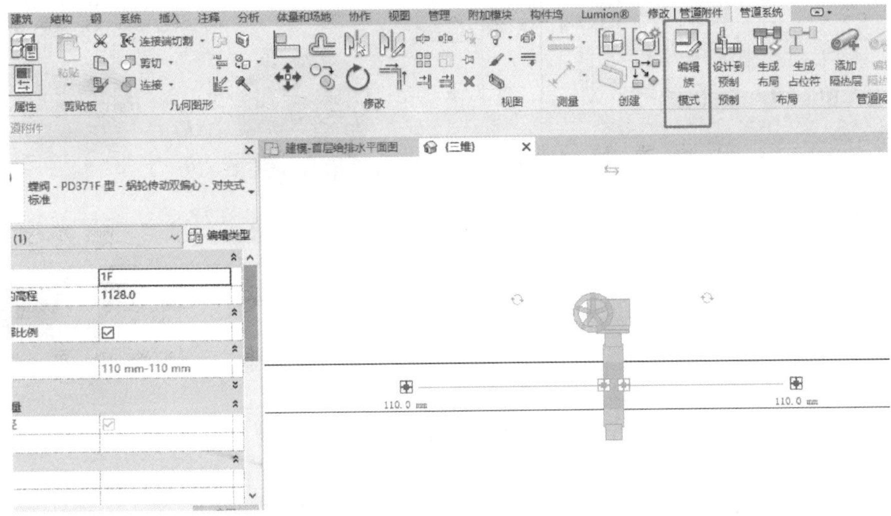


图 7-20　族编辑器

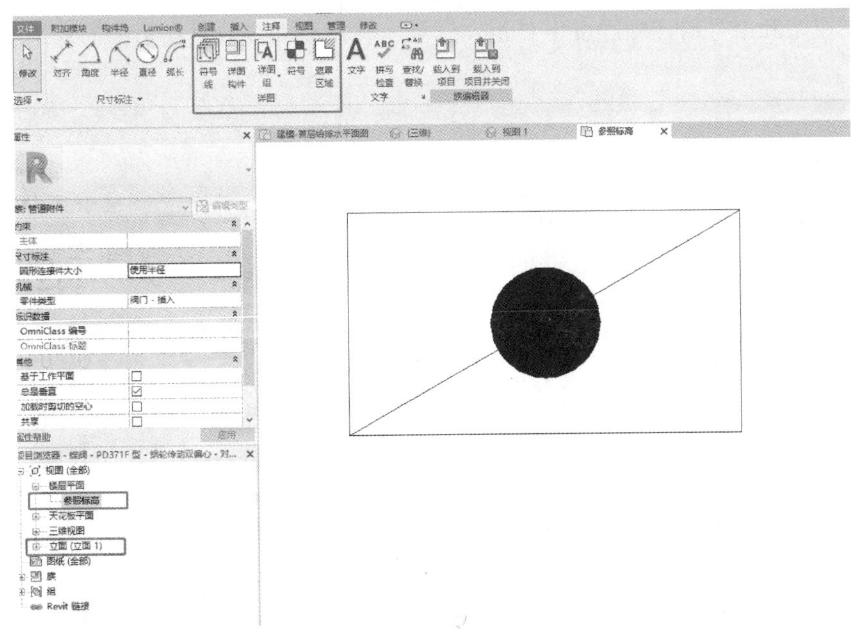


图 7-21　载入族的二维图例

2）将绘制好的图例用功能区“子类别”进行分类，便于载入项目后设置线条样式、颜色和宽度（图7-22）。

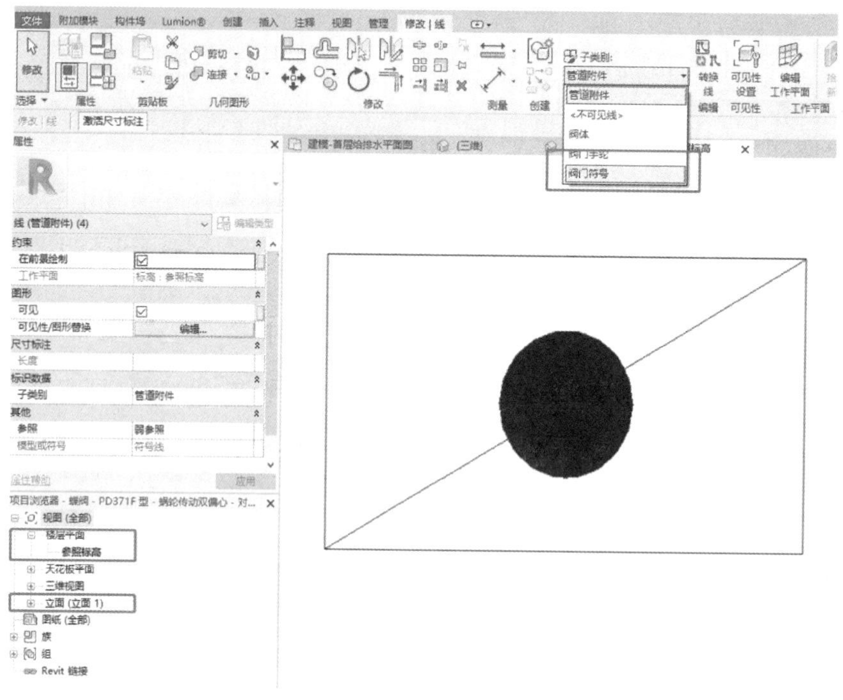


图 7-22 图例分类

3）可载入族的可见性设置：创建好二维图例后，分别设置三维实体模型与二维图例的可见性；选择实体模型或二维图例，单击功能区“可见性”或“属性”面板中“可加性/图形替换”的“编辑”按钮，在弹出的对话框中设置载入项目时的可见性，如在平面视图中，二维图例在粗略和中等的详细程度中显示，三维实体模型大多数只在精细的详细程度中显示（图7-23）。

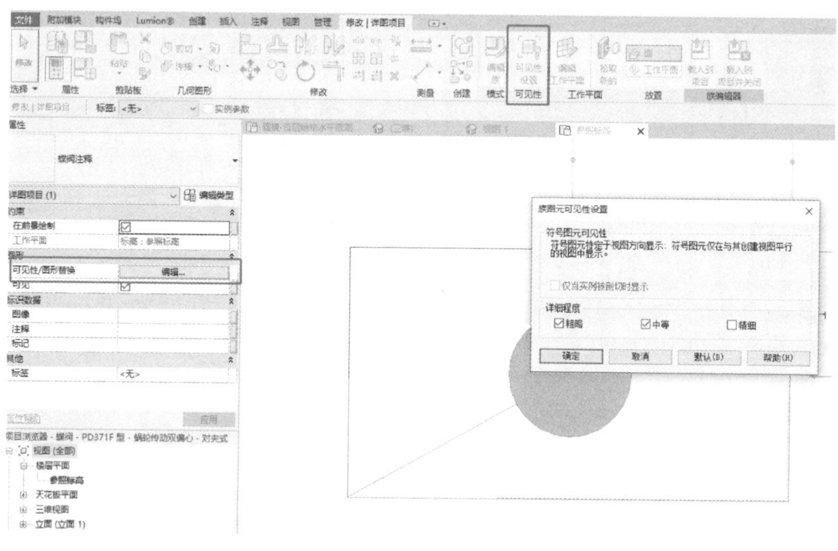


图 7-23 族图元可见性设置

4）将可载入族载入到项目中，根据在族编辑器里的二维图例子类别对应设置（图 7-24）。

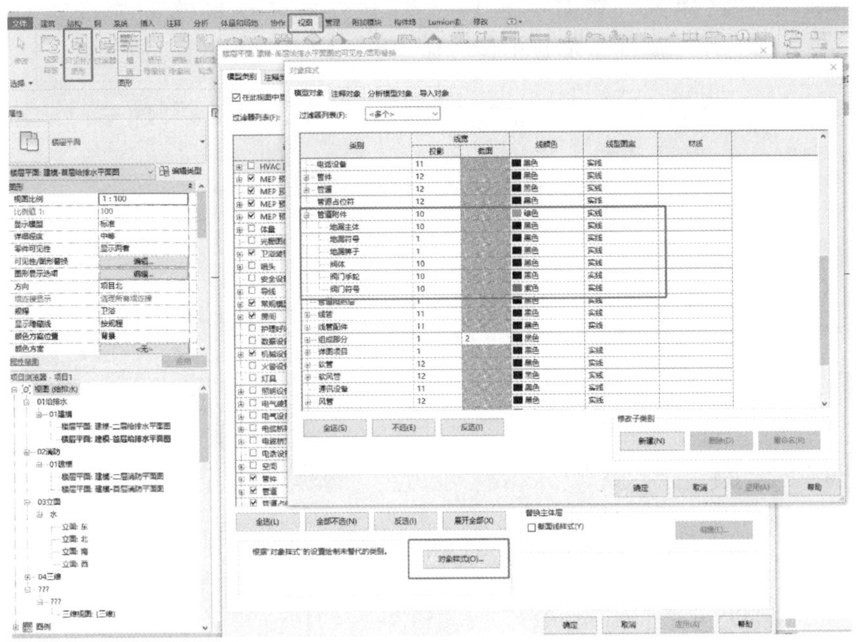

图 7-24　二维图例子类别设置

## 7.3.4　添加尺寸标注

1）注释族设置：选择对应类别的注释族，若需新建注释族，要注意设置好注释族所标注图元的类别（图 7-25），在族编辑器中单击“族类别和族参数”，在对话框中做类别选择。

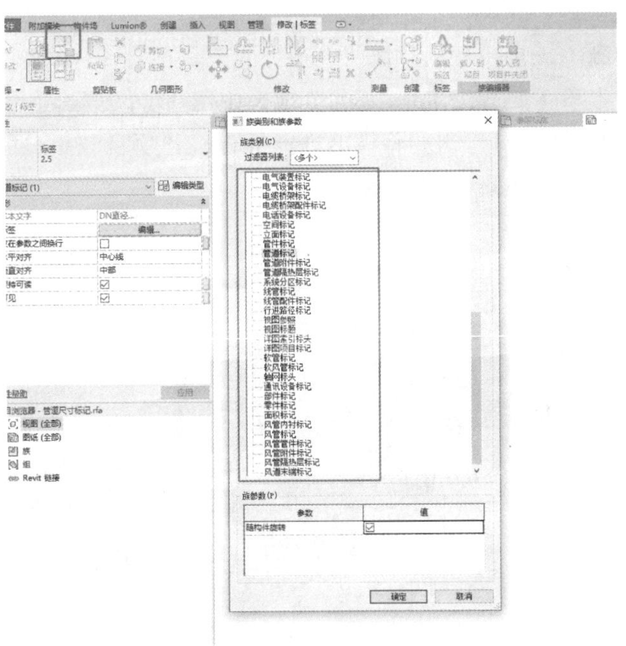

图 7-25　族类别和族参数

2）编辑注释族标签：绘制区域选择图元，单击“编辑标签”，选择标注的字段，通过设置样例值查看标注样式，在对话框底部单击“编辑参数的单位格式”设置单位（图 7-26），完成后，在“属性”面板中设置标注字体样式、大小等。

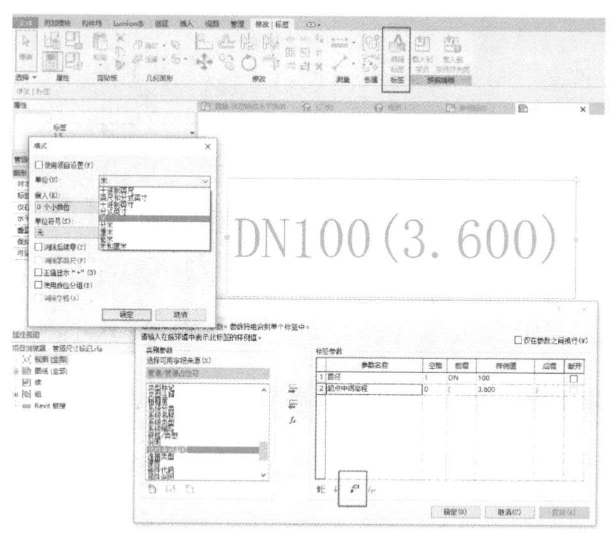


图 7-26　编辑参数的单位格式

将注释族载入到项目中，选择所要标注的图元，也可通过“注释”选项卡“标记”面板中的“全部标记”对同一类别图元进行快速标注。

## 7.4　系统图

系统图又称为轴测图，是一种示意性的表达方式，目前在 Revit 软件中不具备绘制此种示意性图纸的方法，本节主要介绍 Revit 如何生成系统图。

在 Revit 中出系统图图纸时，需要将模型进行拆分，若项目较小，能够展现出完整的系统，可以不进行模型拆分，如图 7-27 所示。

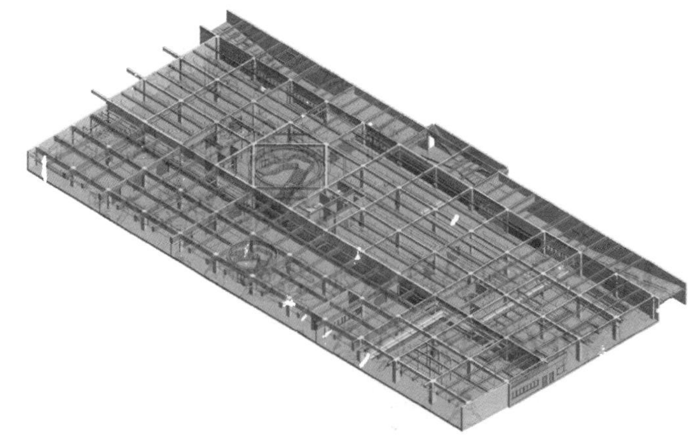

图 7-27　Revit 系统图

1）如图 7-28 所示，较大项目需要把系统拆分，系统图由多个小系统组成，多用于分层各专业系统、卫生间系统和各设备用房系统等，或表达复杂位置各系统走向，当然可以出复杂节点的全专业轴测图（图 7-29）。

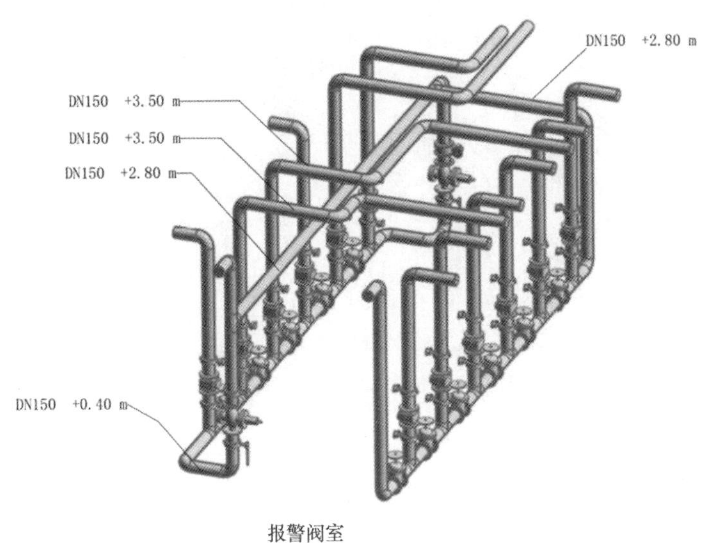


图 7-28 报警阀室例图

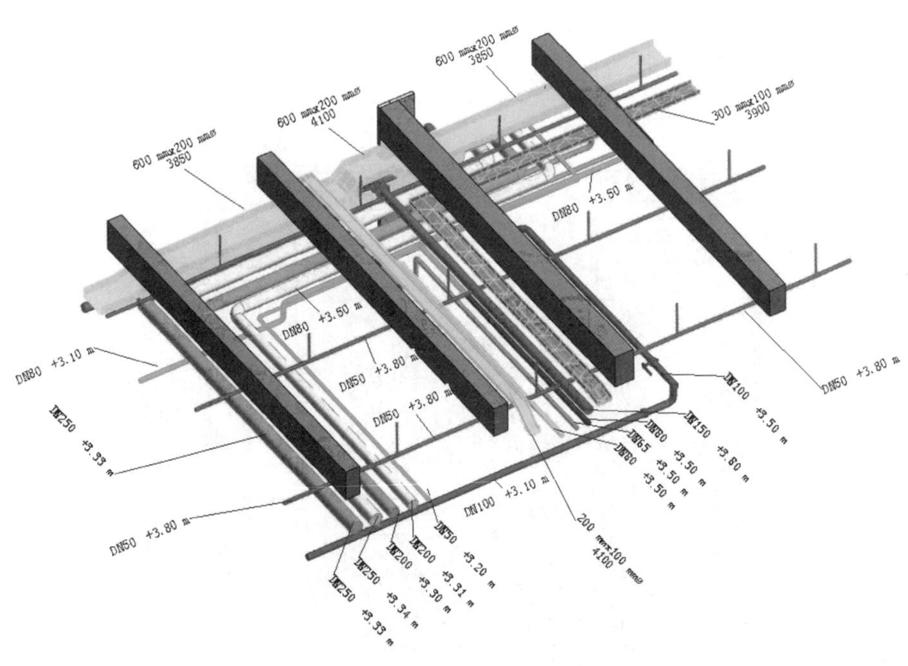


图 7-29 全专业轴测图

2）较小项目中，能够清晰表达出完整的系统，将模型在三维视图中单击视图方块旋转 45°，单击视图控制栏中“带锁的小房子”锁定视角后进行标注出图即可（图 7-30）。

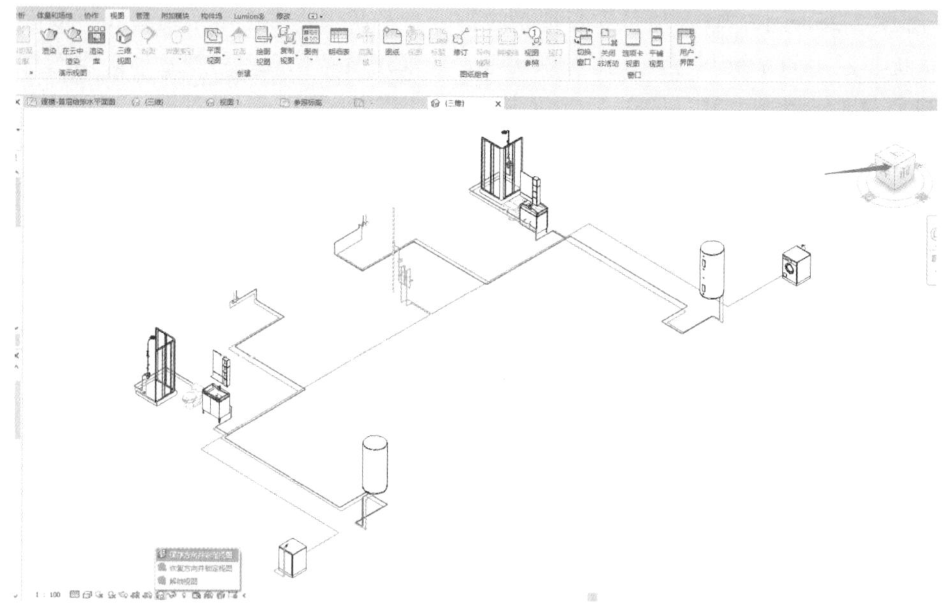

图 7-30 锁定视角出图

## 7.5 机房详图及剖面图

1）在平面视图中找到设备机房位置，通过“视图”|“属性”面板中的“裁剪视图”命令调整裁剪区域（图 7-31）；若项目较小，可以用“视图”|“创建”面板中的“详图索引”

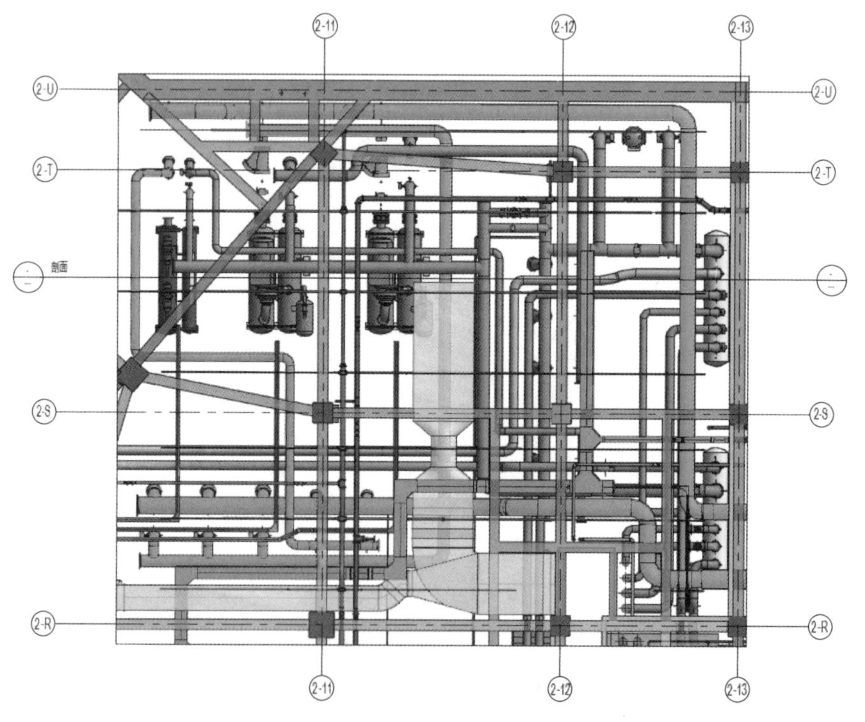


图 7-31 调整裁剪区域

命令在平面图中标记出设备机房位置。

2）在机房平面图中使用剖面功能对需要位置进行剖面，右击剖面符号，转到剖面视图，对视图进行标注，如图 7-32 所示。

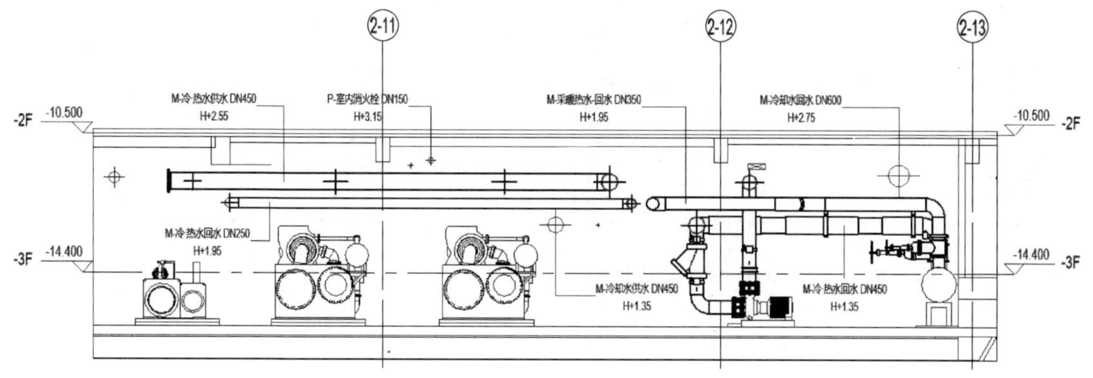


图 7-32　指定位置进行剖面标注

3）可将模型在三维视图中剖切，通过三维图纸辅助二维图纸的方式，更能清晰准确地表达设计意图，如图 7-33 所示。

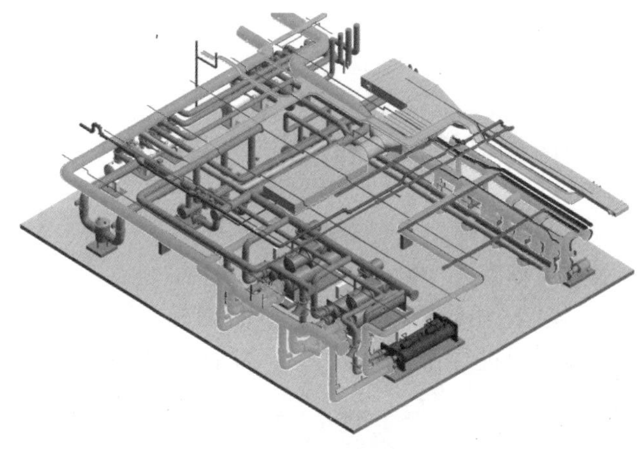

图 7-33　剖切三维视图

## ■ 7.6　图纸创建

1. 新建图纸。

单击“视图”选项卡，选择“图纸”，根据图幅在“新建图纸”对话框设置图纸的标题栏及占位符图纸参数，如图 7-34、图 7-35 所示。此时绘图区域就会自动生成图纸。

图 7-34　“图纸”命令

2. 添加图纸名称

在“属性”面板中更改图纸名称，如图 7-36 所示。

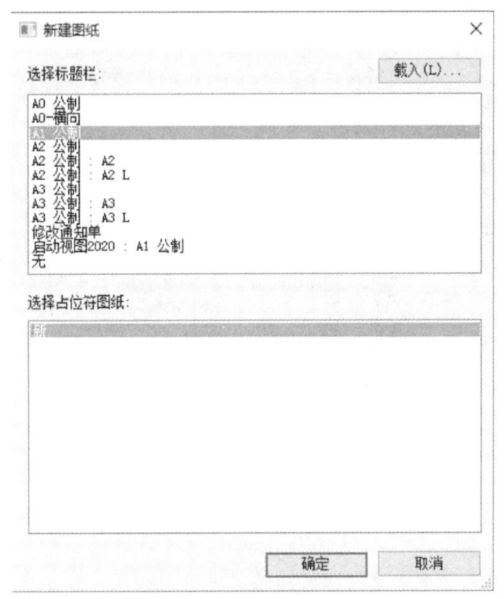


图 7-35 “新建图纸”对话框

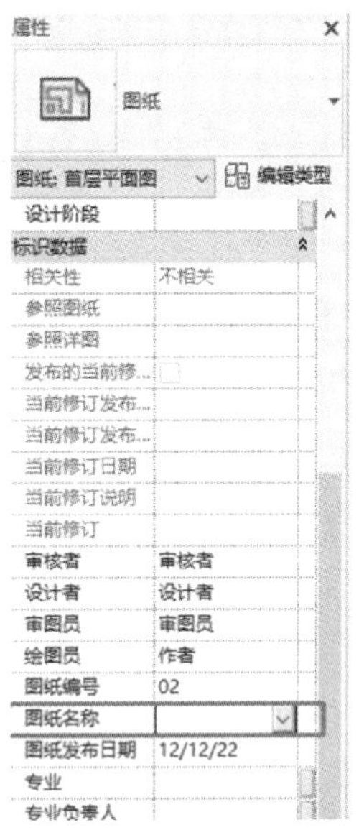


图 7-36 更改图纸名称

3. 放置视图

在项目浏览器选择所需平面图，并拖拽进入图纸，调整位置。

添加视图名称并调整视口样式。

1）视图拖拽到图纸中时会自动生成“有线条的标题”视口。

2）视口的样式可通过注释族进行更改。

在项目浏览器找到“族”|“注释符号”，选择“视图标题”，单击“编辑”按钮进入族“类型属性”对话框，根据需要进行相应更改并载入项目，如图 7-37 所示。

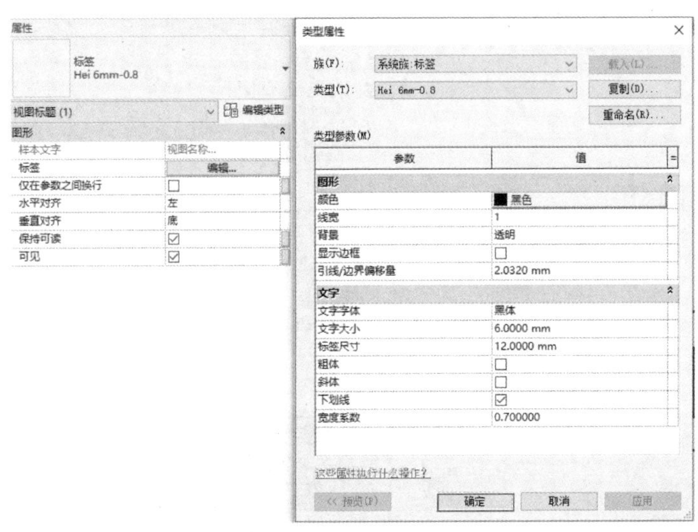


图 7-37 编辑视口样式

3）载入后覆盖现有版本及参数，并将视口标题移动到合适的位置（注意：所选平面与图纸联动，在图纸中可右键激活视图，进行视图调整），如图 7-38 所示。

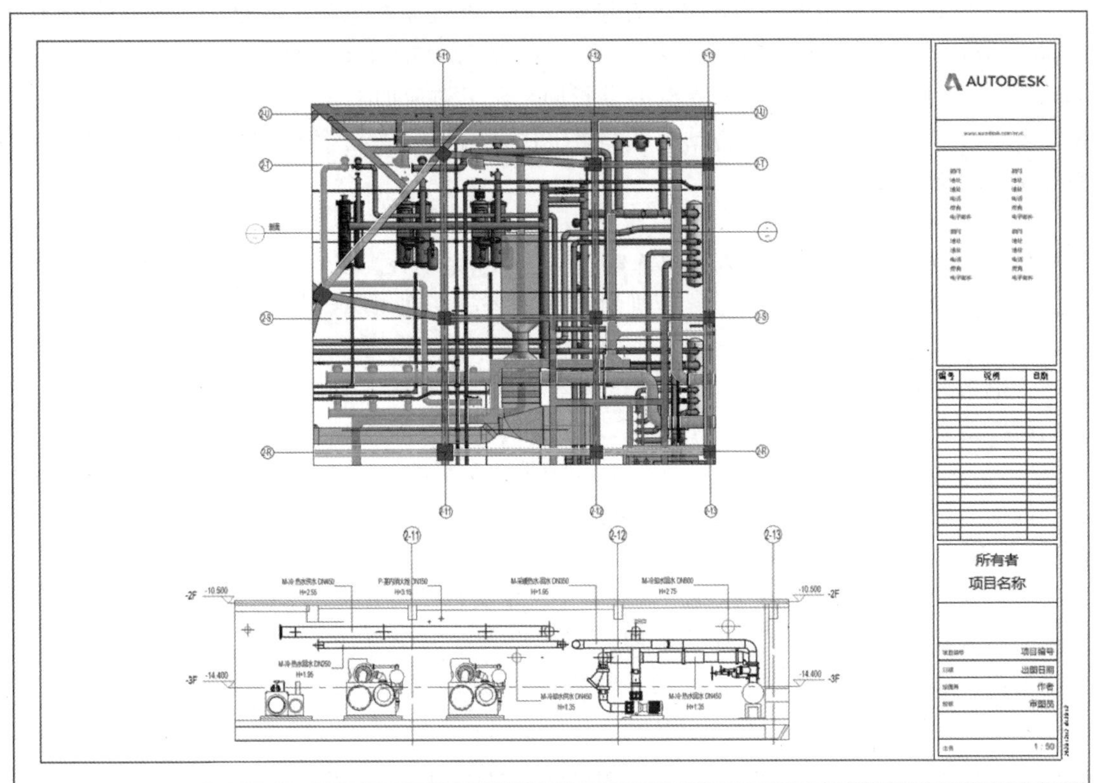


图 7-38　覆盖视口样式

## 7.7　疑难解析

1. 为什么管道弯头不能自动改变直径?

用 Revit 软件绘制管道时，管道弯头是自动添加的，弯头的直径会根据管道的直径自动匹配，但有时会出现弯头不能自动匹配管道直径。出现这种情况通常是 Revit 找不到定义弯头直径的外部数据文件“Elbow-Generic. csv”，这时需要检查该文件是否被损坏或 Revit 搜索该文件的路径出现错误，以致无法找到该文件。该路径存放在 Revit. ini 文件里，Revit. ini 存放在“%APPDATA% \ Autodesk \ Revit \ <产品名称与版本>”，打开此文件夹的方法如下：

1）单击 Windows 的资源管理器文件夹栏。

2）输入:%APPDATA% \ Autodesk \ Revit \ ，将显示当前计算机安装的所有 Revit 的版本。

3）打开相应的 Revit 版本文件夹，即可找到 Revit. ini 文件。

4）用 Windows 的“记事本”打开 Revit. ini。

5）检查 Revit. ini 文件中的 LookupTableLocation 参数定义的路径（通常为 C：ProgramData \ Autodesk \ RVT2014 \ LookupTables \ ）与实际是否一致，并检查该文件夹里的 Elbow-

Generic. csv 文件是否存在或能正常打开。

经过上述修正，重新启动 Revit 就可修复该问题。其实除了上述管件弯头，所有 Revit 的“管件”和“管路附件”族当公称直径变化时，其他参数也随之变化，以驱动族的形状做相应的改变，这是 Revit 利用其独特的“查找表格”功能来实现的，由于这些“管件”和“管路附件”形状各异，其族参数也不尽相同，所以对应的数据文件也很多，为此，Revit 把需要进行“查找表格”时的数据文件都集中存放在 Revit. ini 文件中的 LookupTableLocation 参数指定的文件夹内。

2. 管道系统如何设置?

机电管线大体分为水管、风管和桥架，但是由于系统分类复杂，因此在绘制时还需要对应上不同的系统分类，以便模型管理。

管道系统的增加可以通过在“项目浏览器”|“管道系统”中复制原有系统进行增加，但需注意的是，在复制时应选择同类系统，因为系统的主类型会跟随被复制系统，如图 7-39 所示。

例如：如果需要增加“消防喷淋系统”，应采用“湿式消防系统/干式消防系统”这些原有同类型分类来进行复制。

对于管道系统的上色，可以使用对管道系统定义材质的方式来进行，这样，不同的系统在项目中即可表现出不同的颜色样式。企业一般应定义一套适合自己使用的管道系统颜色区分规范，如图 7-40 所示。

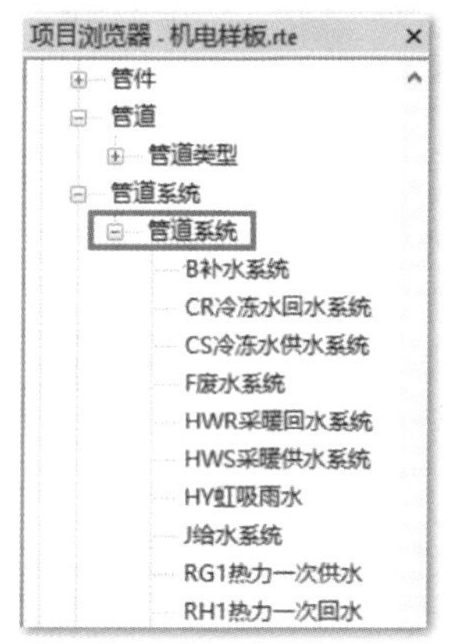


图 7-39 “项目浏览器”|“管道系统”

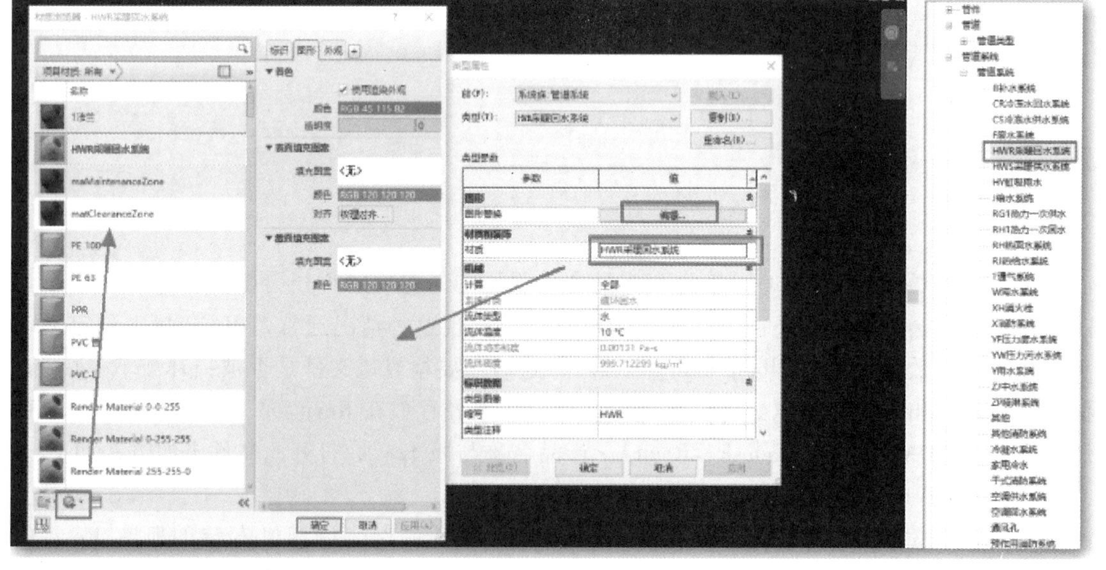

图 7-40 编辑管道颜色

3. 管道类型如何配置?

在绘制管道时，默认的管材和管径设置有时候并不能满足项目的需要，此时就需要对管道的管段和尺寸进行增加。

新建管材表：可以从“管理”|“MEP 设置”|“机械设置”中新建管材及其包含的尺寸，如图 7-41 所示，配置完成后就可以在布管系统中选择相应管材，如图 7-42 所示。

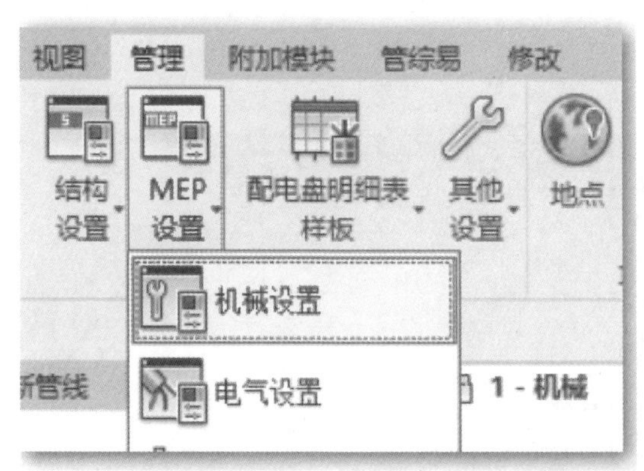


图 7-41 “管理”|“MEP 设置”|“机械设置”

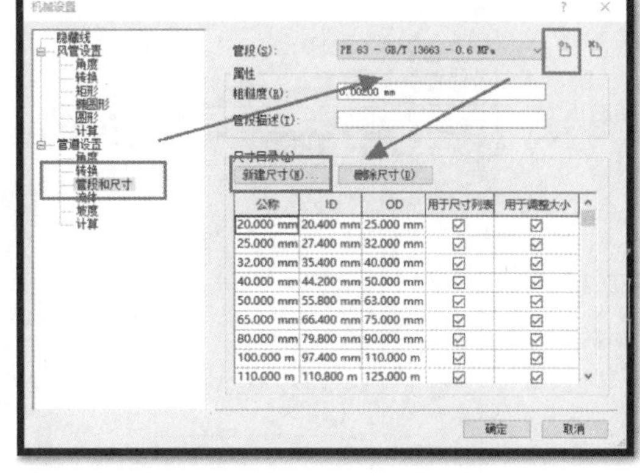

图 7-42 选择配置好的管材

除了管材，布管系统中还需要配置上该管道系统的三通、四通、弯头、连接件等管件。在绘制管道时有时会出现没有合适连接件的提示框，就是因为没有配置相应的管件导致的，在布管系统中添加上适合的管件就可以解决，如图 7-43 所示。

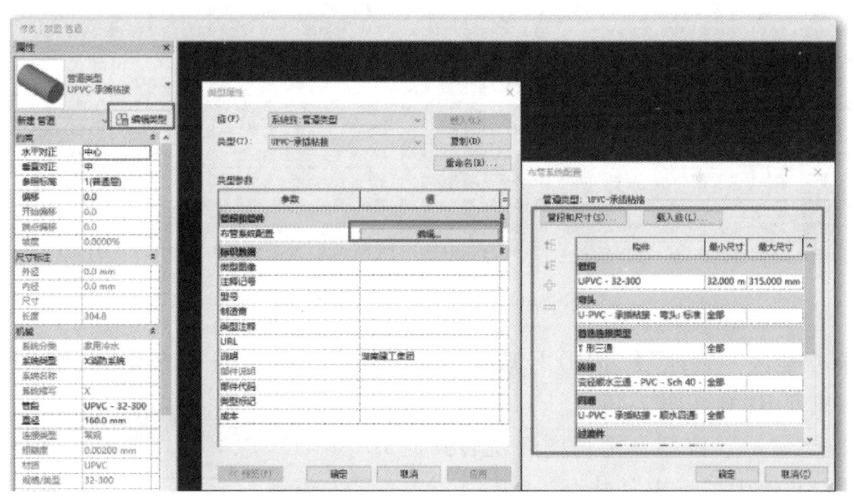

图 7-43 编辑管材类型

4. 工程族如何一次性导出？

在工程中可以将族一次性导出，具体方法为“另存为”|“库”|“族”，在保存时选择要保存的族为“所有族”，如图 7-44 所示。

5. 模型对象的 ID 有何作用？

Revit 中每一个模型对象都有单独的 ID，就像一个人的身份证一样，同一个文件中，每一个对象都有唯一的 ID（不同 rvt 文件的 ID 有可能重复）。利用模型 ID 的唯一性特点，可以做以下的使用：

1）在导出的碰撞报告中，用模型 ID 反查模型，如图 7-45 所示。

2）在 Revit 项目中，可按 ID 号“选择/显示”相应的模型，方法如下：

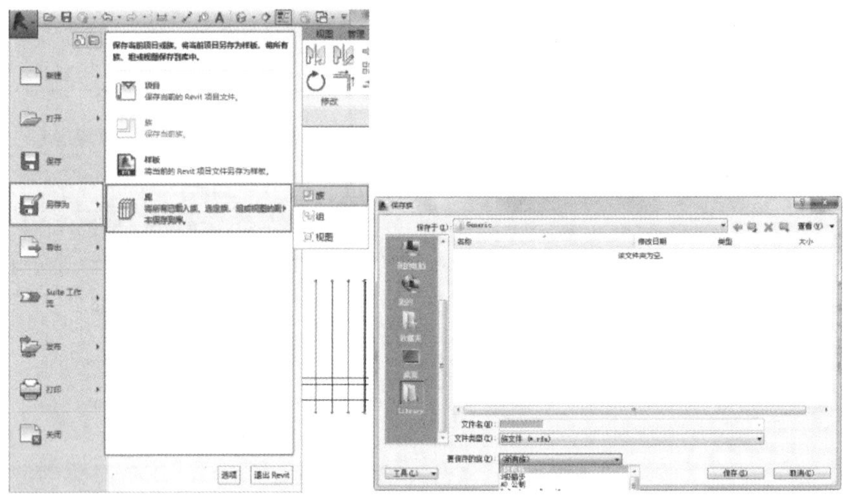

图 7-44　工程族的一次性导出

| | A | B |
|---|---|---|
| 1 | 结构框架 : 混凝土-矩形梁-C30 : 300 x 600mm : ID 684507 | 喷淋模型.rvt : 管件 : 弯头 - 常规 : 标准 - 标记 10006 : ID 1369875 |
| 2 | 结构框架 : 混凝土-矩形梁-C30 : 300 x 600mm : ID 684513 | 喷淋模型.rvt : 管件 : 弯头 - 常规 : 标准 - 标记 10010 : ID 1369953 |
| 3 | 结构框架 : 混凝土-矩形梁-C30 : 200 x 400mm : ID 684783 | 喷淋模型.rvt : 管件 : T 形三通 - 常规 : 标准 - 标记 22007 : ID 1315113 |
| 4 | 结构框架 : 混凝土-矩形梁-C30 : 200 x 400mm : ID 684783 | 喷淋模型.rvt : 管件 : 过渡件 - 常规 : 标准 - 标记 22039 : ID 1315260 |
| 5 | 结构框架 : 混凝土-矩形梁-C30 : 200 x 500mm : ID 684793 | 喷淋模型.rvt : 喷头 : 喷头-普通-直立型 : ZSTKP-20 - 标记 10412 : ID 1338040 |
| 6 | 结构框架 : 混凝土-矩形梁-C30 : 200 x 500mm : ID 684793 | 喷淋模型.rvt : 管件 : T 形三通 - 常规 : 标准 - 标记 24200 : ID 1338088 |
| 7 | 结构框架 : 混凝土-矩形梁-C30 : 200 x 500mm : ID 684799 | 喷淋模型.rvt : 喷头 : 喷头-普通-直立型 : ZSTKP-20 - 标记 10033 : ID 1319105 |
| 8 | 结构框架 : 混凝土-矩形梁-C30 : 200 x 500mm : ID 684799 | 喷淋模型.rvt : 管件 : T 形三通 - 常规 : 标准 - 标记 23463 : ID 1321923 |
| 9 | 结构框架 : 混凝土-矩形梁-C30 : 250 x 500mm : ID 684825 | 喷淋模型.rvt : 喷头 : 喷头-普通-直立型 : ZSTKP-20 - 标记 10081 : ID 1319559 |
| 10 | 结构框架 : 混凝土-矩形梁-C30 : 250 x 500mm : ID 684825 | 喷淋模型.rvt : 管件 : T 形三通 - 常规 : 标准 - 标记 22888 : ID 1319853 |
| 11 | 结构框架 : 混凝土-矩形梁-C30 : 550 x 600mm : ID 684903 | 喷淋模型.rvt : 管件 : 弯头 - 常规 : 标准 - 标记 21654 : ID 1313583 |
| 12 | 结构框架 : 混凝土-矩形梁-C30 : 200 x 450mm : ID 684921 | 喷淋模型.rvt : 管件 : 四通 - 常规 : 标准 - 标记 23822 : ID 1334196 |
| 13 | 结构框架 : 混凝土-矩形梁-C30 : 200 x 450mm : ID 684923 | 喷淋模型.rvt : 管件 : 四通 - 常规 : 标准 - 标记 23786 : ID 1333877 |

图 7-45　碰撞报告中的模型 ID

① 选择功能区“管理”|“按ID 号选择图元”命令，在出现“按 ID 号选择图元”的对话框中输入模型 ID 号（图 7-46）。

② 单击“显示”按钮，则视图会跳转到此 ID 的模型位置，并处于“选中”状态。

图 7-46　在对话框中输入模型 ID

3）当 Revit 模型导出到某些软件（如 Navisworks），或者导出 DWF 文件时，均可保留 ID 信息，可以借此反查对应的对象。

6. 怎样进行模型的碰撞检查？

Revit 自带了碰撞检查的功能，可以对当前项目内的模型进行碰撞检查，也可以与链接的模型进行碰撞检查。

1）单击“协作”面板下的“碰撞检查”|“运行碰撞检查”命令，如图 7-47 所示。

2）在“碰撞检查”对话框，通过勾选左右两边选项来进行当前项目之间的碰撞检查，如管道与结构框架进行碰撞检查，如图 7-48 所示。

3）单击“确定”按钮，进行碰撞检查。

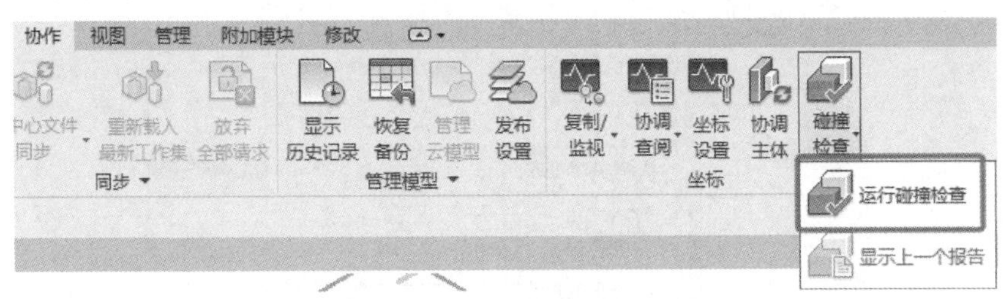

图 7-47 运行碰撞检查命令

7. 刚刚载进来的族找不到了，怎么处理？

每个族创建的时候都会有一个“族类别”的归类，当用功能区“插入”|“载入族”命令载入某个族之后，可以去项目浏览器下面的族分类中，在相应的类别下找到。用该命令可以载入所有外部 3D 族或 2D 族，3D 族还可以直接选中后拖拽到绘图区放置。

如图 7-49 所示，选中族列表中的窗族“固定窗 600mm×12005mm”，属性栏就会显示该族属性，这时，用鼠标拖曳到绘图区，即可放置该窗，此方法等同于选择功能区“构件”|“放置构件”命令。

图 7-48 “碰撞检查”对话框

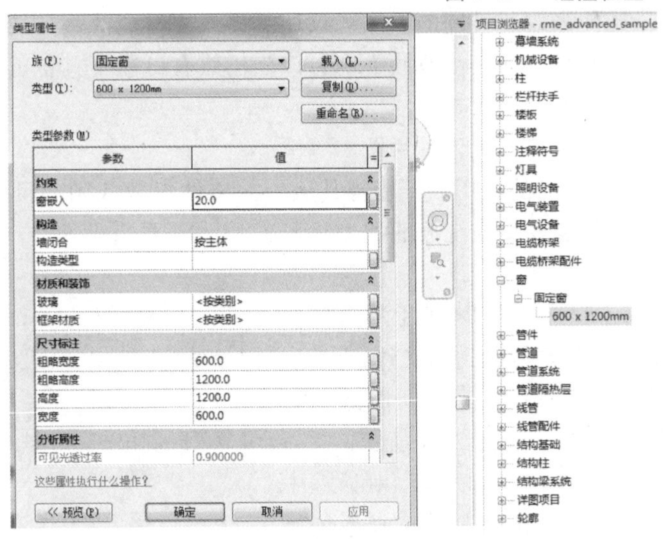

图 7-49 族列表下的窗族

如果载入族后，未在相应的族类别下找到，则要确定族类别的设置是否正确。在 Revit 软件中，选用正确的族样板和设置正确的族类别非常重要。

要确认族类别，需打开族文件，单击功能区“族类别和族参数”命令，在弹出的对话框中即可查看到当前的族类别，如图 7-50 所示，单击其他族类别，确认可以修改该族的族

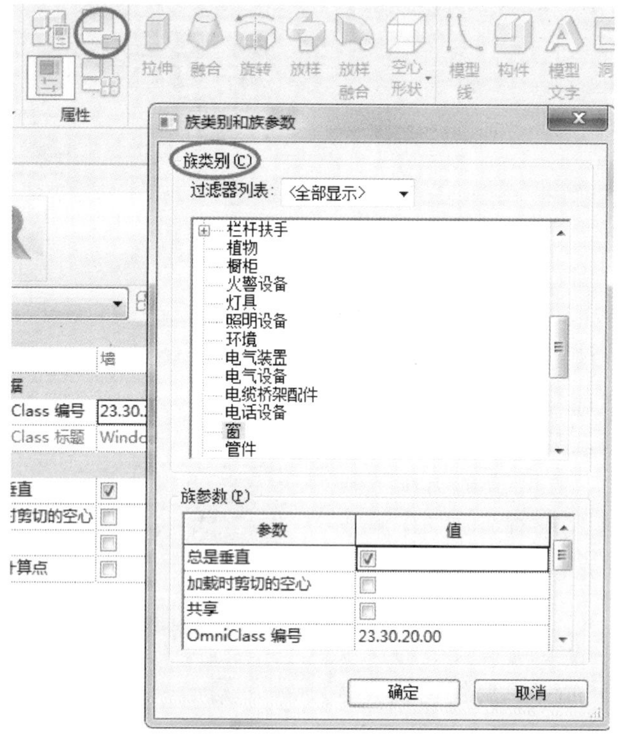


图 7-50 “族类别和族参数”对话框

类别。再次载入到项目中后，会发现其出现在项目浏览器中新设置的族类别下。

需要注意的是，这种修改族类别的方法可以让其出现在对应的族类别中，但是如果在创建之初未选择合适的族样板，即使修改族类别，该族仍然有可能不具备正确的族功能，这时只能选择合适的族样板进行重建。

8. 如何把系统族传给其他模型文件？

系统族是 Revit 中预定义的，用户不能将其从外部文件中载入到项目中，也不能将其保存成独立的文本文件，如需要将系统族的类型重复使用，需要借助两个项目间的传递功能。具体步骤如下：

1）在同一个 Revit 程序中同时打开两个项目（所需系统族所在文件、需要传递到的文件）。

2）在需要传递到的文件中，选择功能区“管理”|“传递项目标准”命令，如图 7-51 所示。

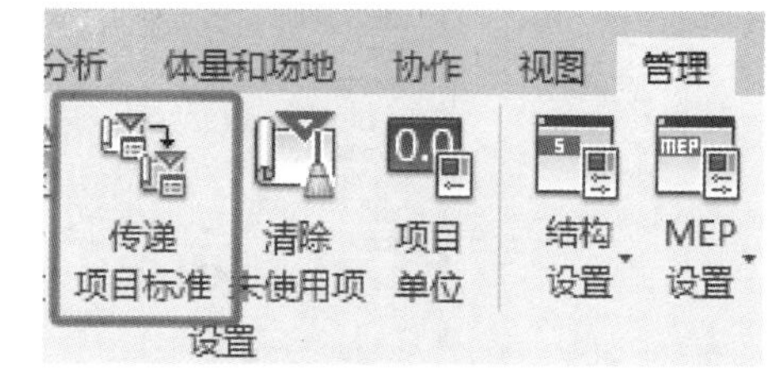


图 7-51 传递项目标准

3）在弹出的“选择要复制的项目”对话框中（图 7-52），在“复制自”下拉列表中选择系统族所在的项目文件名，在类型列表中选择要传递的系统族类型。

要选择所有项，可单击“选择全部”按钮。一般做法是仅勾选需要传递的标准，以免造成大量项目设置的变更。但有些相关的设置项需一起传递，如视图样板，需与过滤器、填充样式一起传递才能形成配套的效果。

单击“确定”按钮后，所选的系统族类型就会传递到当前项目文件中了。如果弹出“重复类型”对话框，如图7-53所示，则可以根据实际情况选择覆盖或仅传递新类型。

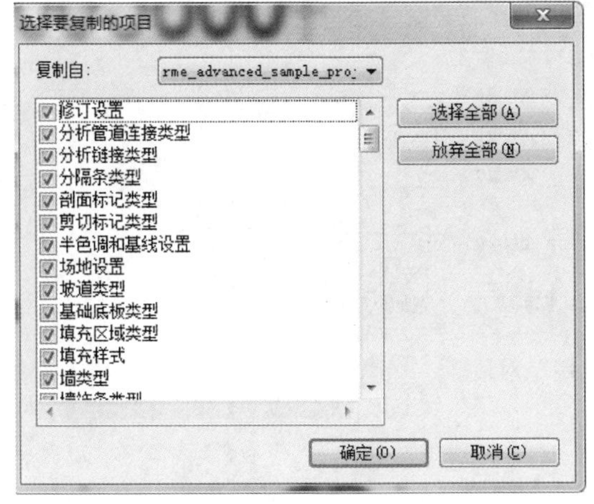


图7-52 “选择要复制的项目”对话框

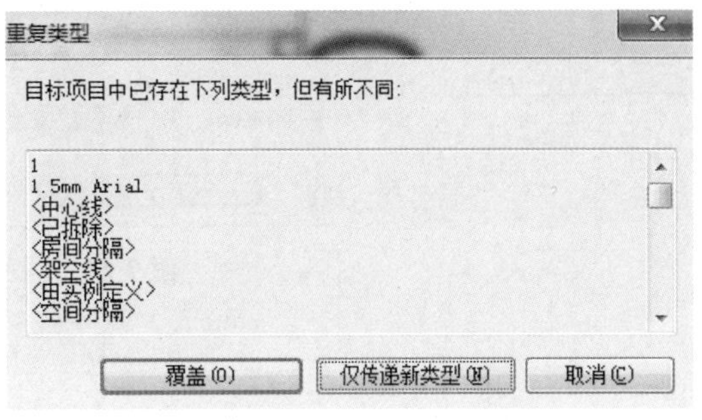


图7-53 “重复类型”对话框

*9. 使用工作集需要注意哪些事项?*

使用工作集的过程中有一些要注意的事项，以避免使用过程中可能发生的问题，具体如下:

1）由于到目前为止Autodesk公司已经发布了很多版本的Revit软件，也许项目成员的计算机中已经安装了多个版本的Revit软件，但要确认在共享工作集的所有计算机上使用同一版本的Revit。

2）如果要关闭某些“工作集”，要选择功能区“协作”|“新工作集”命令全局关闭其图元的可见性，而不要在“可视性/图形”对话框中关闭它们。

3）创建新的工作集时，为了提高性能，在“新建工作集”对话框中有一个“在所有视图中可见”的复选框，仅当必要时才选择该复选框。

4）创建中心模型的一个本地副本，可减少对中心文件服务器的负担，这时所有工作都在本地进行，在需要的时候，如其他项目成员需要你最新创建的模型，才与中心文件同步。

5）在与中心文件同步时，可勾选“压缩中心模型”选项，以减少文件大小，压缩过程将重写整个文件并删除旧的部分来节约空间。因为压缩过程比常规的保存更耗时，所以强烈建议只在可以中断工作时执行此操作。

6）定期打开中心文件，打开时选中“核查”选项，然后保存文件，可有效避免中心文件数据错误。

7）如果需要把中心文件提供给外部其他成员独立使用，不要直接提供中心文件，而是应该从中心文件分离，把分离出来的模型文件提供给外部其他成员独立使用。做法是在打开中心文件时，勾选“从中心分离”选项。

*10. 视图范围里的参数如何理解?*

视图范围中的顶和底指的是当前平面的主要范围，如图7-54所示，剖切面和视图深度决定在当前平面能看到的图元的范围，也就是说，在剖切面到视图深度范围内可以看到，在剖切面到顶的范围内的图元除了窗、橱柜和常规模型外是看不到的。也就是如果这三种图元位于剖切面到顶的范围，它们是可以显示在视图中的。

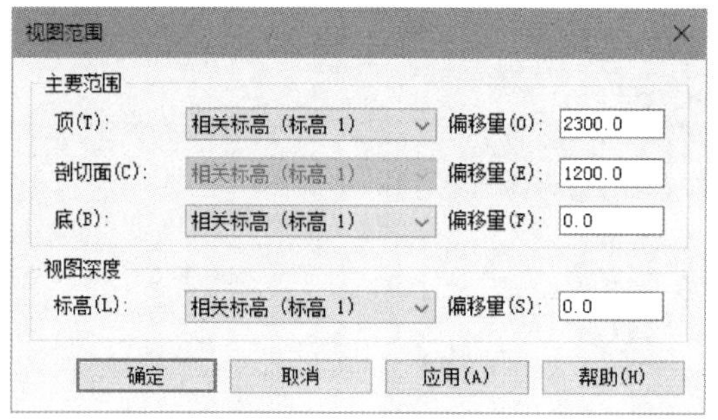

图 7-54 “视图范围”对话框

# 第8章 BIM制图案例解析

Revit 作为一款 BIM 软件，其建模跟业界常用的建模软件，如 SKETCH UP，RHINO 等，在制图模式上有很大不同，SKETCH UP、RHINO 等软件的建模是通过形体的组成来完成，而 Revit 的建模是通过组合不同的建筑元素来完成，如梁、柱、门、窗等，更接近实际建造，因此，在制图步骤与观念上存在一定变化。下面以一个实例说明 Revit 建模的一般步骤。

## 8.1 Revit 项目新建与设置

项目新建

### 8.1.1 新建项目

启动 Revit2020，进入 Revit 初始界面，在“项目”选项组中单击“新建”选项，打开“新建项目”对话框，在样板文件中选择“浏览”，选择“DefaultCHSCHS”，然后单击“打开”按钮，此时样板文件下拉菜单中显示“DefaultCHSCHS”，注意新建的对象为“项目”，如图 8-1 所示。

再单击“确定”按钮，创建一个新项目，如图 8-2 所示。

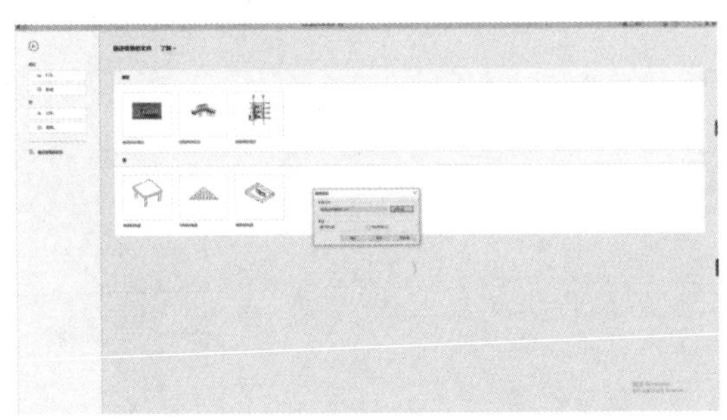

图 8-1 “新建项目”对话框

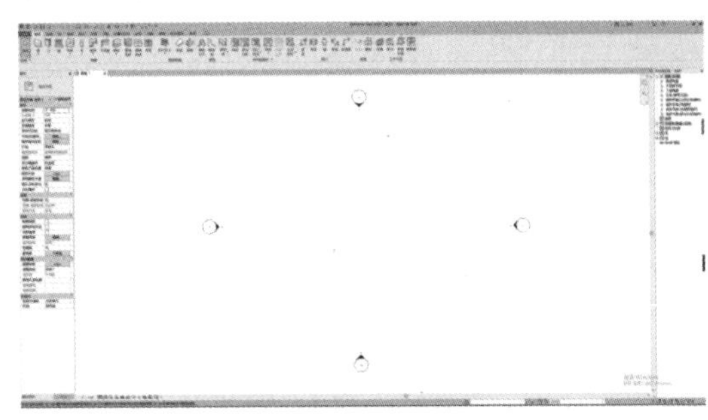

图 8-2 创建新项目

注意：在 Autodesk Revit 中，项目是整个建筑物设计的联合文件。建筑的所有标准视图、建筑设计图及明细表都包含在项目文件中。只要修改模型，所有相关的视图、施工图和明细表都会随之自动更新。创建新的项目文件是设计开始的第一步。

### 8.1.2 项目设置与保存

1）单击“管理”选项卡|“项目设置”面板|“项目信息”选项，输入项目信息。

2）单击“项目设置”面板|“项目单位”命令，打开“项目单位”设置对话框。

3）单击“长度”|“格式”列按钮，将长度单位设置为毫米（mm），单击“面积”|“格式”列按钮将面积单位设置为平方米（$m^2$），单击“体积”|“格式”列按钮将面积单位设置为立方米（$m^3$）。

4）单击“应用程序菜单”|“保存”命令，或单击“快速访问工具栏”|“保存”|“另存为”命令。设置保存路径，输入项目文件名为别墅 01，单击“保存”按钮即可保存项目文件。

## 8.2 创建标高与轴网

标高用来定义楼层层高及生成平面视图；轴网用于构件定位，在 Revit 中，轴网是一个不可见的工作平面。轴网编号及标高符号样式可定制修改。软件目前可以绘制弧形和直线轴网，暂时不支持折线轴网。

标高创建与编辑

### 8.2.1 创建标高

在 Revit Architecture 中，“标高”命令必须在立面和剖面视图中才能使用，因此在正式开始项目设计前，必须事先打开一个立面视图。在项目浏览器中展开“立面（建筑立面）”项，双击视图名称“南”进入南立面视图，如图 8-3 所示。

视图 (全部)
楼层平面
天花板平面
三维视图
立面 (建筑立面)
东
北
南
西
面积平面 (人防分区面积)
面积平面 (净面积)
面积平面 (总建筑面积)
面积平面 (防火分区面积)
图例
明细表/数量 (全部)
图纸 (全部)
族
组
Revit 链接

图 8-3 南立面视图选择

双击“标高 1”字符，将其改为“1F”，“标高 2”改为“2F”。调整“2F”标高，将一层与二层之间的层高修改为“3.300”，通过“复制”命令生成一个新标高，改名为“室外场地”，调整其标高为“-0.300”，如图 8-4 所示。

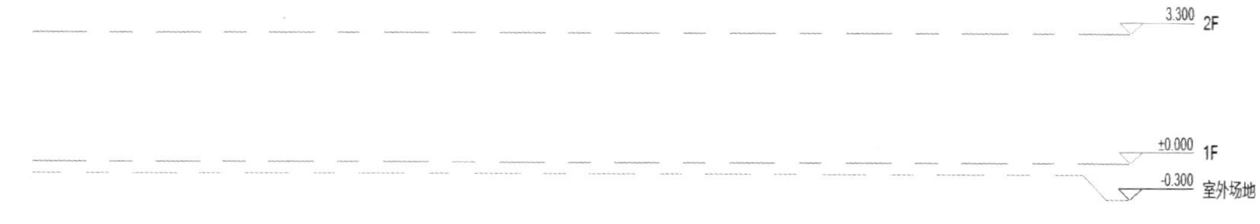


图 8-4 通过“复制”命令创建标高

绘制 3F 的标高：单击“建筑”选项卡，选择“标高”命令，把光标移到 2F 标高的左上方，高度随意。此时，Revit 会自动捕捉和对齐“2F”标高线的起点，如图 8-5 所示，单击，从左往右画，画到右侧时光标同样自动捕捉，并与右端标头对齐，再次单击，标高绘制完成。

按同样方法绘制屋顶标高。绘制完成并修改标高的高度和名称，分别为“6.600”“3F”，“8.600”“屋顶”，最终如图 8-6 所示。

图 8-5 通过“标高”命令创建标高

图 8-6 标高的创建

提示：在 Revit Architecture 中复制的标高是参照标高，在此项目中“室外场地”标高就是参照标高，因此新复制的标高标头都是黑色（或白色）显示，如图 8-6 所示，而且在项目浏览器中的“视图”|“楼层平面”项下也没有创建新的平面视图，如图 8-7 所示。而手动绘制的标高则会直接创建楼层平面。对标高进行进一步编辑。单击选项卡“视图”|“平面视图”|“楼层平面”命令，在弹出的对话框中，从下拉列表中选择“室外场地”，如图 8-8 所示。单击“确定”按钮后，在项目浏览器中创建了新的楼层平面“室外场地”并自动打开“室外场地”平面图作为当前视图。

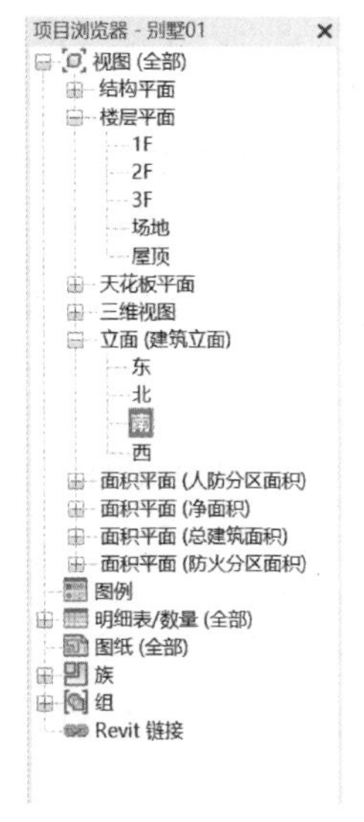


图 8-7 未创建新的平面视图

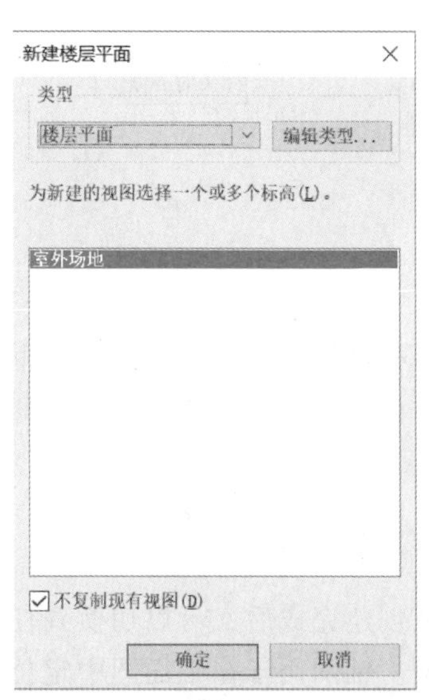


图 8-8 新建楼层平面

在项目浏览器中双击“立面（建筑立面）”项下的“南”回到南立面视图中，发现标高“室外场地”的标头变成蓝色显示，如图 8-9 所示。至此建筑的各个标高就创建完成，保存文件。

图 8-9　项目标高绘制完成

### 8.2.2　编辑标高

选择任意一条标高线，会显示临时尺寸、一些控制符号和复选框，如图 8-10 所示。可以编辑其尺寸值，单击并拖曳控制符号，还可整体或单独调整标高标头的位置，控制标头隐藏或显示、标头偏移等操作。

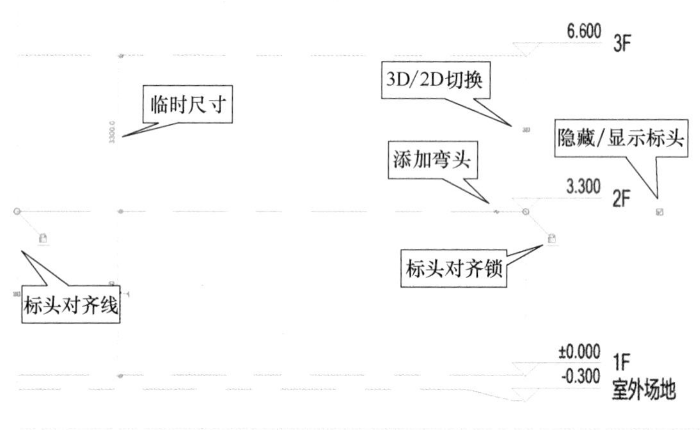


图 8-10　编辑标高

选择标高线，单击标头外侧方框，即可关闭/打开标头显示。

单击标头附近的折线符号，偏移标头，单击蓝色“拖曳点”，按住鼠标不放，调整标头位置。

### 8.2.3　创建轴网

创建轴网

标高创建完成后，可以切换到任意平面图（如楼层平面视图）来创建和编辑轴网。轴网用于在平面图中定位项目图元。

利用“轴网”工具，可以在建筑项目设计环境中放置柱轴网线。轴线不仅可以作为建

筑墙体的中轴线，与标高一样，轴线还是一个有限平面，可以在立面图中编辑其范围大小，使其不与标高线相交。在 Revit Architecture 中，轴网只需在任意一个平面视图中绘制一次，在其他平面和立面、剖面视图中就将自动显示。轴网包括轴线和轴号。

接上节练习，在项目浏览器中双击“楼层平面”项下的“1F”视图，打开首层平面视图。

1. 绘制垂直轴线

单击选项卡“建筑”|“轴网”命令，在视图中自上而下绘制一条轴线，绘制完成后双击轴号，进入编辑模式，修改轴号为“1”，按<Enter>键完成。

利用复制命令创建 2~5 号轴线。单击选择①号轴线，然后选择“复制”命令，勾选“约束”和“多个” 修改|标高 ☑约束 □分开 ☑多个 选项，移动光标在①号轴线上单击捕捉一点作为复制参考点，然后水平向右移动光标，输入间距值 4500 后按<Enter>键确认后复制②号轴线。保持光标位于新复制的轴线右侧，分别输入 3000、3600、3000 后按<Enter>键确认，绘制③~⑤号轴线。

完成垂直轴线绘制后，加尺寸标注对其尺寸进行检验，单击选项卡“修改”|“测量”|“对齐尺寸标注”|“对齐”命令，从左往右依次选择轴线①~⑤，然后在右边空白处单击，通过测量命令完成尺寸标注。结果如图 8-11 所示。

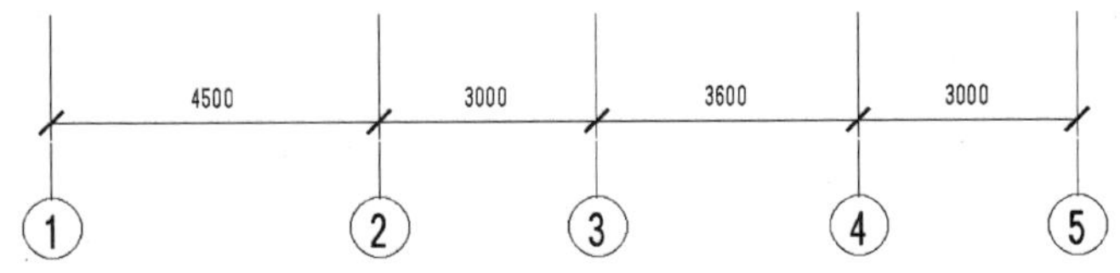


图 8-11 垂直轴线的绘制

2. 绘制水平轴线

首先绘制水平轴线Ⓐ轴。单击选项卡“建筑”|“轴网”命令，移动光标到视图中①号轴线下标头的左上方位置，单击捕捉一点作为轴线起点。然后从左向右水平移动光标到⑤号轴线右侧一段距离后，再次单击捕捉轴线终点创建第一条水平轴线。选择刚创建的水平轴线，双击标头的文字，修改标头文字为“A”，创建Ⓐ号轴线。利用“复制”命令，创建Ⓑ~Ⓗ号轴线：选择Ⓐ号轴线，选择“复制”命令，勾选“约束”和“多个”选项，移动光标在Ⓐ号轴线上单击捕捉一点作为复制参考点，然后垂直向上移动光标，保持光标位于新复制的轴线上侧，分别输入 700、400、1400、4500、3600、1500 后按<Enter>键确认，完成复制。通过测量命令完成水平轴线尺寸标注，如图 8-12 所示。

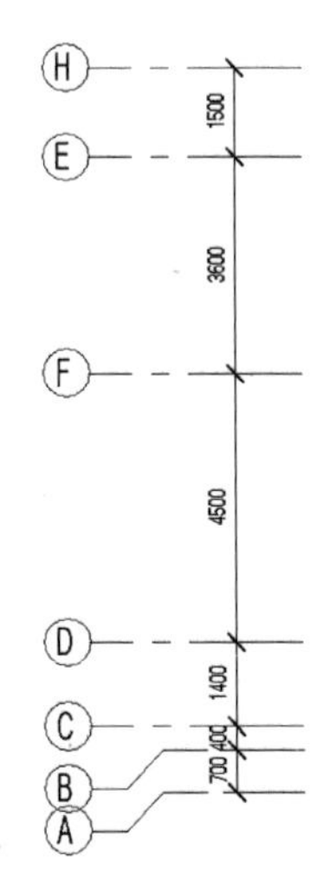


图 8-12 水平轴线的绘制

提示：如果绘制完成后，发现垂直轴线或水平轴线过长，可以选中过长的其中一条轴网，单击并拖动标头下的小圆圈，对其进行长度调整，将其调整到适合位置，如图 8-13 和图 8-14 所示。软件不能自动排除“I”“O”字母作为轴号编辑，需手动排除。

完成水平轴线绘制后，加尺寸标注对其尺寸进行检验，单击选项卡“修改”|“测量”|“对齐尺寸标注”|“对齐”命令，从下往上依次选择轴线Ⓐ~Ⓗ，选择完后，在右边空白处单击，完成尺寸标注。完成后的轴网如图 8-15 所示，保存文件。

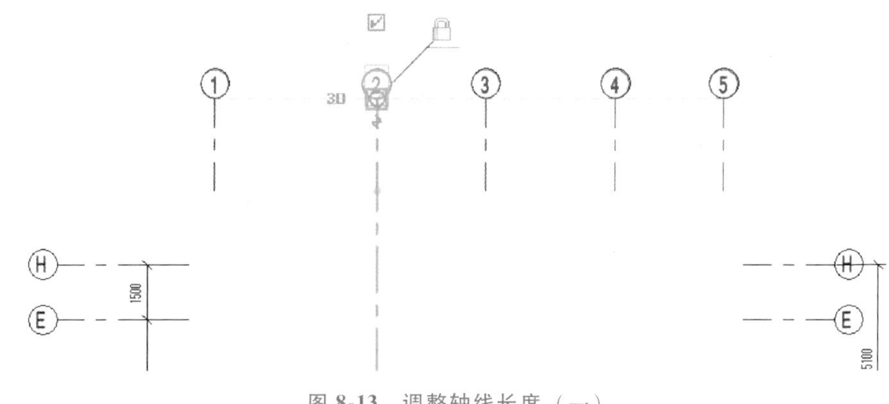


图 8-13 调整轴线长度（一）

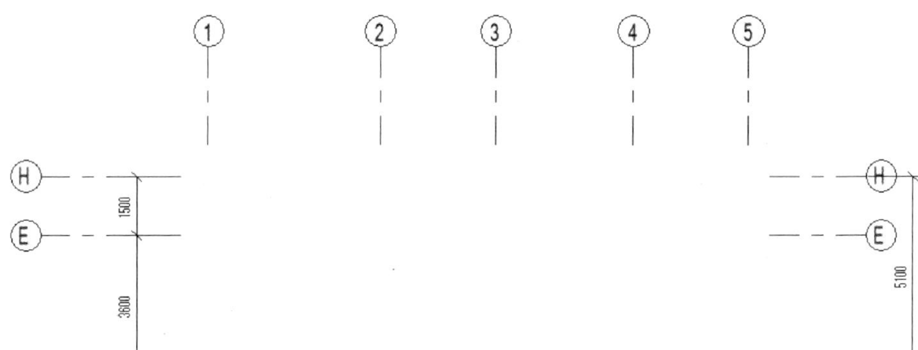


图 8-14 调整轴线长度（二）

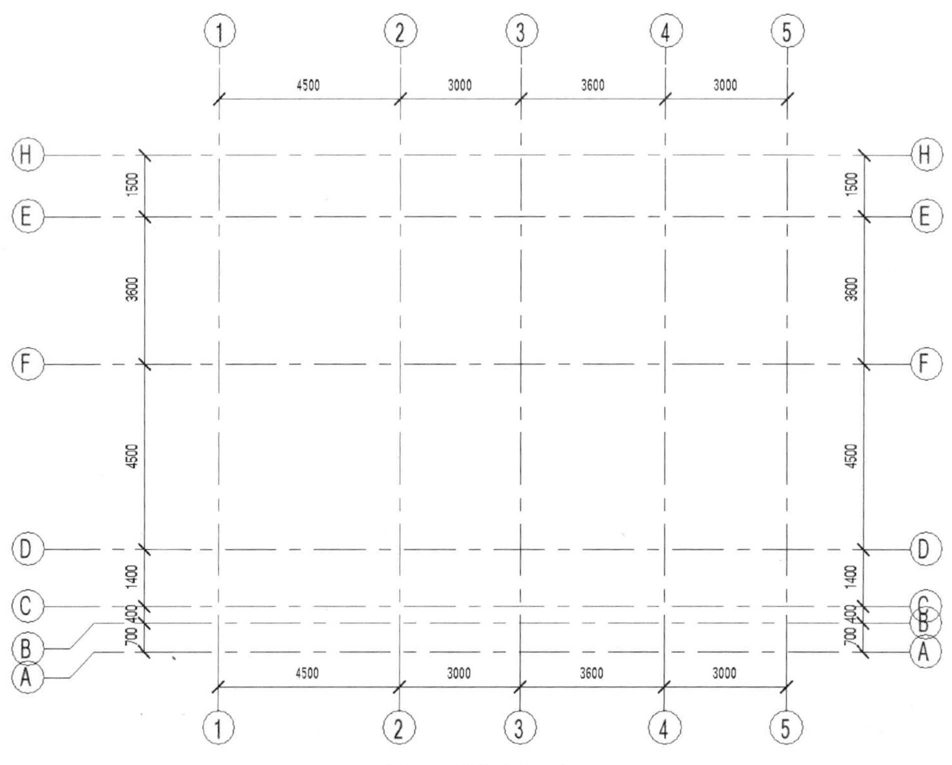


图 8-15 绘制项目轴网

轴网绘制完成后，为防止在后期绘制中轴网发生变动，要对轴网进行锁定。从右往左框选中所有轴线，单击“锁定”按扭锁定轴网并保存文件。

### 8.2.4　编辑轴网

1. 尺寸驱动调整轴线位置

选择任何一条轴线，会出现蓝色的临时尺寸标注，单击尺寸即可修改其值，调整轴线位置，如图8-16所示。

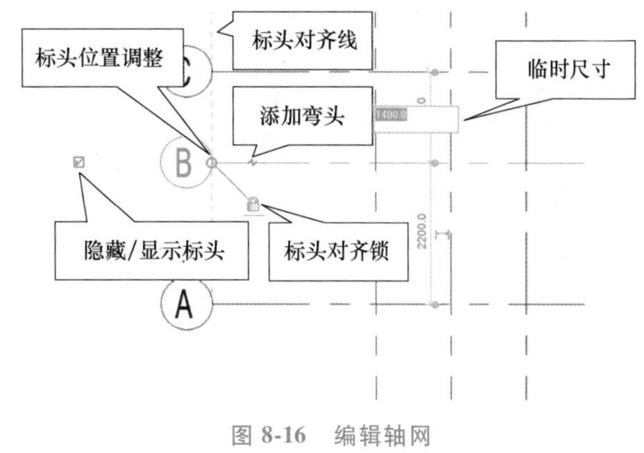


图8-16　编辑轴网

2. 轴网标头位置调整

选择任何一条轴线，所有对齐轴线的端点位置会出现一条对齐虚线，用鼠标拖曳轴线端点，所有轴线端点同步移动。

1）如果只移动单条轴线的端点则先打开对齐锁定，再拖曳轴线端点。

2）如果轴线状态为3D，则所有平行视图中的轴线端点同步联动，如图8-17所示。

3）单击切换为2D，则只改变当前视图的轴线端点位置，如图8-18所示。

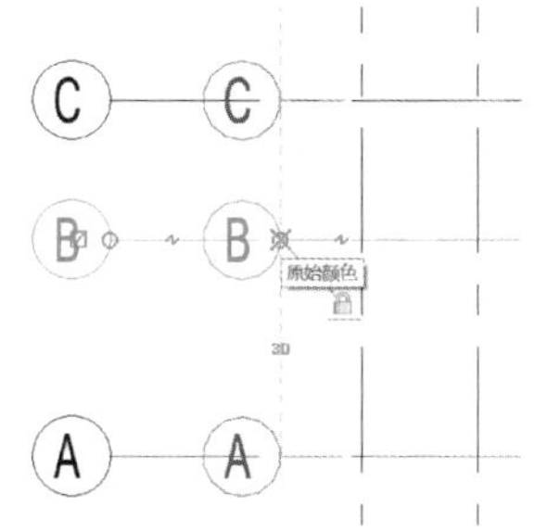


图8-17　轴网标头位置调整（一）

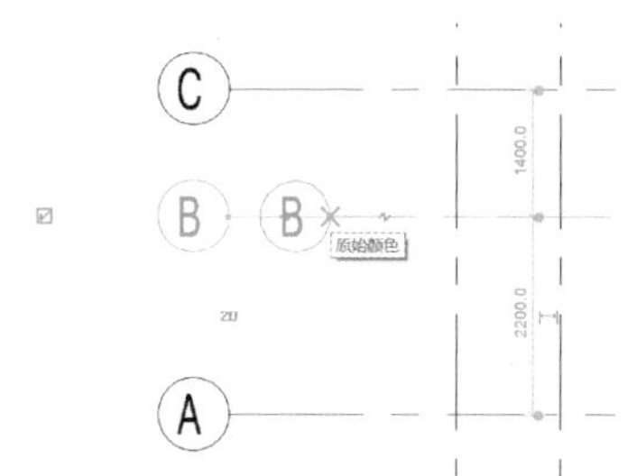


图8-18　轴网标头位置调整（二）

3. 轴号显示控制

1）选择任何一条轴线，单击标头外侧方框，即可关闭/打开轴号显示。

2）如需控制所有轴号的显示，可选择所有轴线，将自动激活“修改｜轴网”选项卡。在“属性”面板中选择“类型属性”命令，弹出“类型属性”对话框，在其中修改类型属性，单击端点默认编号的“√”标记，如图8-19所示。

3）在轴网的“类型属性”对话框中设置“轴线中段”的显示方式，分别有“连续”“无”“自定义”三项，如图8-20所示。

将“轴线中段”设置为“连续”方式，还可设置其“轴线末段宽度”“轴线末段颜色”及“轴线末段填充图案”的样式，如图8-21所示。

4）将“轴线中段”设置为“无”方式时，可设置其“轴线末段宽度”“轴线末段颜色”及“轴线末段长度”的样式，如图8-22所示。

4. 轴号偏移

单击标头附近的“折线符号”和“偏移轴号”，单击“拖曳点”，按住鼠标不放，调整轴号位置，如图8-23所示。偏移后若要恢复直线状态，按住“拖曳点”到直线上释放鼠标即可。注意：锁定轴网时要取消偏移，需要选择轴线并取消锁定后，才能移动“拖曳点”。

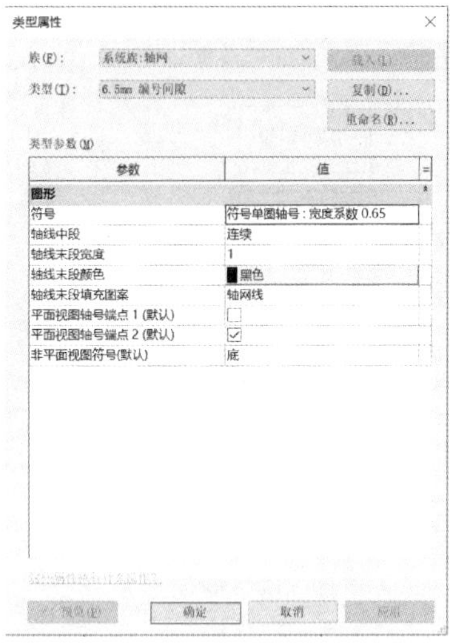


图 8-19　控制轴号的显示

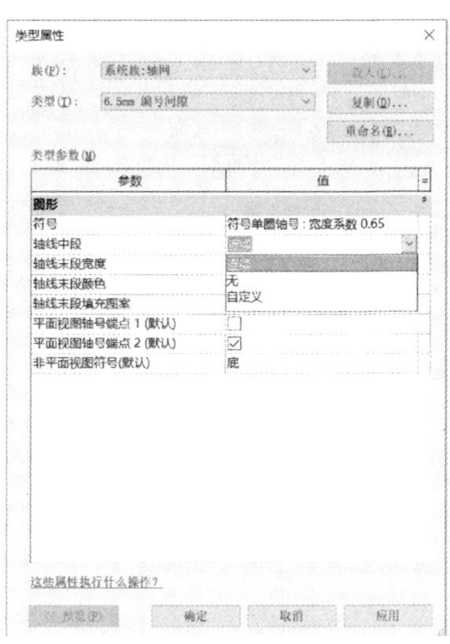


图 8-20　轴号中段显示方式

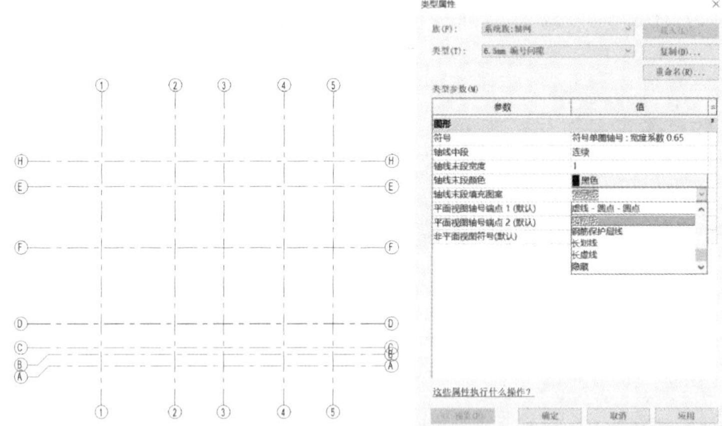


图 8-21　编辑轴线样式

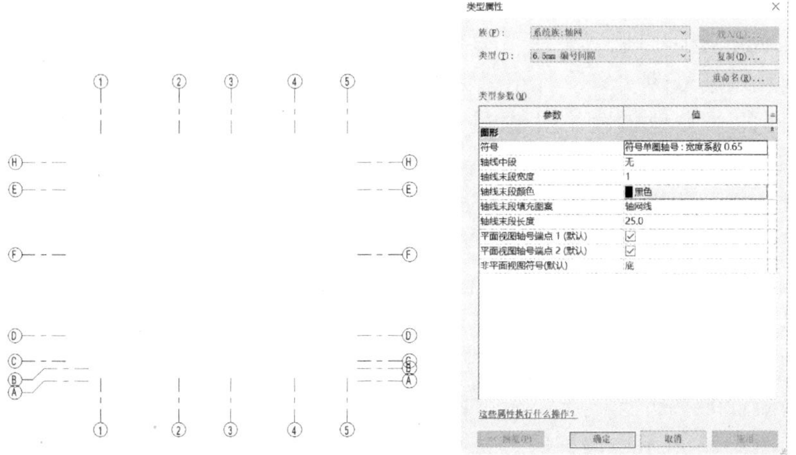


图 8-22　轴线中段“无”样式显示

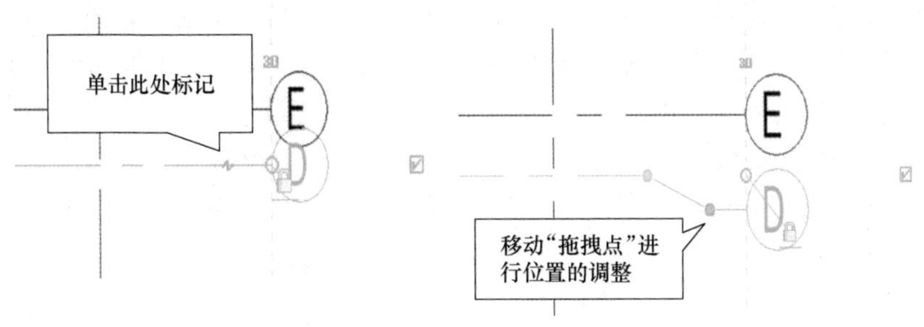


图 8-23 偏移轴号

### 8.2.5 完善小别墅建筑轴网绘制

通过轴网编辑内容的学习，将小别墅建筑轴网修改成如图 8-24 所示。

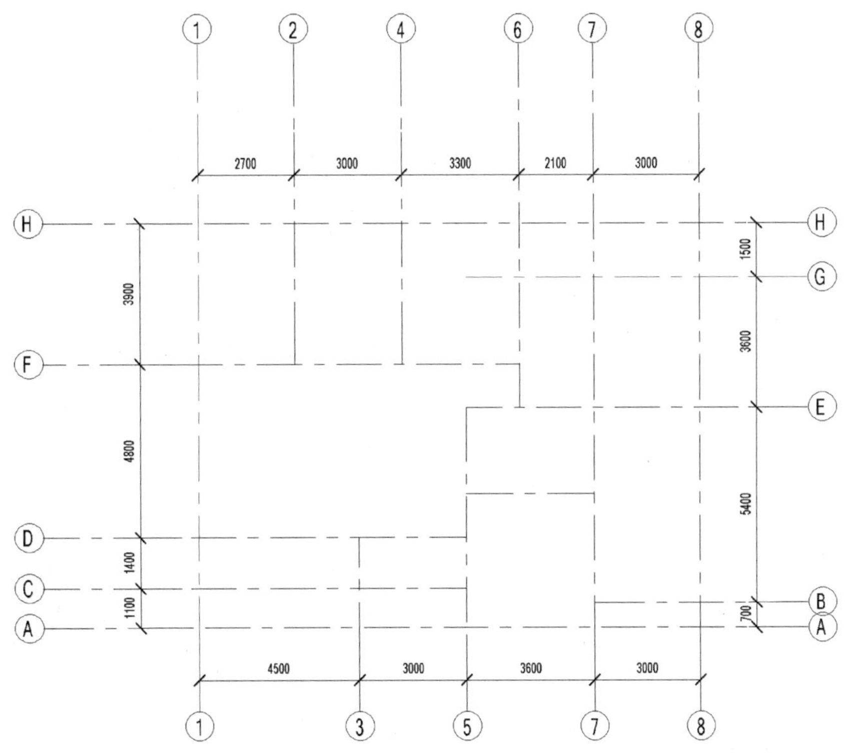


图 8-24 完善项目轴网绘制

## ■ 8.3 墙体的绘制和编辑

墙体绘制

### 8.3.1 一层平面墙体绘制

打开之前保存的“别墅 01. rvt”文件，在项目浏览器中双击“楼层平面”项下的“1F”，打开一层平面视图。

1）绘制前，选择一种墙体。单击选项卡“建筑”|“墙”|“墙：建筑”命令，在“属性”面板中，选择“基本墙：外部-带砖与金属立筋龙骨复合墙”，如图 8-25 所示。

2）绘制一层平面的外墙。接上节练习，单击选项卡“建筑”|“墙”命令，在类型选择器中选择“基本墙：外部-带砖与金属立筋龙骨复合墙”类型，设置实例参数“底部约束”为“1F”，“顶部约束”为“直到标高 2F”，选项栏“定位线”选择“墙中心线”，如图 8-26 所示。

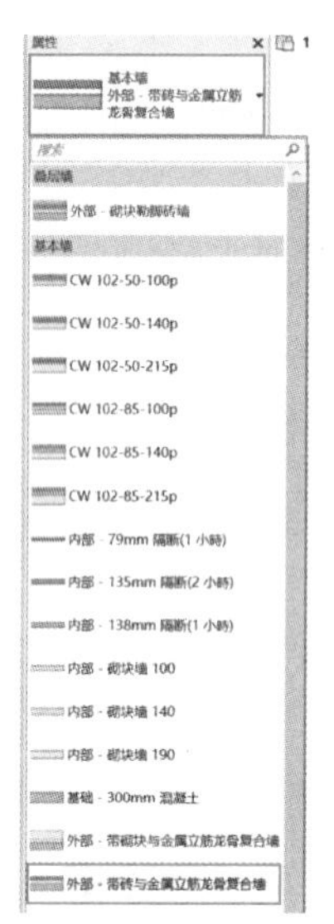

图 8-25　外墙样式选择

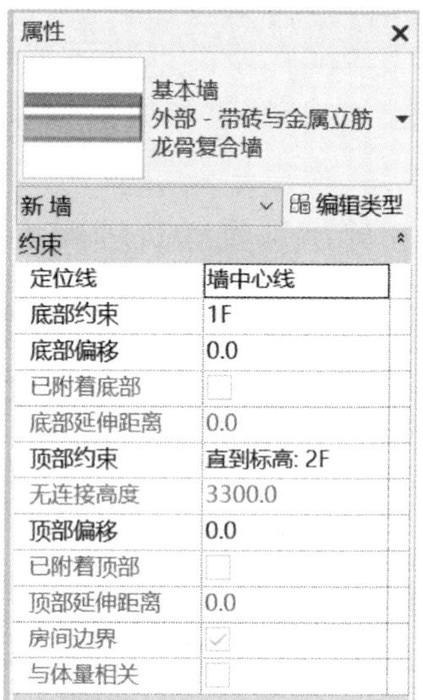


图 8-26　外墙属性编辑

在“绘制”面板选择“直线”命令，绘制外墙的墙体，如图 8-27 所示。

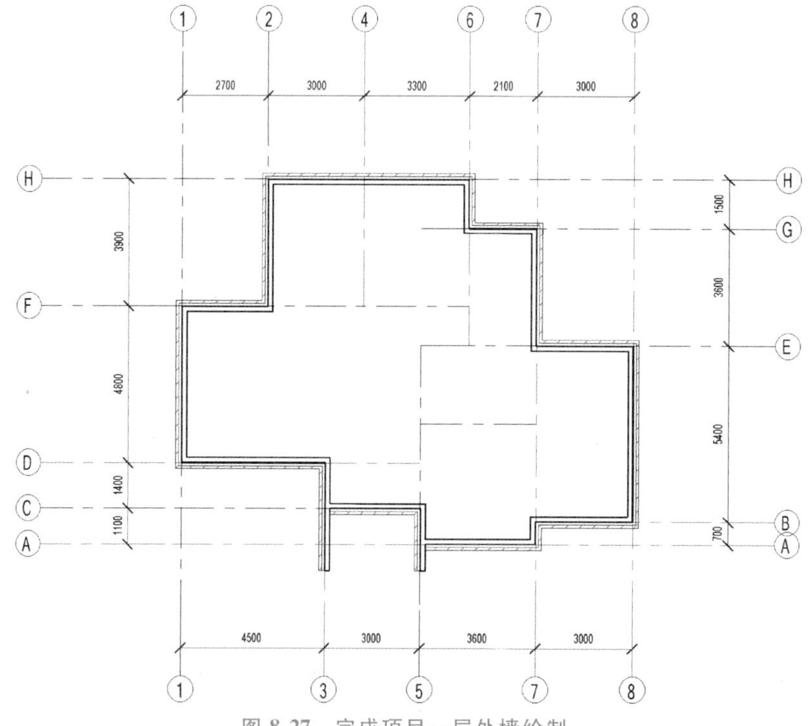


图 8-27　完成项目一层外墙绘制

完成后的一层平面的外墙，如图 8-28 所示，保存文件。

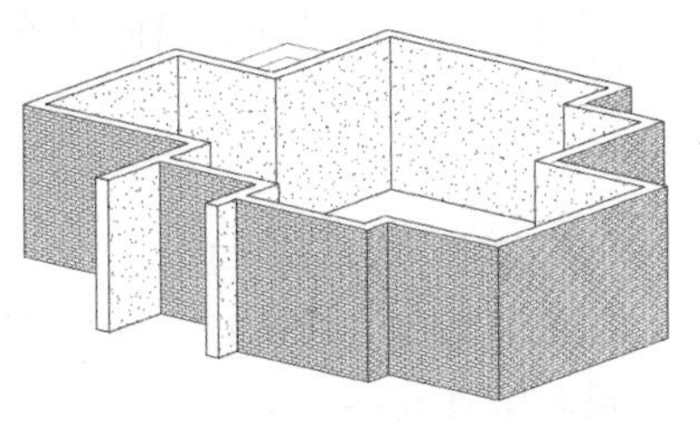

图 8-28　项目一层外墙三维显示

3）绘制一层平面的内墙。单击选项卡“建筑”|“墙”命令，在类型选择器中选择“基本墙：内部-砌块墙-100mm”类型。

在“绘制”面板选择“直线”命令，在“属性”对话框，设置实例参数“底部限制条件”为“1F”，“顶部约束”为“直到标高 2F”。

在“定位线”选项栏选择“面层面：外部”，按图 8-29 所示内墙位置捕捉轴线交点，绘制内墙至④轴。

同理，在“定位线”选项栏选择“面层面：内部”，按图 8-30 所示内墙位置捕捉轴线交点，绘制内墙。

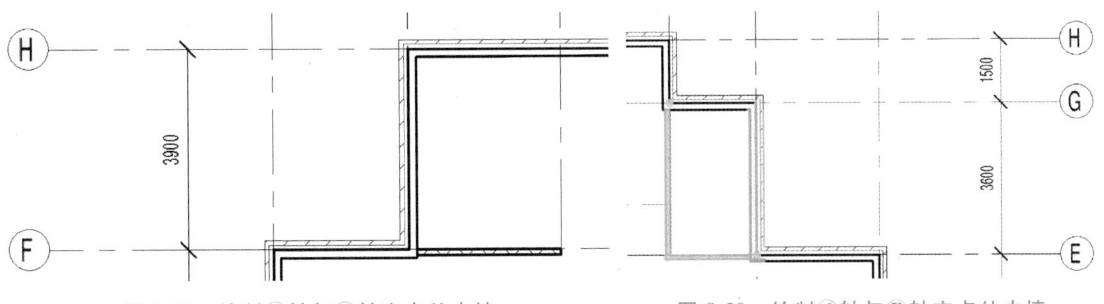


图 8-29　绘制④轴与Ⓕ轴交点处内墙　　图 8-30　绘制⑥轴与Ⓔ轴交点处内墙

同理，在“定位线”选项栏选择“墙中心线”，按图纸要求绘制内墙，再利用“对齐”命令将内墙与外墙对齐，如图 8-31 所示。

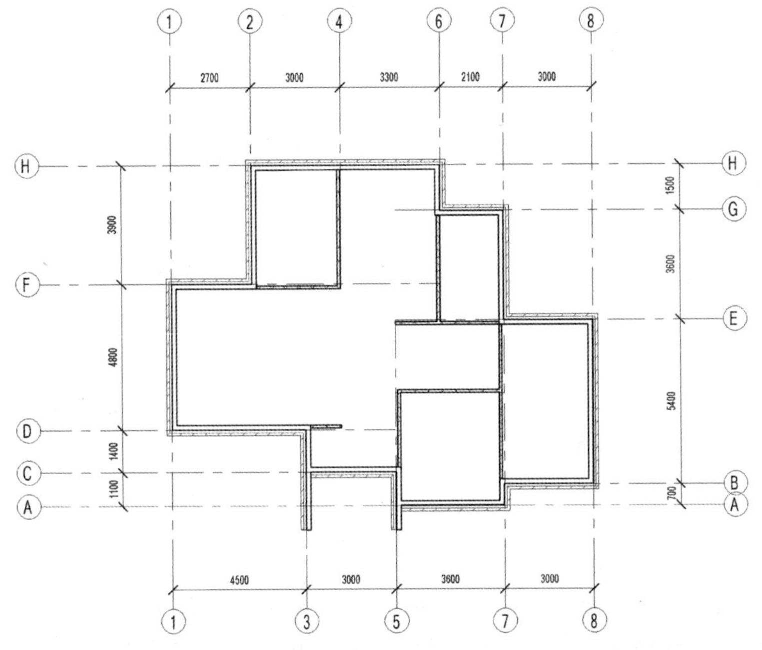


图 8-31　完成项目一层内墙绘制

完成后的一层平面的墙体如图 8-32 所示，保存文件。

### 8.3.2 绘制二层墙面

1. 创建二层外墙

接上节练习，切换到三维视图，将光标放在一层的外墙上，高亮显示后按<Tab>键，所有外墙将全部高亮显示，单击，一层外墙将全部选中，构件蓝色亮显，如图 8-33 所示。

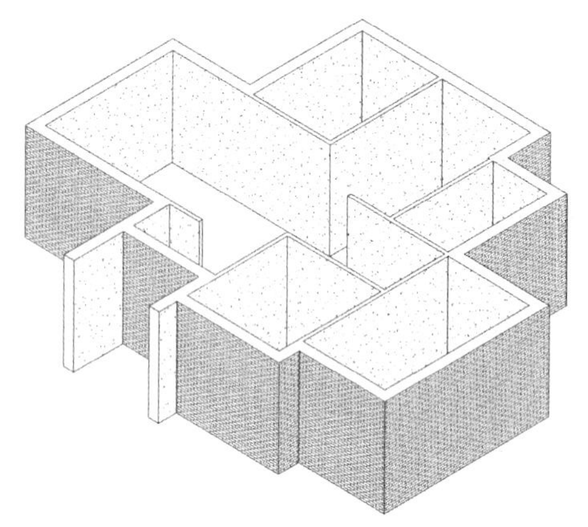

图 8-32 项目一层墙体三维显示

图 8-33 一层外墙整体选择

单击“编辑”|“复制到粘贴板”命令，将所有构件复制到粘贴板中备用。

单击菜单栏“编辑”|“对齐粘贴”|“选择标高”命令，打开“选择标高”对话框，如图 8-34 所示。单击选择“2F”，单击“确定”按钮。

一层平面的外墙都被复制到二层平面，如图 8-35 所示。

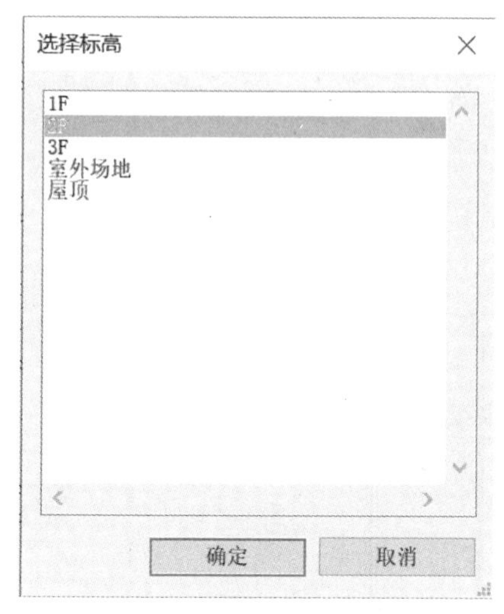


图 8-34 “选择标高”对话框

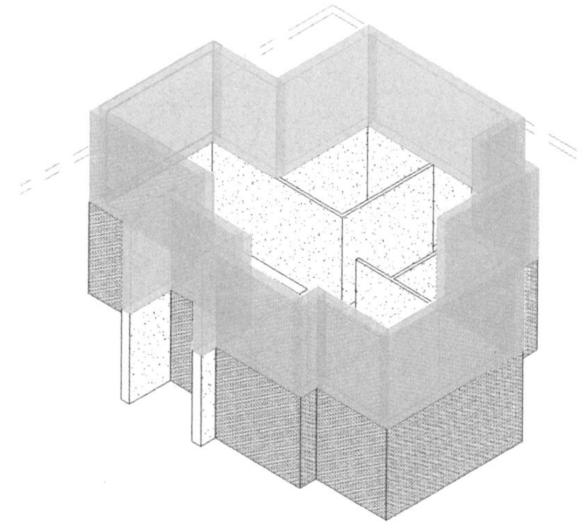

图 8-35 一层平面的外墙复制到二层平面

2. 编辑二层外墙

在项目浏览器中双击“楼层平面”项下的“2F”，打开二层平面视图。

调整外墙位置：移动光标，按<Ctrl>键选中图 8-36 和图 8-37 外墙，按<Del>键删除墙。

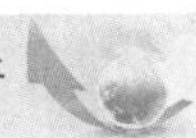

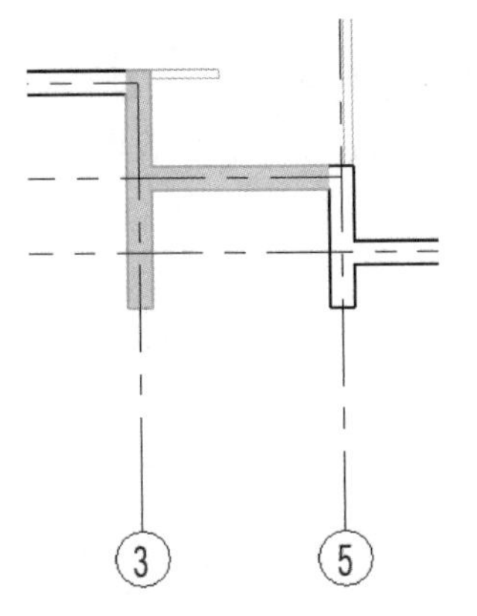


图 8-36　选择删除的墙体（一）

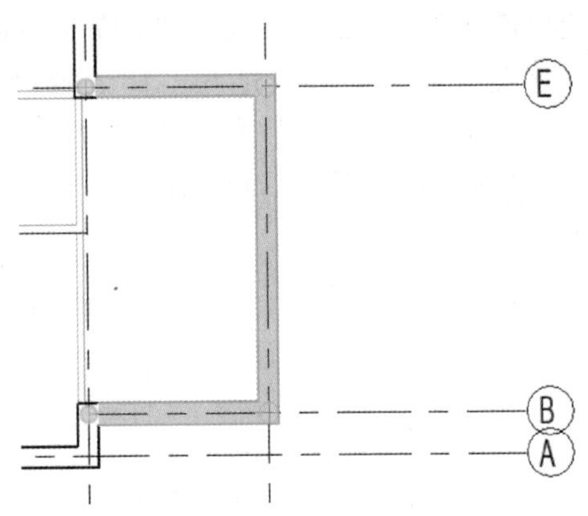


图 8-37　选择删除的墙体（二）

选择选项卡“建筑”|“墙”命令，在类型选择器中选择“基本墙：外部-带砖与金属立筋龙骨复合墙”类型，设置外墙参数，如图 8-38 所示。绘制外墙，如图 8-39、图 8-40 所示。

属性

基本墙
外部 - 带砖与金属立筋龙骨复合墙

新 墙　　编辑类型

约束

| 参数 | 值 |
| --- | --- |
| 定位线 | 墙中心线 |
| 底部约束 | 2F |
| 底部偏移 | 0.0 |
| 已附着底部 | ☐ |
| 底部延伸距离 | 0.0 |
| 顶部约束 | 直到标高: 3F |
| 无连接高度 | 3300.0 |
| 顶部偏移 | 0.0 |
| 已附着顶部 | ☐ |
| 顶部延伸距离 | 0.0 |
| 房间边界 | ☑ |
| 与体量相关 | ☐ |

图 8-38　设置外墙参数

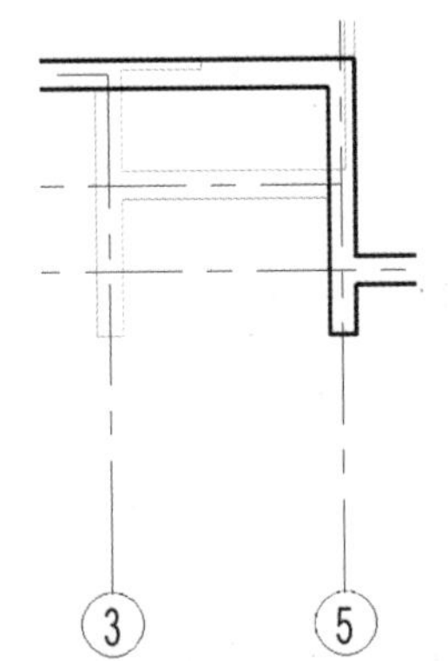


图 8-39　绘制二层外墙（一）

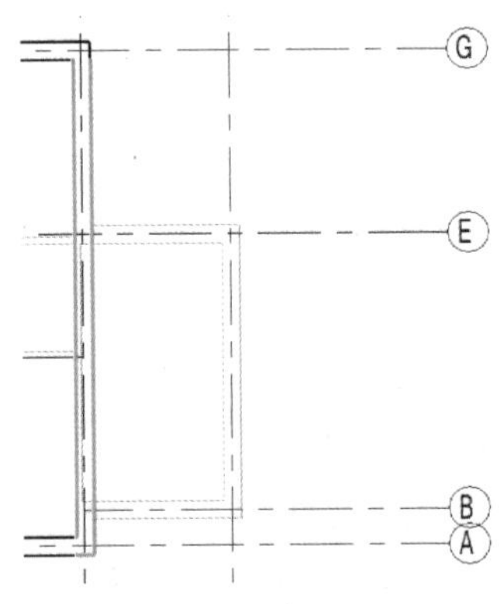


图 8-40　绘制二层外墙（二）

二层外墙绘制完成后如图 8-41、图 8-42 所示，保存文件。

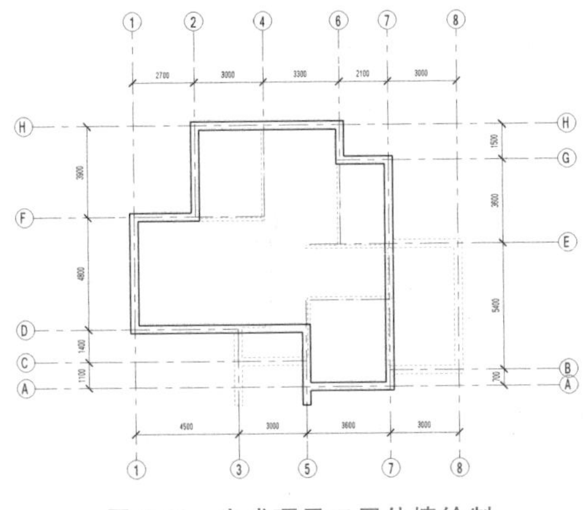


图 8-41　完成项目二层外墙绘制

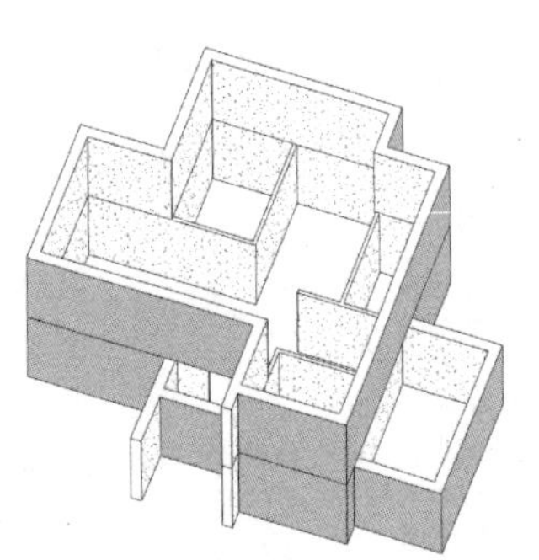

图 8-42　项目二层外墙三维显示

3. 创建二层内墙

单击设计栏“建筑”|“墙”命令，在类型选择器中选择“基本墙：普通砖-100”类型，

在选项栏选择“直线”命令，“定位线”选择“墙中心线”。

单击“属性”按钮打开“图元属性”对话框，设置实例参数“基准限制条件”为“2F”，“顶部限制条件”为“直到标高 3F”，单击“确定”按钮关闭对话框，绘制 100mm 内墙。然后利用“对齐”命令使内墙对齐外墙，如图 8-43 所示。完成后的二层墙体如图 8-44 所示。

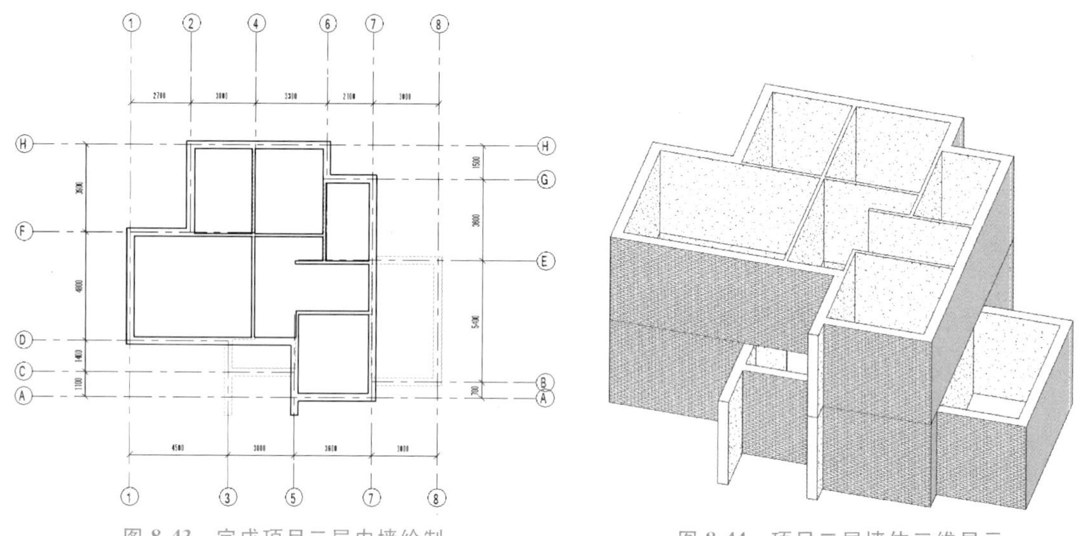

图 8-43　完成项目二层内墙绘制　　　图 8-44　项目二层墙体三维显示

## 8.3.3　绘制三层平面

接上节练习，切换到三层平面视图。

单击菜单栏“建筑”|“墙”命令，在类型选择器中选择“基本墙：基本墙：外部-带砖与金属立筋龙骨复合墙”类型，在左侧“属性”面板设置实例参数“基准限制条件”为“3F”，“顶部限制条件”为“直到标高：屋顶”，如图 8-45 所示。按图 8-46 所示位置绘制“基本墙：外部-带砖与金属立筋龙骨复合墙”外墙。

属性

基本墙
外部 - 带砖与金属立筋龙骨复合墙

新 墙　　编辑类型

| 约束 | |
|---|---|
| 定位线 | 墙中心线 |
| 底部约束 | 3F |
| 底部偏移 | 0.0 |
| 已附着底部 | |
| 底部延伸距离 | 0.0 |
| 顶部约束 | 直到标高: 屋顶 |
| 无连接高度 | 2000.0 |
| 顶部偏移 | 0.0 |
| 已附着顶部 | |
| 顶部延伸距离 | 0.0 |
| 房间边界 | ✓ |
| 与体量相关 | |

图 8-45　设置外墙参数

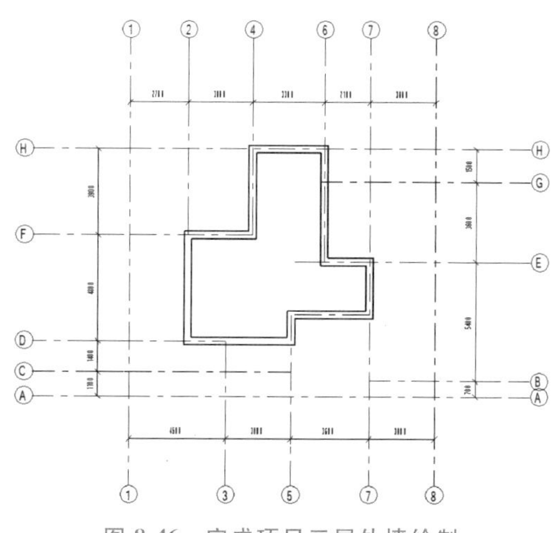

图 8-46　完成项目三层外墙绘制

绘制完外墙，接着绘制三层平面内墙。

单击“建筑”|“墙”命令，在类型选择器中选择“基本墙：普通砖-100”类型，在左侧“属性”面板设置实例参数“基准限制条件”为“3F”，“顶部限制条件”为“直到标高：屋顶”。

在修改选项栏中，“定位线”选择“核心面：外部” 定位线: 核心面: 外部 ，按图 8-47 所示位置绘制“普通砖-100”内墙，然后利用“对齐”命令使内墙对齐外墙，如图 8-47 所示。

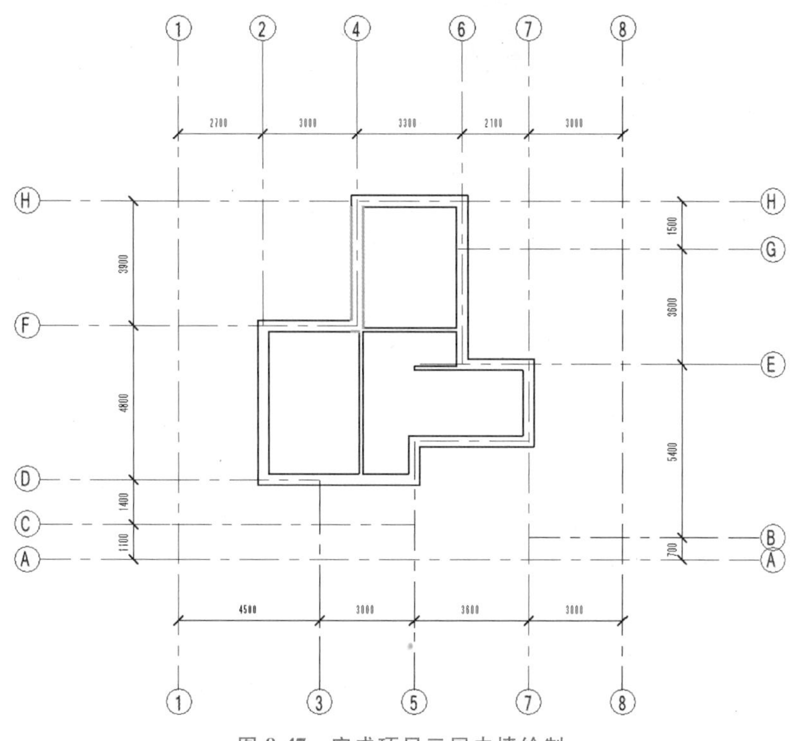

图 8-47　完成项目三层内墙绘制

## ■ 8.4　门和窗的创建

门窗创建

门、窗是建筑设计中常用的构件。Revit Architecture 提供了“门”工具和“窗”工具，用于在项目中添加门、窗图元。门、窗必须放置于墙、屋顶等主体图元上，这种依赖于主体图元而存在的构件称为“基于主体的构件”。删除墙体，门窗也随之被删除。

### 8.4.1　门设计

Revit Architecture 中自带的门族类型较少，如图 8-48 所示。用户可以利用“载入族”工具将自己制作的“门”族载入当前建筑项目设计环境中，如图 8-49 所示。

接上节练习，打开“1F”视图，单击选项卡“建筑”|“门”命令，在类型选择器中选择“单嵌板木门 16”类型。在“标记”选项卡中选择“在放置时进行标记”，以便对门进行自动标记。不引入标记引线，如图 8-50 所示。

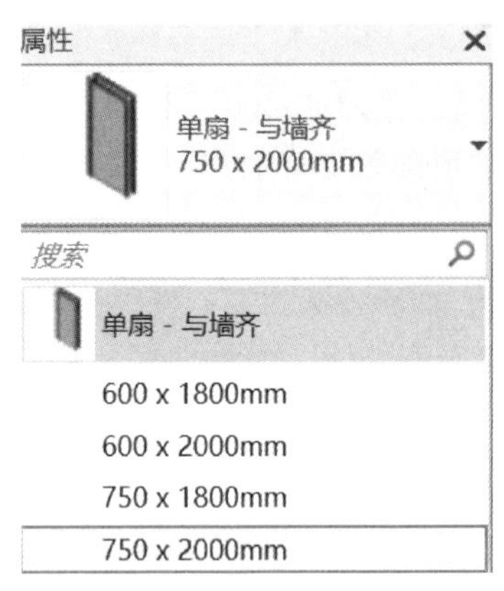


图 8-48　选择门图元

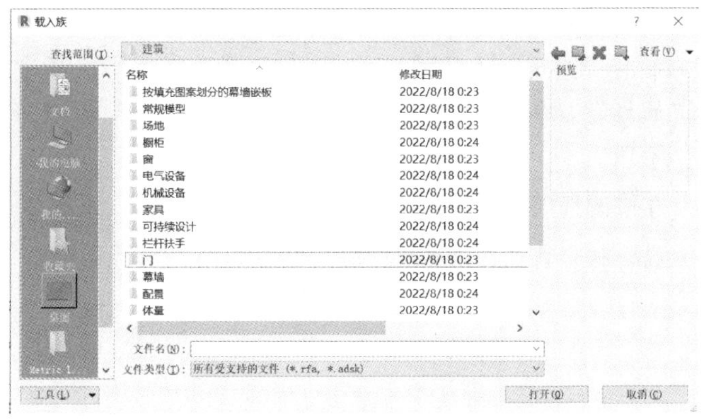


图 8-49　载入“门”族

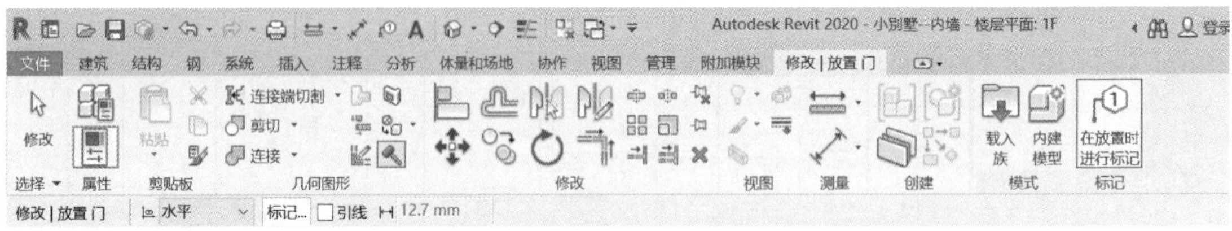


图 8-50　通过“在放置时进行标记”对门进行标记

将光标移动到Ⓓ轴“普通砖-100mm”的墙上，此时会出现门与周围墙体距离的灰色相对尺寸，这样可以通过相对尺寸大致捕捉门的位置。

提示：*在平面视图中放置门之前，按空格键可以控制门的左右开启方向。*

在墙上合适位置单击放置门，调整临时尺寸标注蓝色的控制点，拖动蓝色控制点移动到Ⓔ轴“普通砖-100mm”墙的上边缘，修改尺寸值为“100”，如图 8-51 所示。

新建门：选择“单嵌板木门 16-M0821”，单击“编辑类型”，弹出“类型属性”对话框，单击“复制”按钮，命名为“M0921”，修改门的宽度为“900”，如图 8-52 所示。

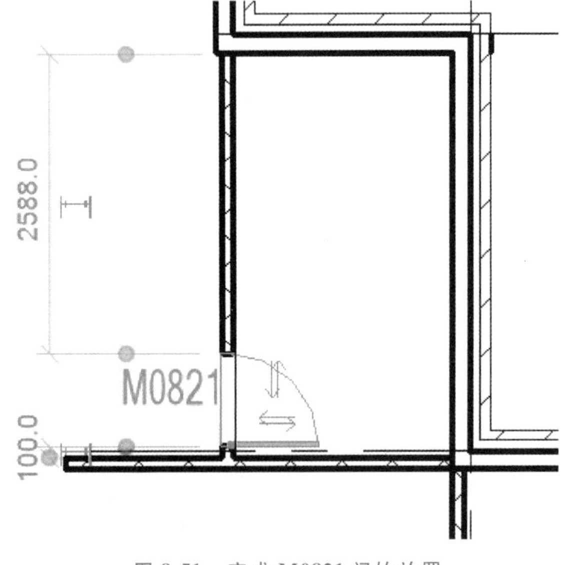


图 8-51　完成 M0821 门的放置

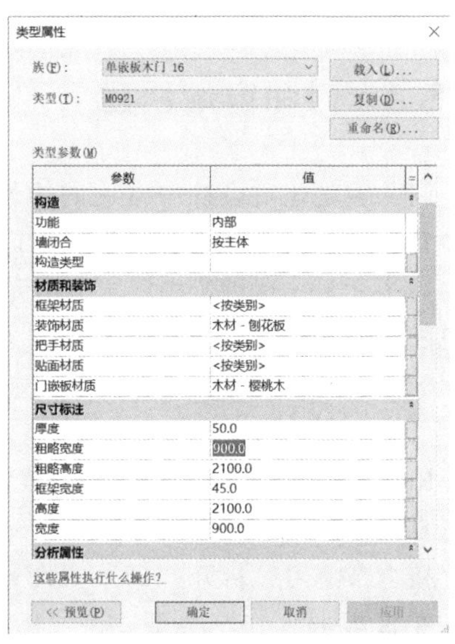


图 8-52　新建门

在类型选择器中分别选择“子母门 M1523”“双扇推拉门-M1521”“滑升门 2500＊2700mm”门类型，按图 8-53 所示位置插入到一层墙上。完成一层的门绘制，保存文件。

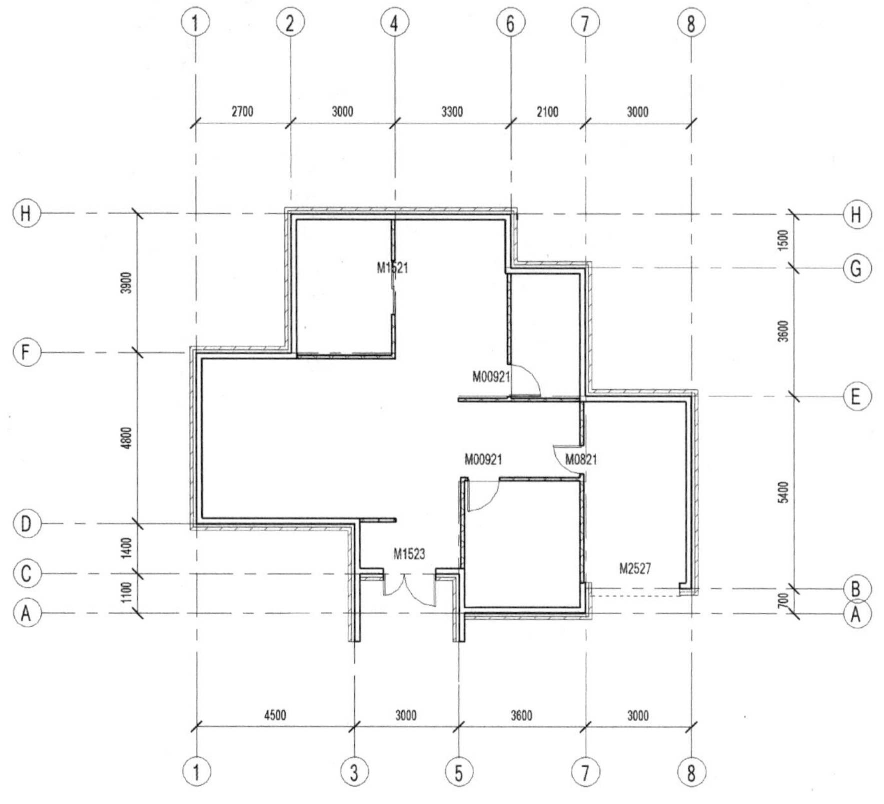


图 8-53 完成项目一层门的绘制

## 8.4.2 窗设计

在建筑中，门、窗是不可缺少的构件，带来空气流通的同时，也可以让明媚的阳光充分照射到房间中，因此窗的放置也很重要。窗的插入和门的相同，需要事先加载与建筑匹配的窗族。

接上节练习，打开“1F”视图。

单击选项卡“插入”|“从库中载入”|“载入族”，选择文件夹“建筑”|“窗”|“装饰窗”|“西式”|“弧顶窗 1”，单击“打开”按钮。选择文件夹“建筑”|“窗”|“普通窗”|“凸窗”|“凸窗-三扇推拉-斜切”，单击“打开”按钮。同理，载入“百叶风口 1”“上下推拉 1”“推拉 6”。

在类型选择器中选择“弧顶窗 1”，单击“编辑类型”按钮，弹出“类型属性”对话框，单击“复制”按钮，命名为“弧顶窗 2”，按图 8-54 修改尺寸。

在类型选择器中选择“凸窗-三扇推拉-斜切”，单击“编辑类型”按钮，弹出“类型属性”对话框，单击“复制”按钮，命名为“凸窗-三扇推拉-斜切 2”，按图 8-55 修改数据。

在类型选择器中选择“上下推拉 1”，单击“编辑类型”按钮，弹出“类型属性”对话框，单击“复制”按钮，命名为“C0624”，按图 8-56 修改数据。

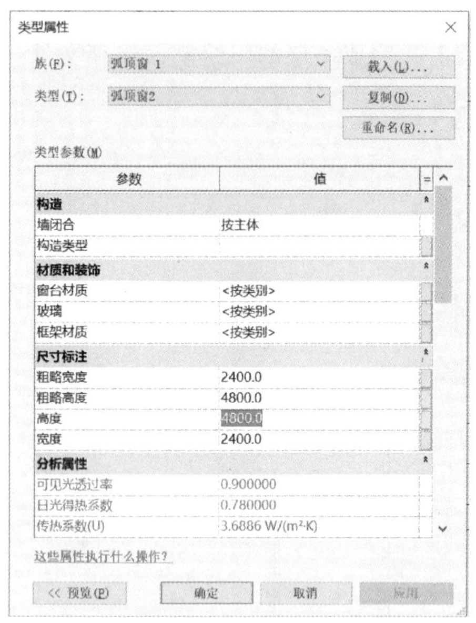


图 8-54　修改“弧顶窗 2”窗属性

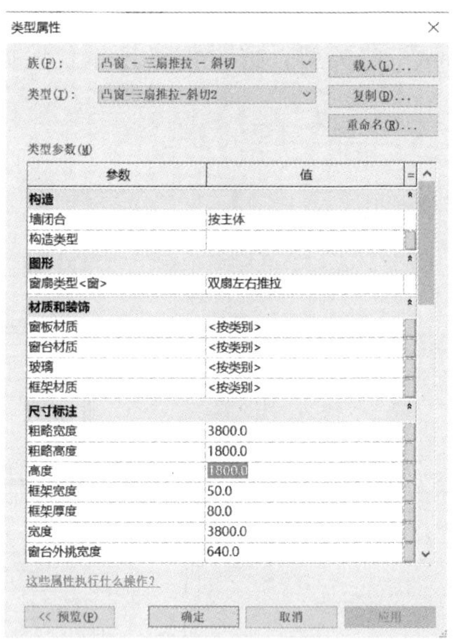


图 8-55　修改“凸窗- 三扇推拉-斜切 2”窗属性

在类型选择器中选择“推拉 6”，单击“编辑类型”按钮，弹出“类型属性”对话框，单击“复制”按钮，命名为“C0915 ”，按图 8-57 修改数据。

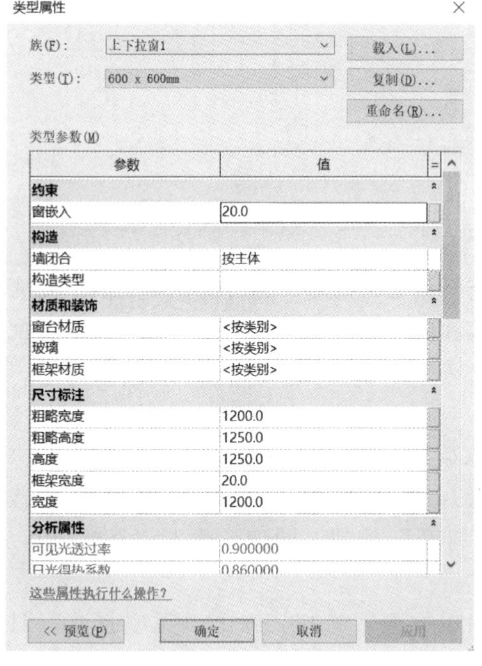


图 8-56　修改“上下推拉 1”窗属性

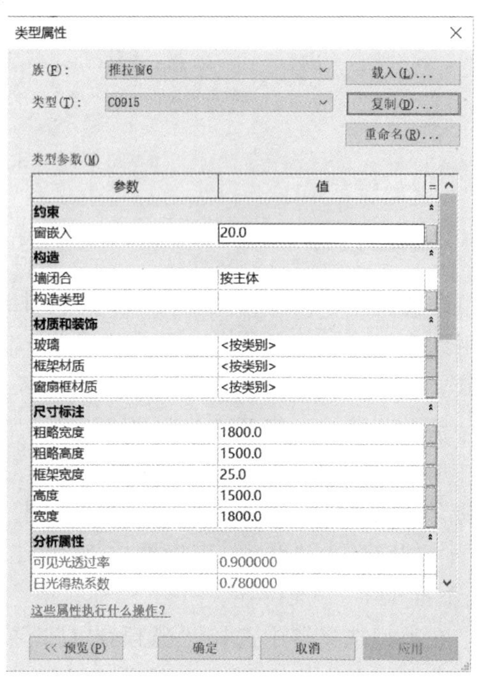


图 8-57　修改“推拉 6”窗属性

在类型选择器中选择“百叶风口 1”，单击“编辑类型”按钮，弹出“类型属性”对话框，单击“复制”按钮，命名为“百叶风口 1”，按图 8-58 修改数据。

单击选项卡“常用”|“窗”命令。在类型选择器中分别选择“弧顶窗 2”“C0624：

C0624”“凸窗-三扇推拉-斜切 2”类型，按图 8-59 所示位置在墙上单击，将窗放置在合适位置。

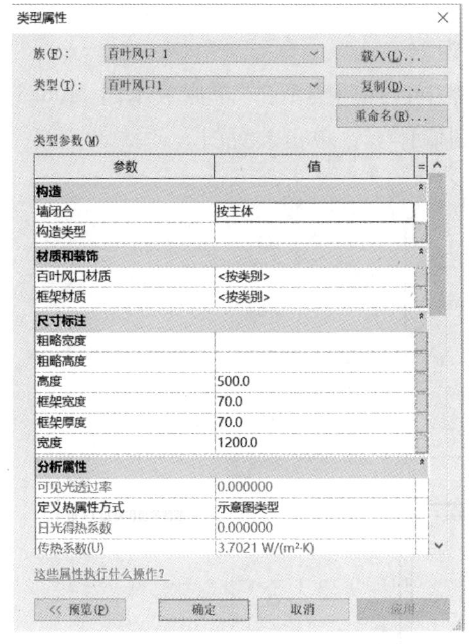


图 8-58　修改“百叶风口 1”窗属性

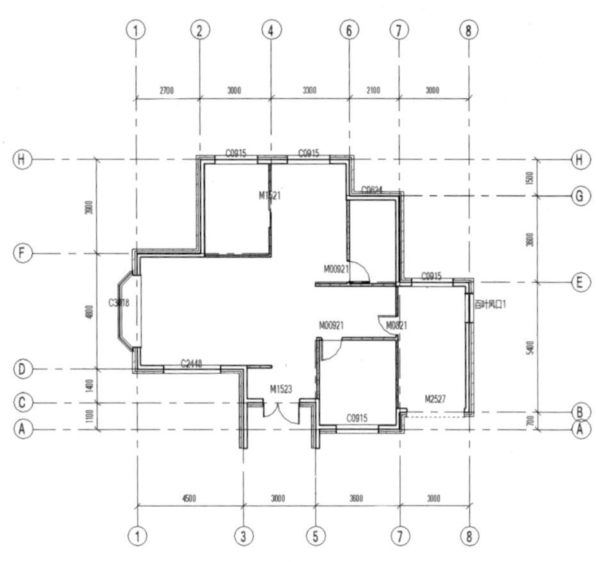

图 8-59　完成项目一层窗的绘制

## 8.4.3　窗编辑——定义窗台高

本例中窗台底高度不全一致，因此在插入窗后需要手动调整窗台高度。

选择“弧顶窗 2”，在“类型属性”对话框中，修改“底高度”为“900”。同理，“C0915”“C0624”“凸窗-三扇推拉-斜切 2”的“底高度”也改为“900”。

选择Ⓖ轴上“推拉窗 C0624”，在“类型属性”对话框中，修改“底高度”为“1400”。编辑完成后的一层窗如图 8-60 所示，保存文件。

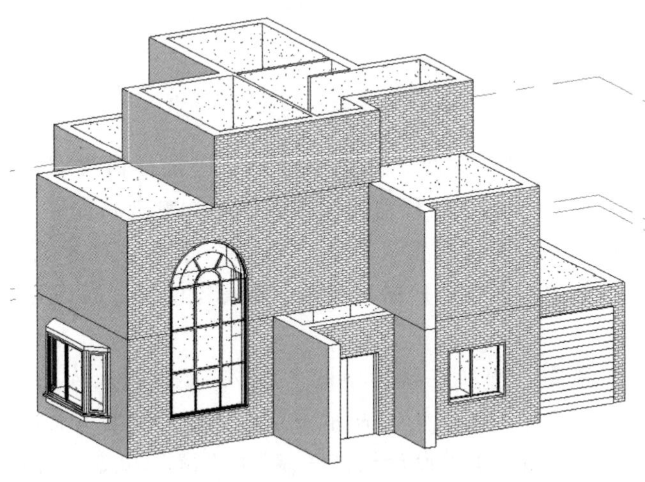

图 8-60　定义窗台高

### 8.4.4 创建二层、三层门窗

1. 插入和编辑二层的门窗

编辑完成首层平面内外墙体后，即可创建二层门窗。

单击设计栏“建筑”|“门”命令，在类型选择器中选择门类型：“单嵌板木门 M0821”“单嵌板木门 M0921”，按图 8-61 所示位置移动光标到墙体上，单击放置门。

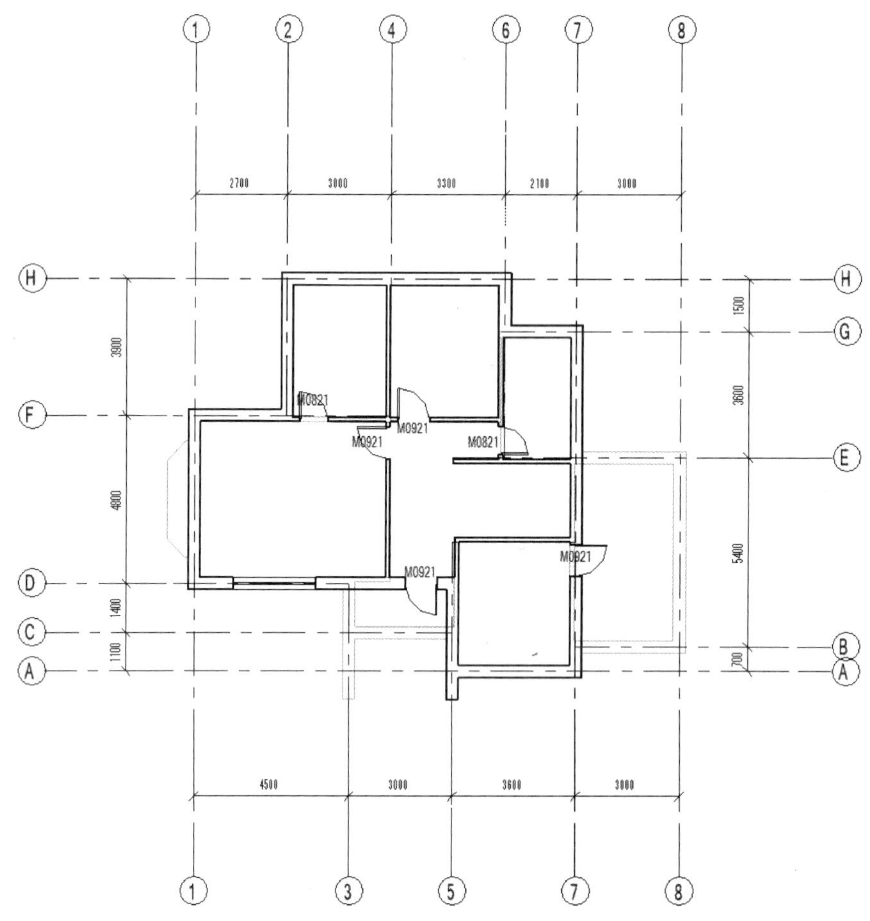


图 8-61 完成项目二层门的绘制

单击设计栏“建筑”|“窗”命令，在类型选择器中选择窗类型：“推拉窗 C0624 2”“推拉窗 C0915”，按图 8-62 所示位置移动光标到墙体上，单击放置窗。

编辑窗台高：在平面视图中选择窗，单击“属性”按钮，打开“图元属性”对话框，设置参数“底高度”参数值，调整窗户的窗台高，所有窗的窗台高均为 900。

2. 放置三层门窗

双击进入三层平面视图，选择工具栏中的“插入”|“载入族”，选择“单嵌板木门 M0821”“单嵌板木门 M0921”，按图 8-63 所示位置移动光标到墙体上，单击放置门。

接着双击进入三层平面图，单击设计栏“建筑”|“窗”命令，在类型选择器中选择窗类型：“原型固定窗”、“推拉窗 C0915”，按图 8-63 所示放置窗。

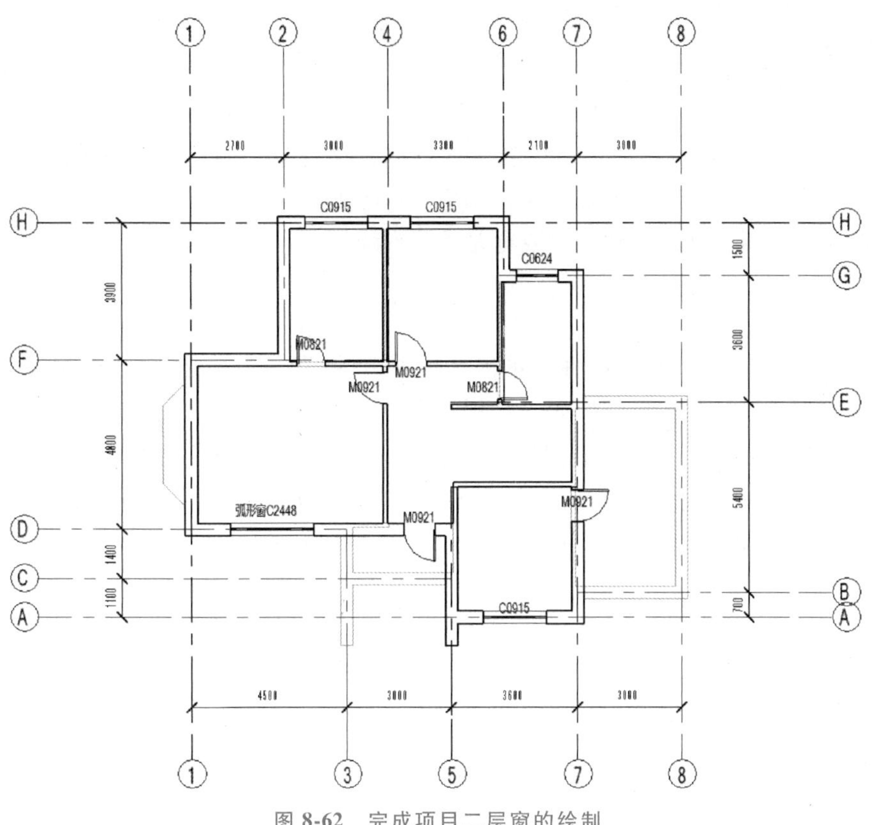


图 8-62　完成项目二层窗的绘制

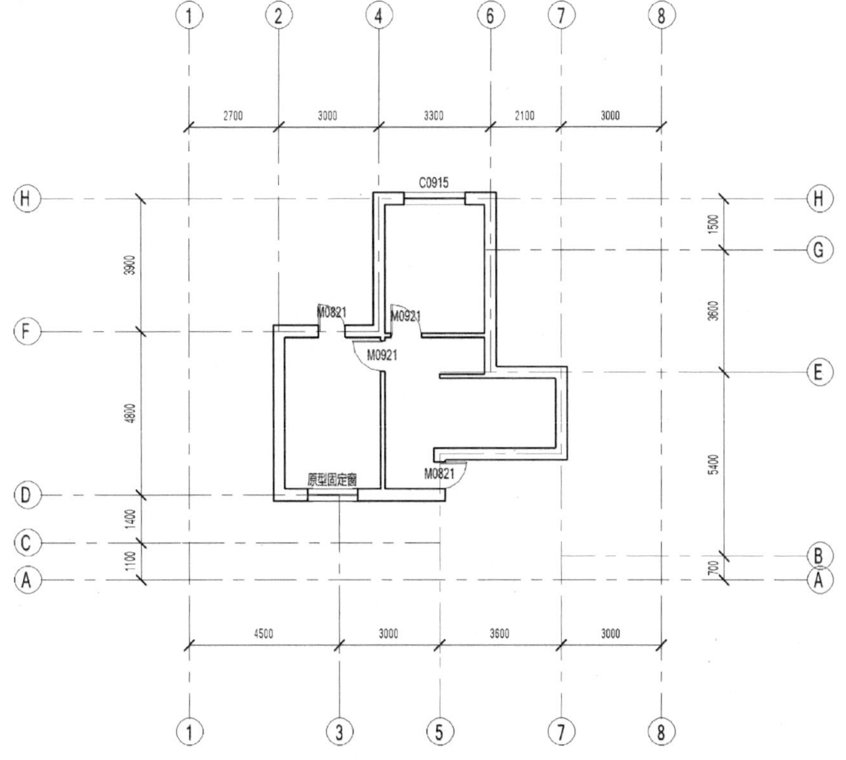


图 8-63　完成项目三层门、窗的绘制

## 8.5 建筑楼板设计

楼板创建

在 Revit 中，建筑楼板与结构楼板的设计过程是完全相同的，不同的是楼层的材料性质与结构。常见的结构楼板的主要材料是钢筋混凝土，常见的建筑楼板的主要材料是砂浆与地砖，或者龙骨与木地板。

### 8.5.1 绘制一层楼板

接上节练习，打开一层平面 1F。单击选项卡“建筑”|“构建”|“楼板构建”命令，进入楼板绘制模式。选择楼板类型为“常规-300mm”。

选择“绘制”面板，单击“直线”命令，在图 8-64 所示选项栏中设置偏移为“0”，移动光标到外墙外边线上，依次单击拾取外墙外边线，自动创建楼板轮廓线，如图 8-65 所示。拾取墙创建的轮廓线自动和墙体保持关联关系。

图 8-64 偏移设置

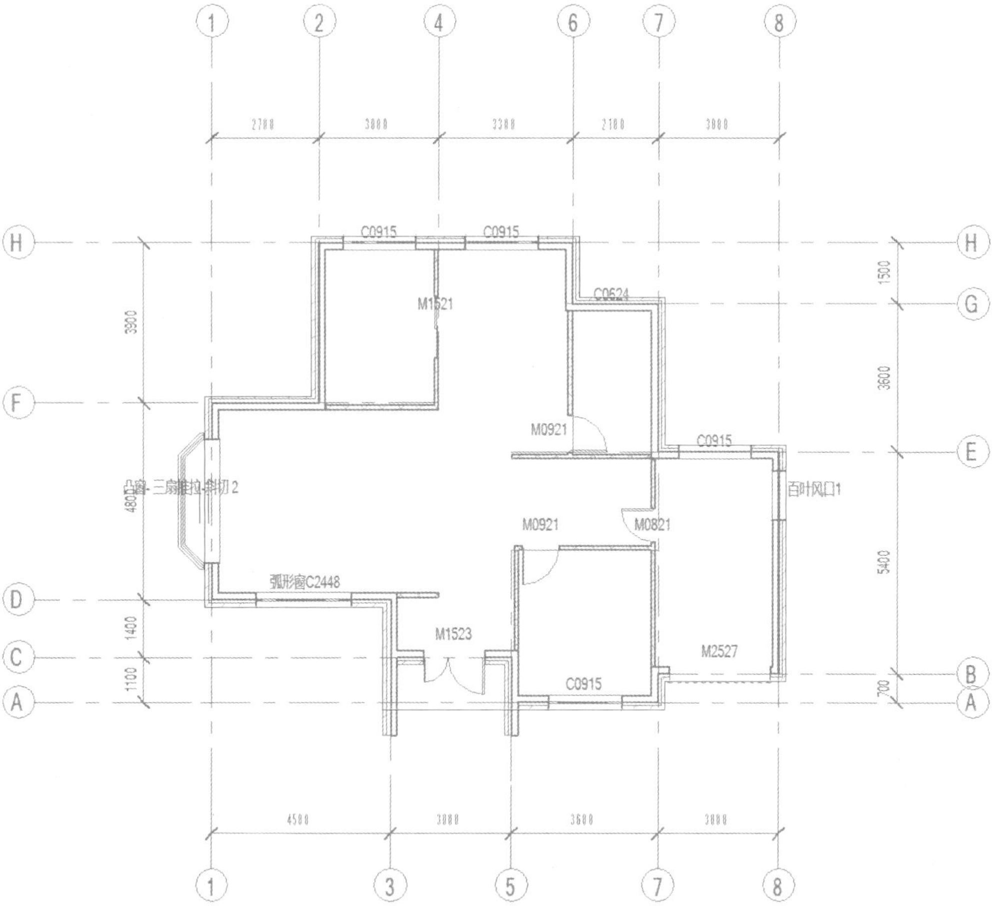

图 8-65 完成项目一层楼板的绘制

单击“完成绘制”命令，创建一层其中一部分楼板。

按同样的方法，创建室外台阶。楼板的厚度选择为“-150”，偏移量为“0”，自标高偏移量为“-150” | 自标高的高度偏移 | -150.0 |，按图 8-66 所示绘制楼板。

室外台阶选择厚度为“-150”，偏移量为“0”，自标高偏移量为“0”，按图 8-67 所示绘制室外台阶。

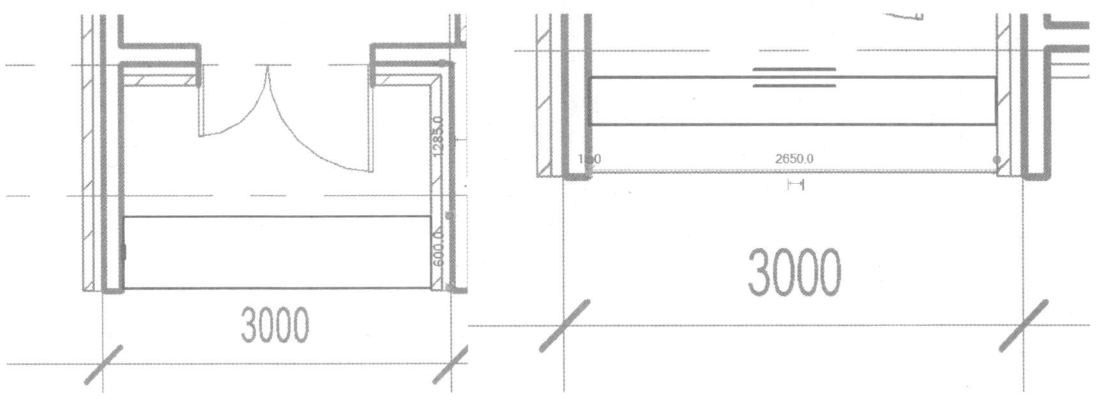


图 8-66　完成项目一层台阶的绘制（一）　　图 8-67　完成项目一层台阶的绘制（二）

创建的一层楼板如图 8-68 所示。

接着对图 8-68 所示选中墙体做调整，调整其底部偏移为“-300”，如图 8-69 所示，单击“应用”按钮完成调整。

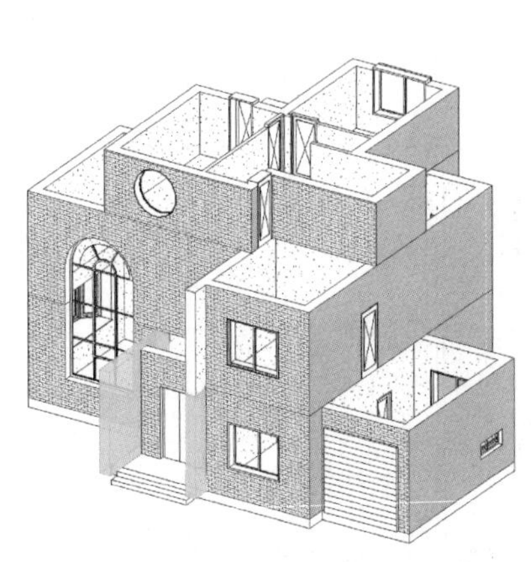

图 8-68　一层门口外墙悬浮

属性

基本墙
外部 - 带砖与金属立筋龙骨复合墙

墙 (2)　编辑类型

约束

| 参数 | 值 |
|---|---|
| 定位线 | 墙中心线 |
| 底部约束 | 1F |
| 底部偏移 | -300 |
| 已附着底部 | |
| 底部延伸距离 | 0.0 |
| 顶部约束 | 直到标高: 2F |
| 无连接高度 | 3300.0 |
| 顶部偏移 | 0.0 |

图 8-69　门口外墙属性调整

至此本案一层的构件都已经绘制完成，如图 8-70 所示。

### 8.5.2　绘制二层楼板

接上节练习，打开地二层平面 2F。

单击选项卡“建筑”|“楼板”命令，进入楼板绘制模式。选择楼板类型为“常规-150mm”。

选择“直线”命令，在图 8-71 所示选项栏中设置偏移为“-20”。

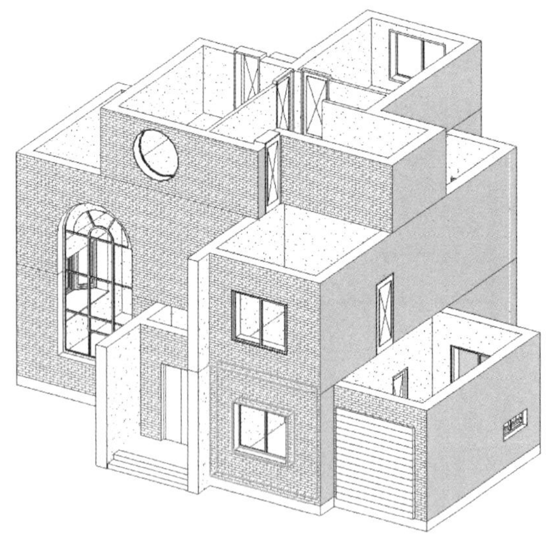

图 8-70　项目一层楼板的三维显示

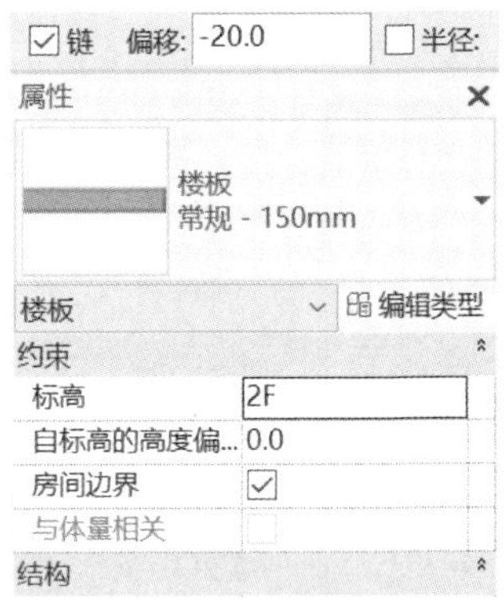


图 8-71　编辑二层楼板属性

按图 8-72 所示创建二层楼板，楼板的具体创建方法同上一节内容，结果如图 8-73 所示。

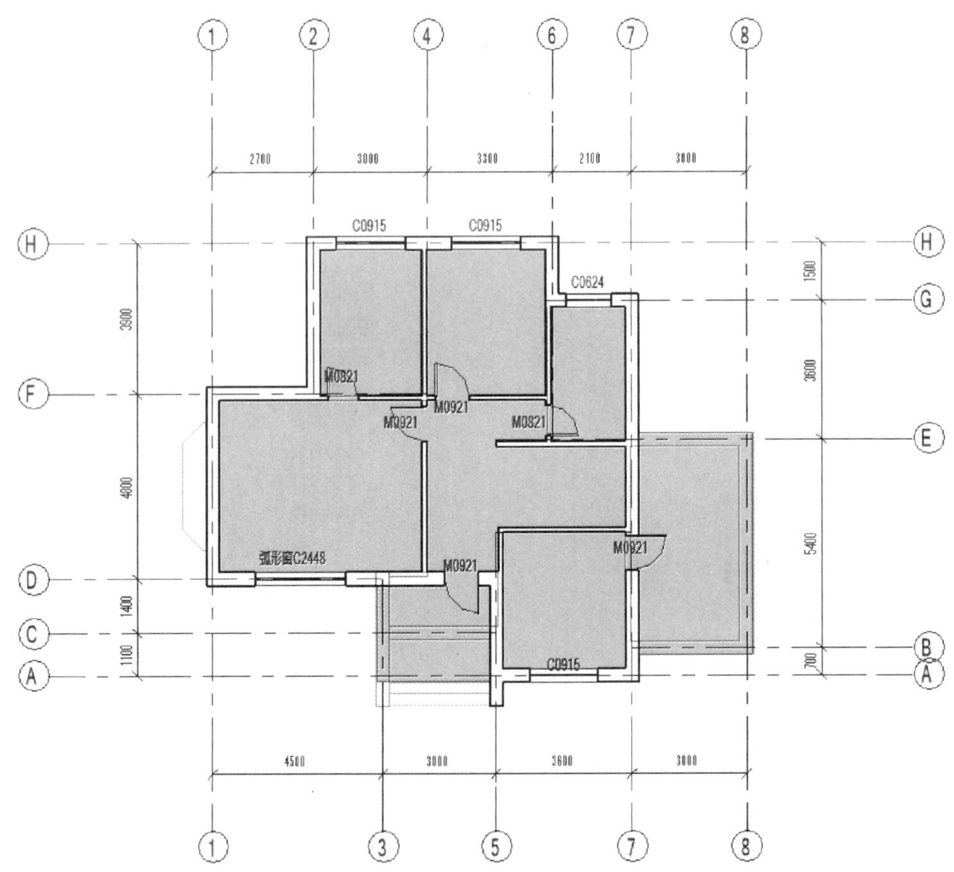


图 8-72　完成项目二层楼板的绘制

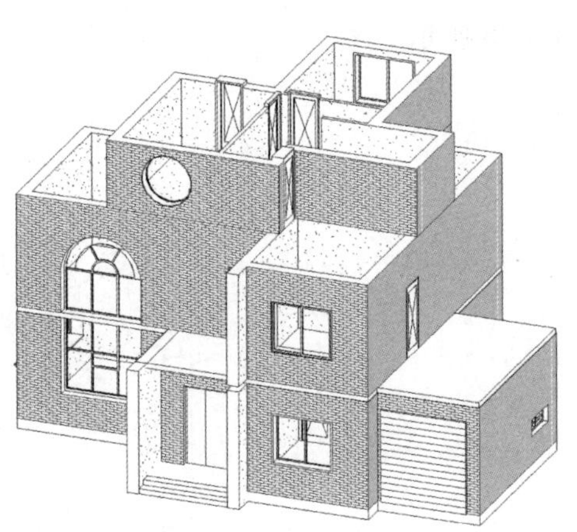

图 8-73　项目二层楼板的三维显示

此本案二层平面的主体都已经绘制完成，保存文件。

### 8.5.3　绘制三层楼板

接上节练习，切换到三层平面视图。

单击“建筑”|“楼板-建筑楼板”命令，在类型选择器中选择“楼板：常规-150 实心”类型，在左侧“属性”面板设置标高为“3F”，“偏移量”为“-20”。按图 8-74 所示绘制三层楼板。

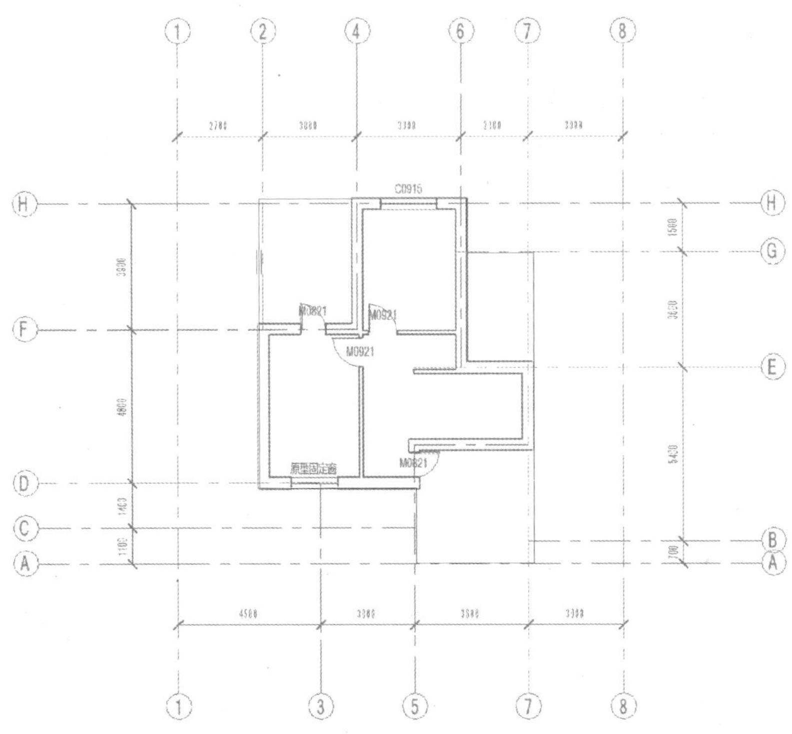


图 8-74　完成项目三层楼板的绘制

绘制完后，在弹出的“墙体附着”对话框中选“否”，如图 8-75 所示。

绘制楼板后的结果如图 8-76 所示。

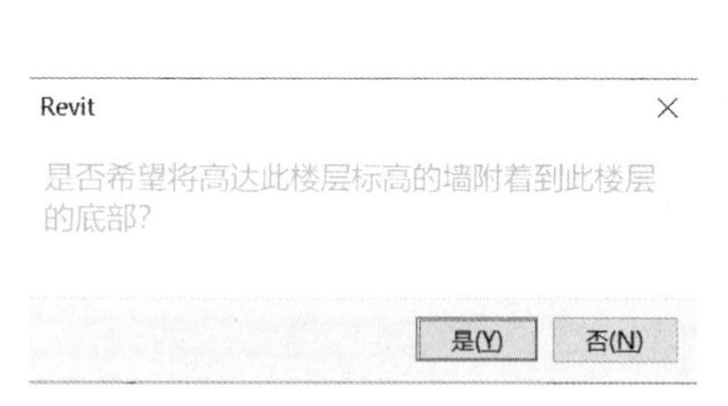


图 8-75 “墙体附着”对话框

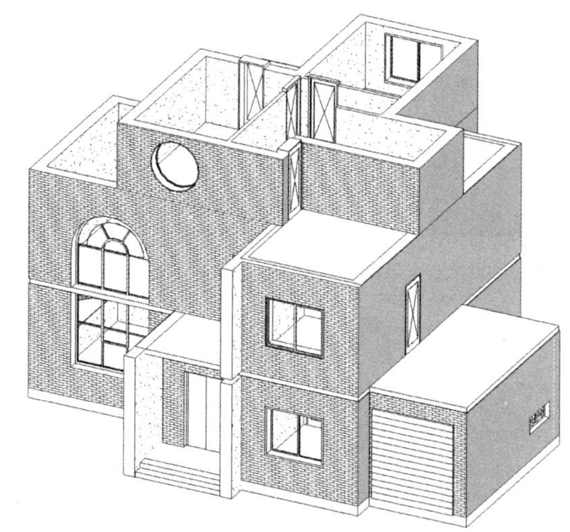

图 8-76 项目三层楼板的三维显示

## 8.6 绘制屋顶

屋顶创建

### 8.6.1 绘制二层屋顶

接上节练习，切换到二层平面视图。

单击“建筑”|“屋顶-迹线屋顶”命令，在类型选择器中选择“基本屋顶-屋顶 1”类型，在左侧“属性”面板设置标高为“3F”，“自偏部的标高偏移”为“0”，“定义坡度”为“30”。按图 8-77 所示绘制二层屋顶。

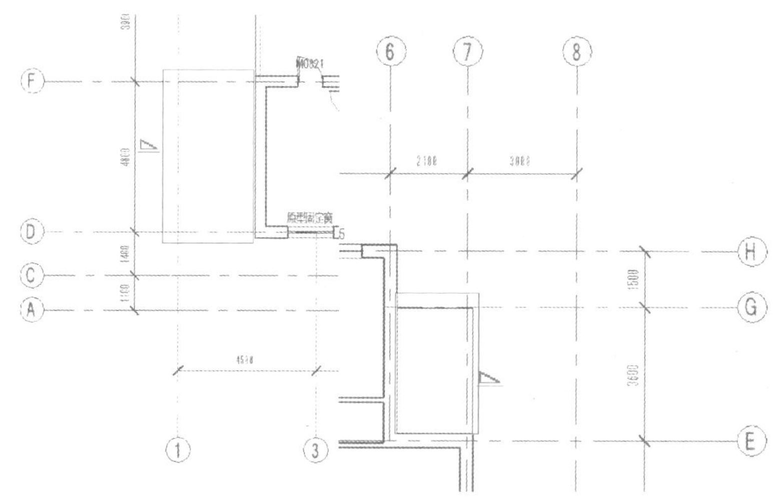

图 8-77 二层屋顶的绘制

绘制完成后，对生成的屋顶做适当手动调整，结果如图 8-78 所示。

### 8.6.2　绘制三层屋顶

接上节练习，切换到三层平面视图。

单击“建筑”|“屋顶”|“迹线屋顶”，在左边“属性”面板选择“基本屋顶-屋顶1”，底部标高设置为“屋顶”，如图 8-79 所示。

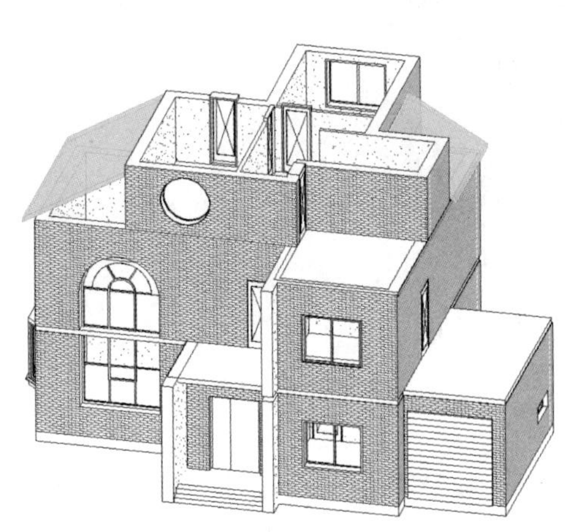

图 8-78　项目二层屋顶三维显示

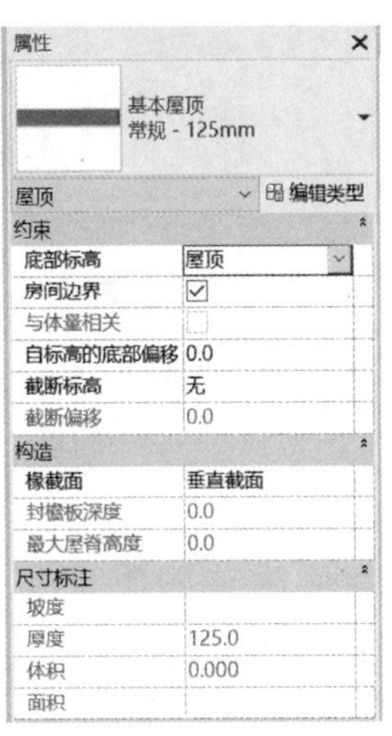


图 8-79　“迹线屋顶”属性编辑

接着选择直线，按下图尺寸进行绘制。如图 8-80 所示。

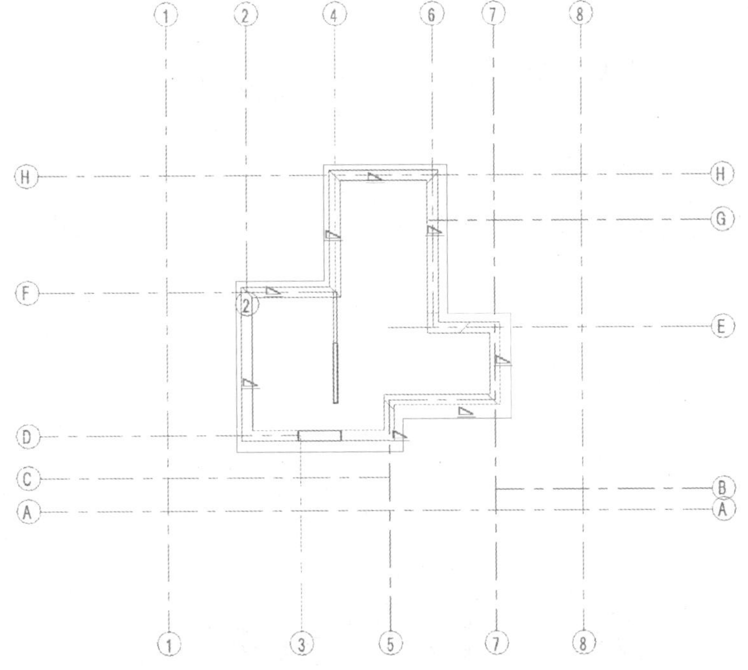


图 8-80　三层屋顶的绘制

绘制完毕后，三层屋顶三维显示效果如图 8-81 所示。

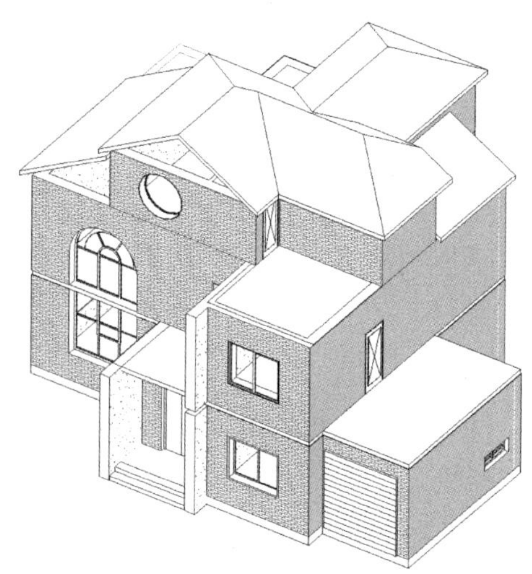

图 8-81　项目三层屋顶三维显示

### 8.6.3　使墙体附着到屋顶

接上一节，视图切换到三维视图，转到合适视图，随意单击一面墙体，按住<Tab>键，再单击一次墙体，选择全部墙体，如图 8-82 所示，接着选择“附着到底部”功能，然后单击墙体上面的屋顶，墙体附着到屋顶下面，如图 8-83 所示。

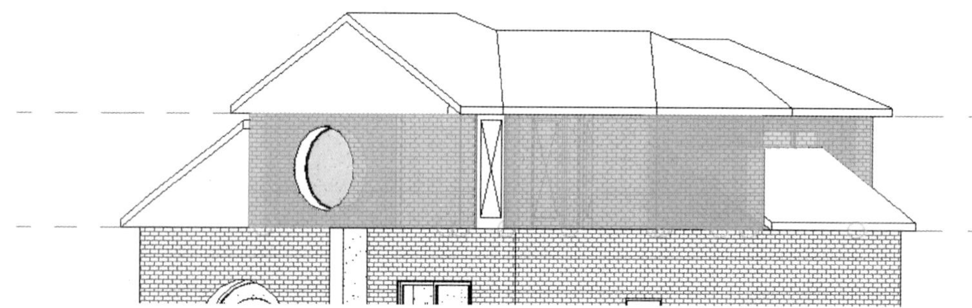

图 8-82　选择需要附着到屋顶的墙体

图 8-83　墙体附着到屋顶

同理，把三层内墙和二层其他墙体附着到屋顶下面。

## 8.7　绘制栏杆扶手

扶手创建

### 8.7.1　绘制三层平面栏杆扶手

接上节练习，切换到三层平面视图。

单击设计栏“建筑”|“栏杆-绘制路径”|“外墙饰面砖”，在左侧“属性”面板，设置实例参数“基准限制条件”为“3F”，偏移量为“-50”，沿楼板绘制栏杆路径，如图 8-84 所示，三维显示效果如图 8-85 所示。

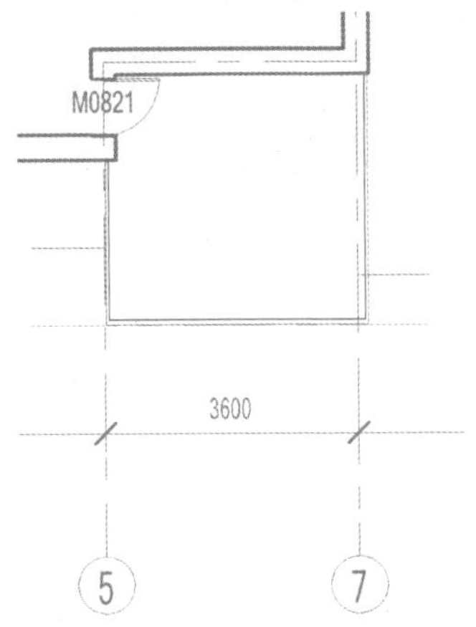


图 8-84　三层栏杆的绘制

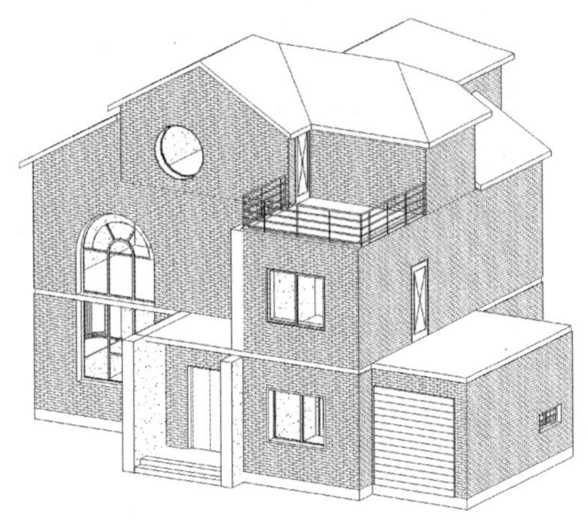

图 8-85　项目三层栏杆三维显示

### 8.7.2　创建二层栏杆扶手

在项目浏览器中双击“楼层平面”项下的“2F”，打开“2F”平面视图。

单击“建筑”选项卡|“楼梯坡道”面板|“栏杆扶手”命令，进入“修改/创建栏杆扶手路径”模式，选择“栏杆-金属立杆”，然后单击“绘制”面板的“拾取线”，按图 8-86 所示选择中线，并确认。完成后如图 8-87 所示，可通过蓝色的双向标志翻转栏杆扶手的方向。

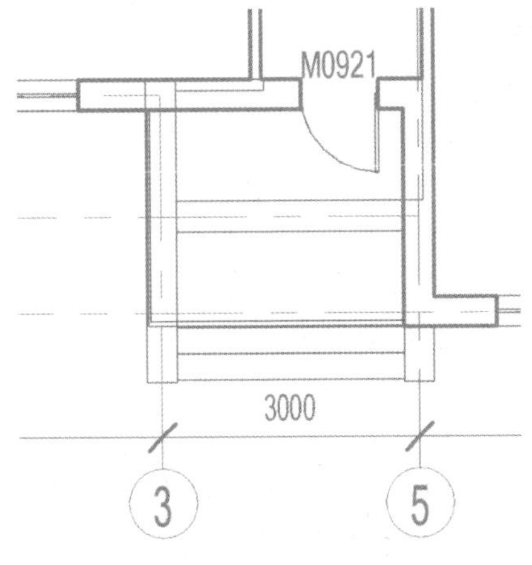


图 8-86　二层③~⑤轴栏杆的绘制

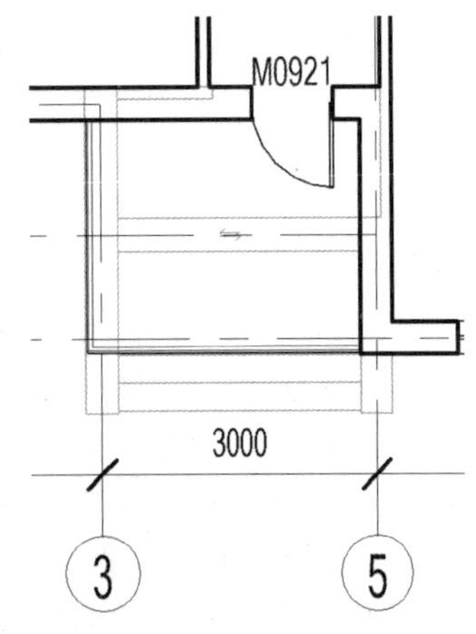


图 8-87　二层③~⑤轴栏杆的平面显示

用上述方法按图 8-88 继续创建扶手。这样，二层阳台与平台的扶手就创建完毕，三维显示效果如图 8-89 所示。

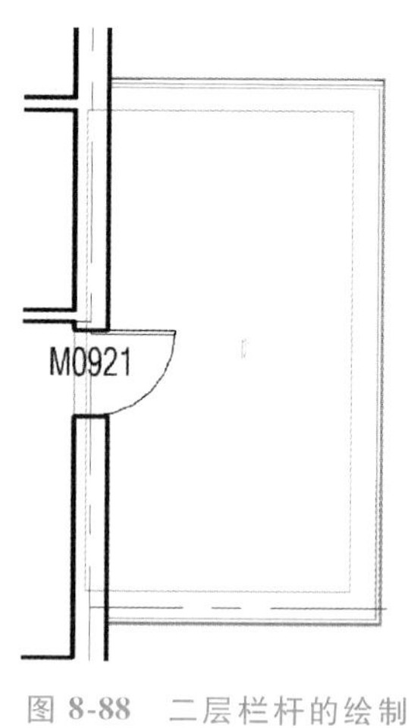


图 8-88　二层栏杆的绘制

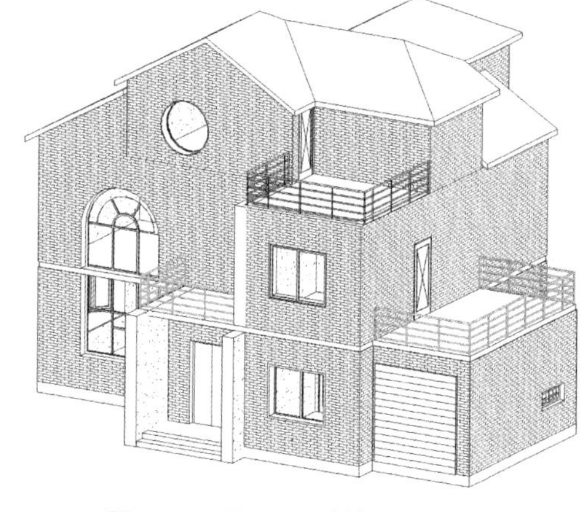

图 8-89　项目二层栏杆三维显示

注意：栏杆扶手线必须是一条单一且连接的草图。如果要将栏杆扶手分为几个部分，请创建两个或多个单独的栏杆扶手。

## 8.8　楼梯与坡道

楼梯与坡道

### 8.8.1　创建楼梯

双击进入一层平面图，视图转到楼梯间的位置。

绘制参照平面：选择“建筑”选项卡｜“工作平面”面板｜“参照平面”命令，绘制一条距离Ⓔ轴 680mm 的参照平面和距离卧室墙轴 600mm 的参照平面，如图 8-90 所示。

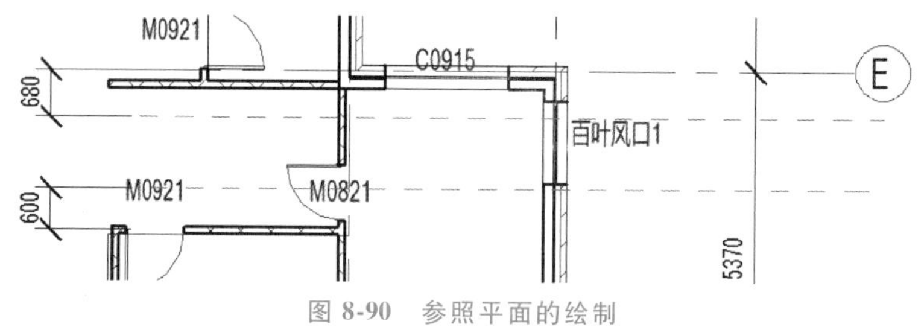


图 8-90　参照平面的绘制

下面开始绘制楼梯。

单击“建筑”｜“楼梯”｜“楼梯（按构件）”命令，进入绘制草图模式。

选择“整体式楼梯”，单击“编辑类型”，修改“最小梯段宽度”为“900”，底部标高为“1F”，顶部标高为“2F”，顶部偏移为“0”，如图 8-91 所示。

在“绘制”面板单击“梯段”命令，选择“直梯”绘图模式，以Ⓕ轴下方的那条水平参照平面与垂直参照平面的交点为第一跑起点，水平向左移动光标，直到显示“创建了 10 个踢面，剩余 10 个”时，单击捕捉该点作为第一跑终点，创建第一跑草图。按<Esc>键结束绘制命令，如图 8-92 所示。

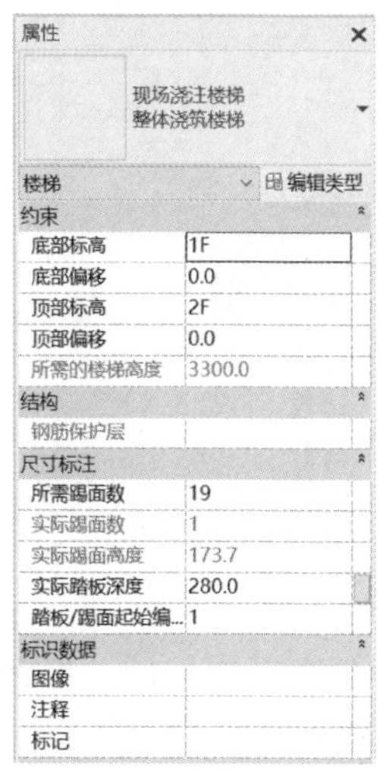

图 8-91　编辑楼梯属性

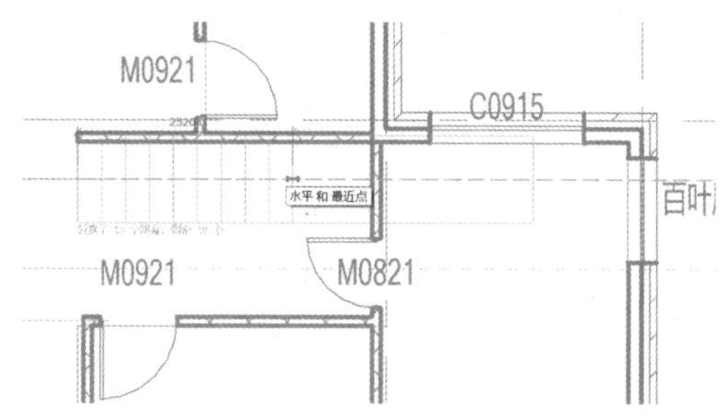

图 8-92　绘制第一段楼梯梯段

在第一跑结束处，下移光标，显示出与另一个水平参照平面的交点，以此点为第二跑的起点，如图 8-93 所示，水平向右移动光标，直到显示“创建了 10 个踢面，剩余 0 个”时，单击捕捉该点作为第二跑终点，创建第二跑草图。此时会自动生成楼梯的平台，如图 8-94 所示。

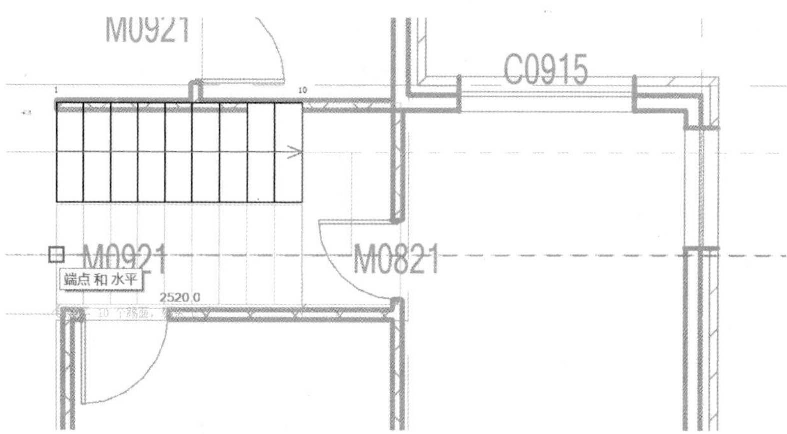

图 8-93　绘制第二段楼梯梯段

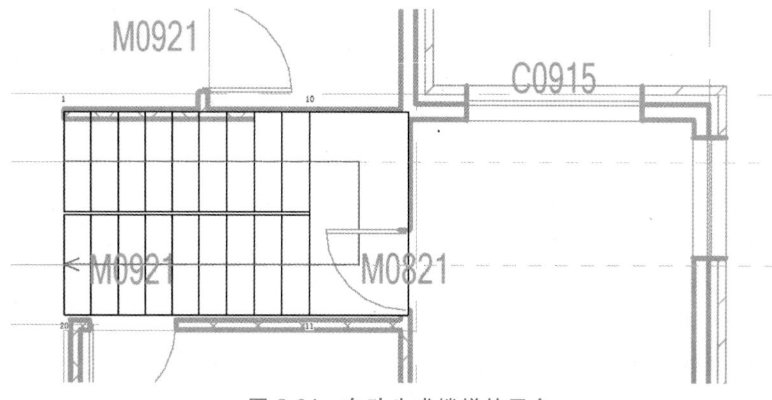

图 8-94　自动生成楼梯的平台

完成一层到二层的楼梯后单击删除外围栏杆，如图 8-95 所示。

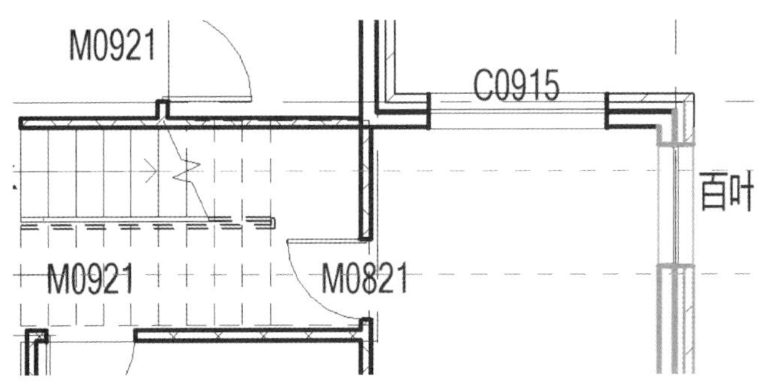


图 8-95　一层楼梯绘制完成

双击进入二层平面，继续创建二层到三层的楼梯，方法与上述方法相同，修改“最小梯段宽度”为“900”，“所需踢面数”为“20”，再修改平台宽度，使其与内墙齐平。

此时，楼梯已完成，如图 8-96 所示，保存文件。

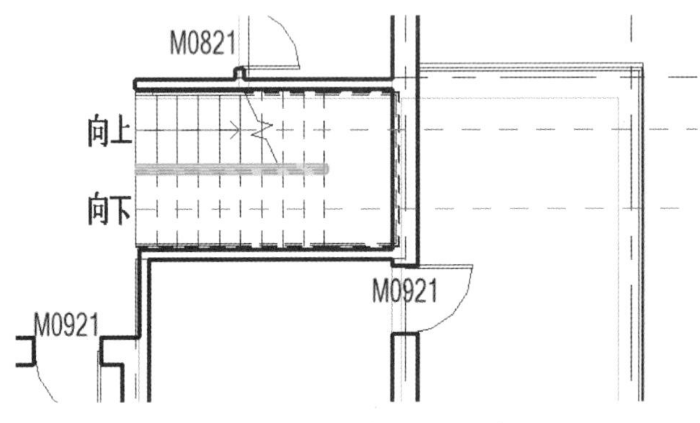


图 8-96　二层楼梯绘制完成

### 8.8.2　创建竖井

为楼梯间的楼板开洞，可以通过“垂直洞口”命令和“竖井”命令等完成，本章先介绍“竖井”命令的运用。

打开上节保存的文件，在项目浏览器中双击“楼层平面”项下的“1F”，进入“1F”平面视图。单击“建筑”选项卡｜“洞口”面板｜“竖井”命令，进入“修改/创建竖井洞口草图”模式，修改属性，“顶部约束”为“直到标高：4F”，单击“绘制”面板｜“矩形”命令，沿楼梯边沿画一个轮廓，然后单击“确认”按钮，如图 8-97 所示。

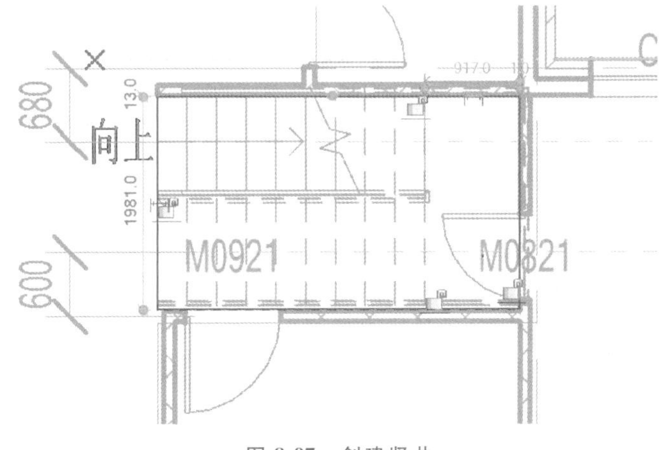


图 8-97　创建竖井

完成竖井的创建，进入三维视图，在左边“属性”面板处勾选“剖面框”选项，三维视图中出现一个剖面框，如图 8-98、图 8-99 所示。

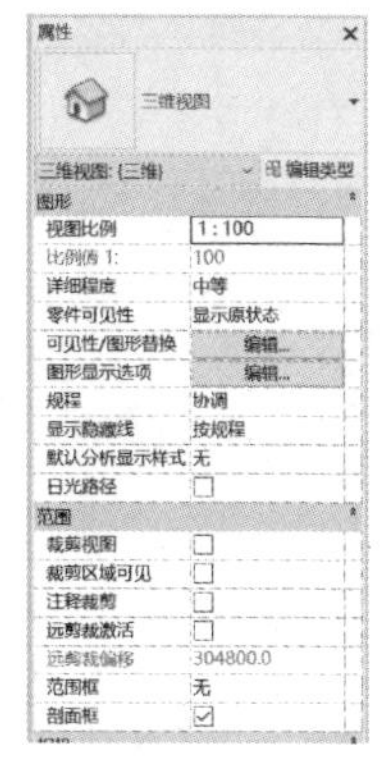


图 8-98　编辑竖井属性

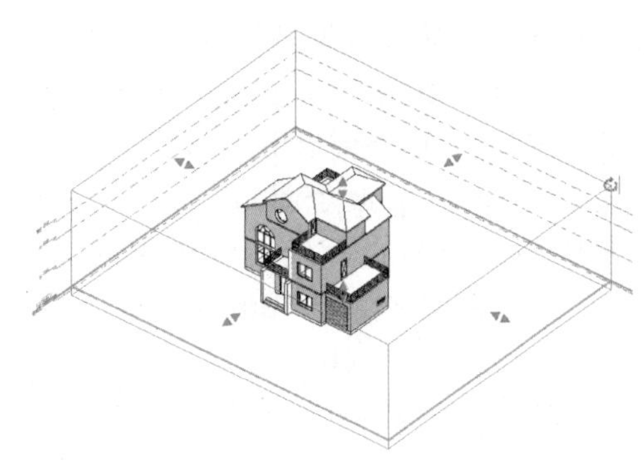

图 8-99　显示剖面框

单击剖面框，拖动蓝色三角按钮调整剖面框，调整到如图 8-100 位置查看楼梯，楼梯绘制完毕。

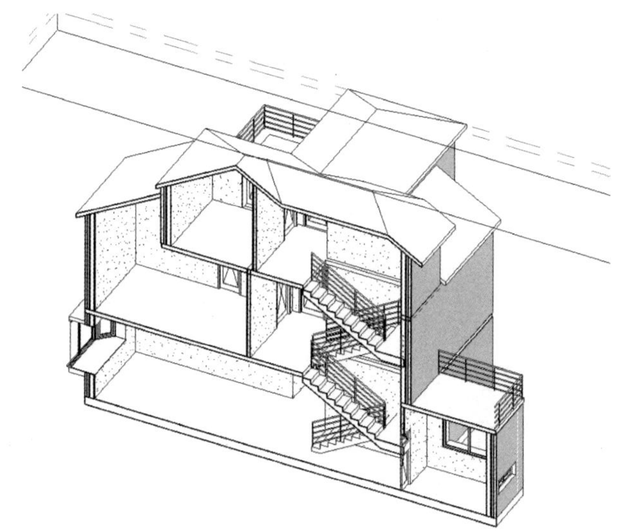

图 8-100　楼梯、竖井剖面图

### 8.8.3　创建带边坡的坡道

接上节练习，在项目浏览器中双击“楼层平面”项下的“1F”，打开”1F”平面视图，转到Ⓐ 轴与⑦、⑧轴相交位置。

单击“楼板”命令，选择“直线”命令，在属性栏设置标高为“1F”，自标高的高度偏移为“-300”，在车库入口处绘制图 8-101 所示楼板的轮廓。

单击“完成楼板”命令创建平楼板。

选择刚绘制的平楼板，“形状编辑”面板显示出如下形状编辑工具：

1）“修改子图元”工具：拖曳点或分割线以修改其位置或相对高程。

2）“添加点”工具：可以向图元几何图形添加单独的点，每个点可设置不同的相对高程值。

3）“添加分割线”工具：可以绘制分割线，将板的现有面分割成更小的子区域。

选项栏选择“添加分割线”工具，楼板边界变成绿色虚线显示。如图 8-102 所示，在上下角部位置各绘制一条蓝色分割线，按两次<Esc>键退出。

在选项栏选择“修改子图元”工具，如图 8-103 所示，单击右侧中间的楼板边界线，出现蓝色临时相对高程值（默认为 0），单击文字输入“300”后按<Enter>键，将该边界线相对其他线条抬高 300mm。

完成后按<Esc>键结束编辑命令，平楼板变为带边坡的坡道，结果如图 8-104 所示。

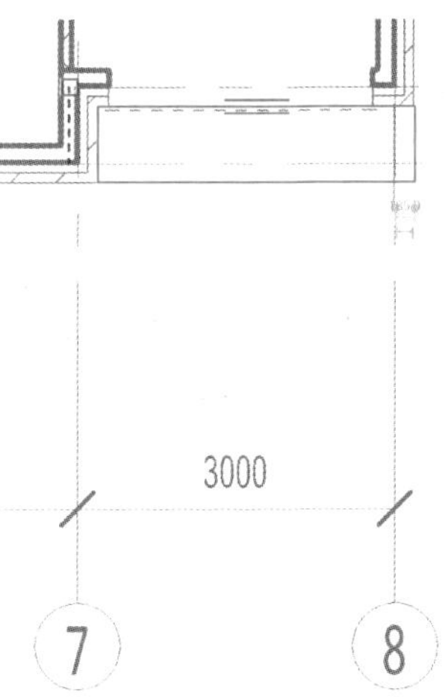

图 8-101　完成坡道轮廓

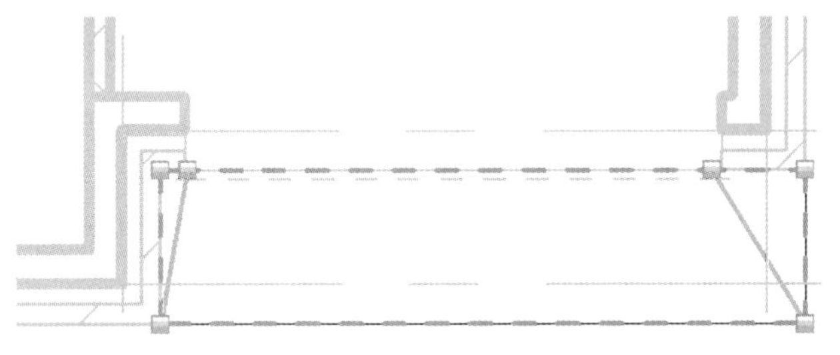
图 8-102　坡道形状编辑（一）

图 8-103　坡道形状编辑（二）

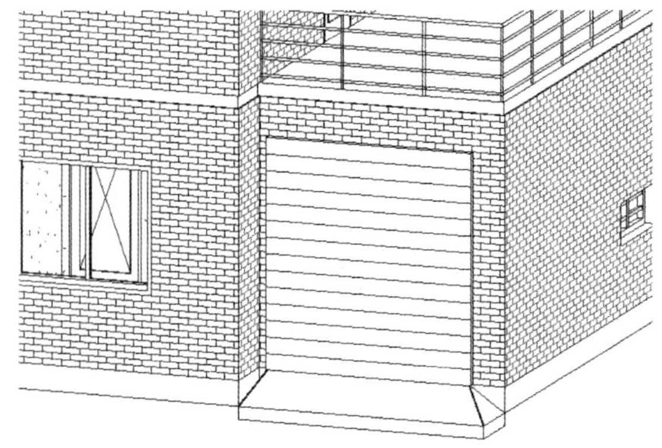
图 8-104　完成项目车库坡道绘制

## ■ 8.9 场地

场地与配景创建

### 8.9.1 地形表面

地形表面是建筑场地地形或地块地形的图形表示。默认情况下，楼层平面视图不显示地形表面，可以在三维视图或在专用的“场地”视图中创建。

打开上节保存的文件，继续完成本章练习。

在项目浏览器中展开“楼层平面”项，双击视图名称“场地”，进入场地平面视图。

为了便于捕捉，在场地平面视图中根据绘制地形的需要，绘制四条参照平面线。单击“建筑”选项卡｜“工作平面”面板｜“参照平面”命令，分别与①轴、⑧轴、Ⓐ轴、Ⓗ轴取一定距离，按图 8-105 所示绘制参照平面。

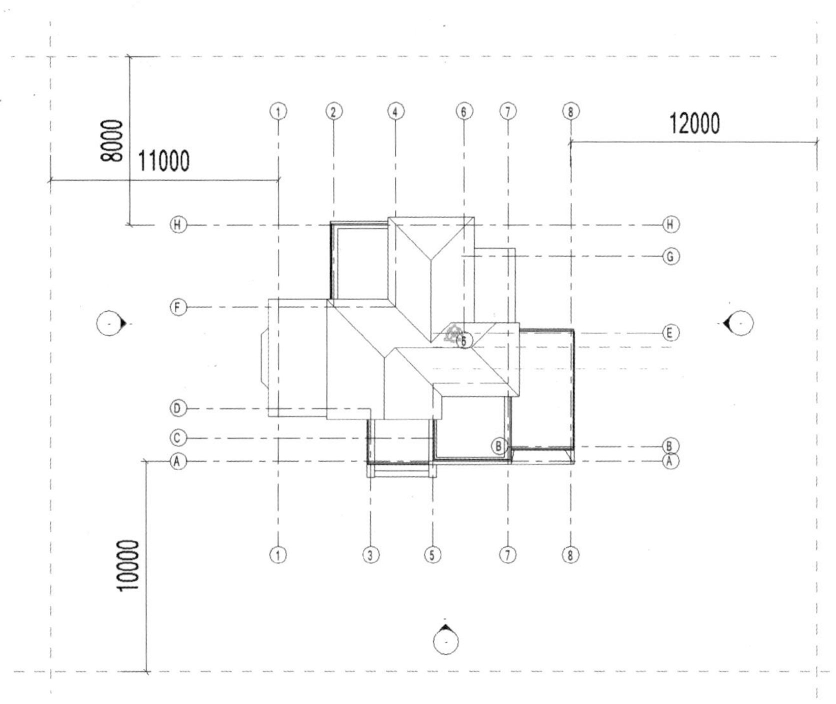

图 8-105 绘制参照平面

下面将捕捉四条参照平面线的四个交点，通过创建地形高程点来设计地形表面。

单击“体量和场地”上下文选项卡｜“场地建模”面板｜“地形表面”命令，光标回到绘图区域，Revit 将进入草图模式。

单击“放置点”命令，选项栏显示“高程”选项，将光标移至高程数值“0.0”上双击，即可设置新值，输入“-300”按<Enter>键完成高程值的设置。

移动光标至绘图区域，顺时针依次单击参照平面的四个交点，即放置了 4 个高程为“-300”的点，并形成了以该四点为端点的高程为“-300”的一个地形平面。

单击“图元”面板｜“表面属性”命令，打开“属性”面板，单击“材质”｜“按类别”后的“浏览”按钮，如图 8-106 所示。弹出图 8-107 所示的“材质”对话框，在左侧材质中单击选择“场地-草”，单击“确定”按钮关闭所有对话框。此时给地形表面添加了草地材质。

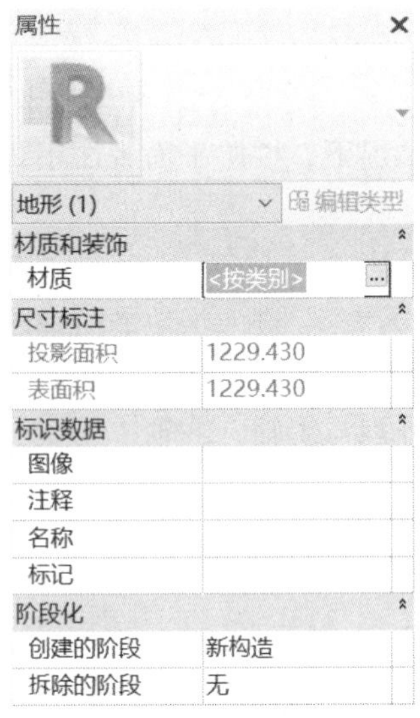


图 8-106　编辑表面属性

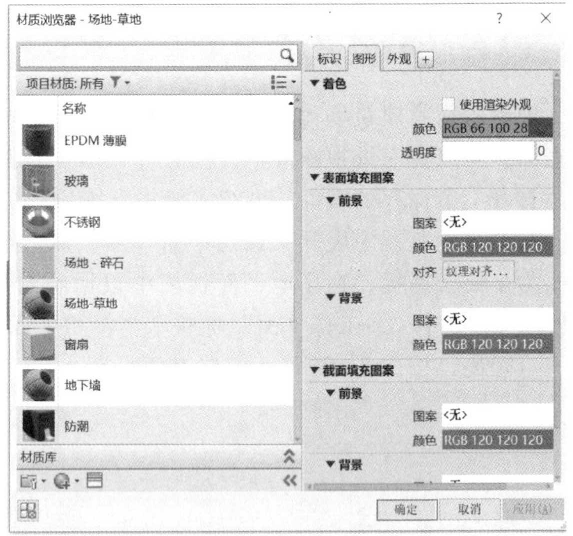


图 8-107　选择场地材料

单击“完成表面”命令创建了地形表面。通过 Revit 窗口底部状态栏里的视图控制栏，可以控制模型图形样，如图 8-108 所示选择着色，保存文件，结果如图 8-109 所示。

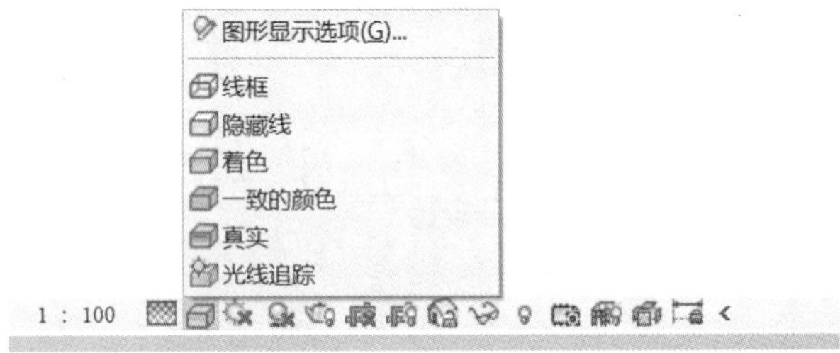


图 8-108　图形显示选项

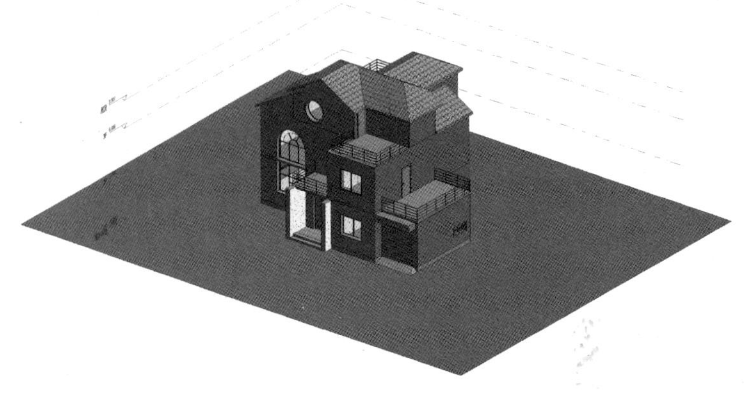

图 8-109　完成项目场地表面绘制

### 8.9.2　地形子面域（道路）

“子面域”工具是在现有地形表面中绘制的区域。例如，可以使用子面域在地形表面绘制道路或绘制停车场区域。

接上节练习，在项目浏览器中展开“楼层平面”项，双击视图名称“场地”，进入场地平面视图，在空白处单击一下，转换到楼层平面的“属性”面板，在“属性”面板中选择“视图范围”，对其进行编辑，如图 8-110 所示。按图 8-111 进行编辑，编辑完成后单击“应用”按钮，然后单击“确定”按钮退出。场地表面的二维显示效果如图 8-112 所示。

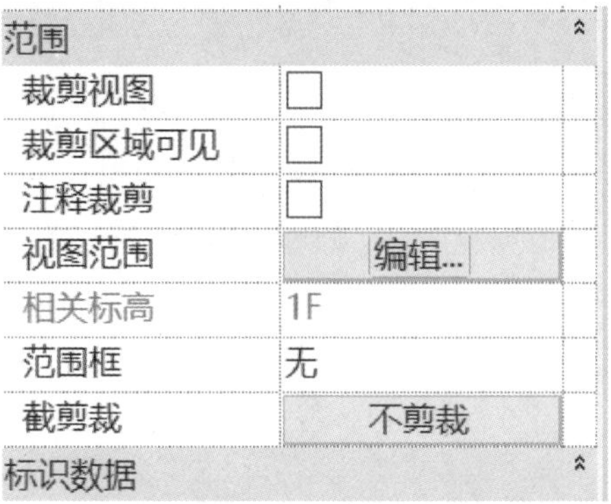

| 范围 | |
|---|---|
| 裁剪视图 | ☐ |
| 裁剪区域可见 | ☐ |
| 注释裁剪 | ☐ |
| 视图范围 | 编辑... |
| 相关标高 | 1F |
| 范围框 | 无 |
| 截剪裁 | 不剪裁 |
| 标识数据 | |

图 8-110　选择“视图范围”

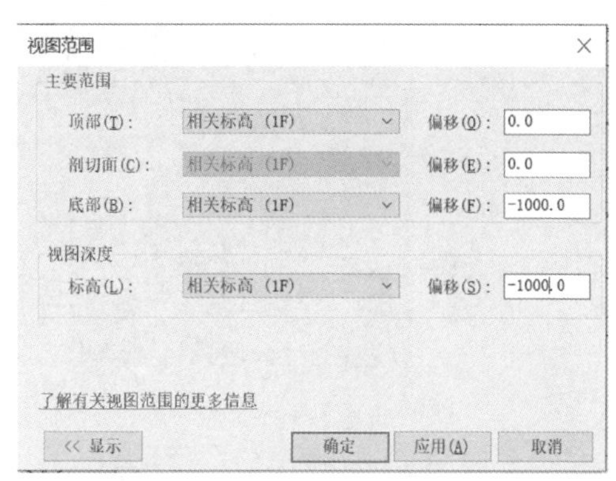


图 8-111　编辑“视图范围”属性

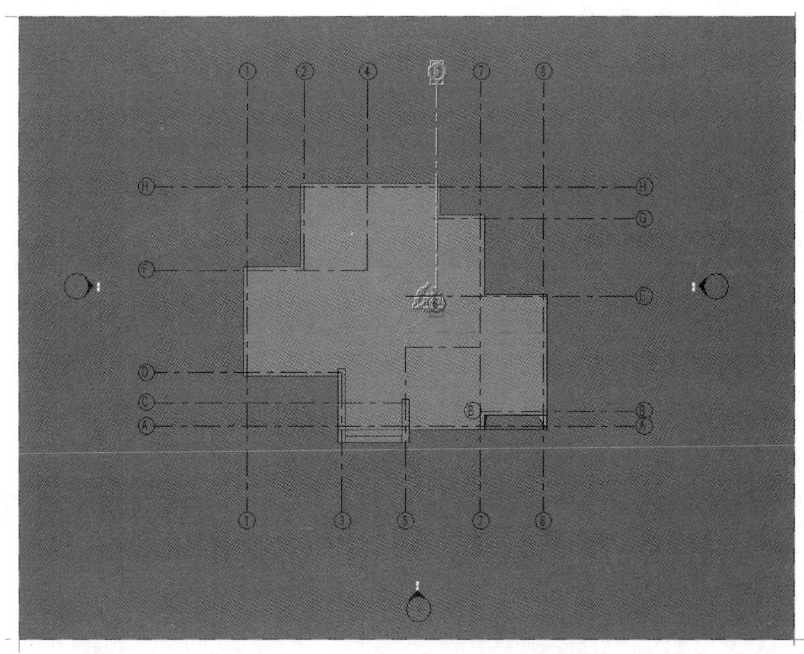

图 8-112　项目场地表面的二维显示

单击“体量和场地”选项卡｜“修改场地”面板｜“子面域”命令，进入草图绘制模式。

单击“绘制”面板｜“直线”工具，绘制图8-113所示子面域轮廓。

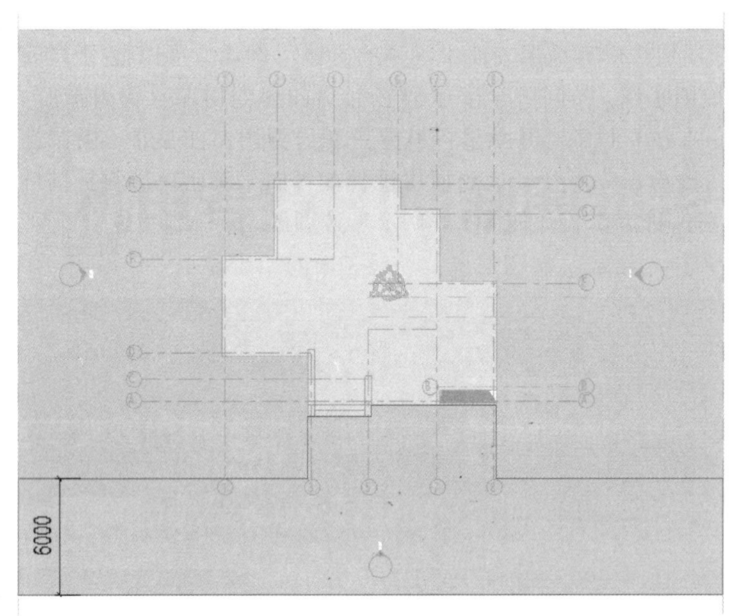


图 8-113　绘制子面域轮廓

在“绘制”面板单击“圆角弧”工具，如图8-114所示，选择导圆的两根线，如图8-115所示，然后单击数值，修改数值为“3000”，如图8-116所示，并按图8-117完成另两条线的导圆角，半径均为“3000”。

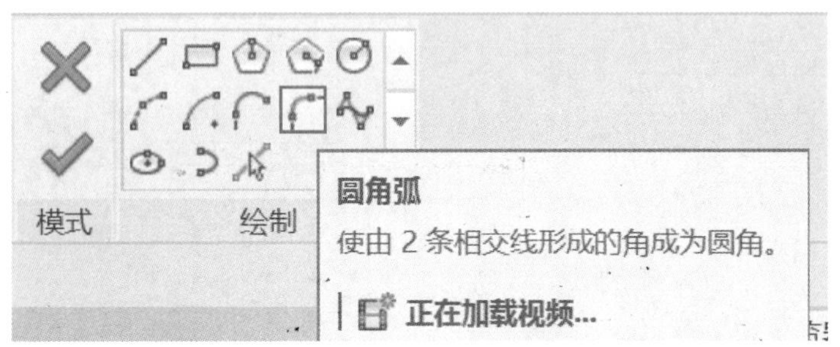


图 8-114　选择“圆角弧”绘制工具

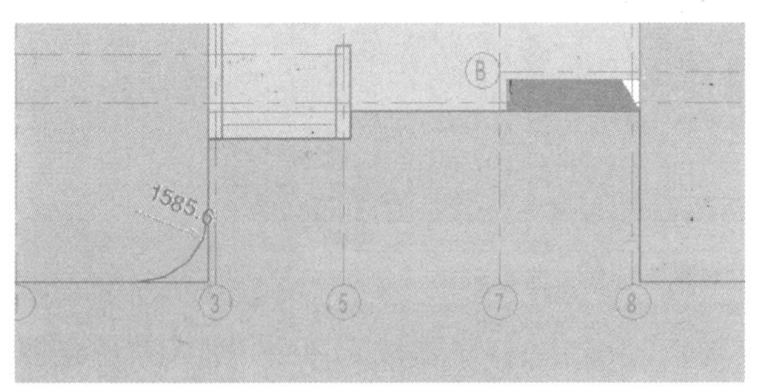


图 8-115　绘制道路导圆角（一）

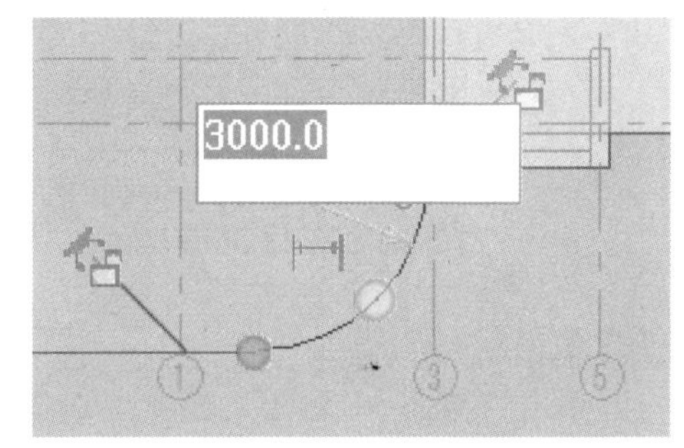


图 8-116　绘制道路导圆角（二）

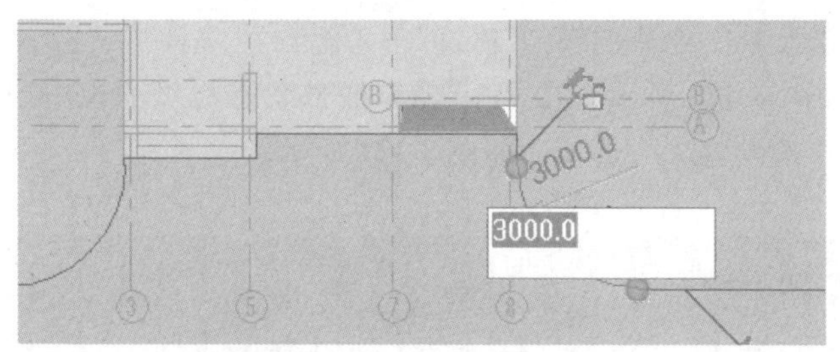


图 8-117 绘制道路导圆角（三）

单击“图元”面板|“表面属性”命令，打开“属性”面板，单击“材质”|“按类别”后的浏览按钮，如图 8-106 所示。弹出图 8-107 所示“材质”对话框，在左侧材质中单击选择“场地-柏油路”，单击“确定”按钮关闭所有对话框，最终效果如图 8-118 所示。

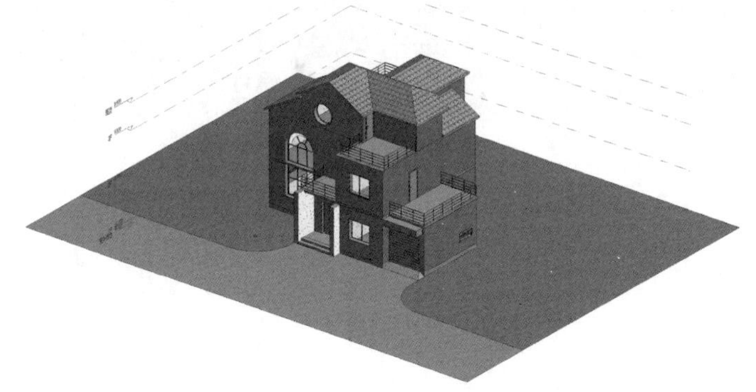

图 8-118 完成项目场地道路绘制

## 8.9.3 场地构件

有了地形表面和道路，再配上生动的花草、树木、车等场地构件，可以使整个场景更加丰富。场地构件的绘制同样在默认的“场地”视图中完成。

接上节练习，在项目浏览器中展开“楼层平面”项，双击视图名称“场地”，进入场地平面视图。

单击菜单栏中的“插入”|“载入族”命令，如图 8-119 所示。打开“建筑”|“植物”|“3D”|“乔木”，找到“白杨 .rfa”，单击“确定”按钮载入到项目中。

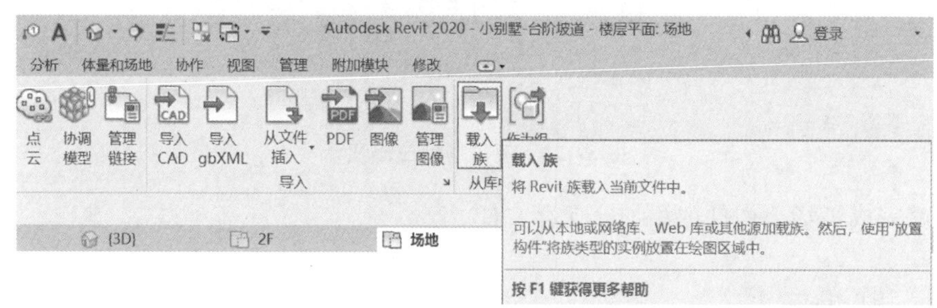


图 8-119 “插入”|“载入族”命令

单击“体量和场地”选项卡“场地建模”|“场地构件”命令，在类型选择器中选择白杨，放置到场地上。

同样方法用“载入族”命令打开“建筑”|“配景”文件夹，载入“RPC 甲虫 .rfa”，并放置在场地中，如图 8-120 所示。在 Revit 窗口底部状态栏里的视图控制栏“模型图形样式”选项卡里选择“光线追踪”选项，如图 8-121 所示。

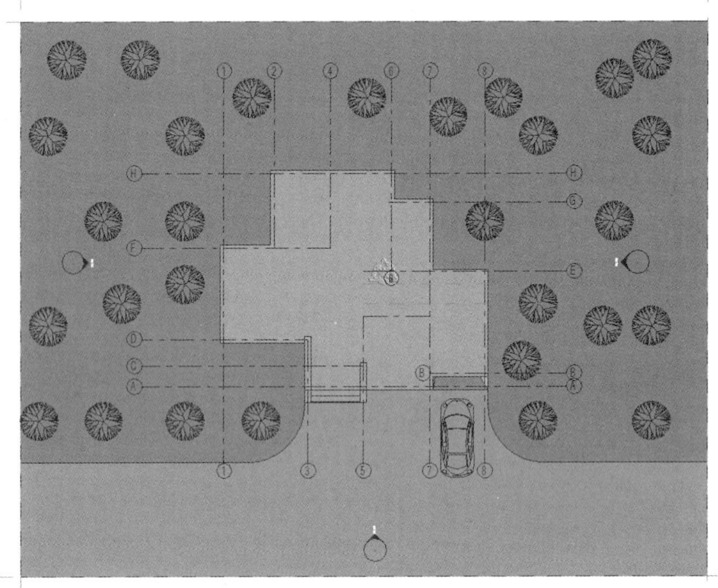

图 8-120　完成项目场地构建的布置

图 8-121　项目场地三维显示

至此就完成了场地构件的添加，保存文件。

## 8.10　疑难解析

1. 如何自定义快捷键？

使用快捷键是提高建模效率的一个很重要的方法，由于每个人都有自己习惯的方式，所

以除了使用 Revit 提供的默认快捷键，还可以自定义快捷键，具体方法如下：

1）单击 Revit 图标，打开应用程序菜单，单击“选项”命令，打开“选项”对话框，如图 8-122 所示。

2）选择左侧栏的“用户界面”，单击“快捷键”的“自定义”按钮，打开“快捷键”对话框，如图 8-123 所示。

3）选择需要定义快捷键的命令，然后在键盘上敲击需要指定的键。

4）单击“确定”按钮完成自定义。

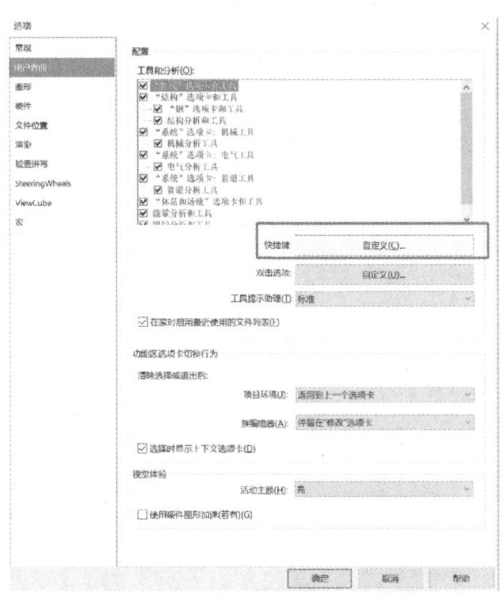

图 8-122　选项窗口

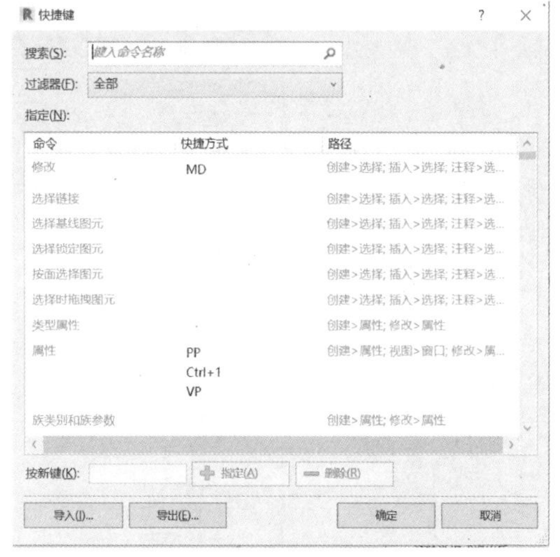


图 8-123　快捷键窗口

2. 轴网的 2D 与 3D 有什么区别？

Revit 软件的轴线默认都为 3D 模式，单击轴线，在旁边会出现一个“3D”标识符，单击此符号，就可以在 3D 与 2D 之间切换，如图 8-124 所示。如果轴线处于 2D 状态，则表明对此轴线所做的修改只影响本视图，不影响其他视图；如果处于 3D 状态，则表明所做修改会影响其他视图。当轴线变为 2D 模式时，它与其他 3D 轴线标头的位置锁定会自动解除，并自动与相邻的 2D 轴线标头的位置锁定。

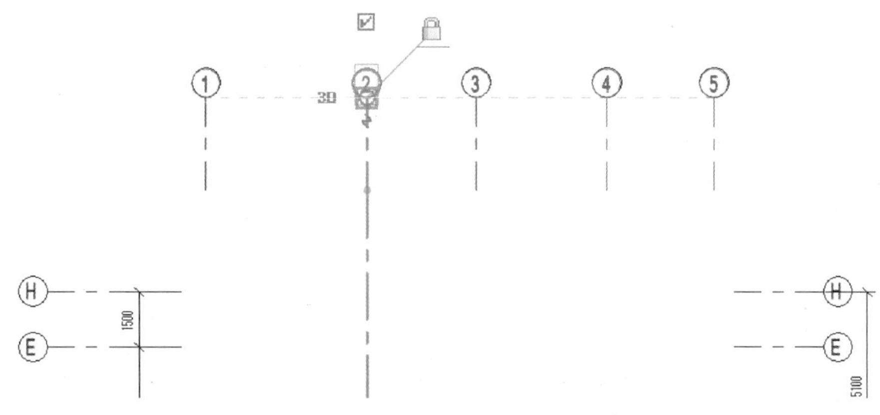


图 8-124　轴网在 3D 与 2D 之间切换

3. 三维视图中如何绕着某个模型对象为中心旋转观看?

在三维视图中，旋转观看的快捷方式是按住<Shift>键和中键进行，这时旋转会以整个项目为中心旋转，如果想要以某个模型对象为中心旋转观看，可以先选择该对象，再按<Shift>键和中键进行。

4. Revit 中如何修改轴网颜色及轴号大小?

1）修改轴号大小，在项目浏览器中的族分组中找到注释符号中的“M 轴网标头-圆”，然后右击，在右键菜单中选择“类型属性”，如图 8-125 所示，在弹出的“类型属性”对话框中，将半径修改为想要的大小，单击“确定”按钮，如图 8-126 所示。

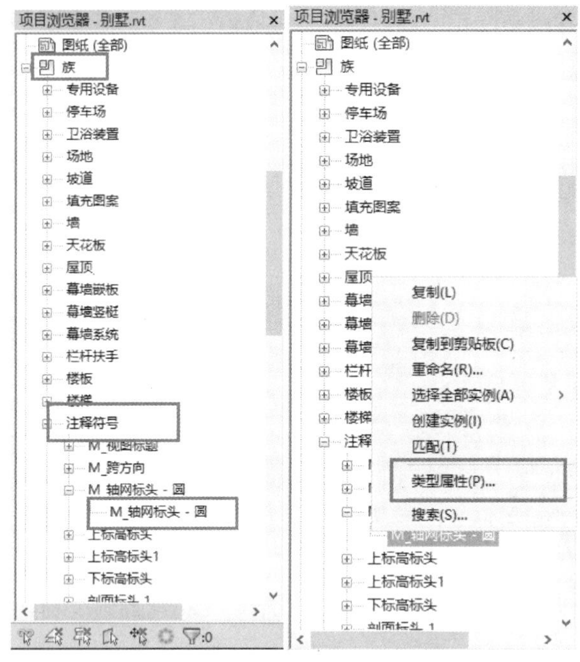


图 8-125　选择“注释符号”的“类型属性”

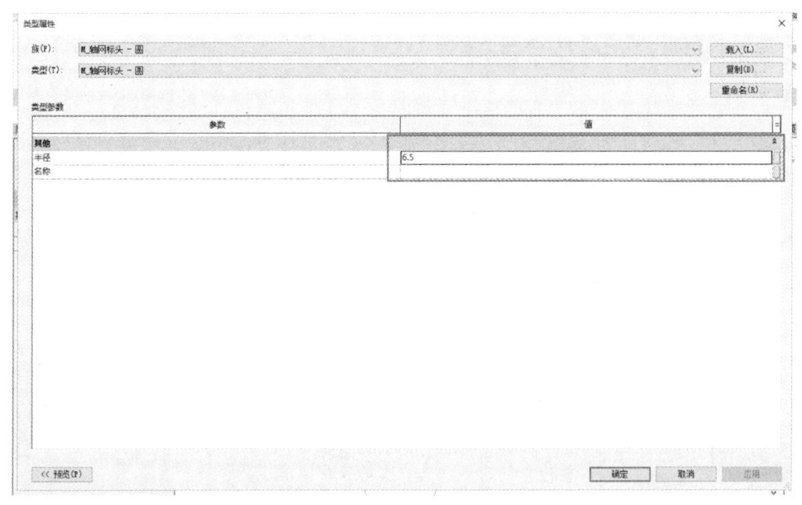


图 8-126　“M 轴网标头-圆”的“类型属性”对话框

2）修改轴线颜色，单击轴网，在“属性”面板里单击“编辑类型”按钮，在弹出的“类型属性”对话框中将颜色修改成想要的颜色，单击“确定”按钮，如图 8-127 所示。

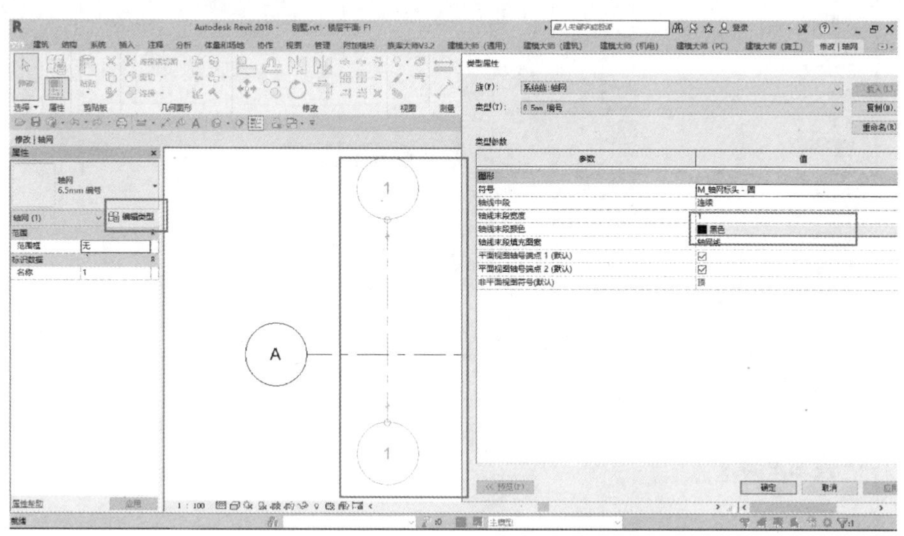

图 8-127 轴网“类型属性”对话框

3）修改轴网标头颜色，快捷键 VV 打开“可见性/图形替换”对话框，在“注释类别”选项卡单击“对象样式”按钮，找到轴网标头，单击修改颜色，然后单击“确定”按钮，如图 8-128 所示。

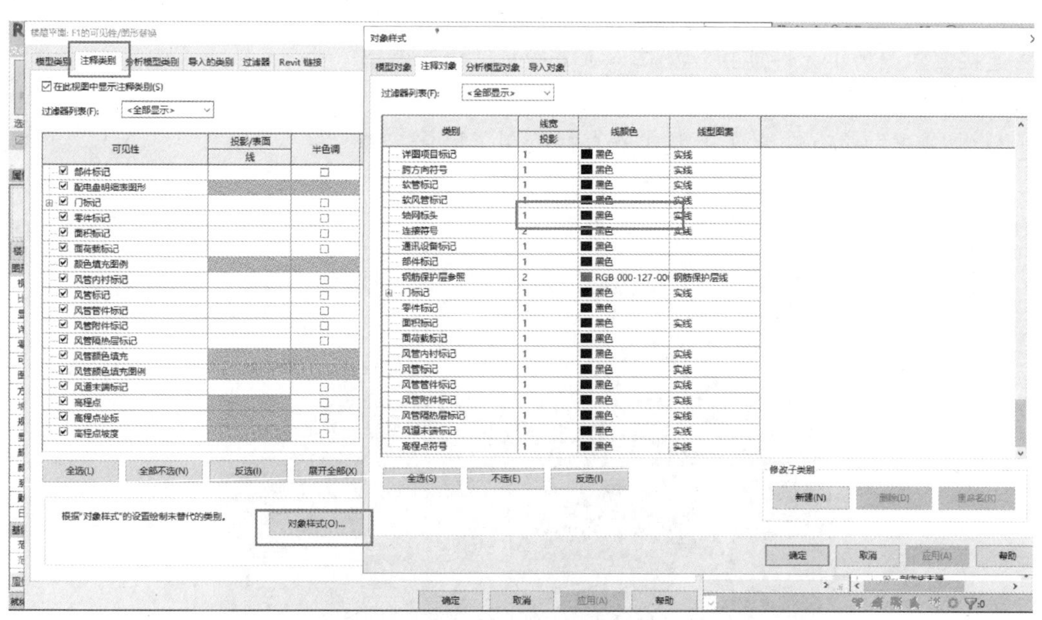

图 8-128 修改轴网标头颜色

4）修改轴号颜色，还是在项目浏览器里找到“M 轴网标头-圆”，在右键菜单选择“编辑”进入族编辑窗口，单击“修改|标签”选项卡，然后单击“属性”面板的“编辑类型”按钮，最后在“类型属性”对话框里修改颜色，如图 8-129 所示，完成之后载入到项目中，覆盖掉原来的版本，如图 8-130 所示。

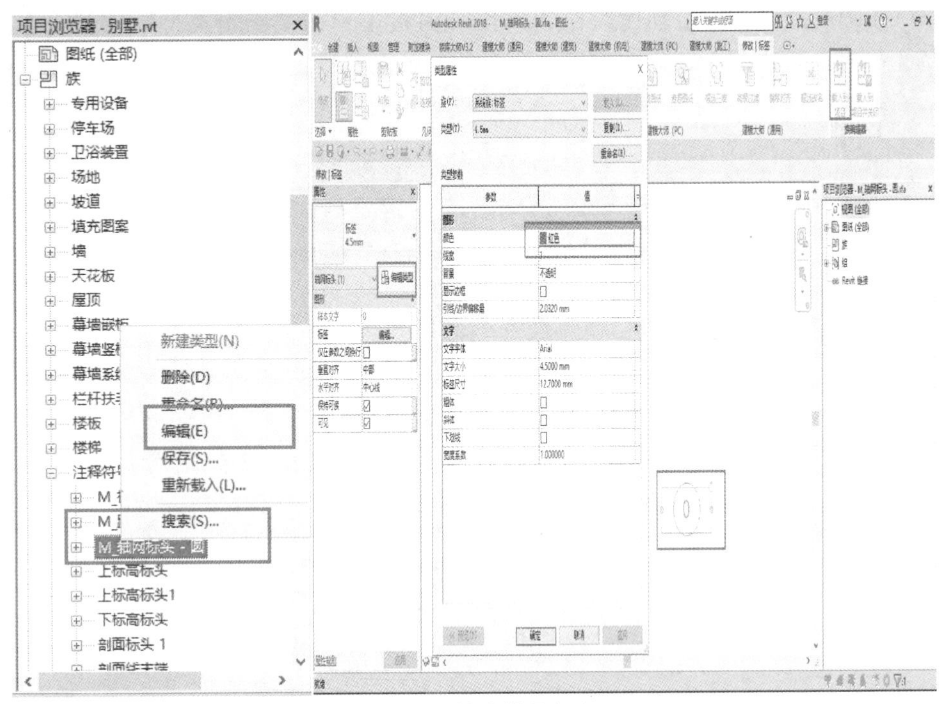

图 8-129 修改轴号颜色

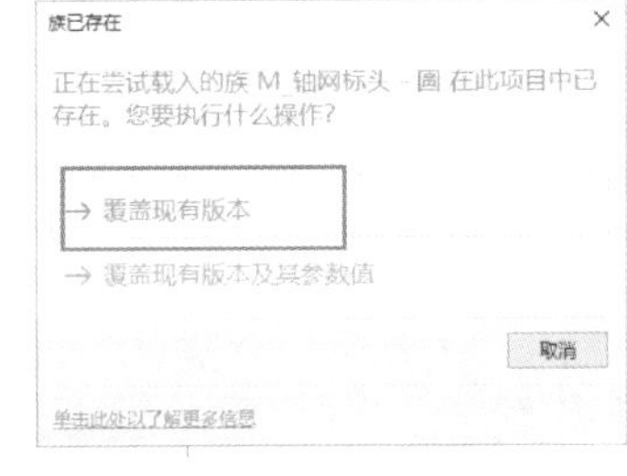


图 8-130 覆盖现有版本对话框

5. Revit 中墙体设置不允许连接的三种方法。

1）单击“建筑”选项卡｜“墙”命令，然后在选项栏里将连接方式改为不允许连接，如图 8-131 所示，再绘制墙体，如图 8-132 所示。

2）如果之前没有修改连接方式就直接绘制了墙体，如图 8-133 所示，也可以修改。选中绘制的墙体，右击端点，在右键菜单中选择“不允许连接”，如图 8-134 所示。

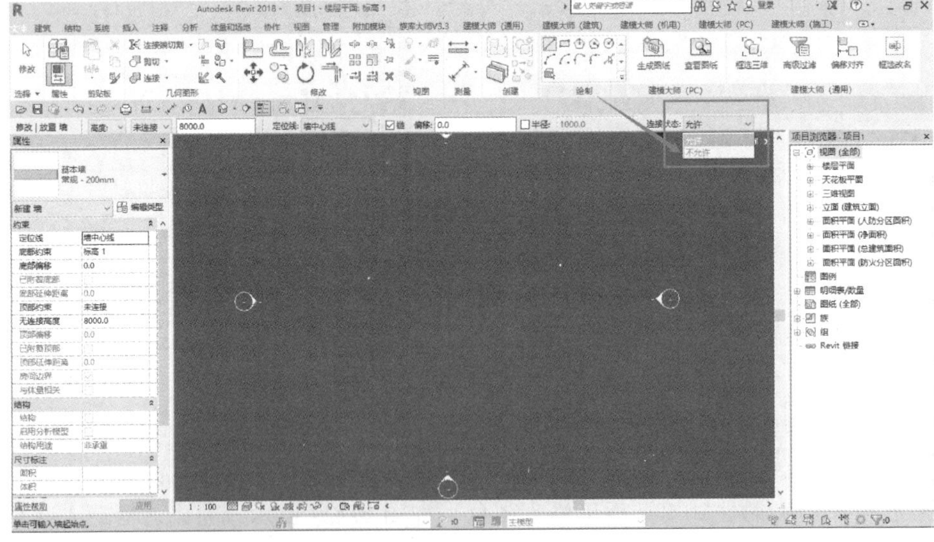

图 8-131 墙体“不允许”连接状态

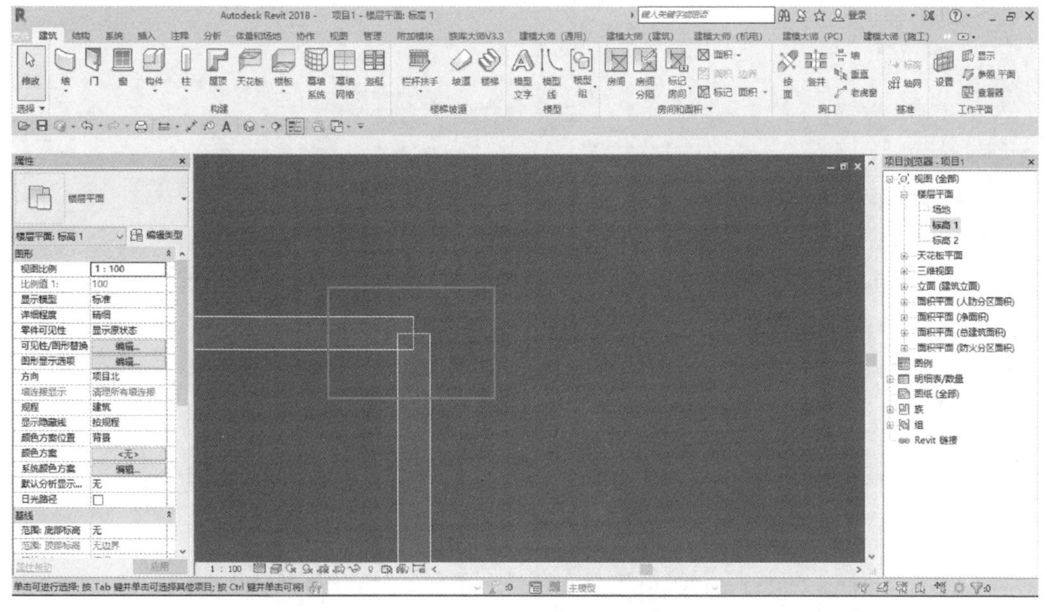

图 8-132　绘制不连接墙体（一）

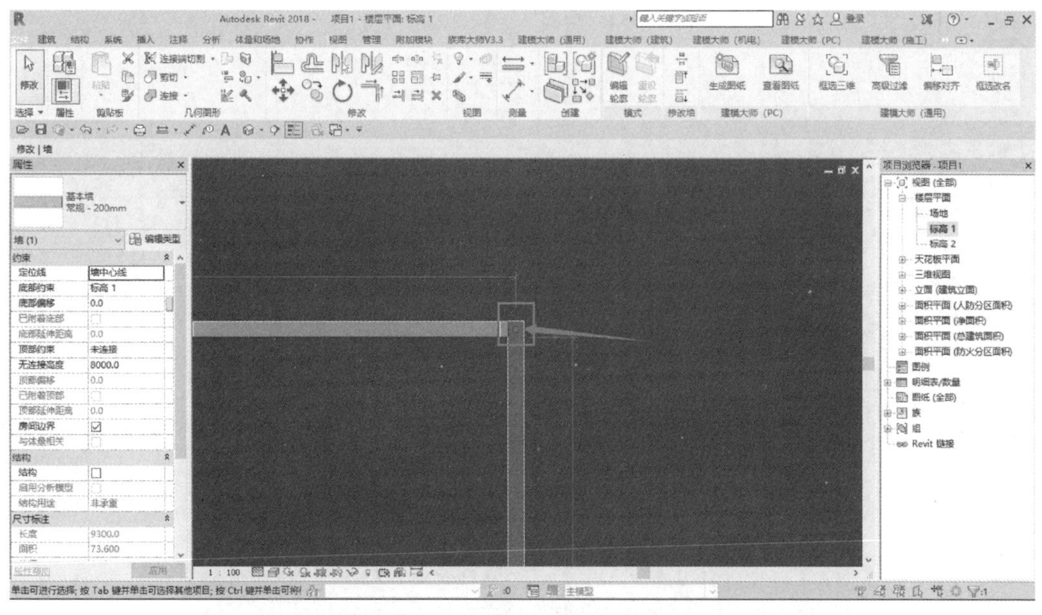

图 8-133　绘制完成的连接墙体

3）选中墙体，然后在“修改”选项卡里单击“墙连接”命令，如图 8-135 所示，将光标放置在两堵墙连接处附近，会出现一个方形选择框，先左击，然后在选项栏里单击“选择不允许连接”，如图 8-136 所示，这样也可以修改墙体连接方式，如图 8-137 所示。

这就是墙体连接方式更改的三种方式。一种是在绘制墙体之前使用，另外两种是绘制完墙体之后使用。

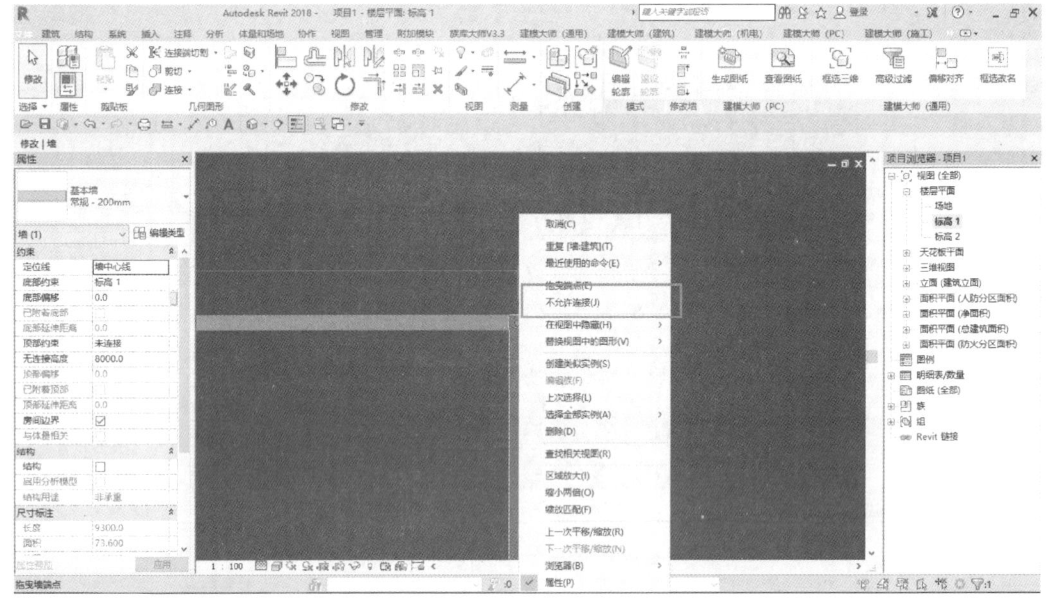


图 8-134　绘制不连接墙体（二）

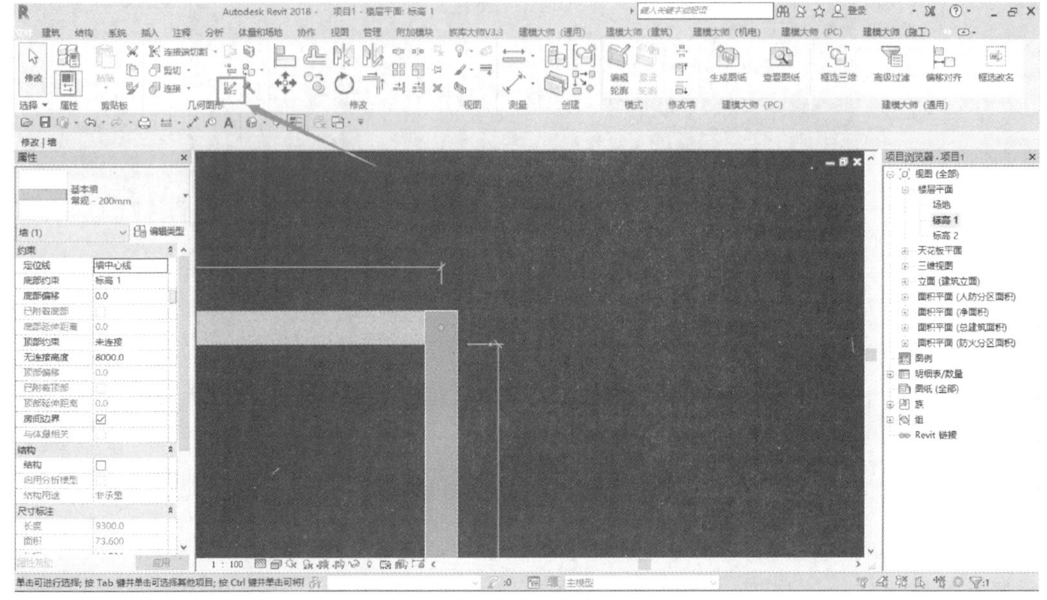


图 8-135　墙连接命令

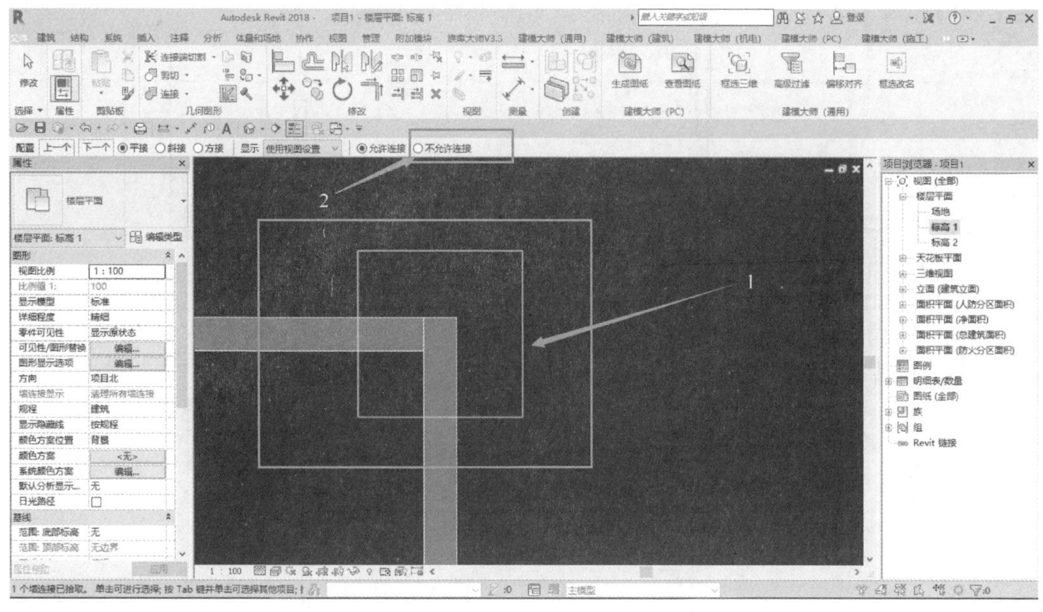


图 8-136　墙连接选择框

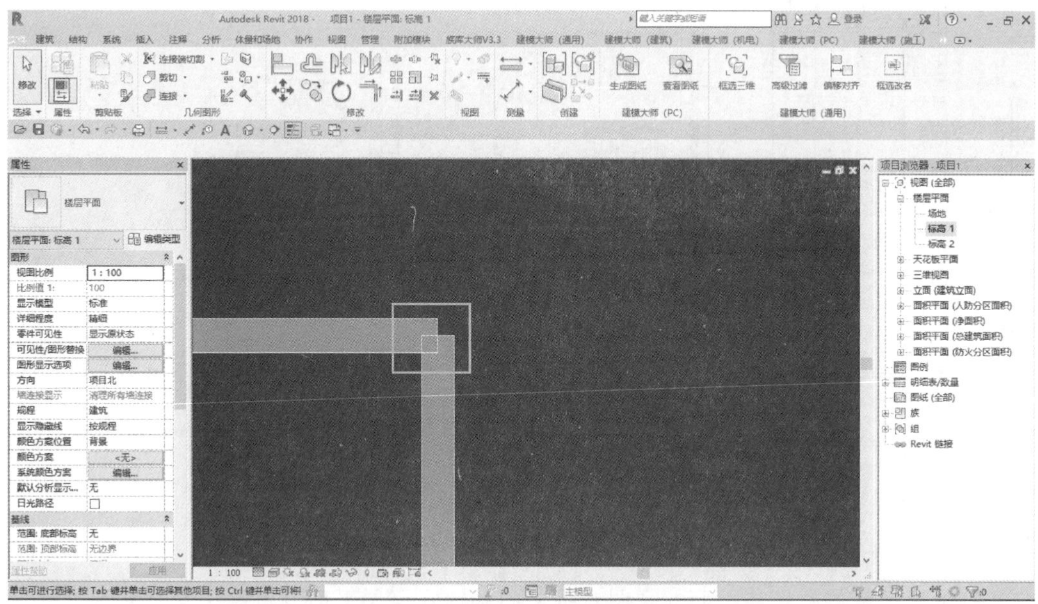


图 8-137　绘制不连接墙体（三）

6. Revit 如何巧用平面区域？

画完模型出图的时候有时会遇到这样的问题，一个楼层平面内不同对的构件会出现不同高度，如门和窗无法在一个平面图中显示，如图 8-138 所示。

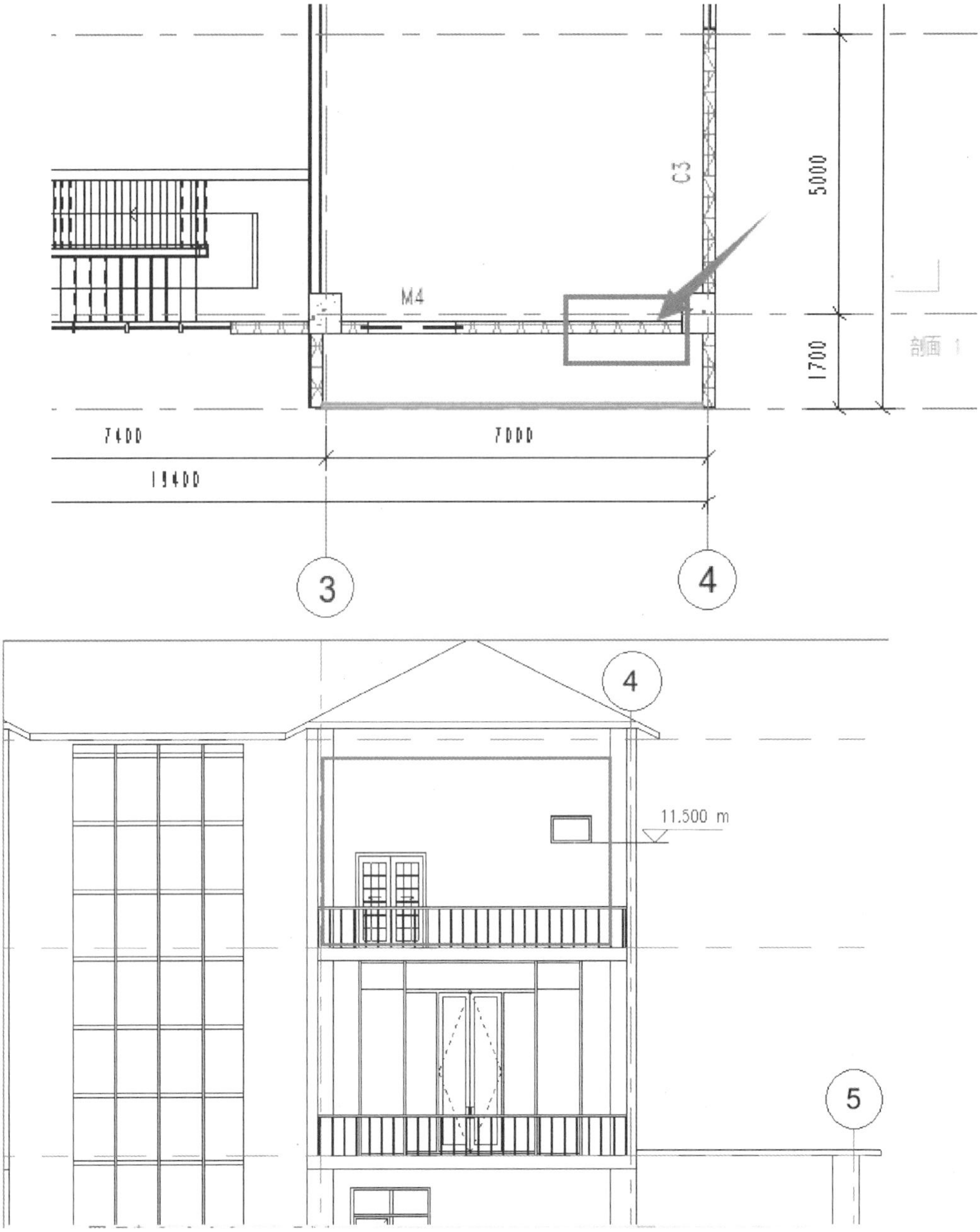

图 8-138　门和窗无法在一个平面图中显示

这种情况即使修改楼层平面的视图范围，门和窗在楼层平面上也无法同时显示。

设置方法：

1）单击“视图”选项卡下“平面视图”按钮旁下拉小三角，然后选择“平面区域”命令，如图 8-139 所示。

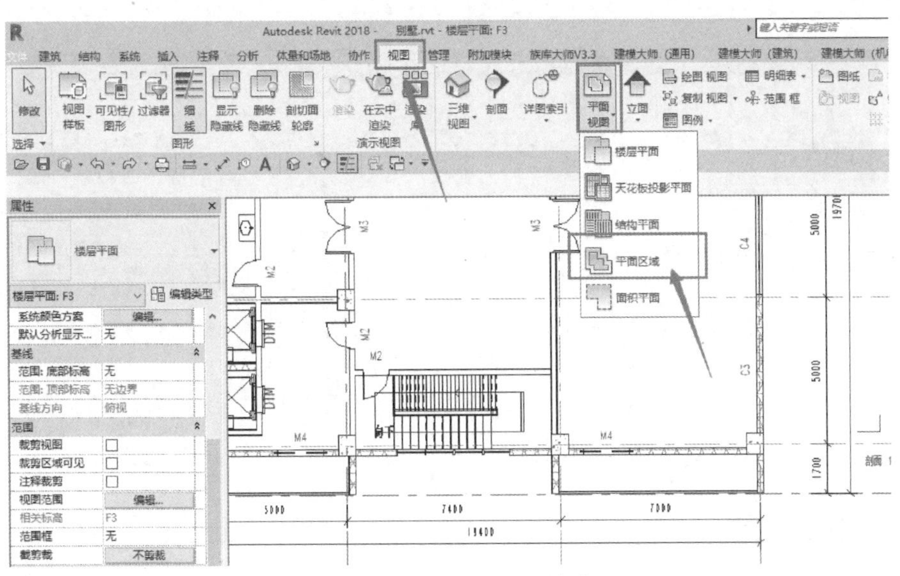

图 8-139 “平面区域”命令

2）选择“矩形绘图”命令，将窗户的位置框出来，然后单击“√”按钮确定，如图 8-140 所示。

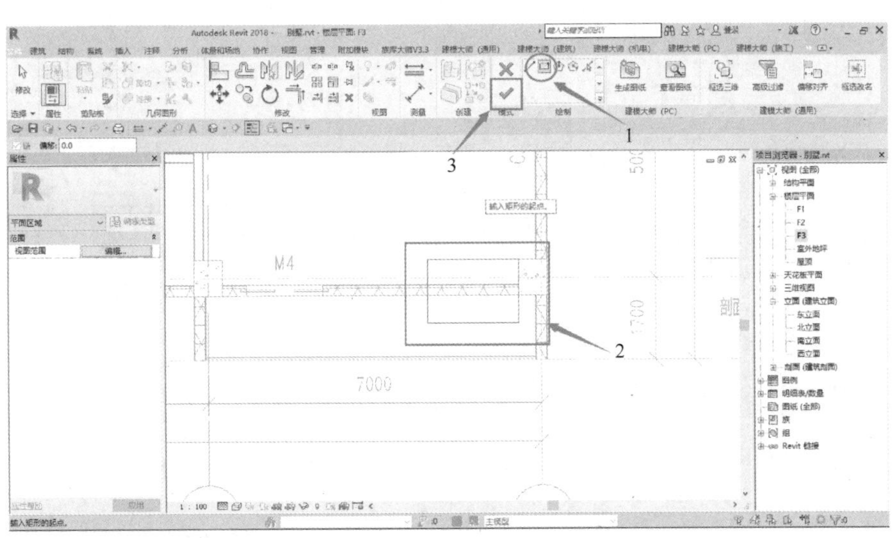

图 8-140 “矩形绘图”命令

3）先单击绘制完成的平面区域，在左侧“属性”面板里单击“视图范围”的“编辑”按钮。在弹出的“视图范围”对话框内修改成合适的视图范围参数，单击“确定”按钮，如图 8-141 所示。

4）在平面区域右击，在右键菜单中选择“在视图中隐藏”|“图元”，将平面区域的线条隐藏起来，这样就不会影响后续出图了，如图 8-142 所示。

7. Revit 中如何在三维中快速观看某楼层模型？

1）右击三维视图中的“ViewCube”，选择“定向到视图”，选择需要观看的楼层平面，如图 8-143 所示。

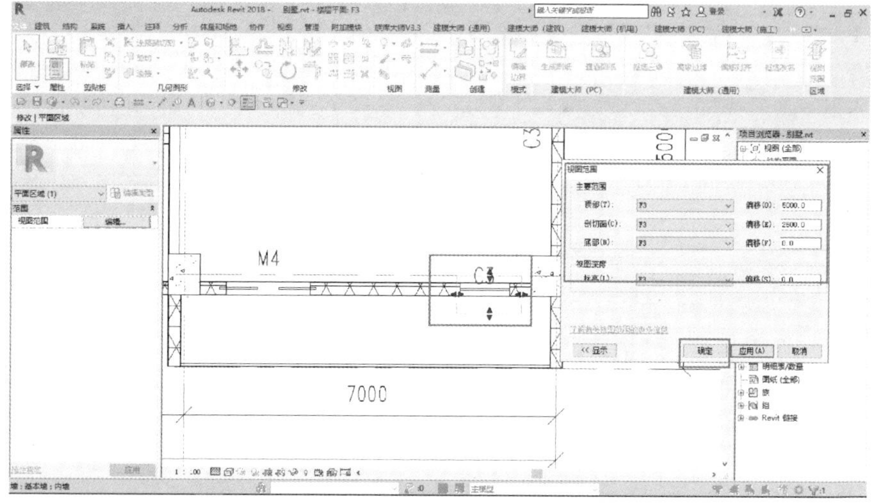
图 8-141　编辑平面区域

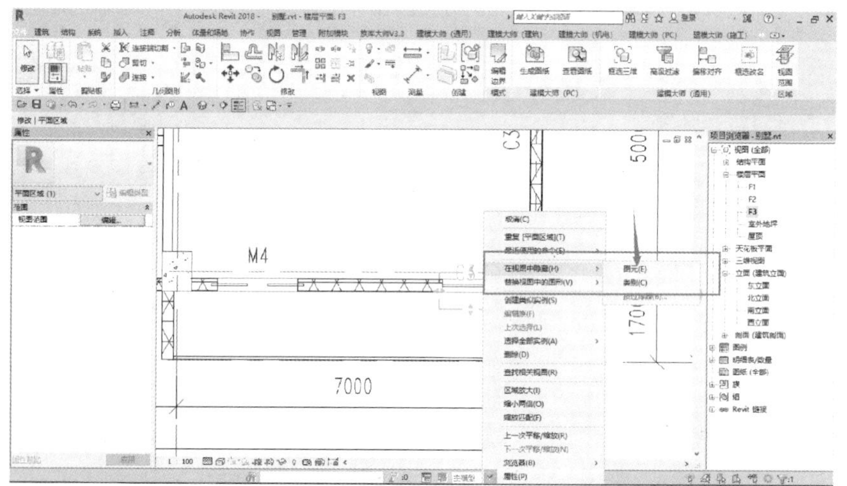
图 8-142　隐藏平面区域

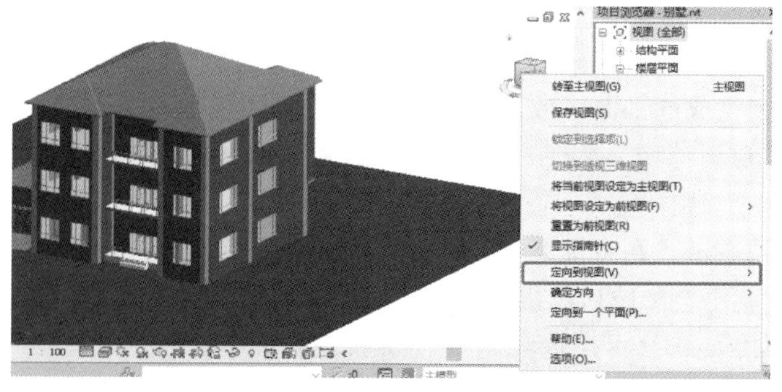
图 8-143　定向到视图中选择相关楼层平面

2）出现的剖面框的高度由该楼层平面的视图范围决定，如图 8-144 所示。

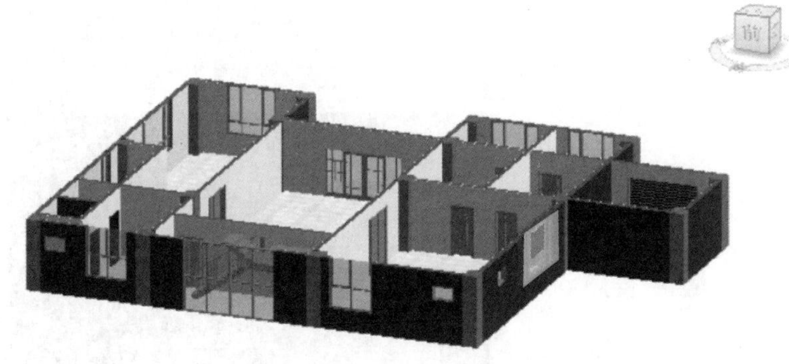

图 8-144 查看选定楼层的三维楼层平面

3）修改剖面框大小：单击剖面框，通过拖拽三角来控制剖面框的大小，如图 8-145 所示。

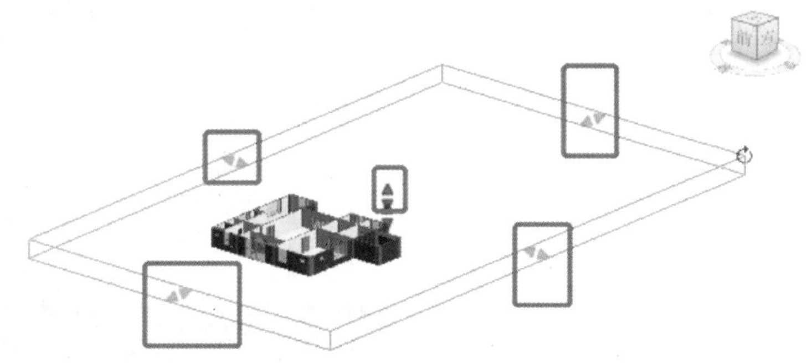

图 8-145 修改剖面框大小

8. Revit 如何快速修改材质效果？

在 Revit 建模中需要对材质进行设置，对室内精装修设计尤为重要。设置材质是在墙“属性”面板｜“编辑类型”｜“类型属性”中，但这种方法对于频繁更换材质很不方便。那么在 Revit 中如何快速修改材质效果呢？

1）打开模型，单击“修改”选项卡，在“几何图形”面板中选择“填色”命令（图 8-146），快捷键是 PT。

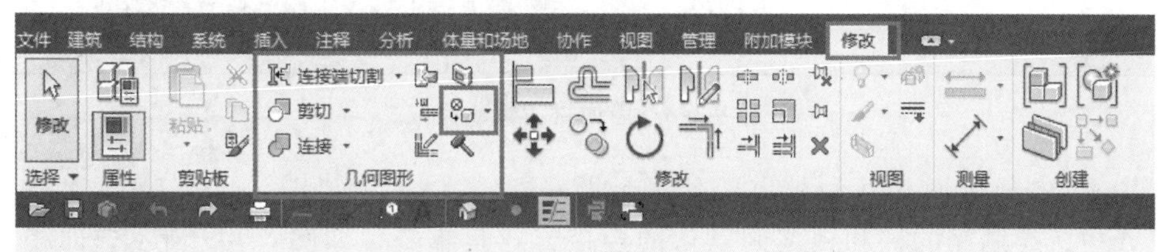


图 8-146 “填色”命令

2）在弹出的“材质浏览器”对话框中选择“白色墙漆”，然后单击要改变材质的墙体，如图 8-147 所示。

3）完成墙体材质的修改，如图 8-148 所示。

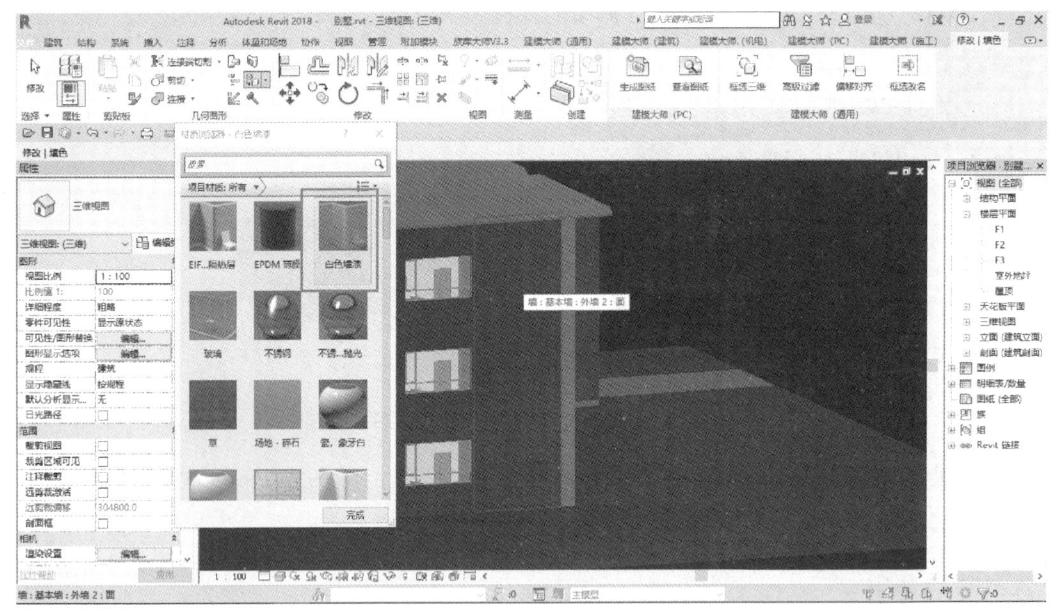


图 8-147 “材质浏览器”对话框

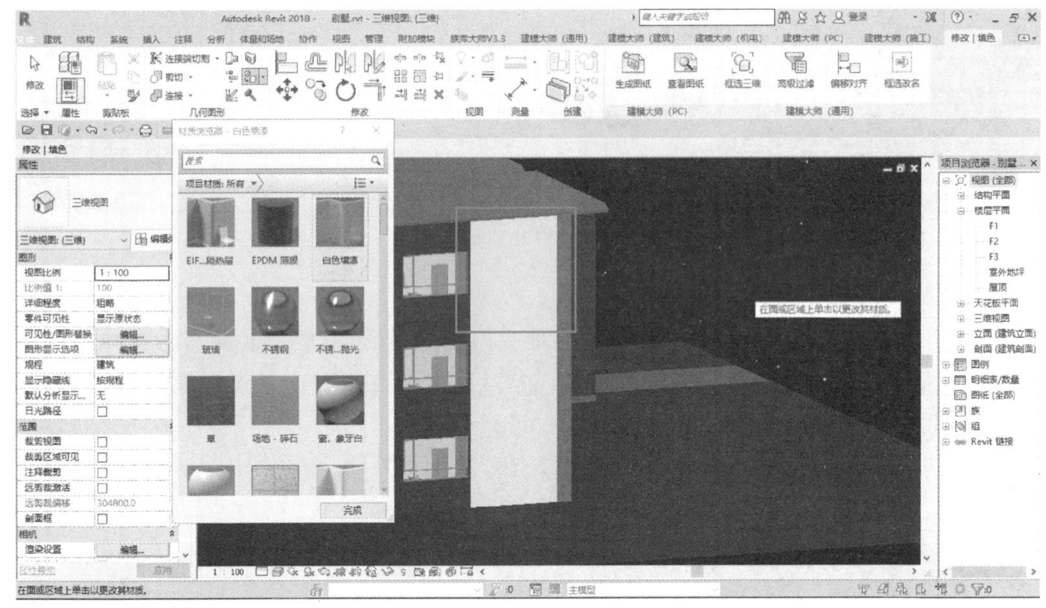


图 8-148 墙体材质修改完成

9. Revit 中如何调整柱和板之间的剪切顺序？

Revit 中，绘制完的柱和板之间默认的连接方式是重叠，如图 8-149 所示，即相互没有剪切，而在实际施工中，对板的施工要求是柱剪切板，在 Revit 也可以实现。

1）首先，单击板或柱，然后在“修改”选项卡里找到“连接”命令，如图 8-150 所示。

2）单击板及柱，这时板会将柱剪切掉，如图 8-151 所示。

3）在“修改”选项卡里单击“连接”命令旁下拉小三角，选择“切换连接顺序”，再单击板和柱。这时就是柱剪切板了，如图 8-152 所示。

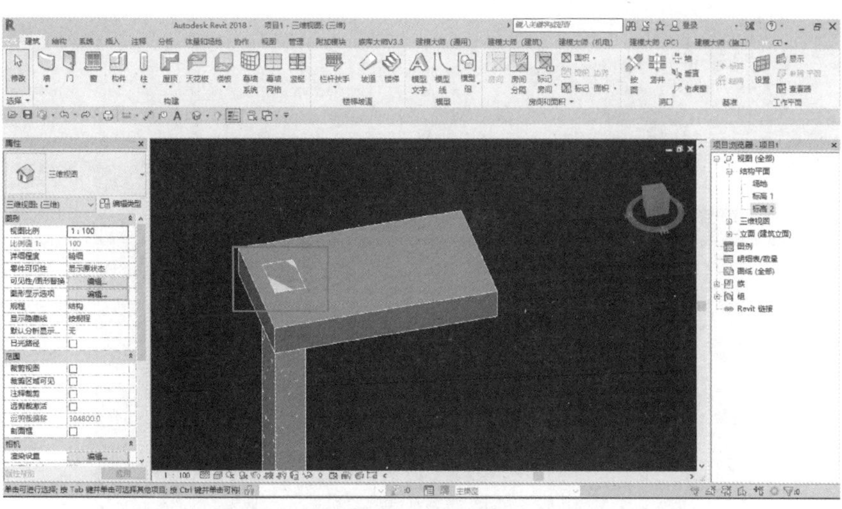

图 8-149　柱和板之间重叠的连接方式

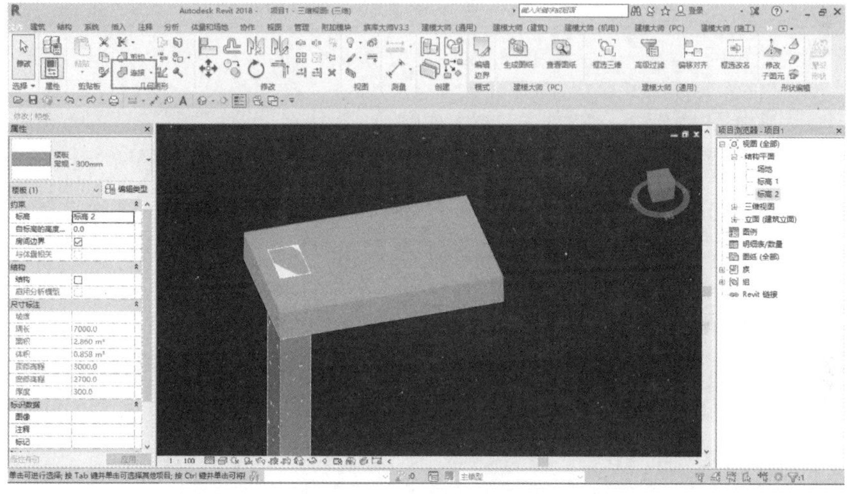

图 8-150　“连接”命令

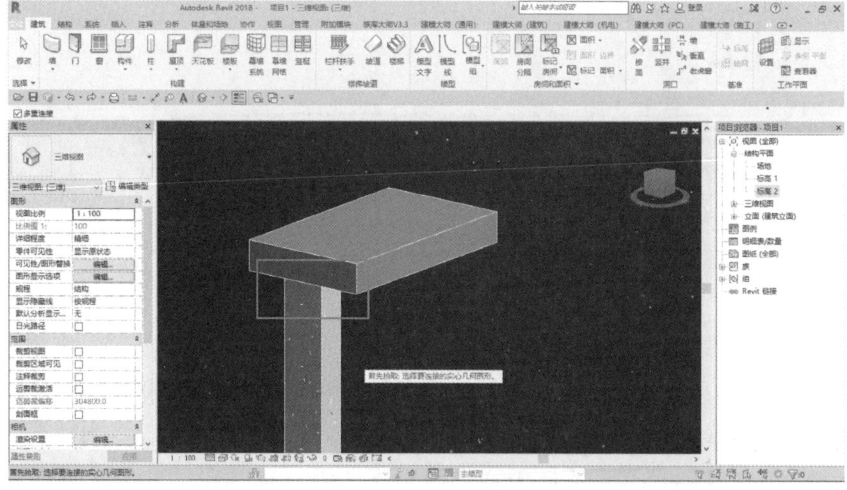

图 8-151　板剪切掉柱

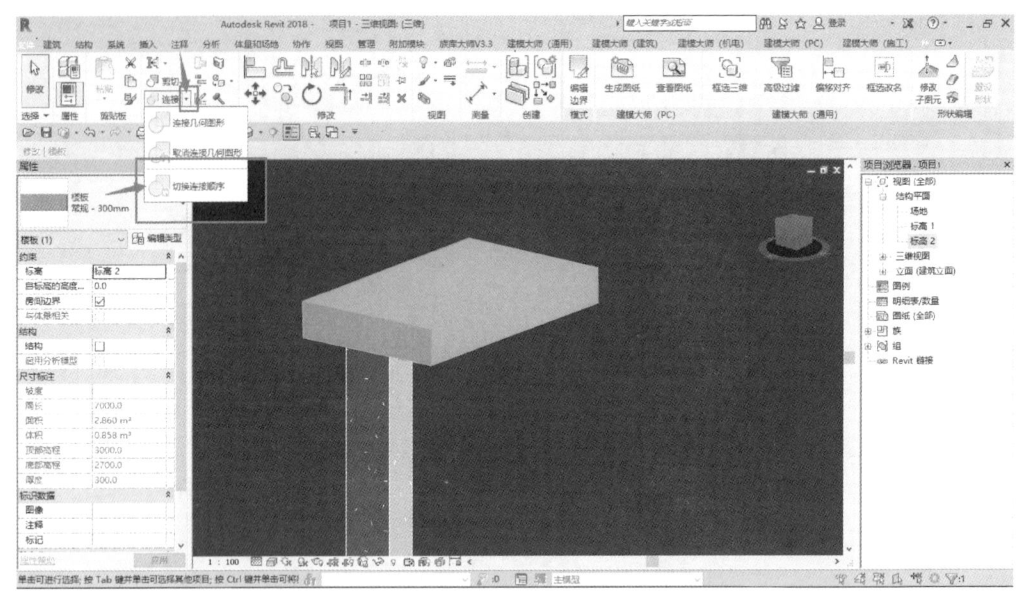


图 8-152　柱剪切掉板

10. 在链接文件管理中，“卸载”和“删除”有什么区别？

Revit 文件中，“管理链接”是专门用于管理链接文件的工具，可对当前项目中链接进来的文件进行“卸载”或者“删除”操作，如图 8-153 所示。

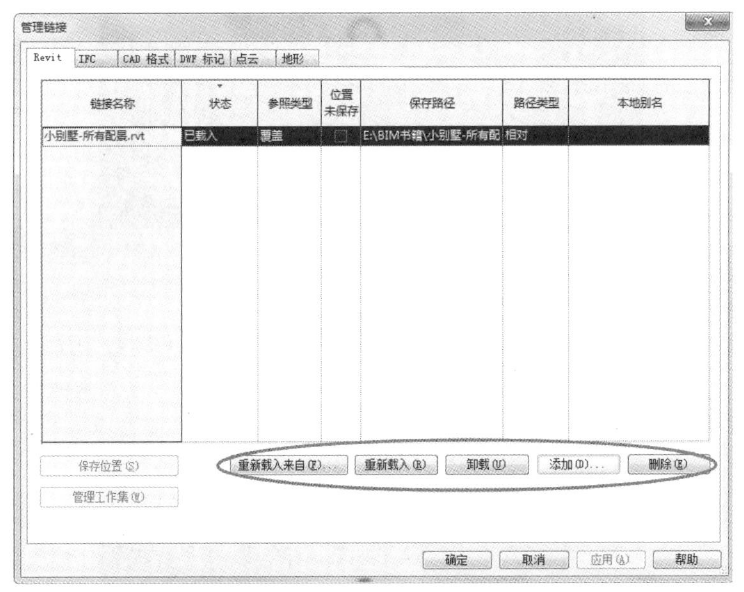


图 8-153　“管理链接”对话框

当链接文件被卸载后，状态一栏将变为“未载入”，如图 8-154 所示，但该链接文件仍然会在列表中，其保存路径和链接信息仍被保存，并可通过“重新载入”或“重新载入来自...”命令，将该链接文件重新载入，通常可用于临时去除链接文件。当链接文件的路径有变化时，在打开主体文件时，会提示找不到链接文件，这时如果打开“管理链接”对话框，会发现链接文件也处在“未载入”状态下。

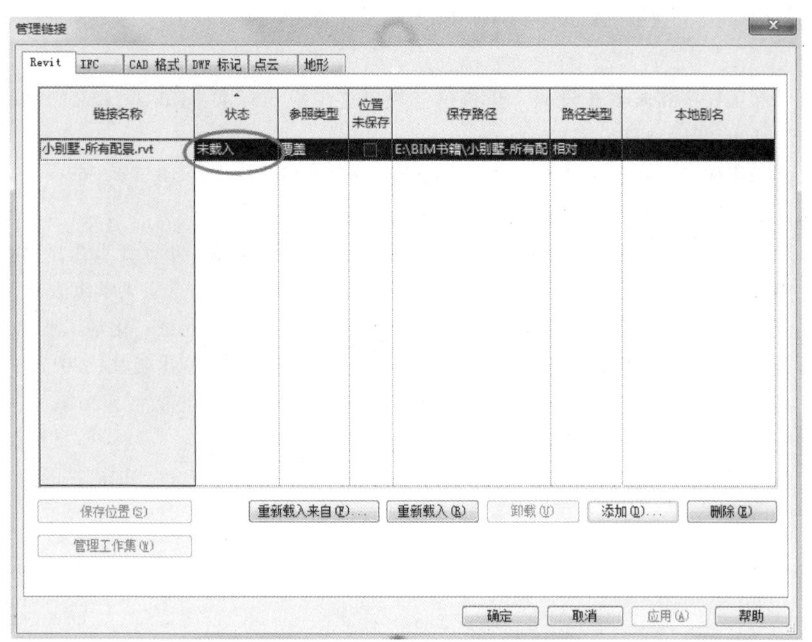


图 8-154　链接文件的“未载入”状态

而链接文件删除，则该链接文件将在列表中消失，包括路径、链接信息等都将从该项目中删除，且不能通过“撤销/恢复”命令返回，通常用于永久去除链接文件。

需要注意的是，管理链接中的操作是针对项目的，也就是所有视图的。如果只想在某个视图中看不到链接文件，可以到视图“可见性/图形替换”对话框中控制链接文件的可见性。

# 参考文献

[1] 中华人民共和国住房和城乡建设部. 建筑信息模型施工应用标准：GB/T 51235—2017 [S]. 北京：中国建筑工业出版社，2017.

[2] 中华人民共和国住房和城乡建设部. 建筑信息模型分类和编码标准：GB/T 51269—2017 [S]. 北京：中国建筑工业出版社，2018.

[3] 黄亚斌. Autodesk Revit Architecture 2016 官方标准教程 [M]. 北京：电子工业出版社，2017.

[4] 李一叶. BIM 设计软件与制图：基于 Revit 的制图实践 [M]. 重庆：重庆大学出版社，2017.

[5] 朱溢镕，焦明明. BIM 应用系列教程：BIM 建模基础与应用 [M]. 北京：化学工业出版社，2017.

[6] 王琳，潘俊武，娄琮味. BIM 建模技能与实务 [M]. 北京：清华大学出版社，2017.

[7] 吴文勇，杨文生，焦柯. 结构 BIM 应用教程 [M]. 北京：化学工业出版社，2016.

[8] 王帅. BIM 应用与建模技巧 [M]. 天津：天津大学出版社，2018.

[9] 朱溢镕，焦明明. BIM 概论及 Revit 精讲 [M]. 北京：化学工业出版社，2018.